DE

L'EMPLOI DES EAUX

EN AGRICULTURE.

DE

L'EMPLOI DES EAUX

EN AGRICULTURE,

Par M.-A. Puvis,

Ancien officier d'artillerie, ancien député, membre correspondant de l'Institut,
président de la Société d'Émulation de l'Ain,
membre honoraire des Sociétés des Sciences de Genève, agraires de Turin,
d'Angers, de Colmar et de l'Allier,
correspondant des Sociétés d'agriculture de Paris, Lyon, etc., etc.,
des Académies de Dijon et de Mâcon.

Idoneus patriæ, utilis agris.

Laisser couler une goutte d'eau sans l'avoir répandue à plusieurs reprises sur le sol, c'est gaspiller un aussi précieux engrais.

Docteur ANDERSON.

C'est le pain du peuple qui fuit au courant de nos ruisseaux et se précipite sans retour dans les abîmes de la mer ; c'est ce pain qui ne manquera pas longtemps, si l'on sait enfin comprendre ce que nous voulons aujourd'hui.

Auguste de GASPARIN.

PARIS,

LIBRAIRIE AGRICOLE DE DUSACQ.

Mme BOUCHARD-HUZARD, RUE DE L'ÉPERON, 7.

1849.

INTRODUCTION.

Il n'est point, en agriculture et en économie rurale, d'amélioration qui puisse avoir sur la prospérité agricole une influence pareille à celle de l'emploi intelligent des eaux du territoire sur le sol ; nous pensons qu'elle peut accroître d'un quart son produit net, de moitié en sus son produit brut ; et par conséquent elle réagirait puissamment sur l'économie sociale elle-même par l'accroissement des produits et de l'aisance générale. En se bornant à doubler l'étendue des prairies, en arrosant avec intelligence celles qui existent, la quantité des fourrages serait triplée, les engrais et les bestiaux croîtraient dans la même proportion ; il s'ensuivrait que les produits de toute espèce, ceux nécessaires à la vie, ceux qui en font l'agrément, ceux enfin qu'emploie l'industrie, s'élèveraient de manière à pouvoir suffire à la nourriture et à l'aisance d'une population moitié en sus au moins de celle qui couvre la France. Ce résultat serait sans doute éloigné, il devrait même être longtemps attendu ; mais il n'en serait que plus assuré, et il serait loin d'être une utopie; car il est évident qu'en doublant seulement la quantité des fourrages, on pourra doubler le nombre des bestiaux, et par conséquent la quantité d'engrais; or en doublant cette quantité, on accroîtrait de moitié en sus au moins, semence déduite, les produits et par conséquent les moyens de nourriture, et cela en accroissant de très-peu la main-d'œuvre. Ces résultats sans doute ne peuvent pas s'obtenir immédiatement; on s'acheminerait graduellement à cette haute prospérité par des accroissements incessants de richesse et de population qu'on verrait grandir à mesure du développement des irrigations; car on sait qu'en accroissant les produits on fait croître dans le même rapport la population, par la réaction naturelle qui, suivant Malthus, fait croître un homme à côté d'un pain. L'irrigation commencerait par répandre la richesse et l'abondance dans la classe agricole, et cette aisance, par l'accroissement des produits ruraux de toute espèce, s'étendrait bientôt à tous ceux qui habitent le sol français, en leur fournissant, à bas prix, les denrées qui servent à leur nourriture, à leurs vêtements, et en offrant aux classes industrielles des consommateurs aisés de plus en plus nombreux, avantage immense de la richesse rurale, qui réagit sur toutes les classes et devient l'apanage de celles qui sont étrangères à l'agriculture, comme de celles qui s'en occupent.

Le travail du sol exige une main-d'œuvre répétée d'hommes et d'animaux; il doit être arrosé de leurs sueurs; c'est pour la terre en labour que l'homme a été condamné à un travail pénible et souvent renouvelé. Toutefois le travail des terres en labour s'adoucit avec l'irrigation ; la terre, rafraîchie par les eaux, offre moins de résistance au soc ; les labours et les sarclages y sont toujours faciles, et avec une moindre somme de travail on y obtient un produit double.

L'avantage est bien plus grand sur les prairies convenablement disposées à recevoir les eaux par un premier travail spécial ; la main-d'œuvre, pour les élever à un grand produit, se borne en plus grande partie à l'irrigation qui n'est plus qu'une œuvre d'exactitude, d'intelligence et de bon sens ; ainsi le berger de Virgile faisait faire aux plus jeunes de ses ouvriers le travail d'irrigation de ses prés : « *Claudite jam, pueri, rivos,* » *sat prata bibere.* » Enfants, fermez vos rigoles ; les prés ont assez bu.

L'emploi des eaux intéresse toutes les parties de la France, le nord comme le midi, l'est comme l'ouest, la montagne comme la plaine, les terrains de toute nature et de toute formation, les sols arides comme les sols fertiles, les sols secs comme les sols humides.

Bien plus, les eaux, en doublant le produit des fourrages, le nombre des animaux de rente et de travail et la quantité d'engrais, feraient arriver au défrichement la meilleure partie de ces six millions d'hectares en friche, qui accusent chez nous un défaut d'intelligence et d'activité.

Avec de bonnes eaux bien employées, il n'y a plus de terres ingrates ; elles doublent sur tous les sols l'énergie des engrais, améliorent les produits, ceux des prairies artificielles comme ceux des prairies naturelles, des céréales de printemps comme de celles d'hiver, des légumes des champs comme de ceux des jardins, des produits purement agricoles comme des produits industriels; et tous ces avantages s'achètent avec peu d'accroissement de travail et de main-d'œuvre.

Depuis quarante ans, nous observons les résultats de l'irrigation, en parcourant en divers sens le nord comme le midi de la France, en visitant les montagnes de Suisse et d'Auvergne; nous les avons étudiés à diverses reprises dans les Vosges, sur les bords de la Meurthe et de la Moselle, et enfin et surtout nous les voyons se multiplier autour de nous et sous nos mains, dans une pratique étendue, variée et déjà ancienne. Aussi, dans ce moment où s'agite la question, nous regardons comme un devoir et une convenance d'apporter le tribut de nos observations et de notre expérience. Dans cette vue, nous nous occuperons dans cet écrit, en premier lieu, d'apprécier l'importance et les résultats de l'emploi des eaux sur le sol; nous chercherons ensuite à connaître l'étendue qu'on peut lui donner en France; nous traiterons des obstacles qui s'opposent au développement des irrigations et particulièrement de l'endiguement des cours d'eau; nous développerons ensuite les connaissances préliminaires nécessaires avant d'entreprendre une grande irrigation, et nous proposerons les mesures légales les plus indispensables et les plus pressantes pour faciliter ce moyen de prospérité publique. Nous indiquerons ensuite les moyens d'apprécier les diverses qualités des eaux; nous chercherons à évaluer la quantité d'eau nécessaire suivant le sol, le climat, l'exposition et la nature des récoltes; nous décrirons les diverses méthodes de l'emploi des eaux; nous parcourrons les procédés des différents pays. Nous avons déjà publié des articles nombreux sur ce sujet, nous en formerons un ensemble; nous recueillerons en même temps les résultats d'observations, les règles de pratique que l'expérience a apprises aux irrigateurs et à nous-même; nous n'avons épargné ni le temps ni les soins, pour développer de notre mieux la théorie et la pratique d'un art auquel, depuis longues années, nous donnons en quelque sorte avec passion toute l'attention qui est en notre pouvoir. Les ouvrages spéciaux manquaient à peu près sur ce sujet. Heureux si nous pouvons remplir convenablement ce vide, et si notre travail peut servir à encourager les timides, à guider les inexpérimentés, et donner quelques avis utiles à ceux qui déjà pratiquent avec succès !

DE L'EMPLOI DES EAUX EN AGRICULTURE.

SECTION Ire.

Importance et avantages de l'irrigation.

CHAPITRE Ier.

DU RÔLE DE L'EAU DANS LA VÉGÉTATION.

Deux agents principaux sont nécessaires pour obtenir du sol une puissante végétation : le soleil avec sa lumière et sa chaleur, et l'eau avec sa fraîcheur et ses principes fécondants.

Le soleil, âme de la nature, vivifie tous les germes ; sa chaleur donne le mouvement à tous les sucs des végétaux, l'activité à tous leurs organes.

Mais ce principe de vie peut devenir un principe de mort, lorsque l'eau vient à manquer aux végétaux sollicités par sa puissante influence. Dans les climats chauds, et particulièrement en Afrique, une assez grande partie de l'étendue est couverte de plages arides ; ces déserts sont sans aucun produit, repoussent toute vie végétale et animale, et sont le repaire des animaux féroces qui y vivent des proies qu'ils viennent chercher dans les pays habités. C'est le soleil sans eau qui produit ces tristes effets ; aussi voit-on dans ces déserts l'aridité du sol disparaître et faire place à toute la richesse de la végétation, aussitôt qu'une source ou un petit cours d'eau vient apporter au sol l'élément qui lui manque. Ne pourrait-on pas espérer qu'un jour peut-être, avec l'eau jaillissante des puits artésiens, il pourrait être donné à l'homme de féconder, en partie du moins, les plages brûlantes des déserts? ce serait en quelque sorte une seconde création qui lui serait due, création d'autant plus heureuse qu'elle pourrait se multiplier sur un grand nombre de points. Qui sait si une partie des oasis qu'on y rencontre ne sont pas déjà dues originairement à ce procédé?

Tous les sucs végétaux ont l'eau pour véhicule; leurs organes n'agissent qu'au moyen de l'eau qui les lubréfie, les rend flexibles et assouplit tous leurs pores. Quand le soleil, par sa chaleur, a évaporé l'humidité du sol, la substance nourricière qui y est répandue, ne trouvant plus d'eau pour se dissoudre, ne peut plus être absorbée par les spongioles des racines qui n'admettent que des liquides; les feuilles, organes aériens de la nutrition végétale, qui ne sont plus alimentées par la sève liquide puisée dans le sol, trouvant dans l'air une chaleur desséchante, manquent d'énergie et d'action sur l'atmosphère pour en absorber les principes; la végétation languit, finit même par s'éteindre faute d'eau; le sol trahit les espérances qu'il a données, et l'homme est menacé de se voir privé des choses les plus nécessaires à son existence.

L'auteur suprême, en donnant à l'homme pour ses besoins et ceux du sol le soleil et son influence, l'a placé hors de son pouvoir; par compensation, il met le plus souvent l'eau à notre disposition, et par elle le moyen de faire tourner à notre profit l'excès même du principe de chaleur. Il nous a donné l'intelligence avec laquelle, en équilibrant ces deux principes de végétation, la chaleur et l'humidité, le sol que nous cultivons peut, sans s'épuiser, donner le maximum de ses produits. Il est évident alors que les contrées du midi auraient sur celles du nord un bien grand avantage ; le climat leur donne une plus grande masse de chaleur ; en y ajoutant une proportion d'eau relative, elles obtiendront de bien plus grands résultats que le nord auquel manque la chaleur qui ne peut se suppléer, et dont la saison propre à la végétation est un tiers moins longue ; c'est ce que nous prouve l'expérience de bien des pays : les plaines arrosées d'Italie, celles du royaume de Valence, celles mêmes du midi de la France, donnent des produits presque doubles de ceux des terrains les mieux cultivés du nord. Toutefois, les pays au nord trouvent eux-mêmes aussi, dans l'emploi des eaux, un puissant moyen de fécondité, et jusque dans les climats froids, jusque sous le cercle polaire, l'irrigation dans les longs jours d'été produit de grands bienfaits. Cependant, et hâtons-nous de le dire, cette eau, qui est souvent à la disposition de l'homme, ne doit être donnée à la plupart des végétaux qui lui sont le plus utiles qu'avec une certaine mesure ; il faut que l'eau qu'on fait arriver à la surface du sol s'en écoule plus facilement encore qu'elle n'y a été introduite, que celle même qui s'infiltre dans la couche végétale n'y reste pas sans mouvement, mais que sa surabondance puisse s'infiltrer dans les couches inférieures ; si une couche imperméable s'oppose à son passage, il est nécessaire qu'elle ne forme pas un bassin sans issue, mais qu'elle ait au contraire une pente qui empêche l'accumulation de l'eau et lui permette de s'écouler en nappe de peu d'épaisseur, à mesure qu'elle arrive des couches supérieures ; autrement la couche végétale, pénétrée d'eau qui ne s'écoule pas, produit un marais souvent plus malfaisant que des eaux stagnantes à la surface.

Les eaux sans écoulement à la surface du sol ne nourrissent guère de végétaux utiles que le riz, et encore faut-il pouvoir en évacuer les eaux à volonté ; toutefois les sols marécageux qui se rencontrent spécialement dans le littoral des cours d'eau s'améliorent souvent par les seules lois naturelles de leur propre végétation; ils se couvrent de mousse et de plantes aquatiques, familles puissantes et vigoureuses qui laissent sur le sol de grands débris; ces débris, aidés du limon des inondations du cours d'eau, s'accumulant sans se dissoudre en raison du principe astringent qui les pénètre et les conserve, finissent par élever le sol au-dessus des eaux, bienfait providentiel qui arrive à métamorphoser ces terrains inondés, presque toujours alors funestes à l'homme, en prairies ou en terres fécondes et salubres.

Cependant, pour obtenir, avec l'eau, la chaleur et un sol qui s'égoutte, une active végétation, il faut souvent encore une assez grande quantité d'engrais; mais par une heureuse compensation, avec le secours de l'eau, cet engrais augmente de puissance; toutefois ce besoin d'engrais pour les terres labourables arrosées, cesse souvent pour les prairies dont de grandes étendues peuvent, suivant la qualité des eaux, donner sans engrais d'abondants produits. Il est donc besoin aussi de connaître et d'étudier la qualité des eaux qu'on doit employer.

Et puis, les arrosements doivent être plus ou moins multipliés ou modifiés, suivant les diverses natures de sols, compactes ou meubles, siliceux ou calcaires, en pente ou en plaine, suivant les expositions, la nature des végétaux cultivés, l'époque de l'année où l'on se trouve, la qualité des eaux, les différences de climats; la pratique des irrigations n'est donc pas sans difficulté. Il faut, pour tirer des eaux le meilleur parti possible, connaître ce que l'expérience a appris dans les différents cas, et pouvoir se servir de l'expérience des autres, sans l'acquérir à ses propres dépens; il en résulte un ensemble de principes et de règles qui, sans être absolus, constituent une espèce de code de l'emploi des eaux, dont nous tâcherons de développer les principales et les plus utiles dispositions.

On peut bien se rendre compte de la puissance des eaux sur la végétation, puisqu'elle met toujours à la portée des plantes l'oxigène et l'hydrogène qui la composent, et que fréquemment certaines eaux lui fournissent encore le carbone et les principes salins qui, avec les deux premiers, forment en presque totalité la substance végétale.

Les principes végétaux ne peuvent arriver que dissous dans les plantes; ils montent dans leurs canaux avec la sève qui n'est autre chose que leur dissolution dans l'eau du sol. On doit croire aussi que la plus grande partie des éléments que les plantes puisent dans l'atmosphère, n'entrent dans la circulation que dissous dans la vapeur d'eau que les feuilles absorbent dans l'atmosphère; les plantes, alors même que l'eau ne manque pas à leurs racines, languissent dans une atmosphère sèche; leur nutrition semble s'arrêter, leurs feuilles se fanent. On voit cet effet se produire en été dans nos campagnes sous l'influence de certains vents chauds, avides d'eau, qui enlèvent celle même que la sève des racines puise dans le sol pour la porter aux feuilles; on voit alors ces feuilles se flétrir; et pendant l'hiver, dans nos serres chaudes et nos orangeries, il devient nécessaire de jeter de l'eau en vapeur, lorsque nos moyens calorifères, en échauffant l'air de la serre, ont augmenté son affinité pour l'eau. Toutefois, dans l'irrigation des prairies ou des terres labourables, les végétaux sont tellement près de l'eau d'arrosement que cette eau fournit, par son évaporation, aux tiges et aux feuilles du végétal toute l'eau en vapeur dont il a besoin et qui peut manquer à l'air atmosphérique, et aux racines toute l'eau en nature qui leur convient; l'irrigation porte donc ses bienfaits sur toutes les parties de la plante.

L'irrigation ou l'eau répandue à la surface fournit de plus à l'atmosphère, par l'évaporation qui se produit, cette eau qu'elle rend aux plantes sous forme de rosée et de vapeur inaperçue, et qui devient le véhicule nécessaire des principes atmosphériques qu'absorbent les feuilles. C'est là un bienfait de l'irrigation dont on ne tient pas assez compte, mais qui nous autorise à dire que l'eau de l'atmosphère est presque aussi utile à la végétation que celle du sol.

En résumé, les eaux sous toutes les formes, en rosée, en vapeur ou en pluie, dans l'atmosphère, dans le sol, ou coulant en nappe à la surface, donnent aux plantes de quoi suffire aux principaux actes de la vie végétale, à la formation dans le sol des sucs séveux, à leur ascension par les racines, à l'absorption au moyen de l'appareil foliacé des éléments de végétation que fournit l'atmosphère.

Il est encore un emploi de l'eau qui nous semble jusqu'ici à peine remarqué : l'eau liquide ou en vapeur introduit dans le végétal les éléments nombreux qu'elle tient en dissolution ; mais tous ne lui sont pas utiles, et quelques-uns lui seraient nuisibles. Le végétal doit donc rejeter ceux qu'il ne peut s'assimiler, et c'est ce qui a lieu pour les principes gazéifiables qu'il rejette en vapeur par la transpiration, et pour les principes fixes qu'il rejette dissous en excrétions dans le sol ; dans l'un et l'autre cas, l'eau leur sert de véhicule.

La transpiration est très-abondante dans les végétaux pendant toute leur croissance ; les expériences de Hales en ont démontré l'intensité dans un grand nombre de plantes : leur croissance le plus souvent est en raison de cette transpiration, et cette transpiration est d'autant plus active que la chaleur est plus grande ; avec la chaleur, le végétal dépense donc plus d'eau, mais il prend plus de développement, parce qu'il s'assimile une portion des éléments de l'eau, d'autant plus grande qu'il en transpire une plus grande masse. C'est là, il nous semble, une des raisons qui donne plus d'activité à la végétation méridionale.

Sur les prairies, les eaux entretiennent la fraîcheur dont

elles ont absolument besoin, et surtout elles fournissent à une transpiration dont l'abondance est en raison du nombre, du volume des végétaux et de leurs innombrables racines. La transpiration est donc relativement beaucoup plus active dans les prairies que dans aucune autre nature de sol : c'est ce qui explique leur plus grand besoin d'eau, et comment il arrive que, en la leur prodiguant avec discernement, on peut arriver à doubler et tripler leurs produits; mais il faut que ces eaux s'écoulent encore plus rapidement qu'elles ne se répandent; autrement elles rendent le sol marécageux. Lorsqu'au contraire on les épanche abondamment sur un sol marécageux, et qu'on leur donne un écoulement facile, elles l'assainissent bientôt et améliorent autant la qualité que la quantité du produit.

Si l'eau améliore les prairies, elle ne produit guère moins d'effet sur les terres labourables ; sur elles comme sur les prairies, elle accroît la puissance des engrais, combat les funestes effets de la sécheresse, et rend profitables pour la végétation les ardeurs du soleil méridional. Il est remarquable que dans le midi, avec les eaux dérivées des grands cours d'eau, on arrose quatre fois plus de terres que de prairies. Il serait, il nous semble, plus sage de profiter des eaux pour multiplier les fourrages; mais l'agriculture méridionale a préféré le produit plus actuel, plus immédiatement réalisable des grains, à celui des fourrages producteurs d'engrais.

L'eau nivelle en quelque sorte la qualité des terrains; elle peut rendre, même sans engrais, le sol le plus ingrat presque aussi productif que le plus fertile. Sur les grèves de la Moselle, elle a fait naître les prairies les plus fécondes; sur les sables de la Durance, elle a créé les jardins de Cavaillon. Et puis elle porte la fécondité sur les coteaux comme dans les plaines; alors même qu'elle est descendue au fond du vallon, on peut, en ménageant sa pente, la faire encore arriver sur les coteaux inférieurs qui le bordent : il suffit qu'on lui ouvre un passage pour qu'elle fasse elle-même tous ses frais de transport ; enfin, comme nous l'avons dit, elle a besoin de l'intelligence plutôt que des bras de l'homme pour faire naître partout la fécondité.

CHAPITRE II.

INFLUENCE DES EAUX DANS LA FORMATION DU SOL ET SUR SA FÉCONDITÉ.

1. C'est au travail des eaux, aux dépôts qu'elles forment, que sont dus nos meilleurs terrains. Nous ne rappellerons pas que la surface du sol, la masse terreuse qui le couvre, est le dépôt des eaux à la fin de nos grandes révolutions diluviennes ; mais nous devons faire remarquer que le sol du fond des bassins des petites, des grandes rivières et des fleuves qui sillonnent la surface de la terre, est dû tout entier au dépôt des eaux des révolutions plus modernes. Dans ces révolutions, les eaux en mouvement ont entraîné les débris des terrains supérieurs et les ont successivement déposés sur les bords de leur lit ; c'est ce dépôt qui forme le type le plus puissant de fécondité ; il contient de l'humus en abondance, ne renferme le plus souvent que la quantité d'argile nécessaire pour donner de la consistance au sol ; il est d'un travail facile et s'ameublit sans peine. Ces sols contiennent partout plus d'humus, plus de principes fécondants que ceux de la grande révolution qui avait couvert toute la surface de la terre, et à laquelle on a donné le nom de *diluvium*.

Ces débris modernes des eaux ont donc créé les terrains d'alluvion, les sols les plus favorables à la végétation, où les végétaux de toute taille et de toute nature réussissent le mieux. Ainsi se sont formées toutes les plaines les plus fécondes : le Grésivaudan du Dauphiné, la Limagne d'Auvergne, le Val de Loire, les plaines de l'Alsace, les vallées de la Garonne, du Pô, de l'Adige, de l'Elbe, etc., etc., celles surtout où il semble que les récoltes peuvent indéfiniment se succéder sans avoir besoin d'être aidées par l'engrais. On pourrait ainsi et successivement parcourir tous les pays, et l'on y trouverait toujours les parties les plus fertiles formées par les dépôts successifs des eaux. Nous voyons même encore ces couches d'alluvion fécondes s'élever sous nos yeux sur les bords et souvent même au milieu du lit de nos rivières.

2. Ces eaux, il est vrai, sont quelquefois intempestives, couvrent des récoltes prêtes à être recueillies et ravinent le sol. On s'en défend par des digues; mais avec elles la sécurité pour les produits agricoles est loin d'être entière, et l'on prive le sol de l'accroissement de fécondité que les eaux lui apportent.

Lorsqu'on permet, au contraire, aux eaux de se répandre, une grande partie du limon se dépose sur les terres environnantes; le lit du fleuve s'élève bien encore; mais ses bords s'élèvent en même temps et leur fécondité s'accroît. Il arrive bien alors, il est vrai, que l'agriculture ne peut pas être aussi régulière, qu'elle essuie des pertes; mais elle en est amplement dédommagée par le limon fécondant des eaux répandues. C'est par la plantation des terrains en pente et surtout par les irrigations multipliées, et non par les digues, qu'on peut, en retardant et modérant l'arrivée des eaux des grandes pluies, protéger, ainsi que nous le verrons, ces terrains précieux d'alluvion avec quelque efficacité.

3. Et puis, ces eaux chargées de limon peuvent, si on les dirige sur des terrains sans produit, y faire des *colmatages*, opérations trop peu pratiquées, il est vrai, en France, mais

répandues en Angleterre sous le nom de *Warping*, et fréquentes en Italie sur le bord des cours d'eau limoneux. En France, nous avons vu ceux de M. Rigaud de Lille sur les bords de la Drôme ; M. de Gasparin cite ceux de la rivière d'Ouvèze dans le département de Vaucluse ; mais partout où on les pratique, on crée par leur moyen des sols de la plus grande fécondité.

Cette opération, employée avec discernement, peut assainir les marais en élevant le sol de la surface. Ainsi, en Toscane, la vallée marécageuse de Chiana s'est assainie et est devenue de la plus grande fécondité ; ainsi encore, encouragé par le succès, on espère, avec le même moyen, assainir, en partie du moins, des *maremmes* plus étendues ; ainsi, en France, on voudrait amener à ce résultat, en élevant leur niveau, quelques parties du grand Delta de la Camargue.

4. Bien des cours d'eau, par leur simple extravasion sur leurs bords, y répandent la plus grande fécondité. Ainsi, dans le bassin de la Saône, les rives du Doubs, de la Loire, de l'Oignon, celles de l'Arroux dans le bassin de la Loire, que couvrent assez souvent les inondations, se cultivaient naguère sans fumier. Comme dans certaines terres du bassin de l'Elbe, au rapport de Thaër, et dans des plaines étendues en Russie, les céréales y versaient lorsqu'on leur donnait de l'engrais ; mais depuis qu'on y a introduit la culture alterne et les produits industriels, l'engrais y trouve un utile emploi. Cette fécondité extraordinaire est due à la couche d'alluvion qui s'est déposée de temps immémorial sur les bords de ces cours d'eau, et à son renouvellement annuel par le seul effet des débordements accidentels des grandes eaux.

5. Les cours d'eau secondaires ou tertiaires ont en général de fortes pentes ; on peut donc, en les ménageant, porter leurs eaux, par des dérivations, sur de grandes étendues de sols de toute nature et de toute qualité, qui ne se couvrent

point par les inondations naturelles. On peut ainsi, avec quelques travaux, étendre beaucoup le bienfait de ces eaux fécondantes, et faire partager aux versants de leurs bassins l'immense avantage, dont jouissent les terres du fond, de pouvoir produire avec peu ou point d'engrais.

6. Partout les irrigations, longtemps continuées, modifient avec le temps la nature du sol sur lequel on les dirige ; les eaux charrient toujours avec elles pendant les pluies des limons précieux, et les plus limpides renferment des sels terreux dissous qui, s'infiltrant dans le sol, finissent par changer sa nature ; aussi voit-on tous les sols anciennement arrosés acquérir de la qualité, à côté d'autres immédiatement voisins et de la même formation qui, privés d'eau, restent médiocres. Il y a là un accroissement de valeur territoriale de la plus haute importance, d'autant mieux qu'une fois acquise, elle se conserve indéfiniment.

Cette puissance des eaux se remarque encore mieux lorsqu'on les envoie, en les maîtrisant, sur des graviers sans consistance. Au bout de peu d'années, ces sols, par l'introduction des eaux dont on facilite l'écoulement, prennent du liant, de la consistance et deviennent d'excellentes prairies.

Dans la Crau, on voit le sol placé au-dessus des rigoles d'irrigation se vendre deux à trois cents francs l'hectare, quand celui placé au-dessous en vaut deux à trois mille. Cette énorme différence est due sans doute en plus grande partie au plus fort produit annuel ; mais elle escompte aussi l'accroissement de fécondité qu'acquiert le sol par la culture avec irrigation. Partout les terrains défrichés, jadis en prés arrosés, alors même que leur défrichement date de plus d'un siècle, sont beaucoup plus féconds que ceux qui les avoisinent. Cet accroissement de valeur capitale est de la plus haute importance ; la bonne culture peut sans doute améliorer sensiblement les terrains médiocres ; mais ces terrains négligés retombent promptement à leur ancien état ; la fécondité qu'amène l'emploi des eaux est bien autrement durable : elle modifie essentiellement la nature du sol qui se ressent indéfiniment de leur effet.

7. Cette amélioration est d'autant plus prompte, si l'arrosement a lieu avec engrais ; l'engrais contient un 15me de son poids en matières minérales, substances inorganiques terreuses et salines, dont la plus grande partie reste dans le sol, et les récoltes qu'on en sort n'en absorbent qu'une faible portion.

Il résulte des expériences et des analyses de M. Boussingault que, dans le cours d'un assolement, les récoltes prennent au plus un tiers des substances minérales qu'apportent les engrais. Sans doute les eaux d'irrigation dissolvent et entraînent une partie des substances solubles qu'ils renferment ; mais il en reste toujours dans le sol, et les substances insolubles y demeurent à peu près en entier.

8. On peut encore remarquer que les prairies qui bordent nos cours d'eau et qui ne sont point soumises aux irrigations, doivent toute leur fécondité aux inondations accidentelles qui y ont lieu. Sur les bords de la Saône, une seule inondation vernale, lorsque le vent du nord en avril ne vient pas détruire son effet, assure aux prairies riveraines un produit double au moins de ce qu'il eût été sans elle ; et celles de ces prairies qui ne reçoivent que de rares inondations, valent à peine un tiers de celles des rives immédiates des cours d'eau.

Ainsi, en nous résumant, les eaux, après avoir formé et déposé comme enveloppe sur tout le globe terrestre la couche terreuse, premier élément, milieu et support de toute végétation, ont formé, dans les derniers cataclysmes, les plaines fécondes d'alluvion qui occupent le fond des bassins des cours d'eau ; elles forment encore sous nos yeux des at-

terrissements, des deltas, des îles où les produits se renouvellent sans avoir besoin d'engrais. Nous les voyons aussi
chaque jour, lorsqu'elles s'extravasent de leur lit, suffire à
elles seules à renouveler la fécondité des terrains en prairies, en terres labourables qu'elles recouvrent ; nos cours
d'eau, grands et petits, recèlent donc d'immenses trésors de
production, et cependant nous les employons à peine. Il en
résulte que, suivant la parole vive et juste de M. de Gasparin,
*l'humus de nos montagnes, la vie de la végétation, la richesse
latente du pays, se précipitent à la mer sans retour.*

CHAPITRE III.

UTILITÉ DES IRRIGATIONS AU NORD COMME AU MIDI.

Ce n'est pas seulement dans la France méridionale que les
irrigations peuvent être utiles ; le midi sans doute est le
pays des grandes irrigations ; là ou en sent mieux la nécessité, parce que les sécheresses d'été y sont plus longues,
plus intenses, plus fréquentes. Cependant on y appelle l'eau
sur le sol plus souvent pour le rafraîchir que comme moyen
direct et immédiat de fécondité ; et alors même qu'elle recèle
des principes fécondants, les prés et les terres où on la conduit pour doubler et tripler leurs produits ont le plus souvent besoin d'une double dose d'engrais.

Dans le centre et le nord de la France, où les irrigations
se bornent aux prairies, les eaux suffisent presque toujours
à les féconder, et il n'est besoin que de les répandre à
propos, pour voir doubler souvent la quantité et la qualité
des fourrages.

Pendant que, dans le midi, pour créer des prairies, on est
le plus souvent obligé d'employer de grandes quantités de

fumier, dans toute la chaîne des Vosges, pays modèle d'irrigation, qui touche au nord de la France et qui verse les eaux de sa pente orientale au Rhin, on ne met de fumier sur les prairies que là où l'on ne peut leur faire arriver assez d'eau. Dans l'est, le centre et !e nord, nous les avons vu se créer par la seule puissance des bonnes eaux; et, en résumé, ces eaux sont pour les prairies ce qu'est le fumier pour les terres labourables.

En dix années, dit Thaër, *les eaux transforment en prairie productive le sable le plus infécond.* Dans la Prusse septentrionale et dans la Russie même, comme nous le verrons, les irrigations se multiplient; bien plus, les terres elles-mêmes, dans les pays de cette latitude, peuvent gagner beaucoup à l'irrigation. En Norwège, on y soumet non-seulement les prairies, mais encore les terres labourées; on arrose les blés d'automne après la disparition de la neige et avant qu'ils ne montent en épis; on arrose les grains de maïs pour hâter leur sortie de terre, ainsi que les jachères argileuses après leur second labour.

On peut bien concevoir que, dans les climats septentrionaux, quinze à vingt heures de soleil par jour, dans leur courte saison d'été, doivent produire une bien grande évaporation, une bien abondante transpiration, et par conséquent dessécher bien promptement le sol. Ces climats éprouvent, il est vrai, de fréquentes pluies d'orage; mais ce n'est point assez, et elles ne viennent pas toujours à propos; les eaux conduites artificiellement sur le sol, en cas de sécheresse, y concourent donc beaucoup à hâter une végétation qui peut à peine, en raison du climat, avoir trois mois de durée. Il est donc bien évident que l'irrigation est un immense moyen de production dans le nord comme dans le midi, et que par conséquent elle convient à toutes les parties de la France.

CHAPITRE IV.

RÉSULTATS DE L'IRRIGATION.

1. Sur les montagnes des Vosges, en poudrant en quelque sorte de terre les débris rocheux dont le sol est couvert, et en y faisant arriver les faibles mais nombreuses sources de ces terrains de grès, on crée des prés de la plus grande valeur; les anabaptistes de l'arrondissement de Saint-Dié ne craignent pas de dépenser jusqu'à 3 et 4,000 francs par hectare pour niveler leur terrain et y amener les eaux, et il en résulte des prés qui ont souvent une valeur double de la dépense faite. De mauvais pâturages, sur les bords de la Meurthe, ont été transformés et se transforment en d'excellentes prairies; deux mille hectares de grèves, de cailloux, de deux à trois cents francs de valeur l'hectare au plus, bordent la Moselle d'Épinal à Nancy; en recouvrant les cailloux du sable de la rivière et en formant la surface en planches bombées, l'irrigation métamorphose, au bout de trois ans à peine, ces terrains sans produit en prairies de la plus haute fécondité, de cinq à six mille francs l'hectare; des centaines d'hectares ont déjà subi ces transformations, et le travail marche à grands pas. Des compagnies, ayant à leur tête des hommes intelligents, dirigent les opérations; on peut espérer qu'avant vingt ans, l'industrie aura créé une valeur de plusieurs millions sur un sol improductif, immense bienfait pour un pays souvent médiocre qui manque surtout de prairies, et dont ces travaux vont doubler les moyens de nourriture des bestiaux, et par conséquent ceux de travail et d'engrais.

2. Nous pourrions citer ici les grands résultats obtenus dans Saône-et-Loire par M. d'Esterno, qui vient de féconder et de décupler la valeur de trois cents hectares en y amenant les eaux.

3. Dans notre pays, nous rappellerons le travail de l'honorable M. d'Angeville, ancien député de l'Ain, qui, par l'emploi seul des eaux pluviales recueillies dans un réservoir, a presque quadruplé le produit de quarante hectares de terrain.

4. Non loin de là, dans le Rhône, M. de Talluyer a porté à neuf mille francs un revenu de 1,050 fr., par la création et l'emploi des eaux d'un seul réservoir contenant quarante mille mètres cubes.

5. Nous avons nous-même, sur des pâturages achetés 300 francs l'hectare et des terres 600 fr., créé des prairies de 3,000 francs de valeur l'hectare, et nous habitons cependant un pays où l'irrigation est connue, mais est loin d'être employée comme elle pourrait l'être. Dans ceux où elle n'est point en usage, ces avantages se recueilleraient encore plus facilement.

6. En Italie, les prés du Lodézan, du Milanais, d'Azigliano, se fauchent quatre à cinq fois par an; deux à trois fois pour la consommation en vert, et deux fois pour la provision d'hiver; leur produit s'élève depuis 40 jusqu'à près de 70 mille kilog. d'herbe verte par hectare; et dans le Lodézan en particulier, comme dans une grande partie du Milanais, le terrain était, avant l'irrigation, marécageux et d'un faible produit.

7. Mais la transformation est encore plus remarquable aux environs et avec les eaux d'Édimbourg; l'irrigation a métamorphosé des terrains médiocres en prairies dont le produit, coupé six fois par an pour la nourriture des vaches à lait, est amodié 1,000 fr. à 1,300 fr. l'hectare en moyenne, et cela sous le 52e degré de latitude nord. L'hiver, il est vrai, y est très-doux, et les prés y poussent dans cette saison presque comme dans les prés Marcite d'Italie. En France, à Orange, le loyer de l'hectare de prés arrosés et fumés s'élève jusqu'à plus de 800 fr. Ces résultats prodigieux et qui

sortent de la mesure commune, sont souvent dus à l'irrigation avec les eaux des villes; mais il n'est pas de population agglomérée où ils ne pourraient plus ou moins se reproduire.

8. On calcule que, si les eaux de Londres, au lieu de se perdre dans la Tamise, se répandaient sur le sol des environs, elles pourraient porter à la plus haute fécondité une étendue de 28 mille hectares au moins. On avait entrepris le travail nécessaire pour cela, nous dit M. de Gourcy; mais des embarras financiers l'ont suspendu. Les eaux de Paris produiraient sans doute un effet proportionnel; mais à l'exception d'Aix en Provence, nous ne connaissons en France aucune ville de quelque importance où l'on tire un utile parti des eaux qui en entraînent les immondices; presque partout des égoûts vont les perdre dans les cours d'eau sur lesquels elles sont placées. Dans les pays d'irrigation, les eaux des villages et de quelques petites villes sont quelquefois utilement employées; mais presque partout ailleurs elles coulent inutiles à la surface pour se perdre ensuite dans les cours d'eau. A Nîmes, par exemple, elles se jettent dans le Vistre dont elles salissent et infectent les eaux; le lit du ruisseau est plein, fort au loin dans son cours, d'une bouc noire et épaisse qui serait à elle seule un excellent engrais, et qui, laissée sans emploi, détermine des émanations qui amènent des fièvres intermittentes. Quelques jardins peu étendus reçoivent une petite portion de ces eaux; mais le plus souvent, au lieu de les dériver pour une grande partie de la plaine, on les tire péniblement de leur lit avec des norias mues par des animaux pour arroser de petits jardins; trois ou quatre moulins placés sur le cours d'eau sont l'obstacle qui s'oppose à l'irrigation de cette excellente plaine du Vistre. Les eaux de la petite rivière, enrichies de tous les détritus de la ville, feraient, il nous semble, produire chaque année à la plaine un surplus de produit égal au moins à la valeur capitale des moulins qui obstruent son cours, et alors

même que la plaine ne prendrait que le superflu de leurs eaux, qui dans les temps pluvieux excèdent dix fois le besoin des moulins, le résultat serait déjà bien considérable. Néanmoins on ne songe pas à obtenir ce résultat; cette plaine est déjà si féconde, que les cultivateurs s'inquiètent peu d'en accroître encore la fécondité; et cependant le sol arrosé avec ces eaux grasses, comme celui qu'on arrose avec les eaux des villes ou des villages, n'exigerait que peu ou point de fumier, en sorte que le surplus de produit serait presque tout en bénéfice.

9. Dans les parties du nord de l'Allemagne, un système d'arrosement que nous décrirons plus tard, et qu'on y regarde comme nouveau, quoiqu'il soit le même que celui qui existe de temps immémorial dans les Vosges, l'irrigation par planches bombées, produit des effets prodigieux; par son moyen, on y a métamorphosé, comme depuis longtemps dans les Vosges, des marais tourbeux en prés féconds et de bonne qualité. Ces succès ont éveillé l'attention générale en Allemagne; le roi de Prusse appelle les plus habiles irrigateurs de ce pays dans la Prusse septentrionale, et l'empereur de Russie les fait arriver jusque dans ses climats. Ces gouvernements sentent toute l'importance de l'agriculture, l'encouragent de tous leurs moyens, et, comme Henri IV sous l'inspiration de Sully, ils savent *que pâturage et labourage sont les mamelles nourricières du pays.*

On peut espérer que cette méthode vosgienne, dont le Milanais pourrait peut-être aussi réclamer l'invention, se répandra dans le reste de la France; plusieurs propriétaires ont appelé des Vosgiens pour diriger leurs travaux: M. Rieffel vient de les appeler au grand Jouan; et pendant sept ans, nous avons eu nous-même une famille vosgienne dont le père était chef d'atelier dans son pays, qui nous a fait de remarquables travaux; nous nous proposons de développer plus tard cette méthode dans tous ses détails.

10. Comme nous l'avons déjà fait remarquer, les prairies, plus encore que tous les autres produits du sol, ont besoin d'eau; cette végétation de plantes serrées, de racines qui s'enchevêtrent les unes dans les autres, qui a lieu presque exclusivement dans une couche d'à peine quinze centimètres, absorbe une quantité prodigieuse d'eau qu'elle transpire presque immédiatement dans l'atmosphère : ces plantes en masse transpirent au moins deux ou trois fois plus que celles des terres labourées, et par conséquent, pour réussir, ont besoin de deux ou trois fois plus d'eau ; aussi les terres labourées en demandent beaucoup moins que les prairies, mais les jardins beaucoup plus encore que les prés, parce que les légumes sont généralement des plantes fortes qui demandent une active végétation, et desquels on exige le plus souvent un grand produit foliacé, organe spécial de transpiration.

Ce n'est qu'avec une surabondance d'engrais ou une extrême fertilité de sol qui appelle l'eau de l'atmosphère, qu'on peut obtenir des prairies fécondes sans eaux artificielles ; mais quelle que soit cette fécondité si rare, l'irrigation peut toujours y ajouter.

11. Un hectare de terre et une noria, nous dit M. Jaubert de Passa, suffisent en Catalogne à une famille qui vit de ses produits, en exporte la plus grande partie, et donne encore une forte rente au propriétaire. A Cavaillon, deux mille hectares de graviers de la Durance, auparavant de faible produit, valent actuellement de six à douze mille francs l'hectare, occupent et enrichissent une population de dix mille âmes, et envoient leurs produits à quinze et vingt lieues de distance. Les huertas (jardins arrosés d'Espagne) peuvent seuls leur être comparés.

12. Avec de l'eau et l'aide du soleil, le sol peut donner partout de grands produits, et les sables arides et brûlants du désert deviennent des oasis fécondes, aussitôt que des eaux peuvent arriver ou surgir à la surface.

Il n'est point de pays, point de sols, point de récoltes qui chaque année n'éprouvent quelques moments de sécheresse, et n'aient, quelquefois au moins, besoin de recevoir de la fraîcheur et de l'humidité.

13. Dans la partie de France qui verse ses eaux dans la Méditerranée, suivant la remarque de M. de Gasparin, les pluies de printemps sont rares, et celles d'automne abondantes. D'après les observations de M. Martins, les pluies d'été n'y seraient que les 11/100es de celles de l'année, pendant qu'elles en sont les 41/100es en automne, saison où l'évaporation et les besoins de la végétation sont trois ou quatre fois moindres. Il y aurait donc un équilibre essentiel à rétablir, puisque l'eau manque en été où elle calmerait la sécheresse, et surabonde en automne où on ne l'emploie pas ; aussi dans toute cette grande étendue, le produit des prés non arrosés est peu assuré, et celui des prairies artificielles chanceux. Les irrigations y sont donc absolument nécessaires à la prospérité de l'agriculture, parce que seules elles peuvent assurer la récolte des fourrages.

Cette disposition particulière du climat, qui rend incertain le succès des récoltes de printemps, y a nécessité le retour biennal de la jachère, assolement peu productif que feraient disparaître les irrigations en multipliant les fourrages et les engrais, et en donnant aux récoltes de printemps la fraîcheur, et par conséquent la certitude de produit que leur refuse le climat.

Il résulte donc de tout ce que nous venons de dire, que dans tous les pays, au midi comme au nord, l'irrigation est d'un grand intérêt général et d'un immense intérêt agricole. Sous tous les climats, les eaux sont utiles aux cultures, aux récoltes de toute nature, et on doit s'en aider toutes les fois qu'elles ont une pente suffisante pour les faire d'abord arriver sur le sol, et pour qu'elles s'en écoulent ensuite avec facilité. En résumé, toutes les fois que les eaux s'écoulent sans être répandues sur le sol, leurs principes fécondants sont perdus pour la reproduction ; les principes solubles des engrais qu'elles contiennent, les détritus végétaux et animaux, les débris les plus féconds de nos sols se jettent à la mer sans emploi, et ensablent le lit de nos rivières et nos ports.

14. L'eau prise à sa source est d'ordinaire plus active, plus puissante sur la végétation que quand elle a déjà parcouru de grands espaces ; après avoir promené ses nappes sur les prairies qui bordent la source, l'eau arrive dans le lit du petit ruisseau, où, mêlée à d'autres, elle retrouve de nouveaux principes fécondants : là on peut la reprendre par des dérivations ou des barrages pour la faire circuler de nouveau en nappe sur les bords et le fond du petit bassin ; de ce petit bassin, elle s'écoule doucement dans la petite rivière ; elle s'y mêle à de nouvelles eaux qui lui rendent de nouvelles forces ; d'autres barrages peuvent la faire sortir encore de la petite rivière pour les prairies et les terres d'un niveau inférieur à celui du lieu où on la prend. On conçoit que le cours d'eau que l'on dérive, lorsqu'il a beaucoup de pente, peut être conduit jusque sur les coteaux qui bordent son cours inférieur, et que les eaux peuvent ainsi arroser aussi bien les coteaux qui encadrent les vallons, que les vallons eux-mêmes. Enfin l'eau arrive dans les grands cours d'eau ; là des dérivations nouvelles l'en tirent encore pour féconder les plaines étendues de leurs bords ; la même eau peut donc servir presque indéfiniment, et, en la recueillant au bas du fonds qu'elle vient d'arroser, chaque mètre de pente en permettrait au besoin un nouvel emploi. Lorsque l'eau a déjà servi à plusieurs arrosements, elle perd il est vrai, en partie, sa puissance fécondante ; mais rentrée dans son lit, elle en retrouve une portion en se mêlant à d'autres eaux qui n'ont pas été employées. On y reçoit en même temps les eaux qui s'écoulent des terres labourables chargées de molécules ténues d'humus et de terres d'alluvion, en sorte qu'elles

fécondent encore les terrains sur lesquels on les dirige. Toutes les fois donc qu'on prend l'eau dans son lit, on en tire de notables avantages; les eaux des *colatures* dans les grandes irrigations du midi, ont souvent plus de qualité que celles de la dérivation, parce qu'elles sortent de terres labourables ou de prairies auxquelles on donne une abondante fumure tous les trois ans; elles sont par conséquent très-utilement employées.

Toutefois, nous devons faire remarquer ici que dans les pays où l'on ne fume pas les prés arrosés, lorsqu'ils sont en terrain un peu marécageux, l'eau, après les avoir arrosés, a non-seulement perdu sa puissance fécondante, mais elle s'est encore chargée de principes contraires à la végétation, et lorsqu'on l'emploie immédiatement à l'irrigation d'autres prés, elle leur est plus nuisible qu'utile. Lorsqu'elle est rentrée dans son lit, en se mêlant à d'autres qui ne présentent pas les mêmes inconvénients, essuyant peut-être de nouvelles combinaisons, elle semble avoir quitté ses principes malfaisants et repris sa puissance fécondante.

CHAPITRE V.

ACCROISSEMENT DE LA VALEUR DES ENGRAIS PAR L'IRRIGATION.

1. L'un des grands avantages de l'irrigation, c'est la valeur qu'elle donne à l'engrais dont elle semble doubler l'énergie. Il est, en effet, hors de doute que pour décider le cultivateur du midi de la France, comme celui d'Italie, à fumer abondamment tous les ans son champ arrosé, et tous les trois ans sa prairie aux dépens même des champs non arrosés, il a fallu que l'expérience lui prouvât que cet emploi de l'engrais y était beaucoup plus profitable que sur son pré ou

sur son champ non arrosé. Cette grande valeur de l'engrais a dû le déterminer à accroître autant que possible ses fourrages et ses bestiaux, autre bienfait encore de l'irrigation qui réagit ainsi sur le produit des champs non arrosés eux-mêmes.

M. de Gasparin citait au Congrès scientifique de Nîmes une prairie arrosée depuis vingt ans sans fumier ; les produits ont successivement diminué jusqu'à être réduits de plus de moitié et à ne plus donner qu'un foin de moindre qualité : cette dégradation tient sans doute à la qualité des eaux employées. On rencontre dans le midi, plus que dans le nord, des cours d'eau de cette espèce ; aussi, pendant que dans le nord les prairies arrosées ne sont presque jamais fumées, dans le midi au contraire elles le sont presque toujours. D'ailleurs il n'y a rien à perdre à cette prodigalité d'engrais qu'on donne dans le midi ; elle élève le produit des prairies jusqu'à une moyenne de plus de quinze mille kilog. de foin sec par hectare, quantité double de celle des très-bons prés arrosés dans le nord.

M. de Gasparin a entrepris une suite d'expériences pour déterminer la valeur comparée du fumier sur des champs arrosés et sur d'autres qui ne le sont pas ; sur ces deux catégories de fonds pendant plusieurs années successives, il a fait varier les doses d'engrais, et les a pesées ainsi que les produits : il en est résulté une conséquence remarquable, c'est que le fumier employé sur les champs arrosés produit deux fois et demie plus d'effet que sur ceux qui ne le sont pas. On conçoit alors pourquoi le cultivateur du midi prive souvent d'engrais sa terre non arrosée pour le donner à celle qui l'est. Les résultats généraux et annuels avaient bien établi ce fait ; mais il n'était pas précisé dans sa portée comme il l'est maintenant par les expériences de M. de Gasparin.

Ce résultat d'ailleurs est d'accord avec le raisonnement ;

les éléments de végétation fournis par les engrais, ayant besoin d'être dissous dans l'eau pour profiter à la plante, l'eau leur est absolument nécessaire pour leur servir de véhicule ; mais lorsqu'elle vient à manquer, le fumier, dans ses réactions incessantes, se consume en partie dans le sol, et s'échappe en gaz dans l'atmosphère, sans utilité pour la plante. Sans doute au moyen de l'irrigation, les engrais, dans le sol, mis sans cesse par leur dissolution à portée des plantes, sont promptement épuisés ; mais ils leur profitent presque en entier, pendant que dans le cas contraire ils ne peuvent leur profiter que lorsque le terrain reçoit assez d'eau. On sait que dans nos climats mêmes, lorsque les récoltes de printemps fumées éprouvent des sécheresses, l'engrais ne leur fait aucun profit, et arrive même quelquefois, en tenant la terre soulevée et favorisant la sécheresse, à leur être autant nuisible qu'utile.

On doit conclure de ce fait que, dans notre climat et notre pays, l'irrigation de nos champs labourés dans les années de sécheresse, serait à peu près aussi utile que dans le midi ; et si cette induction avait besoin d'autres preuves, ce qui se passe dans nos jardins, où l'on n'obtient de produits en temps de sécheresse qu'en y prodiguant les arrosements, achèverait de lui donner toute certitude.

C'est encore dans nos jardins que nous trouverons une dernière preuve de l'accroissement de puissance donné aux engrais par l'irrigation : dans nos jardins maraîchers bien soignés et arrosés régulièrement, une seule fumure dans l'année fait produire au sol trois ou quatre récoltes consécutives, quand une seule dans la culture légumière sans arrosement suffit pour absorber l'engrais.

CHAPITRE VI.

AFFAIBLISSEMENT DES TORRENTS ET DIMINUTION DES INONDATIONS PAR L'IRRIGATION.

§ 1. *Affaiblissement des torrents.* — Le barrage qu'on place sur le torrent tire les eaux de son lit pour ne les y laisser rentrer que lentement, en filets imperceptibles ou en petites nappes, les épanche sur de grandes étendues, pour y satisfaire au besoin des plantes qui les couvrent, les tient exposées, divisées à l'infini, à l'action de l'air et du soleil, diminue par conséquent très sensiblement leur volume. Il doit donc avoir pour effet immédiat de réduire beaucoup les terribles effets des torrents, puisqu'il retarde l'arrivée des eaux, détruit leur vitesse et réduit leur volume. En outre, cette eau laisse sur le sol arrosé, en même temps que ses principes fécondants, les parties terreuses qu'elle charrie toujours avec elle ; elle crée par ce moyen, et à l'aide de la végétation qu'elle active, des couches végétales sur les graviers les plus arides et jusque sur le rocher.

Les eaux des pluies abondantes, abandonnées à elles-mêmes, se creusent des lits dans toutes les inflexions de terrain ; les terres et les débris du creusement sont entraînés avec elles et augmentent leur volume, leur poids et surtout leur puissance d'érosion et de destruction. L'emploi des eaux à l'irrigation, en prévenant ces funestes effets, peut donc rendre d'immenses services au pays.

Ainsi donc, au moyen des irrigations qui se feraient avec les eaux du cours d'eau et celles des pluies, en ménageant leur pente et divisant leur volume sur de grandes étendues, les terres des coteaux cessent de se raviner, et par conséquent d'être entraînées dans le lit des torrents, et celles que les eaux charrient encore, arrivées dans le lit des rivières au moyen de dérivations nouvelles, se répandent doucement sur la plaine : ces eaux épurées sur le sol qui les filtre en quelque sorte, arrivent donc presque limpides dans l'Océan ; alors elles cessent d'y former, avec les débris des ravages qu'elles ont causés sur nos terres, ces attérissements qui éloignent la mer de nos côtes ; elles cessent de combler nos ports et d'y produire ces barres funestes qui interdisent l'entrée des navires, et causent des accidents si nombreux; alors les lits de nos grands cours d'eau ne se remplissent plus des débris de nos montagnes, la navigation est plus facile, notre pays cesse d'être menacé du sort de l'Italie, dont les grands cours d'eau contenus dans leur lit par des digues, et arrivés à être en relief sur le sol, menacent sans cesse les terres environnantes, donnent naissance à des marais qui désormais ne trouvent plus d'écoulement, et dans les grandes inondations, comme cela a eu lieu en 1844, brisent les digues, se jettent en torrents sur la plaine où elles détruisent le sol, les habitations, et même sur les villes, comme elles l'ont fait sur Florence, où elles ont causé les plus grands désastres.

§ 2. *Diminution des inondations par les arrosages.* — Les inondations les plus dangereuses ont lieu surtout par l'afflux subit des eaux des torrents dans le lit des rivières, et les torrents eux-mêmes se grossissent subitement par les eaux des grandes pluies qui arrivent sans obstacle dans leur lit. On conçoit que ces eaux détournées de leur cours pour être employées à l'irrigation et promenées sur la surface des terrains environnants, s'écoulent lentement et perdent toute leur spontanéité, en même temps qu'une partie de leur volume; elles n'arrivent donc que petit à petit dans le lit du torrent dont les eaux par conséquent grossissent lentement; les inondations deviennent ainsi moins subites, moins étendues, moins fréquentes, et causent beaucoup moins de ravages; l'irrigation produit alors un effet analogue à celui qu'on doit attendre de la plantation des terrains en pente, mais un effet encore plus direct, plus immédiat et sans aucun doute plus puissant.

Les terres il est vrai ne s'arrosent pas par les temps de pluie; mais cette époque est le moment le plus favorable aux arrosements des prairies qu'on établira alors avec tout avantage sur les rampes des coteaux; plus tard, nous reviendrons sur ce puissant moyen de diminuer les effets funestes des inondations.

⚬

CHAPITRE VII.

INFLUENCE DES IRRIGATIONS SUR LE CLIMAT.

§ 1. Les eaux d'irrigation pénètrent le sol, s'y infiltrent en partie, le surplus coule en nappe à la surface d'où, à l'exception de celles qui s'évaporent dans l'atmosphère, elles s'écoulent successivement à l'aide des pentes, dans les petits ruisseaux, les rivières et les fleuves; quant à celles qui pénètrent le sol, une partie s'évapore encore sous l'influence de l'air et du soleil, une autre le traverse pour alimenter les sources, entretenir le cours des ruisseaux et fournir à des irrigations nouvelles; ce qui reste s'emploie à la végétation par l'intermédiaire des racines qui le pompent dans le sol, le transmettent aux organes intérieurs des plantes qui s'en assimilent une petite portion et rejettent le reste dans l'atmosphère.

L'effet des irrigations sur les sources est bien considérable; dans certains cantons des parties irriguées d'Italie, où l'arrosement se distribue sur des parties élevées et sur les plaines d'un niveau inférieur, en pratiquant dans la plaine des rigoles pour l'emploi des eaux, il arrive souvent qu'on rencontre des sources qui en augmentent d'un tiers le volume , et ces sources nombreuses ne se trouvent que dans les pays d'irrigation et par conséquent sont dues à cette méthode.

Mais les eaux évaporées par l'air et le soleil , transpirées par les plantes , restent dans l'atmosphère où elles entretiennent dans les temps de chaleur une humidité bienfaisante et d'où elles retombent en rosée et quelquefois en pluie ; chaque jour le soleil les reprend, et chaque nuit la fraîcheur les rend aux plantes et au sol; 10 fois, 100 fois peut-être, les mêmes eaux dues à l'irrigation, circulent entre le sol et l'atmosphère , s'échangent entre le ciel et la terre, ce qui les multiplie de la manière la plus heureuse ; et cela dans les moments d'irrigation, c'est-à-dire dans les saisons ardentes, où la terre, les végétaux et l'atmosphère ont le plus besoin de fraîcheur , de rosée et de pluie.

Et puis les eaux d'irrigation qui traversent le sol pour grossir les sources deviennent elles-mêmes , après avoir puisé dans la terre des principes fécondants, de nouveaux moyens d'irrigation qui multiplient les bienfaits de la première opération.

Ainsi donc, des irrigations nombreuses en augmentant d'une manière très-sensible les sources et les cours d'eau , en rendant les rosées plus abondantes et les pluies plus fréquentes , en conservant dans l'atmosphère une humidité bienfaisante , doivent agir très-sensiblement sur le climat, et le modifier d'une manière favorable aux produits du sol et aux habitants eux-mêmes.

§ 2. On peut admettre qu'il tombe en moyenne , chaque année, une même quantité d'eau qui sert à alimenter la végétation , les sources et les rivières; sans connaître toutes les lois qui président à la distribution des pluies, l'expérience nous prouve que leur somme dans un certain nombre d'années s'équilibre malgré quelques oscillations; c'est une loi de conservation nécessaire : si elle n'existait pas et si les eaux que l'atmosphère verse sur le sol, pouvaient progressivement augmenter ou diminuer, cet état de choses jetterait dans les climats, dans les sols et sur toute la surface de la terre, une perturbation dont les résultats deviendraient funestes ; car les habitudes des hommes et des animaux, les dispositions multiples de nos habitations, les pratiques variées de notre culture sont assorties à notre climat, et son changement non prévu amènerait des pertes, des mécomptes, et même des malheurs de toute espèce.

On se plaint cependant et avec raison, nous le pensons, de voir diminuer la quantité des pluies estivales dans le bassin du Rhône ; ce phénomène doit s'attribuer au dépouillement, au déboisement des pentes et à l'état de nudité où elles sont arrivées ; par compensation, les pluies d'automne se sont beaucoup accrues et versent, nous le croyons, en plus sur la contrée ce qu'y versent en moins les pluies d'été ; mais ce changement a été très-malheureux pour le pays ; les pluies d'été sont très-favorables à la végétation et causent rarement des inondations, pendant que celles d'automne les font presque annuellement reparaître, empêchent de faire les semailles, détruisent souvent celles qui sont faites, refroidissent la température, nuisent par là à l'aoûtement des bourgeons du mûrier, des vignes, à la maturation, à la bonne qualité et à la facile récolte des raisins.

§ 3. On conçoit que les plateaux et les pentes déboisés des montagnes ne peuvent plus retenir les eaux des pluies, les conserver sous l'ombre des bois et leur donner le temps de pénétrer jusqu'aux sources intérieures ; elles glissent au contraire sur la surface à mesure qu'elles tombent, se réunissent immédiatement dans les plis de terrain pour raviner le sol, se jettent dans le lit des torrents dont elles augmentent le volume, la rapidité et les dégats ; les sources ainsi appauvries, et les pentes dépouillées des bois et de la couche de *diluvium* qui les couvraient, la surface mise à nu a perdu tous moyens de conserver les eaux et ne peut plus offrir d'humidité à pomper par la chaleur du jour; l'évaporation d'été diminue donc en proportion; la vapeur d'eau, rare dans l'atmosphère, ne peut plus se condenser: de là, la rareté des rosées, des pluies d'été, la fréquence et les dégâts des sécheresses.

Mais à qui la faute d'un pareil état de choses sinon à l'imprudence humaine qui a dépouillé les pentes des bois qui étaient leur ornement et la sauvegarde du pays? Deux moyens cependant sont entre les mains de l'homme, pour rétablir l'heureux équilibre dont la Providence avait doté cette belle contrée du midi de la France. Qu'il reboise ses pentes et ses plateaux, qu'il emploie surtout ses cours d'eau grands et petits à se répandre doucement en nappe sur les déclivités du sol, qu'il barre les courants d'eau de pluie pour les forcer à porter leur limon sur ces coteaux dénudés, qu'il se rende enfin maître de l'eau, avant que réunie en masse elle ne devienne son fléau !

Toutefois même encore ces eaux automnales surabondantes dont l'homme se plaint et qui lui nuisent effectivement parce qu'il ne les maîtrise pas, lui sont encore néanmoins utiles; l'aridité et la sécheresse de son climat seraient beaucoup plus intenses s'il venait à les perdre, parce qu'elles forment l'approvisionnement des eaux intérieures et des sources pendant l'été, prolongent leur durée, mouillent profondément le sol dans les parties où il est encore couvert de bois; ce sol alors conserve plus long-temps sa fraîcheur et fournit aux évaporations estivales.

§ 4. Ainsi donc, les pluies offrent des compensations aux dommages qu'elles causent, et leur diminution augmenterait la sécheresse et l'aridité du climat; mais nous venons de le dire, deux moyens existent pour ramener les pluies à une plus heureuse distribution : le reboisement et l'irrigation en redonnant à l'atmosphère les éléments nécessaires pour des pluies plus fréquentes, des rosées plus abondantes pendant la saison sèche, rappelleraient le climat à son état normal pendant l'été; et si, comme le prouve l'expérience, la quotité annuelle de pluie s'équilibre et reste la même en moyenne, il serait à croire que les pluies d'automne diminueraient en intensité et que par conséquent les inondations de cette saison deviendraient beaucoup plus rares, double bienfait qui serait dû autant au moins à des irrigations étendues qu'au reboisement des pentes.

§ 5. Les fleuves portent à la mer une partie des eaux que fournissent les pluies et les sources; les sources sont elles-mêmes alimentées par les pluies, car nous les voyons croître ou décroître suivant leur abondance ou leur rareté; il n'y a point de sources dans les pays sans pluie, et elles sont nombreuses dans ceux à pluies abondantes; toutes les eaux d'un pays sont donc dues aux pluies. Mais on admet en moyenne qu'un tiers de ces eaux se rend à la mer par nos grands cours d'eau, ou en d'autres termes que l'atmosphère et le sol conservent les deux tiers de l'eau des pluies; il est donc nécessaire pour l'équilibre, c'est-à-dire pour que la moyenne des pluies des divers climats se maintienne, que les eaux des mers rendent à la terre toutes celles qu'elles en ont reçues; une évaporation incessante a donc lieu sur leur grande surface; les vents poussent sur le continent ces vapeurs à mesure qu'elles se forment, et elles y deviennent bientôt l'aliment des pluies et des rosées; aussi dans tous les climats les vents de pluie sont des vents qui viennent de la mer.

Mais comment se fait-il que cette grande quantité de vapeurs qui se résolvent en pluie, représente constamment en moyenne la quantité d'eau versée dans le sein des mers par le continent? c'est là un des innombrables secrets que s'est réservés la puissance conservatrice, celle qui a tout produit et qui conserve son œuvre.

Toutefois, il est une foule de climats pour lesquels n'a pas été établie cette loi conservatrice; l'Egypte placée entre deux mers, les déserts d'Afrique et les autres continents, reçoivent peu ou point de pluie; il manquerait, à ce qu'on peut croire, à leur climat, les conditions nécessaires pour résoudre en eau les vapeurs d'eau que les vents de mer poussent dans leur atmosphère.

CHAPITRE VIII.

ASSAINISSEMENT DES TERRAINS MARÉCAGEUX.

Nous ne devons pas oublier, en nous occupant des avantages qu'amènent les irrigations, que les bonnes eaux répandues sur les terrains marécageux les assainissent d'une manière très-sensible; il suffit pour cela de leur donner un écoulement facile. Elles changent même la nature de leurs produits et remplacent les plantes des terrains malsains par celles des terrains sains; alors le sol et ses émanations sont assainis; il est donc à croire que l'irrigation doit améliorer l'état sanitaire d'un pays marécageux; ainsi le Lodézan qui, suivant le témoignage de Beccaria, était le réceptacle marécageux d'eaux immondes et saumâtres (*), s'est assaini sous l'influence des irrigations et est devenu l'un des pays les plus féconds de l'Italie.

Nous citerons encore les prairies des Vosges dont une partie en tourbe pure produisait naguère très-peu d'un foin fort médiocre; depuis qu'on les a soumises à une irrigation régulière et qu'on a surtout donné de l'écoulement aux

(*) Paludoso letto d'acque immonde e salmastre.

eaux, la terre s'est raffermie, la surface du sol a changé de nature, et le produit a doublé au moins en quantité et en qualité.

Enfin nous rappellerons que, dans les marais Pontins, pour détruire les effluves insalubres des terrains, on les couvre d'eau.

Une foule de cours d'eau grands et petits offrent, dans les couches inférieures de leurs bassins, des lits de tourbe qui prouvent qu'ils ont été jadis des marais; les eaux en se répandant chaque année sur ces terrains, en y déployant les bienfaits de l'irrigation naturelle, ont couvert ces surfaces marécageuses de couches d'alluvions fécondes et sont arrivées à assainir le sol et le climat. Par suite d'une loi naturelle, ainsi que nous le développerons plus tard, les pentes des bassins des cours d'eau, dont on laisse les eaux s'épancher librement, vont sans cesse croissant, parce que ces eaux sont plus chargées de limon à mesure qu'elles sont plus près de leur origine et font toujours des dépôts plus épais dans les parties supérieures des bassins; il en est donc résulté que les pentes du littoral, en s'accroissant, ont procuré aux eaux stagnantes un écoulement facile; et cet effet que n'amènent qu'après de longues années les inondations, soit les irrigations naturelles, se produit beaucoup plus promptement par les irrigations artificielles qui se multiplient à volonté et presque indéfiniment, pendant que les irrigations naturelles n'ont lieu qu'une fois ou deux par chaque saison. Il s'ensuit donc que les irrigations tendent essentiellement à assainir les parties marécageuses, soit en entraînant les principes astringents qui nuisent à la quantité et à la qualité du produit, soit en créant une pente à l'aide de leur limon sur les terrains qui ne sont marécageux que parce que leurs eaux manquent de pente pour s'écouler, soit enfin en créant en quelque sorte un sol nouveau et fécond par le mélange et la superposition de leurs dépôts au terrain aigre ou tourbeux.

Toutefois de même que les eaux répandues sur les terrains marécageux, lorsqu'on leur procure un libre écoulement, les assainissent et avec eux assainissent le pays lui-même, de même aussi, si l'on jette les eaux sur un sol sans leur donner de l'écoulement, on fait naître ou l'on accroît l'insalubrité. Ainsi on se plaint que dans le midi, en jetant des eaux de *colature* sur des terrains marécageux, on a augmenté l'insalubrité. Certaines parties de l'Italie font les mêmes plaintes : c'est ce motif qui, dans une ordonnance qui eut lieu sous l'empire, fit éloigner les prés *marcite* à une distance déterminée des villes et villages. Cette ordonnance heureusement ne reçut point d'exécution ; si elle se fût bornée à ordonner qu'on prît des mesures efficaces pour évacuer promptement les eaux d'irrigation, elle eût été un bienfait pour le pays ; car tout le mal qui résulte ou peut résulter des eaux, vient toujours de ce qu'elles ne sont pas promptement et facilement écoulées. Il est donc nécessaire que le gouvernement, tout en facilitant les irrigations, exerce une police sévère sur la prompte et facile évacuation des eaux ; la loi du 19 avril 1845 suffit désormais pour que le propriétaire, après l'usage des eaux, puisse leur procurer un libre passage sur le fonds inférieur ; et tout fonds inondé par ses propres eaux ou par des eaux d'autrui pourra désormais s'assainir en leur obtenant un passage.

Ces dispositions sont très-sages ; elles peuvent recevoir de fréquentes applications et intéressent autant la salubrité publique que l'amélioration de l'agriculture.

CHAPITRE IX.

ÉVALUATION EN NATURE DU PRODUIT DE L'IRRIGATION.

Il nous semble difficile d'évaluer à moins de 100 francs par hectare en moyenne, l'accroissement de produit net que l'irrigation apporte au sol; mais cette somme n'est que pécuniaire; c'est un produit dont on retranche tous les frais, c'est celui que paierait le fermier ou le propriétaire; le produit le plus important est le produit brut, celui qui entre dans la consommation générale; la société le recueille tout entier, parce qu'il se distribue comme richesse à tous ceux qui ont pris part à son accroissement.

Pour apprécier ces résultats, analysons le produit le moins complexe, celui qui entraîne le moins d'avances et de main-d'œuvre, le produit de la prairie arrosée avec de bonnes eaux, dans le système le plus simple, celui où l'on n'est pas obligé d'employer du fumier.

Chaque hectare de prairie ainsi amélioré produit en moyenne cinq mille kilog. de foin en deux coupes, sans compter un pâturage qui équivaut peut-être bien au sixième de ce produit. Or ce fourrage, consommé par l'espèce chevaline, nourrit un cheval et demi de travail agricole ou industriel, ou un nombre double ou triple d'élèves; si on l'emploie pour l'espèce bovine, il nourrit deux bœufs qui, au bout de 3 à 4 ans de travail, fournissent chacun à la consommation 2 ou 300 kil. de viande; ou encore ce fourrage sert à nourrir un nombre double au moins d'élèves dont la destination est aussi de donner à l'homme leur travail, leur chair et leurs dépouilles; enfin, appliqué à la nourriture des vaches, il en alimente au moins deux, dont chacune par son laitage de 3 à 4 litres en moyenne par jour représente la nourriture de plus d'un individu, donne chaque année un veau de 30 à 40 kil., et par la suite, au bout de 5 à 6 ans, 150 à 200 kil. de sa propre substance.

Et puis ces 5 mille kil. de fourrage en moyenne se transforment en 10 mille d'engrais, dont chaque millier appliqué au sol lui fait donner, en surplus de produit, plus d'un hectolitre de froment, ou des équivalents plus forts en autres grains, et par conséquent, pour les 10 mille kil., le grain pour la nourriture de quatre individus. Il faudrait retrancher de là le produit brut que fournissait cet hectare comme terre labourable ou pré non arrosé; son produit brut était à peine le tiers, tout en faisant dépenser le double au moins en main-d'œuvre, en fumier; et cette main-d'œuvre et ce fumier reportés sur les autres terres de l'exploitation, en augmentent très-sensiblement le produit net. Il est inutile de recourir à des chiffres pour établir que cet enchaînement de résultats représente, par le surplus de ses avantages sur le produit ancien, plus du triple de la somme à laquelle nous avons évalué le produit net de l'irrigation.

Ainsi donc, après la richesse individuelle du propriétaire, le produit de la prairie arrosée se résume en économie de main-d'œuvre, nourriture d'animaux de travail, élèves et croît de bestiaux, production de chair pour aider à la nourriture des hommes, et enfin et surtout en production d'engrais, source abondante de grains nourriciers : c'est un enchaînement de bienfaits qui se reproduisent annuellement et constituent essentiellement la richesse effective d'un pays.

Pour établir ce résultat, nous avons évité de prendre le produit des prés fumés et arrosés qui s'élève de plus de moitié en sus; nous avons préféré rester dans des termes simples, et nous avons pris pour point de départ les prés arrosés avec des eaux qui n'ont pas besoin de l'emploi du fumier; leur produit est beaucoup moins considérable que celui des prés fumés et arrosés, mais il est plus près d'être normal, et s'applique plus facilement aux prés arrosés de toute la France.

Et si l'on veut évaluer les résultats de l'irrigation en valeur numéraire, nous voyons en France comme en Italie les cantons arrosés donner un produit triple au moins de ceux qui ne le sont pas. — En Piémont, depuis peu, dans la propriété de Lessegno près du Tanaro, des terres de 600 fr. sont passées à la valeur de 2,200 fr. l'hectare quand elles ont été arrosées, et de 2,800 fr. quand elles ont été mises en prés.

En France, les terres et les graviers de la Durance sur lesquels M. de Gasparin a fait ses expériences, ont pris une valeur au moins décuple par l'emploi des eaux. Il en est de même des terres de Cavaillon et des graviers de la Moselle; et beaucoup de terres dans la plaine de la Crau valent 300 francs au-dessus de la rigole d'arrosement, comme elles en valent 3,000 quand elles sont au-dessous.

CHAPITRE X.

VALEUR DU FUMIER SUR LES TERRES ET LES PRÉS ARROSÉS.

1. Le fumier accroît beaucoup le produit relatif des prés arrosés; M. de Gasparin obtient en trois ans, avec une fumure de 50 mille kilog., un produit de 45 mille kilog. de foin, sur un terrain qui, avant toute fumure et arrosement, ne donnerait pas en un an plus de 3 mille kilog., et en trois ans 9 mille kilog. par hectare; ce serait donc 36 mille kilog. dûs aux irrigations et aux fumiers.

Resterait à faire la part de l'un et de l'autre. Les Allemands, d'après M. Nivière, admettent que le fumier appliqué aux prairies, reproduirait en surplus de produit en foin sec, les trois quarts de son poids. En voyant de près cette question, en consultant les expériences nombreuses faites autour de nous, les nôtres propres, et particulièrement celles de M. Perrault de Jotemps à Feuillasse près Genève, nous sommes arrivé à penser qu'on serait plus près de la vérité, en comptant pour surplus de produit, pendant les trois années qui suivent la fumure, moitié à peu près en foin sec du poids de cet engrais.

Ainsi donc, d'après cette donnée, dix-huit mille kilog. du foin produit sur les prairies de M. de Gasparin seraient dûs à l'engrais, produit déjà bien considérable, puisqu'à 50 fr. les mille kilog. il ferait ressortir à 18 fr. la valeur ou le produit du char d'engrais de mille kilog. Il restera donc 10 mille kilog. pour le produit brut de l'eau en trois ans, ou une valeur de 900 fr., soit 300 fr. par an, valeur triple du produit net que nous lui avons attribué précédemment.

Mais ce pré a été amené à cette fécondité par une longue suite de soins et de fumures, et à chaque retour de la fumure triennale, l'effet du fumier s'est accru jusqu'au moment présent où il est à peu près stationnaire; il en résulte un principe dont on n'est pas assez convaincu en agriculture, c'est que le fumier produit d'autant plus d'effet que le sol est de meilleure qualité; il résulterait de là encore un autre principe, conséquence du premier, c'est que l'effet du fumier sur le sol s'accroît en plus grand rapport que sa masse, c'est-à-dire que, sur un espace donné, vingt mille kilog. produisent un résultat plus que double de celui de dix mille.

Si maintenant nous voulons juger du surplus de produit résultant de l'irrigation sur le sol labourable, nous pourrons le déduire encore des expériences de M. de Gasparin qui donne le produit de deux terres, l'une arrosée de qualité médiocre, et l'autre non arrosée de qualité moyenne. Nous rappellerons donc qu'avec vingt-un milliers métriques de

fumier par année il a obtenu, sur quatre-vingt-dix ares arrosés de graviers sablonneux de la Durance, des récoltes en
valeur moyenne et annuelle de 674 francs par hectare ou
800 francs paille comprise, ou enfin 546 francs semence et
engrais déduits.

Mais il obtient en quatre années, sur un hectare de terre
non arrosé, de qualité moyenne bien supérieure toutefois
aux sables de la Durance, avec une fumure de vingt-trois
milliers métriques, deux récoltes de froment de vingt-huit
à trente hectolitres dont la valeur, à 22 francs l'hectolitre, se
monte avec la paille à 692 francs.

Retranchant maintenant, pour la terre non arrosée, quatre
hectolitres en valeur de 88 francs pour les deux semences
de la rotation de quatre ans, et 230 francs pour la fumure
de vingt-trois mille kilog., il restera, pour le produit des quatre ans, 374 francs, ou par an 93 francs 50 centimes qui,
retranchés de 546 francs, produit annuel de la terre arrosée,
donnent 452 francs pour le surplus de produit annuel de la
terre arrosée de qualité très-médiocre, sur celui d'une
terre de qualité moyenne non arrosée.

Si l'on voulait arriver plus près du produit net, il faudrait d'une part, du produit du sol arrosé, retrancher le
prix de l'eau, la rente, l'impôt, le travail d'un an du sol, et
d'autre part du produit de la terre non arrosée, ôter le travail de quatre ans du sol et autant d'années de rente et d'impôts.

La déduction sur la terre non arrosée serait relativement
plus forte que sur la terre arrosée ; en conservant donc nos
deux chiffres de produit, nous affaiblissons plutôt que nous
n'augmentons leur rapport; d'où nous conclurons que le
produit net du sol arrosé est quintuple au moins de
l'autre.

2. Les grands effets de l'irrigation, de ralentir le cours et le
ravage des torrents, de modifier le climat en augmentant les

rosées, les pluies et les sources, de diminuer la fréquence et l'intensité des inondations, ne peuvent sans doute s'obtenir dans un pays entier qu'au moyen des irrigations multipliées; cependant leurs résultats sur le climat s'obtiennent dans le même rapport que ceux des irrigations sur le sol: de même que chaque irrigation y laisse sa trace en multipliant les produits, de même aussi chacune d'elles concourt plus ou moins à affaiblir le torrent, les inondations, et fournit des eaux à l'atmosphère pour les rosées, les pluies, et un tribut aux sources alimentaires des ruisseaux. Ces effets grandissent petit à petit et insensiblement à mesure que l'irrigation s'étend; mais parce que les termes de comparaison s'éloignent, on arriverait à jouir de tous ces avantages sans s'en apercevoir et sans songer peut-être à les attribuer à leur véritable cause. Cependant tous les effets que nous venons d'indiquer n'en sont pas moins réels; ils résultent des lois naturelles les plus précises, ils iront sans cesse croissant avec les irrigations; on peut jusqu'à un certain point en contester l'étendue, mais non l'influence nécessaire sur le climat, la végétation, les torrents et les inondations.

3. En nous résumant sur tout ce que nous venons de dire sur les avantages multipliés et de toute nature que présente l'irrigation, nous sommes autorisé à conclure qu'ils sont aussi grands pour la société entière que pour les particuliers qui en profitent; qu'en augmentant les produits de toute espèce, elle améliore l'existence de tous; qu'en lui donnant de l'étendue, il en résultera une amélioration sensible dans nos climats; que les terres qui s'entraînent, qui obstruent les lits de nos grands cours d'eau, qui ensablent nos ports, peuvent, au moyen de l'irrigation, être employées pour couvrir des surfaces arides et sans produit; que l'irrigation est applicable à tous nos climats, à toutes les natures de sol depuis le plus léger jusqu'au plus argileux; qu'elle peut

partout enfin augmenter, doubler souvent les produits de toute espèce, ceux des prairies, des jardins, comme ceux . des terres cultivées elles-mêmes.

Et remarquons, en terminant, que tous ces avantages arrivent à la population, au climat, au sol, au pays tout entier, sans ôter aucune ressource à l'agriculture. Les moyens de nourrir les bestiaux qu'on tire du sol sans l'irrigation, les fourrages légumineux, les fourrages racines, l'épuisent plus ou moins et privent l'exploitation d'une partie de ses ressources avant que de les lui rendre en engrais. La prairie arrosée de bonnes eaux, au contraire, ne tire rien de la ferme et lui donne tout son produit; elle s'améliore, se féconde avec des agents de végétation qui seraient perdus sans elle. Et puis tous ces avantages peuvent et doivent partout se produire, au nord comme au midi. Dans les lieux même où les pluies semblent plus également réparties, il est toujours des saisons où les produits du sol demandent envain au ciel de la fraîcheur et s'affaiblissent dans leur vigueur et leur qualité par le manque des eaux qui s'écoulent sans emploi et pourraient leur rendre la vie. Dans tous les pays, on peut, à l'aide des pentes, conduire les eaux sur les parties élevées, sèches et arides, pour en obtenir de bons produits, et sur les sols trop bas, marécageux et noyés, les envoyer chargées de limon pour les élever, les améliorer et les assainir.

L'eau est le principal agent de la végétation; il n'est pas au pouvoir de l'homme d'en contenir à son gré la surabondance et de se préserver toujours du mal qu'elle peut faire; mais l'art de l'irrigation lui permet de s'en aider toutes les fois qu'elle peut lui être utile; il peut la maîtriser en quelque sorte en la divisant, lui ôter la vitesse en l'épanchant en nappe, l'amortir sur le sol en l'employant à sa fécondité, briser la force des torrents, arrêter leurs dégâts, rendre les inondations moins subites, moins étendues, moins désastreuses. Nos pères nous ont appris *que l'eau est le meilleur des serviteurs et le plus mauvais des maîtres.* Sachons donc la maîtriser nous-mêmes, la faire servir à nos besoins, et en la rendant pour nous une source de richesse, nous arriverons à la contenir dans ses plus grands écarts.

SECTION II.

De la masse des eaux disponibles pour les irrigations.

CHAPITRE Ier.

DE LA QUANTITÉ ANNUELLE DE PLUIE EN FRANCE ET DE CELLE QUE CHARRIENT LES COURS D'EAU.

1. Nous avons dit qu'il tombait annuellement en moyenne une même quantité d'eau ; c'est sans doute à ces eaux de pluie, qui se renouvellent chaque année, que sont dues nos sources, nos ruisseaux et nos rivières, puisque nous les voyons constamment se former, grossir et diminuer avec elles ; la quantité de pluie qui tombe sur notre sol peut donc faire juger de celle dont nous pouvons disposer immédiatement, et de celle ensuite que renferment nos cours d'eau, grands et petits. La question serait donc d'abord d'arriver à une évaluation moyenne de la quantité d'eau qui tombe annuellement sur le territoire français ; mais la plupart des observations connues sont faites en lieux de plaines, sur les bords de nos cours d'eau, dans des pays enfin où la pluie est à peine moitié de celle des contrées montagneuses ; ce serait donc se jeter dans une grande erreur que d'établir une moyenne spécialement sur ces observations.

Pour avoir donc quelque chose de plus précis, nous ferons remarquer que dans le bassin du Rhône et de la Saône, d'après les observations de M. Sauvanau, à Saint-Rambert (Ain), il tombe sur les premiers échelons de la montagne 1^m59 de pluie ; à Marciat (Saône-et-Loire), à 1 kilomètre du

pied de la montagne, suivant les observations de mes frères,
la pluie moyenne est de 1^{m}45; à Bourg (Ain), à 10 kilomètres du pied de la montagne, elle est, suivant nos propres
observations, de 1^{m}25; à Mâcon (Saône-et-Loire), au bord
de la Saône, elle est de 84 centimètres; à Genève, de 80;
à Lyon, au-delà de 75; à Oullins (Rhône), à 8 kilomètres de
Lyon, au milieu des coteaux qui bordent l'Yseron, elle est,
d'après les observations de l'un de mes frères, de plus de
80 centimètres. Les observations de M. d'Hombres-Firmas,
dans quatre positions sur les versants orientaux des Céven-
nes, portent la moyenne à 1^{m}38, et celle d'Ivrée, dans les
montagnes du Piémont, à 1^{m}47. D'autre part, les observations de Paris font monter cette moyenne à 54 centimètres,
et déjà, sur les coteaux de Montmorency, elle dépasse 60.
Le peu de données que nous avons sur les pluies du bassin
de la Loire, nous les fait cependant juger de plus de 70 centimètres; enfin, M. de Borda porte à 1 mètre celle qui
tombe dans le département des Landes, qui est cependant
pays de plaine.

On peut donc conclure de ces observations que les pluies
des montagnes et des pays montagneux sont en général à
peu près doubles de celles des plaines, et que les parties voisines des pays montagneux participent à cette abondance de
pluie en raison de leur proximité de la montagne.

Il est une série d'observations desquelles on peut conclure,
d'une manière encore plus sûre, la plus grande abondance
de pluie dans la montagne que dans la plaine. La bibliothèque
universelle de Genève renferme, depuis un assez grand nombre d'années, des observations météorologiques faites simul-
tanément à Genève et au Mont-Saint-Bernard placé à 2,000
mètres plus haut. En comparant les quantités d'eau recueillies dans les mêmes mois, les observations de neuf années,
depuis 1835 jusqu'en 1843, donnent à Genève, pour le total
de l'eau de pluie et de neige tombée pendant 101 mois,

7^{m}141, et au Mont-Saint-Bernard 18^{m}611, ce qui fait pour l'année une moyenne, à Genève, de 0^{m}848, et au Mont-Saint-Bernard de 2^{m}210, ou de 260 pour cent de plus au Saint-Bernard qu'à Genève; mais cette disproportion serait encore plus forte si, au lieu de compter 1 centimètre d'eau pour 12 de neige, nous en avions admis 1 centimètre pour 10 qui résulte des expériences répétées qui se font au Saint-Bernard même.

On peut remarquer que c'est surtout à la fin de l'hiver ou au commencement du printemps que tombe ce surplus d'eau de neige. Ainsi, dans le mois de mars 1838, on a recueilli au Saint-Bernard 7^{m}15 de neige qui ont donné en fondant 0^{m}747 ou 10,44 pour 100 d'eau, au lieu de 8,33 pour 100 que nous avons admis précédemment. Ainsi, encore en 1845, tandis qu'en février et mars nous avons eu dans la plaine de Bourg 14 1/2 centimètres d'eau de pluie et de neige, il est des localités dans la montagne, à 500 mètres d'altitude au-dessus de Bourg, où on a eu 3 mètres de neige, soit 36 centimètres d'eau sans compter celle de pluie.

Toutefois nous devons faire observer qu'en admettant, comme cela est de toute évidence, que dans les contrées de montagnes les pluies sont beaucoup plus abondantes que dans la plaine, cette règle ne serait cependant pas toujours sans exception. Ainsi, en 1843, il est tombé à Genève 0^{m}928 d'eau et 0^{m}885 seulement sur le Mont-Saint-Bernard; mais cette anomalie ne s'est plus renouvelée dans la série d'années dont nous avons parcouru les observations.

2. Cette plus grande abondance de pluie et de neige dans les pays montagneux nous explique en plus grande partie la différence de leur climat avec celui des pays de plaine; les sécheresses y sont moins longues, moins âpres, les chaleurs plus douces, les rosées plus abondantes, les sources plus nombreuses, la verdure plus intense, les prairies plus fécondes, les pâturages plus verts, les récoltes de printemps

qui demandent la pluie plus sûres. Ainsi, dans notre pays, nous voyons les récoltes de printemps, et particulièrement le froment, souvent atteints par la sécheresse dans nos plaines, réussir très-bien les mêmes années dans nos cantons montagneux ; aussi on y continue sa culture pendant qu'on y a renoncé dans la plaine. Dans ces mêmes cantons, les prairies qui reçoivent en pluie immédiate 1^m30 à 1^m60 d'eau ont moins besoin d'eau d'irrigation que les prairies de plaines ; les eaux des chemins, celles qui s'écoulent des terres et les rosées de tous les jours y sont plus abondantes et suffisent pour y entretenir la fraîcheur et leur faire donner un assez bon produit. Ce surplus de pluie des pays montagneux s'observe dans tous les climats comme cela résulte des observations que nous avons citées ; aussi dans les climats méridionaux on voit les plaines grillées, desséchées par le soleil, pendant que les contrées montagneuses y conservent fraîcheur, produit, et donnent asile et nourriture aux bestiaux de la plaine ; enfin, on remarque en général que les pays sans pluie et les déserts sont presque toujours en plaine et qu'on n'en rencontre guère dans les pays montagneux.

Cette surabondance d'eau qui tombe en neige sur la montagne est pour la plaine un bienfait providentiel ; si cette eau tombait en pluie, en arrivant immédiatement dans la plaine, elle y causerait des inondations dévastatrices, pendant que s'accumulant en neige sur la montagne pendant l'hiver elle sert pendant l'été, par sa fonte successive, à entretenir nos cours d'eau, et par ses infiltrations à alimenter les sources de la plaine.

Cela posé, les pays montagneux, et ceux qui leur sont limitrophes et participent à leur climat, composent bien la moitié du sol de la France ; l'autre moitié serait formée pour un tiers des bassins des grandes rivières, et les deux autres tiers de plaines et de plateaux.

Si maintenant nous réunissons les observations faites dans les pays de montagnes et ceux qui les avoisinent, en excluant celle du Saint-Bernard pour affaiblir nos résultats, nous avons 1^{m}43 pour la moyenne des pluies qu'ils reçoivent. Réunissant d'autre part les observations des plaines et des bassins de rivières, sans exclure celles de Paris et de Montmorency qui sont les plus faibles, nous aurons 74 centimètres pour leur moyenne de pluie. Ajoutant ces résultats, nous aurons, pour toute la France, une moyenne générale de 1^{m}08 ; et si, pour éviter toute discussion, nous réduisons à 2/5e la surface des pays montagneux et limitrophes des montagnes, nous aurons encore une moyenne de plus d'un mètre que nous admettrons comme moyenne normale, que nous serons fondé à croire plutôt faible qu'exagérée.

Il semble que l'auteur suprême ait voulu compenser ses bienfaits ; il a accordé plus de pluie aux montagnes qui n'ont point encore à leur disposition de cours d'eau formés ; il en a moins accordé aux plaines ; mais les plaines peuvent profiter d'un tiers au moins des eaux qui tombent dans la montagne, et qui leur arrivent en sources, en petites ou grandes rivières, et s'ajoutent aux eaux de pluie de leur climat.

Nous avons un moyen assez précis, quoiqu'il semble un peu éloigné, d'établir que la moyenne de 1 mètre que nous adoptons, bien que plus forte d'un 5me que celle de 79 centimètres qu'a admise M. Martins, serait encore beaucoup trop faible pour le bassin du Rhône. En effet, M. Lortet annonce d'après les travaux des ingénieurs qui ont étudié le cours du Rhône d'Arles à la mer que le débit du fleuve à son embouchure, par ses divers canaux, est de 2,200 mètres cubes par seconde. Il ne dit pas si ce chiffre est celui de l'étiage ou celui des eaux moyennes ; toutefois, pour être plus assuré dans nos conséquences, admettons-le comme débit moyen. Or, 2,200 mètres cubes par seconde représentent une hauteur de 0^{m}70 sur toute la surface des 9,775,000 hectares du bassin du Rhône. Mais on admet, en thèse générale, que les rivières conduisent à la mer de 30 à 40 centièmes de l'eau qui tombe sur leur bassin; admettons 40 centièmes malgré la grande évaporation des eaux qui résulte de la haute température et des grands vents qui règnent dans le bassin du Rhône. On en conclura, si le débit du Rhône est bien de 2,200 mètres par seconde, et que le fleuve entraîne les 40 centièmes de l'eau pluviale de son bassin, que la moyenne annuelle de l'eau de pluie serait de 1^m75, quotité de 3/4 en sus de notre moyenne de 1 mètre. Mais alors même qu'on réduirait d'un 6me l'élément le moins sûr de ce calcul, le débit à la mer de l'eau du Rhône, il en résulterait toujours que la pluie moyenne du bassin dépasserait 1^m45; et si l'on remarque que près des 3/4 de ce bassin sont en pays montagneux, ce chiffre ne devra point paraître trop élevé.

Notre moyenne normale trouverait encore à s'appuyer sur des observations quotidiennes faites sur le débit de la Saône, et comparées aux quotités de pluies observées dans ce bassin. Les observations pluviométriques y sont nombreuses, mais se font la plupart en plaine et sur le littoral des rivières, où la pluie, comme nous l'avons dit, est beaucoup moindre que dans les pays montagneux. Or, d'après ces observations, les pluies de l'année 1844 auraient produit 25 milliards de mètres cubes dans tout le bassin, ou en moyenne sur toute sa surface une couche de 854 millimètres. Mais d'après les observations quotidiennes faites à Trévoux, et recueillies aussi par M. Lortet, la Saône y aurait débité, pendant l'année, 14 milliards de mètres cubes correspondant à une couche de 478 millimètres; mais cette couche, considérée comme étant les 40 centièmes de l'eau de pluie, donnerait pour la totalité de la pluie tombée dans l'année 1,195 millimètres, quotité d'un tiers en sus de celle de 875 des observations de M. Lortet, et d'un 5me supérieure à celle d'un mètre que nous avons admise.

Cette différence est moins grande que celle qu'a donnée l'ensemble du bassin du Rhône ; mais elle nous semble tout-à-fait rationnelle parce que l'ensemble de ce bassin contient relativement beaucoup plus de pays montagneux et de grandes montagnes que celui de la Saône. Les observations de 1845 ont donné 29 milliards d'eau de pluie, et celles du débit quotidien ont donné 16 milliards ; le débit de 1846 a été de 17 milliards sur une quotité de pluie de 28 milliards et demi. Chaque année donc, le débit de la Saône est plus de moitié de la quantité de pluie des observations, et il est bien remarquable que c'est dans les mois de février et mars que l'anomalie est la plus grande. Ainsi, en février 1846, la Saône a débité 2 milliards d'eau de pluie de plus que la quantité d'eau des observations ; et cette anomalie s'est montrée la même, mais avec moins d'intensité dans les mois de février 1844 et 1845, d'où il faut conclure que c'est à cette époque surtout que les pluies non observées des montagnes sont plus fortes que celles observées dans la plaine. Cette eau tombée est de la neige pour les plus hautes montagnes, neige qui s'accumule sur les glaciers, que le soleil d'été évapore pour fournir aux rosées et aux pluies, et fait fondre pour alimenter les cours d'eau grands et petits qui leur doivent leur origine, grande vue providentielle qui assure aux plaines des moyens d'irrigation dans les jours brulants d'été et adoucit les sécheresses des climats méridionaux.

En vue de pareils résultats qu'on ne peut révoquer en doute, puisqu'ils se fondent sur des observations quotidiennes de plusieurs années, il demeure tout-à-fait certain que la quotité moyenne de pluie qui résulte des observations de M. Lortet, est encore beaucoup trop faible ; et que pour arriver à donner à cette importante mais difficile moyenne plus de précision, il serait nécessaire de distribuer les appareils d'observation de manière à ce que les pla-

[eaux, le littoral et la montagne, en reçussent un nombre proportionnel à leur étendue.

Si nous admettions, comme cela a été fait jusqu'ici, que le débit des rivières équivaut au tiers des eaux tombées, nous aurions pour 1844 une couche de 1,434 millimètres, au lieu de 854 donnés par les observations, et en 1845, une couche de 1,576 millimètres au lieu de 959, ce qui nous donnerait une moyenne qui nous semble trop forte. C'est par ce motif combiné avec les résultats d'observations que nous avons précédemment cités, que nous avons porté à 40 centièmes au lieu de 33 la proportion des eaux de pluies débitées par les rivières. Ce chiffre pourrait être révoqué en doute s'il se fondait seulement sur la quotité du débit du Rhône qui ne nous semble pas appuyée sur des observations nombreuses; mais la quotité du débit de la Saône ne peut laisser aucun doute, puisqu'elle est observée quotidiennement depuis plusieurs années; la moyenne de 40 centièmes que nous admettons a donc toute vraisemblance; une fois cette moyenne admise, il en résulterait que la pluie sur le bassin de la Saône, en la concluant de son débit de 14 milliards de mètres cubes en 1844, aurait été de 35 milliards, ou d'une couche de 1 mètre 20 au lieu de 85 centimètres que donnent les observations; et, en 1845, où le débit de la Saône a été de plus de 16 milliards, elle aurait été de 1 mètre 28 centimètres au lieu de 95 centimètres, résumé des observations de M. Lortet.

La moyenne de 40 centièmes que nous avons admise pour conclure la quotité de pluie du bassin du Rhône et de la Saône nous semble à plus forte raison applicable au centre et au nord de la France; l'évaporation beaucoup plus forte dans le midi que dans le Nord doit y diminuer beaucoup plus le débit des cours d'eau; elle est l'agent le plus puissant qui absorbe les eaux de pluie. Cette vapeur d'eau est, il est vrai, successivement rendue à la terre sous forme de pluie,

de rosée, et est sans cesse absorbée par le sol et les végétaux; mais la vaporisation est beaucoup plus intense dans
le midi que dans le nord. Dans le bassin de la Saône, à
Saint-Rambert, les observations de six années de M.
Sauvanau la portent à 1^m20; celles de M. Maurice, à
Genève, à 1^m21, et les nôtres à plus de 1 mètre, tandis
que dans le nord elle est à peine de 2/3 de mètre. A Dijon
même, en 1844 et 1845, elle aurait été de moins de 60
centimètres; à Orange, d'après M. de Gasparin, elle dépasserait 2 mètres. On conçoit que dans le Rhône inférieur,
où la chaleur est beaucoup plus active, les grands vents
plus fréquents, cette évaporation est encore beaucoup plus
considérable; les fleuves devraient donc y débiter à la mer
une moindre quantité de l'eau des pluies. Il s'ensuit donc
que la moyenne de 40 centièmes que des observations
nombreuses nous autorisent à admettre pour le midi de la
France, doit à plus forte raison s'accepter pour le centre et
le nord.

En nous résumant sur toutes les considérations que nous
venons de développer, on pourrait donc admettre que sur
les 53 millions d'hectares du sol français, il tombe annuellement en moyenne une couche d'un mètre au moins dont
les cours d'eau recueillent les deux cinquièmes; et ces deux
cinquièmes produiraient, épanchés sur tout le sol, une
couche de 40 centimètres.

L'eau des pluies peut bien, comme nous le verrons, nous
fournir immédiatement des ressources pour l'irrigation,
mais c'est surtout à l'eau de nos sources et de nos cours
d'eau que nous devons les demander; ces eaux, en raison
de la pente, peuvent être employées un grand nombre de
fois jusqu'à ce qu'elles soient arrivées au grand cours d'eau
qui les recueille pour les porter à la mer. Si dans tout leur
cours, depuis leur naissance à l'état de source, puis en
petits ruisseaux, en petites et grandes rivières, elles étaient

seulement employées dix fois, il est évident que la couche
de 40 centimètres arriverait à 4 mètres sur la surface,
quantité qui suffirait pour l'arroser tout entière; le ciel,
par conséquent, nous a départi une bien grande abondance
d'eau pour nos irrigations, si nous savions et voulions l'employer.

Bien plus, chaque contrée donne passage aux eaux des
contrées voisines d'un niveau supérieur au sien et peut en
disposer; la couche moyenne de 40 centimètres que nous
adoptons est donc loin de représenter toutes les eaux qui
sillonnent un pays; cependant nous conserverons cette
moyenne comme celle des eaux les plus facilement et les
plus immédiatement disponibles pour l'irrigation.

Toutefois nous devons faire remarquer ici que la quantité
d'eau disponible pour l'irrigation est loin d'être la même
pour toute la surface; elle est moindre pour les pays de
hautes montagnes, placés pour ainsi dire à l'origine des
eaux, que pour ceux des plaines où elles se rassemblent
toutes. Cette quantité d'eau s'accroît à mesure qu'on approche
des bords de la mer, où se résument toutes les eaux
des grands bassins et de leurs bassins tributaires; mais par
compensation, les hautes cîmes reçoivent, comme nous
l'avons vu, de grandes masses d'eau de pluie et de neige;
les pays qui sont à leur pied reçoivent une grande partie
de ces eaux pluviales et de celles qui leur arrivent de la
fonte incessante des neiges qui ne peuvent s'infiltrer dans
les rochers sur lesquels elles reposent; les moyens d'irrigation
de ces pays favorisés d'ailleurs par leur climat sont
donc déjà abondants, et ils s'accroissent à mesure qu'on
s'éloigne des plus hautes cîmes, parce que les sources et les
petits cours d'eau s'y multiplient; et, bien que la quantité
d'eau disponible y soit moindre que dans la plaine, il est
plus facile de les dériver, de les barrer, de les utiliser enfin
que lorsqu'elles sont réunies dans la plaine. Mais alors,

s'il n'est pas toujours facile de les puiser dans les grands cours d'eau auxquels manque le plus souvent la pente, on peut toujours y disposer avec avantage des eaux de sources, de ruisseaux, de petites rivières et même souvent de celles des cours d'eau secondaires; les moyens d'irrigation de la plaine et de la montagne semblent donc en quelque sorte se compenser entr'eux.

Mais il ne suffit pas pour le bon emploi des eaux de les avoir en abondance; il faut qu'après les avoir répandues elles s'écoulent avec facilité et avec une pente suffisante; la pente est nécessaire aussi pour les répandre: c'est donc un second élément aussi essentiel que l'eau elle-même, parce que sans pente l'eau ne fait que des lacs ou des marais. Mais la pente est bien loin de nous manquer. Nos premières sources, nos premiers cours d'eau sortent de la terre ou des glaciers à 3 mille mètres d'altitude, et successivement à 2 mille, mille, 500, etc. On pourrait donc attribuer à la moyenne de nos eaux 1,000 mètres au moins de pente, mais cette pente ne peut pas toute s'employer pour l'irrigation, l'industrie en réclame sa part; elle n'absorbe point d'eau, mais elle emploie sa pente comme force motrice pour produire une foule d'importants résultats de main d'œuvre de diverse espèce. Si on lui attribue un 10me seulement de cette pente, il y a de quoi alimenter un nombre de roues hydrauliques décuple de celui qui existe. En effet, chacune d'elles, en raison de sa mauvaise construction, consomme en moyenne 250 à 300 litres par seconde avec 2 mètres de pente, ou 5 à 600 avec un mètre, et par conséquent les 100 mille roues hydrauliques qu'on compte en France emploient la chute d'un mètre de 60 mille mètres d'eau par seconde, ou la puissance de 600 mètres tombant de 100 mètres; mais la couche d'eau de 40 centimètres qui représente le débit des cours d'eau de 53 millions d'hectares ou de 530 billions de mètres carrés, produit 212 milliards de mètres cubes ou 6,702 mètres cubes par seconde. Or, nous avons mille mètres de pente ; la puissance de nos cours d'eau sera donc représentée par $6,702 \times 1,000$. Or, la puissance nécessaire à nos 100 mille roues hydrauliques est, comme nous venons de le voir, de $100 + 600$ qui n'est pas le centième du produit précédent.

En décuplant la pente qu'ils emploient, nous décuplerons leur force, et cependant nous n'emploierons que le 10me de la puissance de nos eaux dont toute la masse restera pour l'irrigation , sans avoir dépensé autre chose qu'un 10e de leur pente ; nos eaux peuvent donc offrir à la fois de grands moyens d'action à notre industrie, comme de grands moyens d'irrigation à notre agriculture.

Cependant nous nous ferions illusion si nous appliquions rigoureusement ce résultat à l'état présent des choses. Le débat est encore grand entre l'industrie et l'agriculture ; l'industrie habite plus spécialement les plaines et ne veut pas se déplacer, en sorte que c'est sur les rivières de la plaine, rivières de peu de pente, qu'elle se met en concurrence avec l'agriculture ; l'agriculture aussi de son côté trouve plus d'intérêt à l'emploi des eaux sur des bassins de quelque étendue, et par conséquent sur les bassins des plaines ; il y a donc lutte entr'elles. Sans doute, l'industrie aurait souvent avantage à se déplacer pour trouver des forces plus puissantes que celles de la plaine et que personne ne lui disputerait ; il n'en est pas de même de l'agriculture dont les prairies sont immuables. Mais pour nous éclairer sur ce sujet, comparons le produit de l'eau employée aux usines et aux irrigations.

CHAPITRE II.

EMPLOI COMPARÉ DES EAUX AUX USINES ET AUX IRRIGATIONS.

La lutte cesserait bientôt entre les deux industries si l'on voulait s'entendre; il y aurait un moyen de ne rien faire perdre aux usines en laissant beaucoup gagner aux prairies; il suffirait que les prairies fussent légalement autorisées à employer le superflu des eaux des usines pour que de bien grands résultats pussent s'obtenir; les usines, lorsqu'elles sont contenues dans de justes bornes, sont même d'une grande utilité pour les prairies voisines; en élevant le niveau des eaux, elles facilitent les inondations qui sont sans doute quelquefois nuisibles aux prairies, mais qui, dans celles que l'on n'arrose pas, sont le seul moyen de fécondation; mais par une facheuse compensation, un bon nombre de ces usines élèvent sans cesse leur point d'eau, ôtent l'écoulement aux prairies et les rendent marécageuses et insalubres; elles doivent donc être contenues dans de justes limites.

D'ailleurs, nous le répétons, leurs droits acquis doivent être respectés lorsqu'elles ne nuisent pas à la salubrité publique ni à la viabilité; mais elles ne doivent pas être favorisées aux dépens de l'irrigation. Sur les 100 mille roues hydrauliques de France, 4 ou 5 mille au plus servent à la fabrication du fer, aux travaux manufacturiers ou à de grandes fabriques de farine, les 95 mille restantes s'emploient à la mouture ordinaire. Or, dans ce dernier cas, les 300 litres d'eau employés moyennement avec deux mètres ou 600 avec un mètre de pente pour faire tourner une meule et représenter 4 chevaux vapeurs, valent en moyenne à peine 3 ou 400 fr. de location, dont un quart se dépense en frais d'entretien et de réparations. Or, ces 600 litres employés à l'irrigation, en supposant qu'elle ne prenne l'eau que 200 jours et qu'elle la laisse les 165 autres à l'usine, fourniraient à plus de 200 hectares une couche de 5 à 6 mètres cubes d'eau qui, ainsi que nous le verrons plus tard, sont une forte moyenne d'irrigation. Or, nous avons vu que le superflu de revenu net que produit l'irrrigation est de cent francs au moins par hectare ; ils créeraient donc un revenu net de 200 fois 100, soit 20 mille francs, c'est-à-dire un revenu cinquante fois plus fort que celui de la roue de l'usine ; et il lui resterait plus de moitié de son travail, puisqu'en outre des 165 jours où elle prendrait toutes les eaux, elle pourrait encore marcher avec les irrigations dans les eaux abondantes.

L'avantage serait évidemment quintuple si, au lieu d'irrigations sans engrais pour lesquelles nous demandons 5 mètres d'eau, il s'agissait d'irrigations avec engrais auxquelles un mètre suffit. D'ailleurs, dans l'état des choses, les usines existantes suffiraient à une consommation 5 ou 6 fois plus forte que celle qui a lieu ; presque partout elles s'affament réciproquement, et puis elles peuvent se suppléer avec le vent qui n'ôte rien à personne et surtout avec la vapeur qui peut partout et en toute saison établir sa puissante action.

Enfin, comme l'a dit M. de Chambray, les irrigations se font en vertu du droit commun, et les usines ne subsistent qu'avec une autorisation que l'administration peut même retirer ou modifier, si la salubrité publique, la viabilité ou même le produit des prés riverains se trouvent compromis.

De tout ce qui précède, il résulterait donc que les cours d'eau de nos climats, offrent d'immenses ressources pour les irrigations, qui peuvent par leur moyen s'étendre et se multiplier presque indéfiniment.

Les eaux répandues à propos conviennent à tous les

végétaux , aux fourrages , aux grains de toute espèce , aux arbres eux-mêmes ; les Romains arrosaient leurs oliviers et leurs vignes ; dans les Bouches-du-Rhône on arrose aussi les oliviers. L'irrigation convient ensuite à tous les sols, depuis le sable le plus léger jusqu'au plus argileux : elle convient à tous les climats , aux plus froids presque autant qu'aux plus chauds, à la Norwège , à l'Ecosse comme aux climats les plus brûlants.

L'air et l'eau sont les deux grands aliments des plantes ; plongées dans l'air elles y puisent à discrétion et en plus grande partie les principes qui servent à leur nutrition et qui forment leur substance; mais elles ont aussi besoin d'être alimentées par le sol , par une sève liquide qui transporte dans leurs organes les principes assimilables que le sol leur fournit; l'action absorbante des plantes et de leurs feuilles sur l'atmosphère , qui leur fournit la plus grande partie de la substance , reçoit son activité du mouvement sèveux qui se produit dans le sol , et ce mouvement ne peut avoir lieu qu'au moyen de l'eau qui s'y rencontre.

L'eau manque à la végétation sous toutes les latitudes ; le plus souvent l'homme se contente d'en donner artificiellement aux plantes de ses jardins , mais tous les végétaux qu'il cultive en ont besoin, et toujours et partout ses fourrages , ses grains de toute espèce , y puiseraient l'abondance sous la seule condition de la répandre à propos et de lui donner un libre et facile écoulement.

Sous un point de vue, l'eau serait, ainsi que nous l'avons déjà fait remarquer , aussi essentielle aux végétaux en s'avançant vers le Nord ; la présence du soleil 16 à 20 heures sur l'atmosphère dans l'été , y rend l'évaporation de l'eau du sol très-abondante , la sécheresse très nuisible, la transpiration des plantes plus active , leur croissance plus rapide; deux ou trois mois suffisent pour y voir semer et mûrir les moissons qui demandent un beaucoup plus long temps dans les régions tempérées ; la nature prévoyante y pourvoit en partie par des pluies d'orage plus fréquentes ; mais il n'y a rien de bien régulier dans ce secours, et les sécheresses y sont souvent fatales aux produits; ainsi donc l'eau d'irrigation est éminemment utile.

Une forte quotité de pluies annuelles ne suffit pas à la végétation, c'est leur juste distribution qui importe le plus. Dans notre climat, avec plus d'un mètre d'eau par an, nous éprouvons presque à chaque printemps des sécheresses qui nuisent très-sensiblement à nos produits. Ainsi la moitié du temps, les froments de printemps, et assez souvent les orges, les avoines, et nos fourrages artificiels manquent par défaut d'eau; pendant que trois ou quatre irrigations dans la saison nous en assureraient le produit.

Mais, dira-t-on, toutes ces eaux sorties de leur lit et répandues à diverses reprises sur le sol, se consommeraient et mettraient à sec les cours d'eau. — On doit peu craindre ce résultat ; les eaux employées ne sont absorbées qu'en partie par le sol, la plus grande partie rentre dans les cours d'eau ; et au bout d'emplois répétés, il en resterait encore en moyenne moitié au moins pour alimenter les cours d'eau ordinaires; mais de la moitié absorbée par le sol, une partie s'évapore, une autre est transpirée par les plantes, et la plus forte partie pénètre le sol pour grossir les réservoirs des sources ; ces sources deviendraient plus régulières, plus fortes et plus durables; les cours d'eau qu'elles alimentent tout en voyant diminuer leur volume dans les eaux abondantes, les conserveraient mieux dans les eaux rares, et le fleuve navigable qui recueille toutes ces eaux, verrait élever son étiage et par conséquent ses facilités de navigation.

Cependant ce résultat semblerait infirmé par la mise à sec de quelques cours d'eau secondaires qu'on épuise par des dérivations successives ; mais nous remarquerons que ces prises d'eau faites sans soin et sans mesure, ou par suite de concessions mal limitées, prennent très-souvent au-delà de leurs droits et perdent leur surplus d'eau : elles ne sont pas l'usage à proprement parler, mais bien l'abus ; or, cet abus peut se rectifier par la législation et des réglements analogues à ceux des pays nos voisins, où chaque particulier ne peut prendre qu'une quantité précise d'eau, où tout surplus et toutes les *colatures* ont leurs concessionnaires, et où la concession se réduit dans les basses eaux, afin d'en laisser leur part aux propriétaires inférieurs et aux cours d'eau eux-mêmes.

D'ailleurs, ces eaux perdues pour les parties supérieures du bassin se retrouvent pour la navigation ; elles sourdent en sources pour les parties inférieures qui s'enrichissent ainsi des pertes du bassin supérieur. Ainsi, en Lombardie, dans les parties au-dessous des grands canaux d'irrigation, on trouve avec une grande facilité, à peu de profondeur, des sources nombreuses et abondantes dont l'emploi se fait particulièrement sur les prés *Marcite* ; ces eaux proviennent des infiltrations des eaux d'irrigation supérieure ; elles ont pris dans leur trajet dans le sol une puissance fécondante bien supérieure à celle des grands canaux et y ont acquis la température presque nécessaire au succès de ces prés.

Mais d'ailleurs, bien que nous ayons établi que les eaux de nos cours d'eau suffiraient pour arroser abondamment toute la surface, ce n'est pas là le but à proposer ; il faut une position spéciale pour pouvoir y conduire les eaux : c'est plus particulièrement sur le fond des bassins grands et petits que les eaux peuvent être conduites sans de grands frais d'établissement et d'entretien ; c'est encore sur le revers de nos coteaux, lorsqu'ils ne sont pas trop fortement accidentés, que nous devons amener les eaux d'un niveau supérieur ; c'est sur nos pentes rapides dont la terre s'entraîne par le travail de la charrue, que nos eaux torrentueuses soutenues par des barrages doivent se porter pour voir détruire leur force d'érosion et produire en s'épanchant en nappe un gazon qui préserve les pentes du ravage des eaux d'orage. Ces conditions appartiennent à une bien grande étendue du sol français, mais nous ne demanderions pas d'amener des eaux sur toute sa surface, il suffirait d'arroser un cinquième du territoire; la France triplerait ainsi ses bestiaux et ses engrais, et elle verrait par conséquent doubler sa richesse territoriale, résultat bien grand sans doute, qui ne coûterait pas la dixième partie des dépenses des chemins de fer et qui cependant aurait bien une autre importance.

CHAPITRE III.

IRRIGATIONS AVEC LES EAUX DE PLUIE.

L'appréciation que nous venons de faire de la quantité d'eau qui tombe sous forme de pluie dans nos climats, et de celle que charrient nos différents cours d'eau, nous permet de juger de l'étendue de l'amélioration que peut amener l'emploi judicieux des eaux en France; nous allons analyser successivement les ressources que peuvent offrir pour cet objet l'eau des pluies, celle des sources, des rivières, des grands cours d'eau, et même celle des eaux jaillissantes au moyen des puits artésiens et des eaux amenées à la surface par les machines ou la vapeur.

1. Les eaux de pluie sont loin de s'imbiber toutes dans le sol; il en absorbe plus ou moins suivant qu'il est meuble ou compact, sec ou mouillé, pentueux ou sans pente, en labour ou en pelouse, en bois ou en friche nue; mais en

général il semblerait qu'on peut bien arbitrer au tiers ou
au quart au moins celles qui s'écoulent sur le sol inférieur.
Or la surface du sol présente le plus souvent de petites
inflexions formées par l'écoulement ancien des eaux et
dans le milieu desquelles se rassemblent naturellement les
eaux actuelles ; lorsqu'on les laisse suivre leur pente naturelle, elles ravinent, entraînent les terres et vont grossir
les petits ruisseaux après avoir nui au sol. Eh bien ! lorsque
le sol environnant est cultivé, ces eaux chargées des engrais
qu'elles entraînent des terres labourées, distribuées régulièrement sur le fond de ces petites inflexions de terrain,
peuvent y créer une prairie féconde. Ainsi, pour donner
un exemple, une inflexion de onze hectares de sol en
culture peut former dans son milieu un hectare de bon
pré, puisque outre le mètre d'eau de pluie que reçoit directement l'hectare de pré, il a encore le quart au moins de
celle qui tombe sur les dix autres hectares en culture, c'est-
à-dire sur sa surface une couche de 2 mètres 1/2 d'eau
découlant des terres labourables. Ce pré sera de bonne
qualité, parce que les eaux entraînent avec elles une partie
des engrais donnés aux 10 hectares de terres en culture.

Ces prés assez nombreux dans notre pays donnent pour
l'ordinaire de bons fourrages dont l'abondance dépend de
l'étendue des terres en culture qui versent leurs eaux sur le
pré et de la bonne distribution des eaux.

M. Nivière, dans sa propriété de la Saulsaie, a établi 50
hectares au moins de prairies dans ses anciens étangs qui
reçoivent les eaux des vallons supérieurs et des terres qui
bordent le fond des bassins.

M. Pingeon, à Chalamont, dans la propriété dont il
avait doublé la valeur par ses soins intelligents, a créé des
prairies nouvelles avec l'écoulement des eaux des terres
d'un niveau supérieur.

M. Rieffel, au Grand-Jouan, travaille à établir aussi une

prairie de 50 hectares qui reçoit les eaux d'une étendue à peu près décuple qui constitue sa propriété.

Mais pour le succès il est nécessaire que ces eaux soient de bonne qualité, ce qui a toujours lieu si elles viennent de terres bien cultivées et bien pourvues d'engrais; mais si elles viennent en plus grande partie de bois, de maigres pâturages, la prairie reste en rapport avec la qualité des eaux : c'est là, à ce qu'il semble, l'une des déceptions qu'a éprouvées une grande entreprise de dessèchement et de défrichement de landes dans le midi.

On conçoit que l'étendue des terres labourables nécessaires à former la prairie doit varier suivant la quantité normale d'eau qui tombe dans un pays, et suivant l'état et la nature des terres qui y versent leurs eaux ; la nature du sol y importe aussi beaucoup et il est remarquable que les eaux qui s'écoulent des terres argilo-siliceuses sont beaucoup plus utiles aux prairies que celles qui s'écoulent des terres calcaires, quoique ces terres soient de meilleure qualité. Avant donc d'entreprendre un pareil travail, il est nécessaire d'apprécier la qualité comme la quantité des eaux qui doivent servir à entretenir et activer la végétation de la prairie qu'on veut former.

Les cours d'eau sont rares sur les plateaux argilo-siliceux si étendus en France et ailleurs ; mais lorsque le sol de ces plateaux est accidenté, ce qui arrive fréquemment, surtout sur le grand plateau du bassin de la Saône qui s'étend sur les départements de l'Ain, de Saône-et-Loire et du Jura, des prés nombreux peuvent s'établir dans les petits bassins formant le fond des inflexions de terrain ; la Dombes qui en fait partie et s'étend au midi de Bourg jusqu'aux portes de Lyon, a bien malheureusement pour sa salubrité et la fécondité de son sol, perdu tous ses meilleurs prés qui occupaient ces inflexions de terrain, quand elle a construit des étangs. Une lutte est maintenant établie dans le pays : les propriétaires se passionnent pour et contre le desséchement de ces étangs ; l'intérêt public et l'intérêt agricole bien entendus ne suffisent pas pour décider la question, pour l'emporter sur une routine aveugle, et il serait nécessaire que la législation vint en aide à ceux qui veulent rendre au pays sa salubrité et sa fécondité en substituant les prés aux étangs.

Les étangs avaient bien aussi envahi une portion de tous ces petits bassins au nord de Bourg jusque dans Saône-et-Loire et le Jura ; mais les étangs ont, depuis un siècle, rendu la place à des prés absolument nécessaires aux bestiaux de travail et de rente et à l'engrais du sol ; le sol en est en général de bonne qualité, son produit en fourrage y est abondant dans les années pluvieuses, et on y a un bon pâturage après la fauchaison.

2. Les eaux envoyées immédiatement sur la prairie peuvent y arriver à temps et à contre temps ; elles s'y glacent en hiver, peuvent en souiller l'herbe en été et y arrivent en général en trop petit volume pour pouvoir être distribuées d'une manière régulière et qui arrose toute l'étendue. Pour parer à cet inconvénient on a imaginé de recueillir les eaux dans des réservoirs pour les distribuer ensuite en temps convenable ; elles y perdent, il est vrai, une partie de leur engrais, mais il s'accumule dans les réservoirs d'où on le transporte plus tard sur les terres environnantes ; c'est le système qu'a suivi M. d'Angeville, et à l'aide duquel il a créé une prairie de 40 hectares à la place de terres et de pâturages médiocres dont il a ainsi au moins quadruplé le revenu ; c'est celui qu'a suivi M. de Taluyer, dans le Rhône, qui a triplé le revenu de pâturages et de mauvais prés qu'il a convertis en une bonne prairie. Ces irrigations depuis assez peu de temps sont devenues nombreuses en Piémont, elles y ont été introduites par M. Blancardi qui, avec un réservoir de 23 hectares,

arrose 57 hectares de prés. Les résultats produits en **Piémont** par M. Blancardi, ont décidé un assez grand nombre de propriétaires à l'imiter ; les irrigations avec les réservoirs ne peuvent pas, il est vrai, être toujours très-abondantes, mais lorsque ces réservoirs sont entourés de terres cultivées, elles suffisent pour ajouter beaucoup à la fécondité.

Ce système de l'accumulation des eaux au moyen des réservoirs, a été très-anciennement employé ; les Egyptiens accumulaient les eaux d'inondation du Nil dans le lac Mœris pour les distribuer ensuite au pays à mesure des besoins ; il existe dans l'Inde d'immenses bassins formés par des digues qui recueillent les eaux de pluie et les fournissent aux rizières et à toutes les cultures de 30, 40, 50, 60 villages. Ces bassins sont nombreux aussi en Arabie, l'un d'eux passe pour avoir été construit par la reine de Saba ; il fertilisait une vallée de 30 à 40 kilomètres de longeur qui est devenue stérile depuis la rupture de la chaussée qui fermait le grand réservoir ; les eaux qui abreuvent la ville de Constantinople, sont dues en partie à des réservoirs construits par les empereurs Grecs ; l'Espagne en renferme un grand nombre dont les plus grands sont dus aux **Romains** et aux **Maures** ; il en existe cependant un construit sous Philippe II qui sert aux irrigations de l'Huerta soit jardin d'Alicante ; pour le construire, on a clos une vallée profonde, immense, par une digue qui soutient l'eau dans la vallée jusqu'à une distance d'une lieue et demie ; cette digue en maçonnerie réunit deux rochers qui commençaient la clôture de la vallée et qui n'ont que 6 mètres de distance à la base et 78 à leur sommet ; l'eau pour être distribuée aux irrigations communique à un puits taillé dans le roc ; ce puits est percé, à différentes hauteurs, d'orifices qui fournissent l'eau à des rigoles qui la conduisent à l'Huerta et s'ouvre à mesure du besoin ; une ouverture placée dans le bas de la chaussée sert à nettoyer tous les quinze ans le Pantano de la vase qui s'y accumule en grande masse; une ouverture pratiquée dans la partie supérieure de la digue, donne passage aux eaux de trop plein. M. de Lasteyrie, à l'ouvrage duquel nous devons ces détails compare ce bassin qui retient les eaux de pluie sur un développement d'une lieue et demie, à celui de St-Ferréol qui alimente le canal du Languedoc.

Dans la partie du grand plateau de la Saône dont nous avons précédemment parlé, la difficulté des communications en hiver et l'éloignement des cours d'eau ont fait conserver quelques étangs alimentés par les eaux de pluie qui servent à faire marcher les moulins; mais ces étangs se remplissent en novembre, se vident au milieu de mars, et par conséquent ne nuisent en aucune manière à la salubrité du pays; ils y assurent une plus grande abondance de foin, mais assez souvent de moindre qualité; les cultivateurs dans le pays ne sont pas d'accord sur l'utilité de ces moulins pour les prairies; nous nous proposons de revenir plus tard sur ce sujet.

Les digues et les constructions des réservoirs de l'étendue de ceux dont nous venons de parler, sont de grands travaux d'art qui ne peuvent être l'ouvrage que du gouvernement ou de grandes associations qui emploient à les établir des hommes spéciaux; elles ont une bien haute importance. Nous ne nous étendrons pas davantage à leur sujet, mais nous jugeons utile de donner quelques développements sur la construction des réservoirs simples qui peuvent être l'ouvrage de tout agriculteur intelligent.

3. Les réservoirs peuvent se pratiquer avec grand avantage et sans beaucoup de frais dans les pays accidentés et dont le sous-sol est imperméable; cependant plusieurs autres conditions sont encore requises pour le succès. .

Il faut d'abord qu'on rencontre une inflexion de terrain et que son barrage par une digue offre peu de difficulté; il faut ensuite que l'étendue du terrain dont les eaux arrivent à la place où l'on veut établir le réservoir soit de huit à douze fois plus considérable que celle qu'on veut améliorer par les eaux. Avec cette étendue, bornée dans nos pays de montagnes dont les pentes sont rapides, dont une partie seulement est en culture et où la moyenne annuelle des pluies est au moins de 1^{m}20, le réservoir recevra bien un tiers des eaux de la surface qui y verse, c'est-à-dire une couche de 40 centimètres sur toute la surface, qui est dix fois plus étendue que celle à arroser; il recueillera donc pendant l'année une quantité d'eau capable de pouvoir produire, pour la distribuer sur cette surface, une couche de 10 fois 40 centimètres, soit 4 mètres, qui suffira largement, avec la pluie du climat de 1^{m}20, pour féconder la prairie. Nous avons demandé une étendue de versant au-delà, nous le pensons, du strict nécessaire; les exemples qui existent de ces arrosements prouvent qu'on pourrait recueillir encore de bien grands avantages de ce mode d'irrigation, avec une moindre étendue de versant.

Il ne sera pas nécessaire de donner au réservoir une capacité qui puisse contenir toute cette masse d'eau; lorsque le réservoir serait plein, on peut conduire les eaux par deux rigoles de trop plein qui, partant des extrémités de la chaussée, iraient contourner le vallon à une hauteur à peu près égale à celle de la surface supérieure de l'eau; il suffira donc que le réservoir contienne une quantité d'eau capable de fournir à trois ou quatre arrosements, dont chacun représenterait une couche de 8 à 10 centimètres sur la surface de la prairie, c'est-à-dire que pour arroser un pré de 10 hectares il faudrait qu'il pût contenir 8 à 10 mille mètres cubes d'eau.

Le réservoir s'établit en coupant transversalement le vallon par une chaussée; on y construit une bonde, comme dans un étang, pour l'évacuer au besoin. En Piémont, ces réservoirs ont dans leurs chaussées, comme le Pantano d'Alicante, des prises d'eau à diverses hauteurs qui permettent d'arroser les parties du vallon à différents niveaux. M. Hyacinthe Caréna a fait sur leur construction un excellent mémoire dont on trouve une analyse étendue dans la *Bibliothèque universelle de Genève.*

Lorsqu'il n'y a qu'une seule bonde dans l'endroit le plus bas du réservoir, on ne peut arroser à volonté que les parties du vallon d'un niveau plus bas que ce point ; mais lorsque la pente est grande, en la ménageant si le vallon a de l'étendue, les eaux arrivent bientôt sur ses diverses parties.

La nécessité de l'imperméabilité du sous-sol des réservoirs est de toute évidence ; si cependant le terrain ne laissait passer que de faibles infiltrations, le séjour d'eau limoneuse pendant une année à peine les arrêterait probablement. L'imperméabilité de la chaussée est aussi de la plus grande importance ; une chaussée en maçonnerie de chaux hydraulique serait bien le plus sûr moyen de retenir les eaux ; mais sa construction serait chère, surtout si elle devait avoir une grande dimension en hauteur et longueur. On peut la faire à beaucoup moindres frais et d'une suffisante imperméabilité avec de la terre franche dont on exclut tous les gazons, en suivant la méthode pratiquée en Dombes pour la construction des chaussées d'étangs ; ce procédé n'étant guère connu que dans ce pays, nous croyons devoir l'indiquer.

La chaussée doit s'élever de 30 à 40 centimètres au-dessus du niveau de l'étang plein ; sa base doit être triple au moins de sa hauteur ; sa surface supérieure ou son terre-plein doit avoir pour largeur la hauteur de la chaussée ; sa pente du côté du réservoir doit être plus faible qu'en dehors ; si la chaussée est exposée aux vents du nord ou du midi, on revêt cette pente en gazons.

Pour procéder à la construction, ces dimensions étant

une fois arrêtées, on creuse dans le milieu de l'espace que doit occuper la chaussée, jusqu'à ce que l'on rencontre le terrain ferme, un fossé de 1^m30 de largeur ; on le remplit en y conduisant une terre argileuse qu'on y place en lits peu épais ; on divise cette terre à la bêche ; on l'arrose et on la broie avec des sabots ou des dames, de manière à en former une seule masse ramollie ; on fait en sorte, avec la bêche, qu'elle se lie et fasse corps avec la terre du fond et des bords du fossé ; c'est le premier lit surtout qui doit être bien battu, corroyé et lié avec la terre du fond ; quand le fossé est plein, on élève la chaussée en continuant de travailler de la même manière la terre sur toute la largeur du fossé primitif, et en plaçant à droite et à gauche, en les tassant, les terres qui doivent en former le surplus ; cette largeur de 1^m30 de terrain travaillé et pisé porte le nom de *corroi*, de *clave* ou *clef*, parce que c'est le soin qu'on lui donne qui ferme hermétiquement l'étang et empêche l'infiltration ; le reste des terres de la chaussée se monte à mesure que la clave s'élève ; elles se rangent, se tassent et se battent avec soin, mais sans être mouillées comme celles de la clave.

Cette chaussée construite a besoin d'être défendue contre le battement des eaux dans son niveau supérieur, surtout si le terrain n'en est pas très-argileux, ou si elle est exposée aux vents du midi ou du nord ; ces vents fréquents et forts donnent une grande puissance aux vagues qui l'entament ; pour s'en défendre, il ne suffit pas de gazonner la partie qui s'y trouve exposée, il faut encore la garnir d'un double fascinage dont le rang supérieur s'élève jusqu'à la limite des grandes eaux, et dont le rang inférieur se fixe au-dessous des eaux basses ; les fascines qui se touchent se placent à plat et obliquement sur la pente de la chaussée, et s'y fixent par des piquets munis autant que possible de crochets ; cette défense est bonne, mais doit être renouvelée ; lorsque la pierre ou les cailloux ne sont pas très-éloignés, on garnit les parties de la chaussée qui risquent le plus d'être dégradées d'une couche de pierres ou de cailloux qui se touchent; ces pierres restent en place si on a eu soin de donner à la pente du côté de l'étang moins de 45°. On emploie aussi très-utilement pour cet objet un double rang de gazons garnis de touffes de joncs qui résistent très-bien à l'action des eaux; lorsqu'on a achevé le couronnement de la chaussée, un semis de jonc sur la bordure intérieure de l'étang réussit souvent plus tard à faire une bonne défense. En Sologne on couronne la chaussée des étangs en dedans avec des cepées de grands roseaux dont on débarrasse leur surface; dans les parties du Forez qui ne sont pas très-éloignées de la pierre, on fait du côté de l'étang un mur à sec qui défend encore mieux.

Il est prudent de ne point mettre ni souffrir d'arbres sur les chaussées, leurs racines les traversent en tout sens, en désagrègent la terre, percent la *clave*, puis, lorsqu'ils viennent à périr de vétusté ou qu'on les coupe, leurs racines pourrissent dans le sol et finissent par y laisser des passages qui deviennent la perte des chaussées.

Les Anglais ont imaginé de rendre imperméable le fond de leurs réservoirs en y mettant une couche de chaux fondue et plaçant au-dessus une couche d'argile battue; mais nous pensons qu'il est nécessaire que cette chaux soit hydraulique.

Nous avons décrit la chaussée qui sert à contenir les eaux, mais il faut des artifices pour les évacuer et les distribuer aux fonds qu'on veut arroser; les Piémontais ont imaginé des puits en pierre dans lesquels se manœuvre la tige qui porte le bouchon de l'entrée du canal d'évacuation; nous les avons modifiés en Bresse. (Nous renvoyons pour les détails de construction à notre ouvrage sur les étangs, ou à leur article dans la *Maison rustique du 19ᵉ siècle*.

4. Ces étangs servent à plus d'un usage ; on les emploie à l'alimentation des canaux ; on cite en France le canal du Languedoc, celui du Centre et celui de Givors qui sont alimentés spécialement par des étangs. Il est fâcheux qu'ils soient généralement malsains ; les eaux qu'on envoie au canal à mesure des besoins laissent à découvert des parties inondées dont les émanations, sous l'influence du soleil d'été, deviennent meurtrières pour le voisinage.

On emploie encore les étangs à l'éducation des poissons ; ils forment une partie importante de l'économie rurale dans plusieurs contrées de France ; la plupart se remplissent avec des eaux de pluie ; l'abaissement de leur niveau pendant l'été devient une grande source d'insalubrité, et en résumé ils amènent la misère et la dépopulation dans les pays où ils sont nombreux ; ils se feraient absoudre en partie si leur trop plein, le superflu de leurs eaux et leur vidange s'employaient à des irrigations ; mais on les laisse s'écouler sans emploi dans des biefs où leur stagnation ajoute encore à l'insalubrité du pays.

On peut, au moyen des réservoirs, arroser une plus grande étendue de sol que sans leur aide ; lorsqu'on conduit sans eux l'eau des pluies sur le fond des petites inflexions de terrain à l'époque des pluies de longue durée, le sol s'enivre d'eau de manière à s'en *sursaturer* ; avec les réservoirs on l'emmagasine et on la distribue à mesure des besoins dans les saisons et aux époques les plus convenables. On conçoit qu'une moindre quantité d'eau distribuée à propos doit produire beaucoup plus d'effet que lorsqu'elle n'est due qu'aux hasards des chances atmosphériques. Et puis, lors des petites pluies, les eaux conduites immédiatement à la prairie se perdent dans les rigoles ouvertes sans monter à la surface, ou du moins sans aller jusqu'au bout du pré, tandis qu'avec les réservoirs elle est recueillie tout entière ; l'eau réunie de deux petites pluies peut donner un arrosement suffisant, pendant qu'isolée elle ne peut produire qu'un résultat insignifiant.

Si les prés arrosés par l'eau des pluies ou des réservoirs ne donnent pas toujours des produits abondants, tout au moins ces produits sont-ils de très-bonne qualité, lorsque surtout ils reçoivent les eaux de terres bien cultivées; le sol qu'on transforme par ce moyen en prés arrive souvent à doubler de valeur et de produit.

CHAPITRE IV.

IRRIGATION AVEC LES SOURCES.

1. Les rivières se composent spécialement des eaux de sources; elles reçoivent bien aussi celles des pluies, mais elles n'y produisent qu'un accroissement temporaire, et la hauteur moyenne des cours d'eau est entretenue par les sources; aussi sont-elles multipliées; on les compterait donc par plusieurs centaines de mille sur la surface du pays; il est peu de communes où elles ne soient nombreuses.

Parmi les sources, il en est de temporaires et de pérennes; les temporaires donnent pendant les temps de pluie et souvent plusieurs semaines après, et c'est à cette époque que l'irrigation des prairies est la plus utile; elles ont donc sous ce point de vue une grande valeur, d'autant mieux qu'elles sont souvent très-abondantes. Les pérennes peuvent s'utiliser en tout temps; elles sont précieuses sous tous les points de vue, autant pour les usages domestiques qu'elles satisfont tous les jours que pour les irrigations auxquelles on peut les employer pendant la plus grande partie de l'année; les sources pérennes viennent de plus grandes profondeurs que les sources temporaires; leur température douce et égale de

10 et 12° centigrades pendant l'hiver, leur permet d'entretenir la végétation sous la glace même qui se forme à la surface, et elles contiennent la plupart des principes fécondants dont nous connaissons les effets bien mieux que la cause.

2. L'avantage des sources est si grand tant pour les usages domestiques que pour les besoins de l'agriculture, qu'il justifie bien le travail qu'on fait pour les trouver; nous parlerons plus tard des sources jaillissantes auxquelles on donne le nom de puits artésiens; ici il s'agit de celles qu'on peut rencontrer près de la surface.

On les trouve plus spécialement au fond des inflexions de terrain qui s'ouvrent du côté du nord ou de l'est, dans les points où, le matin, on voit des vapeurs s'élever en ondoyant, dans les lieux où l'on remarque des essaims de moucherons qui se fixent en quelque sorte en voltigeant. On peut les chercher là où le sol se couvre de joncs, de roseaux, de baume, de lierre terrestre, de persil des maráis, où le matin on voit une rosée plus forte et surtout des suintements qui persistent après les pluies. On doit choisir pour faire les recherches le mois d'août, moment de l'année où les eaux sont les plus rares. On ne sera pas toujours heureux dans ces travaux; le plus souvent on ne trouvera que des raisins, de petites veines d'eau, des suintements, mais leur réunion peut souvent encore offrir beaucoup d'intérêt pour les besoins des hommes, des animaux, et même pour l'irrigation des prés.

Les sources se rencontrent presque toujours au bas des coteaux dans des terrains un peu pentueux, là où les couches imperméables qui les retiennent affleurent à la surface, en sorte qu'il n'y a souvent pas beaucoup de travail à faire pour les y amener.

Lorsqu'on rencontrera des courants d'eau souterrains qu'on ne pourrait faire arriver à la surface qu'à une trop grande distance, ou creusera un bassin dans la couche imperméable, et on y puisera l'eau avec des machines simples mues par des hommes ou des animaux ; cependant il n'y a guère que les cultures jardinières qui puissent payer les frais qu'exige la construction, l'entretien, le service de la machine et la distribution de l'eau à la surface.

Les sources deviennent fort nombreuses dans les pays de grandes irrigations, par suite des infiltrations qui se font dans le sol. Dans le Milanais, on les trouve en grand nombre et très-abondantes à un niveau qui permet, en raison de la pente du sol, de les amener à la surface, à peu de distance du point où on les a découvertes ; leur abondance est telle qu'elles y arrosent en été plus de 14 mille hectares, et dans toute cette surface il est un assez grand nombre de prés *marcite* qui demandent quatre ou cinq fois autant d'eau que les prés ordinaires.

Si, comme nous n'oserions ni l'affirmer ni le nier, il est des hommes sur lesquels le voisinage des sources souterraines cause un ébranlement nerveux, qui jouissent ainsi d'une faculté hydroscopique, on peut sur leur indication essayer quelques recherches faciles ; dans notre opinion actuelle, nous n'oserions, malgré les succès qu'on attribue aux indications de l'abbé Paramelle, conseiller de grands travaux ; nous en connaissons qui d'après ses indications ont entraîné de grandes dépenses sans résultat sensible.

On trouve les sources plus spécialement dans les pays montagneux ou sur les terrains limitrophes, dans des sols qui ont généralement d'assez fortes pentes ; elles sourdent encore souvent dans le fond des inflexions de terrain dont sont sillonnés les plateaux des terrains en plaine. Or, toutes les eaux de ces innombrables sources peuvent sans difficulté s'employer à diverses reprises à l'irrigation ; comme elles n'ont point en général assez de volume pour les usines, les prairies peuvent se les attribuer sans contestation ; elles appartiennent aux fonds sur lesquels elles prennent naissance; ces fonds par conséquent peuvent en disposer pour leur amélioration; après cet usage, le voisin inférieur peut en faire le même emploi; lorsqu'elles sont abondantes, en ménageant leur pente à l'aide du niveau qui leur trace la route, on peut les envoyer jusque sur des rampes où l'œil n'aurait pas supposé qu'elles pussent arriver.

On doit bien admettre que les sources qui forment les rivières peuvent verser sur le sol plus des deux cinquièmes de l'eau des pluies, puisqu'elles en perdent par l'évaporation et l'emploi de toute nature, et que les grands cours d'eau qui les résument en contiennent encore les deux cinquièmes; mais on peut employer ces eaux un nombre indéfini de fois, et cela sans frais et presque sans main d'œuvre, puisque des rigoles et quelques gazons qui servent de barrage suffisent pour les faire répandre. Or, les deux cincinquièmes de l'eau des pluies représentent une couche de 40 centimètres sur toute l'étendue; si l'on admet donc qu'elles soient seulement employées dix fois jusqu'à leur arrivée dans les rivières, elles représenteraient sur toute l'étendue une couche de quatre mètres; elles pourraient donc à elles seules suffire à arroser de bien grandes surfaces; mais leur emploi doit se borner à l'irrigation des fonds riverains, parce qu'elles s'absorberaient trop facilement dans des canaux de conduite d'une grande longueur; dans ce cas, si la source est d'excellente qualité, elle peut motiver un canal de conduite en bêton; mais avant de l'entreprendre on doit comparer le produit présumé avec la dépense, en ne perdant pas de vue que ces canaux à la surface, à moins d'être faits de bonne heure au printemps et avec de la chaux hydraulique d'excellente qualité, sont souvent altérés par la gelée.

On doit agir avec beaucoup de mesure et de circonspection dans le travail de recherche des sources. En voulant les accroître, on court la chance de les diminuer ou même de les perdre tout-à-fait. Un exemple appuiera le précepte.

Dans ma campagne, le puits qui abreuvait la maison d'habitation et celle du fermier baissait beaucoup en été, et ses eaux devenaient malsaines dans la sécheresse. Les sources ne sont pas rares dans le pays, mais elles sont à des niveaux très-différents; et des puits de 15 à 20 mètres et plus se creusent souvent sans trouver de bonnes eaux, à très-peu de distance de sources abondantes. Réduit donc à des eaux mauvaises ou à les demander aux fonds d'autrui, je me décidai à faire des recherches pour m'en procurer, mais auparavant je songeai à les demander à mon puits en l'approfondissant; je sondai le terrain inférieur, j'arrivai en traversant une couche de marne qui servait de réservoir aux eaux du puits, à une couche de gravier perméable; les eaux qui restaient dans le puits disparurent dans cette couche; pour en avoir de nouvelles il aurait fallu la traverser; mais comme elle ne paraissait nullement aquifère, que son épaisseur m'était inconnue et que le creusement d'un puits en sous-œuvre offre de grandes difficultés, j'y renonçai et fis reboucher le trou avec un pieu de chêne; au retour des pluies, le puits reprit ses eaux ordinaires; j'en conclus qu'il n'était autre chose qu'un bassin des pluies de printemps dans la marne; il fallut donc recourir à d'autres moyens.

Au-devant de la maison se trouvait un petit réservoir alimenté par les suintements d'un ancien chemin abandonné, je creusai le chemin pour y chercher de l'eau dans la partie supérieure, et j'arrivai à une petite source pérenne donnant 10 à 12 litres par minute; je l'augmentai par les eaux que je recueillis dans un fossé pratiqué au même niveau que la source, dans la direction d'où semblaient venir les eaux; je le remplis avec des cailloux couverts de mousse; j'amenai ces eaux dans le jardin par un canal, je fis à ce canal sur le puits un embranchement de très-peu de pente, de manière que le puits envoyât à la fontaine ses eaux surabondantes au printemps, et qu'en revanche la fontaine lui versât une partie des siennes pendant l'été. Depuis lors les fièvres automnales ont disparu chez le fermier. En continuant le creusement et en l'élargissant, je fis un réservoir de 6 à 7 ares qui se remplit avec les suintements et donnait en outre, pendant les trois quarts de l'année, un trop plein de deux ou trois fois le volume de la source. Ce trop plein, réuni à la source, me procura le moyen d'arroser la pelouse au-devant de l'habitation, avec l'aide des eaux de la cour du domaine qui n'avaient aucun emploi.

Après le succès vient le désappointement. En creusant le réservoir j'avais remarqué que les petites sources qui sourdaient de fond s'accroissaient à mesure qu'on augmentait la profondeur ; je crus donc pouvoir augmenter l'étendue de mon petit pré que je portai à 3 hectares ; je m'occupai de creuser le réservoir pour augmenter le volume de mes eaux, et je conçus en même temps le projet de le vider et remplir alternativement pour l'irrigation de ma petite prairie ; les 50 centimètres de profondeur d'eau que je lui ajoutais seraient restés pour le poisson que j'y conservais ; une bonde placée au fond devait me permettre de le vider entièrement, et l'ancienne bonde aurait permis de disposer en faveur du pré des 80 centimètres d'eau ancienne ; les eaux nouvelles que je rencontrais, jointes à celles de la source, devaient me donner en moyenne tous les huit jours, pendant plus des 3/4 de l'année, une masse d'eau équivalent à peu près à 600 mètres cubes qui auraient fourni une irrigation de 8 centimètres au quart ou de 6 centimètres au tiers de ma prairie.

Les eaux nouvelles semblaient abondantes ; je croyais toucher le but, mais lorsque le réservoir fut rempli, je vis avec grand désappointement que le trop plein était beaucoup plus faible qu'avant l'opération; j'en conclus ou qu'une charge de 50 centimètres d'eau de plus sur mes petites sources leur avait fait prendre ailleurs leur direction, ou que j'avais percé ou du moins grandement affaibli la couche imperméable qui les conservait; pour retrouver mes eaux, j'abaissai leur niveau de manière à ne leur conserver que la profondeur ancienne, mais ce fut en vain; la moitié au moins était perdue et persista à suivre les issues nouvelles qu'elles s'étaient ouvertes. Ce fait accrut sensiblement les eaux de sources voisines d'un niveau plus bas; heureusement la petite source destinée au service de la maison éprouva peu de perte.

On court donc souvent beaucoup de chances à vouloir augmenter le volume de ses eaux, et si on n'a pas un homme exercé pour diriger l'opération, il faut surveiller soi-même les travaux, et encore on peut bien être trompé comme je l'ai été par les apparences; cependant le pré de 3 hectares, en employant avec soin les eaux qui lui restent, donne encore un produit assez abondant et de bonne qualité.

Lorsque les sources sont peu abondantes et doivent arroser une certaine étendue de terrain, dans plusieurs cantons de France et surtout dans les pays montagneux, on pratique des réservoirs pour les recueillir en grand volume; quand ils sont pleins on les évacue, et les eaux se dirigent alternativement sur les diverses parties du pré; elles fécondent ainsi, quoique peu abondantes, d'assez grandes étendues; ces réservoirs, comme ceux dont nous avons parlé, exigent un sol peu perméable, et ce sol se trouve facilement dans le voisinage de la source, qui ne sort elle-même du sein de la terre que parce qu'elle a rencontré une couche imperméable; cette couche qui l'empêche d'obéir à la gravité, retiendrait de même ses eaux accumulées; dans le cas où le terrain perdrait l'eau, on serait obligé de construire le réservoir en béton, construction dispendieuse qui demande beaucoup de soin. Ces réservoirs se pratiquent d'ordinaire dans le sol, pendant que ceux dont nous avons parlé précédemment sont à sa surface, en quelque sorte en relief. On ne leur donne que peu d'étendue, afin qu'ils puissent se remplir en quatre ou cinq jours, ou une semaine au plus; un plus long temps multiplierait les pertes d'évaporation et d'infiltration; lorsque le terrain n'est pas bien étanché, une grande profondeur serait nuisible parce que la charge d'eau multiplierait la puissance de fuite par les infiltrations; on ne peut d'ailleurs pratiquer ces réservoirs que dans un terrain assez pentueux, parce qu'on ne peut envoyer l'eau qu'aux parties de la prairie plus basses que le fond du réservoir; à ce fond, se pratique une bonde souterraine dont le canal, en ménageant la pente, arrive à la surface aussi près que possible du réservoir; à ce point l'eau est reçue dans une rigole dans le sens de la pente, à laquelle aboutissent des rigoles horizontales disposées de manière à pouvoir arroser successivement et à volonté les différentes parties de la prairie.

Ces réservoirs sont en usage dans un grand nombre de pays montagneux de France, mais on ne les emploie peut-être pas à un 10e de l'étendue à laquelle ils conviendraient; nous les avons vus dans le Charollais, le Forez et quelques parties de la Suisse; on en trouve beaucoup dans la Vienne. Dans les pays de montagnes calcaires les sources sont peu abondantes, le terrain est généralement perméable, les réservoirs y sont donc rares; ils sont plus nombreux dans les terrains primitifs ou secondaires.

Il faut que le réservoir soit en rapport avec la puissance de la source et l'étendue du terrain qu'on veut arroser; s'il est trop grand par rapport à la source, il tarde trop à se remplir, et l'évaporation et l'infiltration enlèvent une trop grande partie des eaux; sa capacité doit être telle qu'en le vidant il puisse envoyer sur un cinquième au moins de l'étendue une couche d'eau de 5 centimètres, de manière que toutes les parties du pré puissent recevoir deux fois par mois, immédiatement et chacune à leur tour, la couche de 5 centimètres, ce qui suppose qu'il met en moyenne trois jours à se remplir.

Les irrigations avec les petites sources ont moins d'importance et de portée dans les plaines du Midi que dans celles du Nord, l'air y est trop sec, le soleil trop chaud, l'évaporation trop forte; mais dans les parties montagneuses du Midi le climat est plus tempéré, l'air plus moite, les rosées plus abondantes, les sources plus nombreuses, les pluies plus fréquentes, toutes conditions favorables à l'irrigation des prairies; toutefois les petites sources pourraient même dans les plaines méridionales s'employer utilement; les eaux d'une source qui s'évaporent ou s'infiltrent avant d'être à l'extrêmité de la prairie, réunies dans un réservoir, donneraient souvent, tous les deux, trois ou quatre jours, une quantité d'eau capable de fournir un arrosement à une portion au moins de la prairie. Ainsi, pour un petit pré de 50 ares, une source de 15 litres par minute, un pouce de fontenier, un quart de litre par seconde, accumulerait en trois jours 64 soit 60 mètres cubes dans un réservoir qui donnerait à 10 ares ou au cinquième de la surface un arrosement de 6 centimètres d'eau, et par conséquent deux arrosements par mois à toute la prairie, ou dans l'année un mètre et demi à toute la surface: ce qui suffirait avec de bonnes eaux et pourrait même donner un très-grand produit si on y ajoutait tous les trois ans une dose d'engrais. Si les eaux étaient médiocres ou mauvaises, on les améliorerait avec trois ou quatre charges de fumier mises dans le réservoir; mais si la source était d'excellente qualité comme on en rencontre assez souvent, nous ne conseillerions pas, pour peu qu'elle fût abondante, de recueillir les eaux dans un réservoir ; elles y perdraient en grande partie leur puissance fécondante, qui a toute son énergie au sortir de la source, et que le temps écoulé, l'espace parcouru et le dépôt dans un réservoir amoindrissent beaucoup ; il en faut si peu pour assurer la récolte que, même sous un petit volume, en partageant le pré en planches de peu d'étendue, une petite quantité d'eau peut suffire pour les arroser successiment et faire produire au pré plus qu'avec le secours du réservoir.

Dans le système des réservoirs, un arrosement de 6 à 8 centimètres donné aux planches supérieures, lorsqu'on n'est pas au moment des grandes chaleurs et que le pré n'est pas de grande étendue, arrive jusqu'au bas du pré ; on conçoit donc que pour établir l'équilibre on peut retrancher quelques arrosements aux parties inférieures qui, en outre des eaux spéciales qu'on leur donne, profitent d'une partie des eaux supérieures, pour les donner aux parties supérieures qui n'auront que leurs arrosements spéciaux ; c'est du reste ce qu'apprend à chacun l'expérience.

CHAPITRE V.

IRRIGATION AVEC LES RUISSEAUX ET LES PETITES RIVIÈRES.

§ 1. *Formation des ruisseaux par les sources.*

Les eaux des sources, en obéissant à la gravitation, cherchent et trouvent leur cours dans les parties les plus basses du sol, dans les inflexions de terrain ; là elles en rencontrent d'autres qui ont obéi à la même loi, et elles forment ainsi les ruisseaux ; mais les ruisseaux en outre renferment toutes les eaux de pluie que la terre n'absorbe pas ; ces eaux, il est vrai, n'y sont pas pérennes, elles s'écoulent en quelques jours et le ruisseau revient à son état normal ; mais les temps de pluie sont les plus favorables pour l'irrigation des prairies ; les ruisseaux par conséquent fournissent des moyens d'irrigation plus considérables que les sources, puisqu'ils renferment, avec les eaux des sources, celles des pluies qui ne sont point infiltrées ou évaporées ; leurs eaux, il est vrai, ont perdu en partie les principes fécondants qui distinguent d'une manière toute spéciale celles d'une grande partie des sources ; mais les eaux de pluie, en leur amenant leur limon et entraînant avec elles une partie des engrais des terres labourables, font presque compensation. Et puis, les ruisseaux ont déjà un bassin de quelque étendue formé par les eaux qui ont créé le lit de ces mêmes ruisseaux dans les grands cataclysmes, et leur volume est généralement en proportion avec cette étendue ; elles ont donc en général assez de volume pour pouvoir arroser tout le fond du bassin, et comme ces bassins ont le plus souvent beaucoup de pente, on peut, si les eaux sont abondantes, les diriger jusque sur les rampes des coteaux qui les bordent. Chaque ruisseau peut donc être un moyen d'amélioration pour le fond et les côtés du bassin dans lequel il coule.

§ 2. *Barrages, mobiles, permanents.*

Ici se présente un obstacle à vaincre ; le ruisseau a son cours dans la partie la plus basse du bassin, et s'il a beaucoup de pente, il a creusé profondément son lit ; mais pour que l'amélioration s'opère, il faut que ces eaux arrivent à la surface, ce qui n'a lieu que dans le temps des grandes eaux ; leur lit alors ne suffit plus pour les contenir, et elles recouvrent le fond entier du bassin. Ces inondations sont sans doute très-favorables, mais elles n'arrivent pas toujours quand on en a besoin ; l'intelligence de l'homme est appelée à y suppléer, et à produire elle-même à volonté des inondations artificielles ; il les établit par des dérivations ou des barrages. Les dérivations font arriver l'eau à la surface par la différence de pente de leur canal avec celle du cours d'eau ; mais si la pente n'est pas considérable, l'eau n'arrive que tard à la surface et souvent au-delà du fond qu'on veut améliorer ; le barrage devient donc nécessaire pour amener l'eau à la hauteur du fonds sur lequel on l'établit.

Les barrages sont de plusieurs sortes : ils peuvent être permanents ou mobiles ; le barrage permanent est celui qu'on établit à demeure dans le cours d'eau ; il soutient les eaux à un niveau constant, détruit la pente en amont, la réduit toute en un seul point, et peut nuire par conséquent au-dessus ou au-dessous de son emplacement, au-dessus en inondant les fonds supérieurs, et au-dessous par la chute d'eau qu'il produit ; cependant il est nécessaire aux usines, et il s'emploie assez souvent aux irrigations : celles de la Meurthe, dans les Vosges, se font pour la plupart avec des barrages permanents ; ce sont de véritables constructions, des espèces d'enrochements retenus dans des cadres de bois, qui ont assez de force et d'étendue pour pouvoir résister au cours torrentueux de la rivière ; le canal d'irrigation se pratique en amont du barrage, et il reçoit ou refuse les eaux au moyen d'une écluse pourvue de vannes ; ces barrages ne s'établissent qu'avec autorisation, et sont une construction chère, mais durable.

Les barrages mobiles sont beaucoup plus souvent employés que les barrages fixes ; nous entrerons plus tard dans le détail de leur construction, mais nous devons cependant ici distinguer leurs diverses formes. Dans les petits ruisseaux on se contente souvent chaque année au printemps de barrer le lit avec des terres qu'on accumule et corroie devant un rang de pieux ; après l'irrigation du printemps, on arrache les pieux et les eaux entraînent les terres. Presque partout maintenant on a remplacé ces travaux éphémères par des constructions en bois ou en pierre, munies de vannes qui se haussent ou se baissent dans des rainures pratiquées dans des piliers fixés dans le cours d'eau; ces vannes offrent l'avantage de pouvoir prendre ou refuser l'eau en telle proportion que l'on veut; elles se manœuvrent par des tiges en bois percées de trous; ces tiges sont maintenues à la hauteur qu'on juge convenable au moyen d'une traverse en bois ou en pierre qui relie les deux piliers dans laquelle s'engage la tige de la vanne. D'autrefois, les vannes s'élèvent et s'abaissent par une vis tournant dans un écrou; cet écrou est placé dans une barre de fer transversale scellée dans les deux piliers latéraux entre lesquels glisse la vanne. On la manœuvre encore par une chaîne de fer dont les extrémités sont fixées au bas et au-dessus de la vanne qu'on soutient à la hauteur que l'on veut, en engageant dans l'un des anneaux de la chaîne un crochet de fer scellé dans une barre transversale qui, comme dans le cas précédent, relie les deux piliers; dans ces deux derniers cas, la traverse ou chapeau de l'écluse se trouve suppléée par la barre de fer transversale.

Le barrage se fait encore avec des poutrelles ou des plateaux s'appuyant à chaque bord contre les bajoyers; ces poutrelles ou ces plateaux se placent et s'enlèvent à volonté pour barrer tout ou partie du lit; en supprimant une ou deux poutrelles du bas on laisse dans le lit telle proportion d'eau qu'on juge convenable, et on peut par ce moyen ne dériver qu'une partie des eaux, le surplus de ce qui serait nécessaire à des usines ou des irrigations inférieures; si au contraire on laisse toutes les poutrelles du bas en enlevant celles du haut, on peut envoyer pour le service des besoins inférieurs toute l'eau qui s'écoule en déversoir au-dessus des poutrelles; dans ce cas, le barrage n'envoie aux fonds inférieurs que le superflu de ses eaux, celles que ne demande pas le fonds pour lequel on l'a établi ; mais dans ce système il est nécessaire de prendre quelques précautions contre les affouillements que causent les eaux qui se précipitent du déversoir ; dans le premier cas au contraire, ce sont les besoins inférieurs qui sont servis les premiers et les supérieurs n'ont que le superflu.

Si, au lieu de poutrelles, on n'emploie que des plateaux et que le lit du cours d'eau ait une certaine largeur, on soutient le milieu des plateaux par un pilier de pierre placé dans le lit du cours d'eau ; si on veut que le lit reste entièrement libre, on peut soutenir les plateaux par une tige de fer verticale soutenue elle-même par une barre de fer oblique qui lui sert de contrefort ; la tige et le contrefort sont assemblés sur un axe de fer qui se meut entre deux anneaux scellés dans le banc-gravier et on les abaisse lorsqu'on enlève le barrage.

Dans certains petits cours d'eau peu sujets aux inondations, on barre entièrement le lit par une construction en bois ou en pierre ; on pratique dans le milieu une ouverture munie d'une vanne ou d'un clapet qu'on ouvre ou qu'on ferme à volonté.

Le barrage mobile Poiret qui se fait avec des madriers placés verticalement n'a point encore que nous le sachions été employé aux irrigations ; sa manœuvre nous semble moins facile et sa clôture moins hermétique que les barrages pourvus de vannes ; mais il a l'avantage de laisser entièrement libre par son enlèvement le lit de la rivière ; il semble mieux convenir aux grands qu'aux petits cours d'eau.

§ 3. *Irrigation avec les petites rivières.*

Tout ce que nous venons de dire pour l'emploi des eaux des ruisseaux s'applique immédiatement aux petites rivières, seulement pour elles le cercle s'agrandit, les bassins prennent de plus en plus d'étendue ; les irrigations doivent faire de même ; mais pour que cela puisse avoir lieu, comme les propriétés particulières n'ont qu'une étendue bornée, déjà les associations deviennent nécessaires.

Les ruisseaux, au moyen des eaux de pluie qui leur arrivent et des sources qu'ils rassemblent, offrent plus de ressources d'irrigation que les sources ; de même aussi les rivières en recueillant une quantité relative d'eau de pluie plus considérable que les ruisseaux, peuvent alimenter des irrigations plus étendues ; on y rencontre, il est vrai, des usines qui leur portent obstacle en quelques points ; mais là même où elles absorberaient toute la pente, elles n'emploient pas les eaux éventuelles des pluies, et cette quantité est d'autant plus grande que le cours d'eau lui-même a plus de puissance parce qu'il a une plus grande étendue de versants.

En général, l'étendue du fond des bassins est proportionnelle à la force du cours d'eau lui-même, et le volume du cours d'eau est de même en rapport avec l'étendue des versants qui lui donnent leurs eaux ; le fond du bassin est un grand lit supplémentaire qu'il s'est formé lui-même dans l'abondance des eaux ; il a la même pente que lui ; les eaux en élevant leur niveau au moyen des barrages, peuvent donc y circuler et par conséquent l'arroser.

§ 4. Nécessité des jaugeages.

Lorsqu'on veut employer un cours d'eau aux irrigations, il est très-utile d'en connaître le débit à l'étiage, aux eaux moyennes et aux grandes crues. L'étude à l'étiage donne les ressources qu'il offre dans les moments de rareté, pendant les sécheresses. Celle des eaux moyennes donne leur portée dans les temps ordinaires, quand les pluies fortes ou faibles sont écoulées. Il faut aussi connaître le volume des grandes eaux : ce sont les eaux d'irrigations les plus importantes, puisque c'est précisément au moment des crues qu'elles sont le plus utiles, sous le triple rapport de l'époque où elles ont lieu, du limon qu'elles charrient et de l'abondance des eaux qu'elles amènent. Sur la plupart des petites rivières, les usines sont relativement rares, puisqu'il n'existe que 100 mille roues hydrauliques en France qui n'absorbent, ainsi que nous l'avons vu, guère qu'un centième de la pente des eaux du territoire. Et puis alors même que des usines absorbent la pente, il resterait toujours disponible, ainsi que nous venons de le dire, toute l'eau qui grandit le cours d'eau au-delà des besoins de l'usine inférieure.

CHAPITRE VI.

IRRIGATIONS AVEC LES GRANDS AFFLUENTS DES FLEUVES.

1. Ces irrigations, à raison de la navigation, peuvent difficilement se faire au moyen de barrages; elles se font par des dérivations. Mais ici la sphère grandit encore, les bassins sont vastes, la pente est encore forte surtout dans les parties du cours d'eau éloignées de son embouchure dans le fleuve; les eaux, en ménageant la pente, pourraient assez souvent par des dérivations s'élever sur le coteau qui longe le fond du bassin et arriver jusque sur le plateau supérieur. Ainsi des centaines, disons plus, des milliers d'hectares peuvent devoir la fécondité à une seule prise d'eau. Et ces cours d'eau sont bien nombreux en France; on les y compterait par centaines. Il n'est aucun affluent de quelque importance qui ne pût être employé très-utilement aux irrigations; c'est en général aux grands affluents de leurs fleuves que le Piémont, le Milanais, l'Espagne, et en France le Midi doivent leurs irrigations. Le plus souvent

ces cours d'eau ne sont pas navigables, et les eaux qu'on leur prend diminuent le mal qu'ils peuvent faire lorsqu'ils sont torrentueux.

Les irrigations avec l'eau des affluents se font au moyen de dérivations plutôt qu'avec des barrages ; on ménage leur pente, de manière à pouvoir soumettre à l'arrosage la plus grande étendue possible ; mais il faut que l'eau ait assez de courant pour que le canal ne s'envase pas et pour qu'avec des dimensions moyennes il puisse conduire une masse d'eau convenable. La pente moyenne à donner à ces dérivations est entre deux et cinq dixièmes de millimètre par mètre, ou de 20 à 50 centimètres par kilomètre. Avec cette pente, on évite l'ensablement des canaux et la dégradation de leurs parois ; lorsque les canaux doivent servir à la navigation en même temps qu'à l'arrosage, leur pente ne doit guère dépasser trois dixièmes de millimètre par mètre.

Cependant les dérivations dans les canaux de la montagne ont généralement plus de pente ; souvent on est obligé de conduire les eaux dans des canaux de maçonnerie, de les faire passer sur des côtes abruptes, de faire beaucoup de dépenses qui s'accroissent en raison de la dimension du canal, et enfin avec de la pente on peut conduire deux ou trois fois plus d'eau dans un canal de dimension donnée. Aussi les canaux dans les Alpes, dans les montagnes du Tyrol, de la Suisse, de la Savoie, en France dans les Pyrénées et les parties montagneuses de l'Isère et de l'Ardèche, ont de 2 à 6 millimètres de pente par mètre ; lorsque la pente dépasse 3 millimètres par mètre, il est souvent utile de la diminuer par des chutes, parce que les fortes pentes dégradent facilement et promptement les canaux ; on en donne beaucoup moins en général aux canaux modernes, surtout quand la pente du sol et les frais d'établissement des canaux diminuent, et qu'on arrive alors aux pays de plaines et de plateaux.

On est souvent obligé de modifier ses pentes pour éviter les difficultés de terrain ; le canal de Marseille varie depuis trois dixièmes de millimètre jusqu'à un millimètre. Dans le Piémont et la Lombardie, les pentes moyennes sont de cinq dixièmes de millimètre. Le Rhône depuis Lyon à Arles, avec son demi-millimètre de pente, demande de trop longues dérivations pour arriver à la surface ; avec la Saône qui n'a pas un dixième de millimètre de pente, elles sont à peu près impossibles ; mais l'Ain, le Doubs et le Rhône supérieur pourraient être employés avec le plus grand avantage. L'Ain pourrait féconder les graviers du Bas-Bugey, la Valbonne et tous les arides terrains de cailloux qui forment en plus grande partie son littoral, depuis Pont-d'Ain jusqu'à son confluent avec le Rhône. Il y a là plusieurs milliers d'hectares qui, avec une faible dépense, pourraient être amenés à une grande fécondité et décupler peut-être de valeur.

Nous croyons nous tenir loin de toute exagération, en disant que les irrigations faites au moyen des dérivations des affluents des grandes rivières, peuvent au moins se décupler en France. Ainsi, dans le bassin du Rhône, la Durance fournit à elle seule la plus grande partie des irrigations, pendant que l'Isère est à peine entamée, et que la Drôme et la plupart des cours d'eau affluents restent intacts ; la Durance donne $41^{m}25$ cubes d'eau par seconde aux arrosages ; en comptant les $5^{m}75$ qui vont bientôt enrichir le bassin de Marseille, elle pourrait encore en donner 20 et plus si l'on faisait des réserves pour le moment de l'étiage.

Mais si la Durance fournit un grand tribut, il n'en est pas de même de l'Isère et de ses affluents, qui n'arrosent guère que 4,000 hectares ; et cependant ces cours d'eau qui prennent leur source dans les eaux des glaciers, voient grandir leurs eaux dans les temps de sécheresse, et par conséquent les ressources d'irrigation qu'ils peuvent fournir à leurs rives au moment où elles en auraient le plus besoin ; ils charrient avec eux des limons abondants d'une bien grande fécondité, puisqu'ils ont créé l'excellente plaine du Grésivaudan et tout le bassin fécond de l'Isère. On se contente trop souvent de la fécondité naturelle des rives immédiates; les eaux d'irrigation y ajouteraient encore beaucoup et pourraient porter une fé-condité pareille sur des points que n'atteignent pas les inondations, et jusque sur les coteaux qui bordent la vallée. L'Isère est avec l'Ardèche l'affluent le plus fécond du Rhône, et on pourrait bien décupler leur emploi.

Il nous semble encore très-fort à regretter que sur le littoral de droite du Rhône, les affluents se jettent dans le grand fleuve sans presque aucun emploi; ces eaux sortent en grande partie de terrains volcaniques et presque toujours primitifs; elles porteraient sur toutes les terres calcaires du littoral, sur leurs propres bassins et sur les coteaux qui les bordent, la fécondité des sols volcaniques. Mais ces affluents s'écoulent les uns à la mer, les autres au Rhône, sans aucun emploi, et cependant les irrigations n'y éprouveraient point d'obstacles, puisqu'ils ne sont pas navigables; et comme ils sont torrentueux et ont par conséquent beaucoup de pente, on pourrait, par des dérivations, leur faire améliorer de grandes étendues, en même temps qu'on préviendrait en grande partie les désastres qu'ils occasionnent sur leurs rives.

* * *

CHAPITRE VII.

IRRIGATIONS AVEC LES EAUX DES FLEUVES.

Pour pouvoir prendre de l'eau dans les fleuves par des dérivations, il est nécessaire qu'ils aient une assez forte pente; comme on ne peut guère donner aux canaux moins de deux dixièmes de millimètre de pente par mètre, ou de

20 centimètres par kilomètre, il est nécessaire que le cours d'eau ait une pente plus forte, puisque les eaux ne peuvent arriver à la surface que par la différence de pente entre la dérivation et le cours d'eau. Ainsi, le Rhône pourrait facilement se dériver depuis Genève jusqu'à Lyon, parce que sa pente est assez forte ; de Lyon à Arles, où elle est de cinq dixièmes et demi de millimètre, ou de 55 centimètres par kilomètre, on peut encore le dériver avec avantage, et tout annonce que le canal de Pierre-Latte finira par remplir les espérances qui l'ont fait entreprendre ; mais d'Arles à la mer, où la pente n'est pas moitié de celle qui précède, toute dérivation serait à peu près impossible ; il en est de même de la Saône de Chàlon à Lyon, où la pente n'est pas de 10 centimètres par kilomètre, et de la Seine depuis Paris à la mer ; mais chacun de ces cours d'eau, dans leurs parties supérieures, offre assez de pente pour pouvoir fournir à de nombreuses et grandes dérivations ; et puis, comme nous le verrons plus loin, l'art peut suppléer à la nature.

Toutefois, il n'y a rien d'absolu dans le monde ; lorsque le fleuve peu pentueux a un cours très sinueux, une dérivation directe pourrait amener l'eau à la surface, sans qu'on fût obligé de lui donner une trop grande longueur. Ainsi, si un grand cours d'eau par ses sinuosités parcourt un espace double de la dérivation, la dérivation qui recevrait la même pente que lui pourrait arriver sans trop de longueur à la surface, parce que le niveau de ses eaux s'élèverait d'une quantité égale à la pente du fleuve sinueux sur une longueur de dérivation qui aurait un parcours une fois moindre que lui.

On peut encore profiter du bienfait des eaux en pratiquant des dérivations dont le fond serait au-dessus de l'étiage, et qui, au moyen d'une pente moindre que celle du fleuve et d'une direction rectiligne, conduiraient les grandes eaux jusque sur les terrains où elles n'arrivent pas naturellement.

On étendrait ainsi le bienfait des irrigations naturelles, et, au moyen de vannes, on pourrait ne les admettre que quand on jugerait qu'elles pourraient être utiles. On ne donnerait pas de grandes dimensions ni beaucoup d'étendue aux prises d'eau; ce serait le moyen de peu dépenser pour leur établissement et leur entretien, et néanmoins avec elles on arriverait à donner aux fonds qu'on arroserait ainsi un peu de la fécondité des îles des *ségonnaux* du Rhône, des îles de la Loire et des parties inondées de son littoral qui se couvrent tous les ans de récoltes de lin et de chanvre le plus souvent sans fumier.

<hr>

CHAPITRE VIII.

IRRIGATION AU MOYEN DE LA VAPEUR.

1. L'art dans les irrigations peut, de plus d'une manière, suppléer à la nature; lorsque les dérivations présentent quelque difficulté, que le cours d'eau n'a qu'une faible pente, on peut employer l'art pour en faire sortir les eaux et les répandre sur le sol. On peut tirer du cours d'eau, avec des pompes, des norias, les eaux dont on a besoin : le cours d'eau lui-même peut mettre en jeu par son courant la pompe ou les norias; mais ces moyens ne peuvent pas prendre beaucoup d'étendue et ne peuvent guère s'appliquer qu'à des fonds immédiatement riverains; toutefois, en Egypte et en Catalogne, une noria, mue par des animaux, sert encore à l'arrosement des cultures en plein champ; mais tout au moins faut-il, pour que les dépenses n'excédent pas les recettes, que l'eau soit à peu de distance de la surface, et que les fonds arrosés par ce moyen soient de bonne qualité ou du moins fortement fumés; M. Ménétrier, à Arles, fournit de l'eau

avec ses pompes au prix de 83 fr. par hectare : le cultivateur, et surtout les jardiniers, y trouvent de l'avantage.
Mais, dans ce travail comme dans tous les autres, l'emploi
de la vapeur donnerait un résultat beaucoup meilleur; les
moyens mécaniques pour élever l'eau, et la vapeur surtout, ont un grand avantage sur les dérivations. Lorsque le
cours d'eau, par exemple, a cinq dixièmes de millimètre de
pente, comme le Rhône, qu'il a 2 mètres d'encaissement,
et qu'on donne deux dixièmes de millimètre de pente à
la dérivation, il faut donner à cette dérivation 6 à 7 mille
mètres pour faire arriver l'eau à la surface; tout cet intervalle de sol sur lequel elle passe en est donc privé; il faut
indemniser tous les propriétaires de la perte qu'ils subissent,
des difficultés qu'on leur cause pour la desserte de leurs
fonds et des dégâts que l'eau peut leur causer. Par l'emploi
de la vapeur, au contraire, le sol immédiatement riverain
peut être arrosé; on n'a point de passage d'eau à demander,
d'indemnités à accorder, de longs canaux à entretenir, de
dommages à payer.

Bien plus, en élevant l'eau de 1 mètre, par exemple, au-
dessus de la surface, avec un faible accroissement de dépense
de combustible, on peut, au moyen d'un canal en relief,
arroser régulièrement des parties de littoral qui ne recevaient d'eau que dans les grandes inondations, et en l'élevant
à une plus grande hauteur, on porterait le bienfait de l'irrigation sur des surfaces auxquelles l'eau n'arrive jamais.

La vapeur est applicable à tous les cours d'eau; mais c'est
surtout dans ceux qui ont peu de pente que ces avantages
sont les plus grands, puisque les dérivations y sont très-peu
profitables et l'encaissement du cours d'eau toujours peu
considérable. Ainsi donc, les bords de la Loire, de la Seine,
de la Saône, pourraient, avec la vapeur, s'arroser à moindres frais encore que ceux du Rhône, puisqu'ils sont moins
encaissés que lui et que leurs vallées ont moins de pente.

L'eau amenée par la vapeur offre de bien grands avantages sur celle qu'amèneraient des dérivations ; elle n'ensable pas ses canaux, parce qu'elle peut être prise près de la surface, là où l'eau ne charrie point de graviers ; elle arrive toujours dans la proportion demandée, dans les saisons et aux heures convenables ; elle croît ou diminue avec les besoins, peut s'accroître dans la sécheresse et diminuer lors des pluies. Et puis ses canaux ne craignent pas les avaries, n'augmentent pas le ravage des eaux dans les inondations comme ceux des dérivations ; de plus, les machines peuvent se faire de toute dimension et par conséquent arroser suivant leur puissance, depuis vingt jusqu'à mille hectares. Enfin et en outre de tous ces avantages, l'eau arrive au sol moins chèrement que par les dérivations les moins coûteuses.

Il résulte des calculs de M. Peyret-Lallier qu'en comptant l'amortissement et l'entretien d'une machine de 200 chevaux, la dépense pendant cinq mois d'arrosement serait, amortissement compris, de 21,800 francs ; réduisant le résultat pratique à moitié de celui donné par la théorie, on éléverait, avec cette machine et pour ce prix, à 2 mètres de hauteur, une quantité d'eau capable d'arroser plus de 1,500 hectares, ce qui porterait la dépense par hectare à 12 francs, tandis que la même quantité d'eau fournie par les canaux coûte 20 francs et plus, et que celle de M. Ménétrier, d'Arles, avec ses machines hydrauliques, revient à 83 francs. Ce résultat annoncé par M. Peyret-Lallier n'est pas un résultat théorique ; sa machine existe, marche, produit les avantages qu'il annonce, quoiqu'elle ne soit que de cinq chevaux, dimension beaucoup moins favorable que si elle était plus puissante.

Les avantages de l'emploi de la vapeur à l'irrigation nous paraissent donc bien grands ; on peut donner aux machines tous les degrés de force et les appliquer aux petits comme aux grands espaces, aux petits comme aux grands cours d'eau. On a dans ce système peu de ces associations si difficiles à former et à maintenir en harmonie, peu de difficultés de partages d'eau, peu de fuites, point d'infiltration sensible dans des canaux de faible étendue, peu de passages à demander, d'indemnités à accorder, peu de ravages à craindre des torrents ; l'eau devient utile sur la place même où elle arrive, sans qu'on soit obligé de la conduire à travers des indifférents ou des opposants ; il est évident qu'alors on n'a plus besoin de dérivations. Enfin on peut employer à l'irrigation les cours d'eau quelque peu pentueux qu'ils soient. Ainsi la Seine et la Saône avec leur faible pente peuvent voir leurs bassins s'arroser avec la vapeur, quand il est presque impossible de le faire avec des dérivations.

Et puis les irrigations au moyen de la vapeur consomment beaucoup moins d'eau et par conséquent peuvent se multiplier plus que par les grandes dérivations, où l'évaporation, les infiltrations et les partages nombreux perdent les deux tiers des eaux. Enfin, on ne prend d'eau au fleuve qu'au moment du besoin, tandis que la dérivation les envoie à temps, à contre-temps, aggrave le mal des inondations, cause souvent des ensablements, des destructions de récoltes et des ravinements très-dommageables.

Mais il est encore un bien grand avantage dans ce moyen de prise d'eau : c'est qu'en raison de ce que les pertes sont à peu près nulles il suffirait de puiser au fleuve, par mètre de surface à arroser, un mètre cube d'eau seulement qui peut donner dix arrosements d'un décimètre, quantité qu'on regarde comme devant suffire à une saison d'arrosement ; dans les irrigations par grands canaux on juge nécessaire de dériver au moins un mètre cube par seconde pour mille hectares, quantité qui représente plus de 3 mètres d'eau sur la surface ; il y aurait donc 2/3 de perte dans les arrosements par grande dérivation.

Ces machines, en fesant les dispositions convenables pour laisser le chemin de halage, peuvent se placer partout sur les rives du fleuve. Et puis ces eaux, après leur emploi, rentrent immédiatement dans le lit; il y a donc peu de diminution dans le volume total. Les irrigations pourraient donc se multiplier presque indéfiniment, et au cas cependant peu probable où il ne resterait point assez d'eau pour la navigation, en laissant toute latitude pour les établir, le gouvernement conserverait toujours la faculté de les limiter ou de les suspendre temporairement.

Les résultats obtenus par M. Peyret-Lallier, et sur lesquels nous appuyons tout ce que nous venons de dire, offrent déjà de grands avantages sur les irrigations par dérivations. Mais nous sommes peut-être à la veille d'en obtenir de beaucoup plus grands encore par les machines de M. Philippe Taylor, habile ingénieur anglais fixé en France; son grand atelier de Marseille, de 5 à 600 ouvriers, fournit au gouvernement et à l'industrie des machines de toute dimension et pour tous les usages; le problème qu'il s'est proposé serait d'appliquer à l'industrie, et particulièrement aux irrigations du Midi, le système de machine à vapeur, qui sert à l'épuisement des mines de Cornouailles; les machines qu'on y emploie, par la combustion d'un kilog. de charbon par heure, produisent la force d'un cheval, c'est-à-dire élèvent à 1 mètre de hauteur 75 litres d'eau par seconde, ou 270 mètres cubes par heure, et le travail avec cet avantage en Cornouailles dure depuis plusieurs années. Ce fait est généralement connu, et il a été constaté par les ingénieurs français; cependant, les meilleures machines actuellement en usage en France et en Angleterre, demandent pour le même effet 4, 5, 6 kilos de houille.

La différence entre les deux systèmes, c'est que dans les machines ordinaires le mouvement de va et vient est transformé en mouvement rotatif régularisé par un volant, tandis que dans celles de Cornouailles le mouvement se transmet immédiatement aux pompes. Il faudrait en conclure que, par la transformation du mouvement alternatif en mouvement rotatif, il y aurait perte de plus des trois quarts de la force; mais quelle que soit l'explication de la chose, le fait de la consommation d'un kilog. de charbon, au lieu de 4, 5 et 6, ne peut être contesté. Cependant, il reste encore, à ce qu'il semble, à M. Taylor une difficulté à vaincre : dans les machines de Cornouailles c'est une petite masse d'eau qu'on élève à une grande hauteur; dans celles demandées le problème est inverse : c'est une grande masse d'eau qu'on doit élever à une petite hauteur. Or, on ne pouvait pas songer à employer à cet usage un système de pompes, il les aurait fallu d'un volume énorme; il y aurait donc à imaginer une machine hydraulique, simple, solide, de peu de dépense, produisant peu de frottement, se mouvant par mouvement alternatif, et qui pût fournir un grand volume d'eau en peu de temps; c'est le point où notre habile ingénieur espère arriver. Pour cela, il construit une machine hydraulique qui pourra fournir au besoin 300 mètres cubes d'eau par minute et élever cette masse d'eau à 1, 2, 3, 4 mètres. Il a préludé à la solution de son problème par l'établissement d'une machine de Cornouailles avec pompe placée sur les mines de charbon dites *Rochers bleus*, près Marseille; cette machine élève 4 mètres cubes d'eau par minute, d'une profondeur de 140 mètres, avec la consommation d'un kilog. un cinquième de charbon par force de cheval. Cet effet a été constaté avant le complet achèvement de la machine, par M. Diday, habile ingénieur des mines.

M. Taylor doit placer sa nouvelle machine hydraulique dans une saline, près de Cette; elle élèvera 68 mètres cubes par minute, avec la dépense d'un kilog. de charbon par cheval. Une machine de cette puissance suffirait pour arroser 1,000 hectares; si, comme il y a lieu de l'espérer, elle réussit, qu'elle produise une économie des trois quarts, des deux tiers seulement de la dépense du combustible, l'irrigation par machine à vapeur aurait un immense avantage sur celle qui se ferait par dérivation des grands cours d'eau. Nous avons vu précédemment que l'irrigation d'un hectare par une machine coûterait 12 fr. pour élever l'eau à 2 mètres ; mais dans ces 12 fr., les deux tiers au moins, 8 fr., sont en dépense de combustible, dont les deux tiers, 6 fr. 66 c., seraient économisés ; les frais d'irrigation d'un hectare se réduiraient donc à 5 fr. 44 c., cinquième au plus de la dépense pour l'eau obtenue par les dérivations (1).

CHAPITRE IX.

IRRIGATION AVEC LES PUITS ARTÉSIENS.

Outre les grands moyens d'irrigation que nous offrent les eaux de la surface, nous pouvons dans beaucoup de positions appeler à notre aide celles de l'intérieur du sol au moyen des puits artésiens ; cet intérieur renferme des couches d'eau qui arrivent souvent à la surface quand on leur ouvre un passage ; ces eaux s'élèvent dans des canaux en raison d'une pression qui peut être due ou à des créations incessantes de gaz qui pressent sur la surface de l'eau des réservoirs intérieurs, ou plutôt encore à des eaux qui s'infiltrent de niveaux supérieurs, pressent sur celles du niveau inférieur et leur communiquent une puissance d'ascension

---

(1) Nous apprenons qu'une nouvelle machine de M. Taylor, pour l'élévation de masses d'eau avec une faible dépense de combustible, fonctionne maintenant dans la Camargue avec tous les avantages de Cornouailles ; le problème qu'il se proposait serait donc complètement résolu.

7

qui les élève au-dessus du niveau du sol sur lequel on leur
offre une issue; cette pression est la même que celle qui a
lieu dans les siphons; les eaux tendent alors à remonter à
une hauteur qui serait égale à celle des eaux supérieures
qui les pressent, si elle n'était amoindrie par les frottements
et les résistances qu'elle éprouve dans son trajet; ces deux
pressions de l'eau et du gaz peuvent se réunir ou être isolées; mais les faits viennent bien mieux à l'appui de la seconde explication que de la première, et M. Héricart de
Thury, celui de nos savants qui semble avoir le mieux approfondi la question, admet la seconde explication. Quoi
qu'il en soit, c'est plutôt de résultats pratiques que nous
avons à nous occuper ici que d'explications théoriques; seulement, nous croyons devoir ajouter que les méthodes de
forage semblent loin d'être arrivées au point de perfection
qu'on doit en attendre.

Sur ce sujet, comme sans doute sur beaucoup d'autres,
nous aurions d'utiles leçons à prendre chez les Chinois où
les procédés du forage existent depuis des siècles. Les voya-
geurs nous rapportent que deux hommes pratiquent, avec
des instruments d'une grande simplicité, des forages qui
descendent de 6 à 700 mètres dans l'intérieur du sol. La
méthode est ancienne dans leur pays, mais on l'appliquait
aussi de temps immémorial dans l'Artois à la recherche des
fontaines et dans le reste de la France à celle des minéraux
et particulièrement des houilles; depuis 25 ans, on l'a beaucoup généralisée, mais les perfectionnements qu'on y a
ajoutés semblent avoir plutôt augmenté que diminué les dépenses de sondages.

Il est des pays où, avec bien peu de frais, on est arrivé à
de grands résultats. M. Durand, dans les environs de Perpignan, a obtenu, avec peu de dépenses de temps et d'argent, des eaux abondantes qui lui offrent le moyen d'améliorer de grandes étendues; ses voisins ont eu des succès

pareils aux siens, et on croit avoir remarqué que deux puits voisins qui semblaient se nuire dans les premiers moments et faire en quelque sorte un partage d'eau, reviennent bientôt à en fournir une quantité à peu près égale à celle qu'avait donnée la première opération; un petit nombre de puits semblables suffiraient pour faire marcher une usine.

Il serait, à ce qu'il semble, plus économique d'obtenir l'eau d'un seul sondage à large tube, que par des sondages multipliés à petits tubes; elle perdrait moins de force dans le trajet, arriverait en plus grande masse que par une même surface de section des petits tubes; il y aurait moins d'engorgement à craindre; ainsi, un puits d'un diamètre double donnerait plus du quadruple de l'eau de deux autres de moitié de diamètre, et coûterait beaucoup moins qu'eux, de dépense de temps, de fourniture, de main-d'œuvre et d'entretien.

Le temps qui s'écoule amène bien quelquefois une diminution dans les eaux des puits artésiens; mais ce ne sont pas le plus souvent à ce qu'il semble les eaux qui font défaut; la perte serait plutôt due à l'ensablement des tubes, ou à la nature du sol dans lequel la prise d'eau est faite; on conçoit cependant que dans les grands réservoirs l'eau peut éprouver des élévations, des abaissements de niveau et des mouvements qui peuvent être dûs à de nouvelles eaux qui viennent accroître le réservoir, ou aux eaux du réservoir lui-même qui ont pris leur direction autre part, ou enfin lorsque les gaz concourrent à la pression, cette pression peut s'accroître ou s'affaiblir suivant leur plus ou moins grande production; cependant, l'expérience a démontré que, par le déblaiement des tuyaux, l'eau revenait à peu près à son volume normal. Et puis la pérennité des sources doit nous rassurer et nous faire présumer qu'il en serait de même des réservoirs intérieurs; nos sources proviennent de réservoirs prés de la surface; et elles sont d'autant plus pérennes qu'elles paraissent venir de plus grandes profondeurs; or, nos eaux de forage viennent de réservoirs plus profonds, plus étendus, qui doivent, par cette raison, avoir plus de pérennité que ceux qui alimentent nos sources.

D'ailleurs, les eaux ne sont jamais stagnantes dans le sein de la terre; comme elles reçoivent incessamment de nouvelles eaux, il s'ensuit que l'eau du réservoir a une direction vers une issue quelconque, et par conséquent les eaux intérieures seraient toujours en mouvement; cette circonstance est essentielle à leur salubrité sur la surface du sol, et peut avoir la même importance dans son intérieur.

Pour remédier aux ensablements, il devient nécessaire d'employer de nouveau la sonde; mais ce travail doit être peu dispendieux, et il est à croire qu'on arriverait souvent, dans un puits curé à plusieurs reprises, à n'avoir plus besoin de renouveler ce travail.

Après les forages des environs de Perpignan, ceux de Tours ont offert les plus grands résultats; celui de Grenelle est sans doute très-remarquable; mais, comme entreprise particulière, il serait bien chèrement obtenu. Toutefois, dans beaucoup de pays de plaine et plus spécialement dans le voisinage des montagnes, les puits artésiens peuvent faire surgir d'abondantes eaux et payer avec usure des frais peu considérables. D'habiles géologues peuvent donner sur ce point de bien utiles renseignements, et M. Héricart de Thury, consulté dans plusieurs circonstances, s'est approché d'une manière extraordinaire de la vérité. On peut donc, avant de faire des tentatives dispendieuses, consulter le petit nombre d'hommes qui ont de l'expérience sur ce point.

Le succès d'une première tentative en promet d'autres semblables dans des situations analogues; dans les environs de Tours et dans ceux de Paris, les sondages ont rencontré les eaux ascendantes à peu près à la même profondeur; il n'y aurait donc de hasard dans un pays que pour la première tentative. Dans la vallée de la Seine, autour de Paris, les premières eaux ont été rencontrées partout à peu près au même niveau. Ces eaux ne sont pas très-abondantes ni de bien bonne qualité ; on s'en sert néanmoins à beaucoup d'usages. Dans la vallée de la Marne, M. Degousée, qu'on cite avec M. Mulot comme un des plus habiles foreurs, a trouvé les eaux abondantes et jaillissantes depuis une profondeur de 33 mètres jusqu'à 70 ; il a creusé six puits qui ont coûté en tout 18,600 fr., et donnent ensemble 80 litres par seconde, quantité capable, l'eau étant sur place, d'arroser plus de 126 hectares à 2 mètres sur toute la surface, ou 63 à 4 mètres.

Ici, l'entretien de la machine est à peu près nul ; il n'y a ni dérivation, ni écluse, ni canal ; l'eau est sur place, on n'a qu'à la recevoir dans les rigoles qui la distribuent ; personne ne peut la disputer ; on peut en vendre les *colatures* aux voisins inférieurs, ou leur demander passage s'ils ne veulent pas en profiter.

En ne comptant que l'intérêt de l'argent dépensé, l'irrigation ne coûterait que 7 fr. 14 c. par hectare à 2 mètres, et 14 fr. à 4 mètres, prix inférieur à celui de toutes les eaux des dérivations des grands cours d'eau.

L'eau des puits artésiens serait, à ce qu'il semble, excellente pour les irrigations, et créerait particulièrement des prairies d'hiver du plus grand produit ; leur chaleur, qui s'accroît en raison de leur profondeur, est un grand moyen de production de fourrage ; on voit partout les eaux thermales produire de très-grands effets, et c'est particulièrement à leur chaleur qu'ils sont dûs ; les eaux de Plombières, de Bade, contiennent assez peu de substance minérale, et cependant les prés qui s'en arrosent en reçoivent une très-grande fécondité, alors même qu'elles sont mêlées à des cours d'eau d'un volume beaucoup plus grand que le leur.

Les forages sont donc pour l'irrigation d'une grande importance, et pourraient surtout, à ce qu'il semble, produire de bien grands résultats dans notre colonie d'Alger.

CHAPITRE X.

IRRIGATIONS COMPARÉES DU NORD ET DU MIDI.

L'eau pour les prairies se prend le plus souvent dans les saisons où elle surabonde pour les besoins de la navigation et des usines; les meilleures irrigations se font dans les pluies d'automne, pendant les hivers doux, pendant et après les pluies de printemps; on évite pour l'emploi de ces eaux l'action du soleil d'été; c'est donc en quelque sorte un superflu qu'emploient nos irrigations de prairies dans le centre et le nord de la France.

Dans les irrigations de terre au contraire et dans celles d'une grande partie des prairies méridionales, c'est dans les temps de chaleur et par conséquent dans le moment des eaux rares qu'on les emploie; le fumier donne la fécondité; et les eaux l'humidité et la fraîcheur nécessaires pour accomplir les prodiges de végétation que le soleil de ce climat détermine sur les fonds fumés et arrosés; toutefois, comme les irrigations méridionales ont surtout lieu avec les eaux qui descendent des Alpes et des Pyrénées au moyen de cours d'eau alimentés par la fonte des neiges, et par cette raison souvent plus forts en été qu'en hiver, ils peuvent bien aussi suffire à des irrigations étendues dans la saison où on les emploie.

Les irrigations d'automne et d'hiver seraient aussi très-productives dans le Midi; il suffit pour cela de remarquer que les inondations d'hiver sont d'un immense avantage aux îles et aux ségonnaux du Rhône, par le limon qu'elles y apportent: on peut y recueillir d'abondantes récoltes sans fumier; d'autre part, le bassin de la Loire recueille sans engrais, sur ses rivages inondés pendant l'hiver, dans ses îles si nombreuses, des récoltes de lin, de chanvre et d'abondants fourrages sur ses prés; il serait donc tout-à-fait certain que les prés et les terres non emblavées du midi, arrosés par les eaux limoneuses d'hiver, y gagneraient une grande fécondité.

De même que les irrigations automnales et hivernales du Nord et du centre de la France pourraient convenir au Midi, de même aussi les irrigations estivales du Midi seraient très-utiles sur les terres labourables du Nord et du centre, comme elles le sont sur leurs prairies. Partout les irrigations sont le fondement des succès de l'horticulture; il ne serait pas possible que l'agriculture n'en tirât pas le même avantage, et que les cultures sarclées, les récoltes de printemps, les deuxièmes et quelquefois les premières coupes de trèfle, les deuxièmes et troisièmes récoltes de luzerne, qui se réduisent souvent beaucoup par suite de la sécheresse, n'en recueillissent pas un grand produit. Sans doute, avec ces irrigations, il faudrait, dans le Nord comme dans le Midi, plus d'engrais sur les terres en labour; mais les fourrages et les pailles qu'on obtiendrait de plus fourniraient tout moyen de le produire.

Les petits cours d'eau du Nord et du centre dans les pays où l'irrigation est pratiquée, sont, il est vrai, employés pour l'amélioration des prairies; mais nous ne proposons pas aux contrées du Nord et du centre de la France qui arrosent leurs prés, d'en retirer l'eau pour l'envoyer aux terres labourables; ces pays ont converti en prés une grande partie de ce qui pouvait facilement être mis sous le niveau des eaux; ils ont agi ainsi sous l'impulsion d'un fait à peu près général en France, c'est que le sol en prairies arrosées donne un produit en argent beaucoup plus fort que celui des terres labourées; et leur prix élevé est très-fondé en raison : car la production de la nourriture des bestiaux est plus essentielle aux besoins de la population et à la prospérité agricole que la production immédiate des céréales elles-mêmes, puisque l'abondance de leurs produits dépend moins de l'étendue de la terre ensemencée que de la bonne culture et des engrais que lui fournissent les bestiaux.

Mais sans diminuer le nombre des prairies, qui empêcherait que des dérivations y fussent faites de même que dans le Midi, sur les affluents des grands cours d'eau, pendant qu'ils sont encore dans leurs bassins secondaires? Ces dérivations auraient lieu principalement dans les parties supérieures des bassins où la pente est beaucoup plus forte, et par conséquent arriveraient beaucoup plus tôt à la surface que dans les parties inférieures; elles se feraient sans beaucoup de frais, pourraient couvrir plus de terrain et s'élever quelquefois jusque sur les rampes et même les plateaux qui les couronnent.

En Norvège, les irrigations des terres sont étendues; John Sinclair nous apprend qu'en Ecosse elles se sont aussi beaucoup multipliées. Il n'est pas d'années dans le centre et le Nord de la France où on ne voie souffrir plus ou moins les céréales d'hiver, celles de printemps, et les fourrages artificiels par défaut d'humidité; l'eau donnée à propos y assurerait donc, comme dans le Midi, l'abondance des produits; mais il n'y a peut-être pas moitié de la France où l'irrigation soit pratiquée sur les prairies et pas un centième où elle le soit sur les terres. Partout donc où elle ne l'est pas, en même temps qu'on établirait des prairies là où le sol s'y prêterait le mieux, on arroserait les terres labourables dans les printemps et les étés secs; la distribution d'eau sur les terres labourables demande moins de travail que sur les prairies et il leur faut moins d'eau; quatre à cinq arrosements de 6 à 10 centimètres, dans la saison, suffisent pour contrebalancer tout le dommage que produisent si souvent à nos récoltes les printemps et les étés secs. Il en résulterait, comme dans le Midi, que la chaleur qui, avec le manque d'eau, arrête la végétation et souvent lui devient funeste, serait au contraire, avec une quantité d'eau suffisante, un moyen actif et puissant de fécondité.

Ainsi donc, le Midi devrait emprunter au Nord l'emploi de ses eaux d'hiver sur les prairies, comme le Nord devrait imiter du Midi l'emploi de ses eaux d'été sur ses terres. Nous dirons plus : le Nord et le centre devraient emprunter du Midi l'usage de fumer leurs prés arrosés. Nous avons vu que les prairies fumées ne demandaient qu'un mètre d'eau; dans le Nord, sans fumier, elles en exigent 3, 4, 5. Il s'ensuivrait donc que le Nord, en fumant ses prés, pourrait arroser une étendue deux ou trois fois plus grande. Cet engrais, donné aux prairies, ne serait en quelque sorte qu'un prêt usuraire; le surplus de produit en foin de la prairie fumée équivaut en moyenne, dans les trois années que dure la fumure, à près de moitié du poids de l'engrais; et ce fourrage, dans le cours des années suivantes, après avoir alimenté les animaux de travail et de rente, reproduit une quantité au moins égale de fumier; mais nous reviendrons plus tard sur cet important sujet.

Nous avons parcouru les différents moyens qui peuvent nous donner des eaux pour l'irrigation; les derniers spécialement, dont nous nous sommes occupé, ceux dûs à des dérivations de grandes rivières, à des machines à vapeur, aux puits artésiens, demandent d'assez grandes avances et souvent même le secours du gouvernement; mais, par compensation, ils peuvent être appliqués à de grandes étendues.

Il n'en serait pas de même des irrigations au moyen des sources, des ruisseaux et petites rivières; celles-là ne demandent au gouvernement que de les aider par des dispositions législatives qui seraient à l'avantage de tous; les particuliers réalisent immédiatement, sans grandes avances, des bénéfices qui les dispensent de recourir à l'État pour leurs améliorations, et les résultats peuvent être dix fois plus étendus au moins que ceux qu'on peut obtenir sur le cours d'eau central ou même sur ses grands affluents; chaque petite source contributive du petit ruisseau peut épancher ses eaux sur un bassin plus ou moins étendu, chaque petit ruisseau peut ensuite irriguer le sien, et de bassin à bassin, une grande partie de la surface du pays peut éprouver les bienfaits de l'irrigation. Sans doute, une foule de circonstances particulières y mettent des obstacles plus ou moins difficiles à vaincre; mais l'étendue irrigable qui se compose non-seulement des bassins, mais encore des coteaux qui les bordent, est bien grande lorsque la pente est un peu considérable.

Que l'Etat donc, dans des cas spéciaux, encourage des entreprises hardies et qui prendront une certaine étendue; qu'il récompense par des primes, des distinctions honorifiques, ceux qui, les premiers dans un pays, auront donné l'exemple d'irrigations productives, il y aura toute convenance. Mais, en résumé, l'Etat peut voir le pays s'enrichir par l'emploi utile des petits cours d'eau, rester spectateur tranquille et recevoir bientôt en impôts une part du produit, sous la seule condition de mesures législatives favorables à tous, parce qu'elles sont réciproques, et sous la condition surtout que l'administration n'entravera pas par ses prétentions les travaux particuliers qui ne compromettront aucun intérêt public.

SECTION III.

Des obstacles que rencontre l'irrigation.

Le résultat le plus immédiat et le plus prochain de l'irrigation serait d'arrêter l'effrayante progression des sommes que nous versons à l'étranger pour les denrées animales et végétales. Cette somme était de 187 millions 500 mille francs en 1834; elle est devenue en 1840 de 310 millions 900 mille; depuis lors, elle n'a fait que s'accroître; bien plus, les documents de M. Moreau de Jonès portent à 22 millions la somme versée à l'étranger en 1834, pour l'importation du froment; cette somme s'est élevée à 47 millions en 1840, à 92 millions en 1842, et elle a dépassé 200 millions en 1846. Avant cette dernière année et ses ruineux besoins, pour remédier à cette progression si menaçante pour le pays, le statisticien nous a dit : *Il faut semer* 200 *mille hectares de plus en froment;* l'agriculteur qui voit, sait et éprouve ce qu'il faut pour faire croître le blé, ne parle point ainsi; il dit : *Accroissez le nombre de vos animaux domestiques, créez des fourrages et des engrais et la terre remplira vos besoins.* Aussi Jacques Bujault, dont l'agriculture doit regretter amèrement la perte, nous disait dans son langage pittoresque, concis et juste : *Si tu veux du blé, fais des prés.*

Il ne s'agit donc plus ici d'une question particulière, mais d'une nécessité sociale; il faut que ce déficit effrayant cesse de s'accroître, et que notre sol suffise à nous nourrir. Or, le gouvernement a dans ses mains un sûr moyen de rétablir un équilibre si fatalement rompu à notre préjudice, et cela sans faire ni demander aucun sacrifice au pays, mais au contraire en l'enrichissant et en s'enrichissant lui-même; il lui suffira d'encourager puissamment l'irrigation , et pour cela , en premier ordre , il doit l'aider par la législation. Les besoins de l'irrigation demanderaient un code entier pour lequel il reste encore beaucoup à faire ; le Code civil renferme à peine quelques articles sur l'usage des eaux ; il a été fait dans des pays où l'irrigation est peu en usage ; on n'a donc pas pu ni su pourvoir à tous ses besoins. Les pressantes réclamations de l'agriculture ont obtenu en dernier lieu des dispositions législatives sur le droit de passage, d'appui et d'écoulement des eaux, qui sont d'une grande importance ; mais ces dispositions sont loin d'être suffisantes, et il est bien essentiel que nos pouvoirs publics s'occupent de compléter une législation à laquelle le pays devra sa richesse agricole, et par suite l'abondance des denrées de première nécessité.

Le législateur, en 1791, avait bien senti les besoins du pays sur ce point ; il engageait l'administration *à faire en sorte que toutes les eaux du territoire fussent dirigées vers un but d'utilité générale d'après les principes de l'irrigation.* Mais cette loi n'est en quelque sorte qu'un conseil qui autorise en principe les entreprises sans offrir les moyens de les mettre à exécution : elle n'est qu'un programme qui n'a pas été rempli.

L'emploi des eaux soulève une foule de questions qui toutes offrent le plus grand intérêt ; nous croyons utile de rappeler ici les plus importantes.

On conçoit bien que le Code civil qui devait servir de règle pour tous les intérêts des citoyens, n'ait pu ni dû s'étendre à toutes les conséquences des principes qu'il posait. Mais dans une loi spéciale qui lèverait les obstacles qui s'opposent aux irrigations , il serait de toute convenance de prévenir à l'avance autant que possible les doutes et les discussions des particuliers entr'eux et avec l'administration.

CHAPITRE Ier.

NÉCESSITÉ DE PRÉCISER ET DE LIMITER L'ACTION DE L'ADMINISTRATION
SUR LES COURS D'EAU NON NAVIGABLES.

Après les dispositions légales qui règlent les droits de
passage et d'appui, les plus importantes, à ce qu'il nous
semble, seraient celles qui régleraient le mode d'action du
gouvernement sur les petits cours d'eau ; elles sont le com-
plément nécessaire des premières qui, sans cela, peuvent
éprouver de grands obstacles et ne porter que peu de fruits.

Depuis quelques années, un grand débat s'est élevé sur la
propriété des petits cours d'eau ; deux avis opposés partagent
les jurisconsultes : les uns et les autres reconnaissent au gouvernement un droit de police générale sur les eaux, le droit
de restreindre toute entreprise qui nuirait à la salubrité, à
la viabilité ; mais les premiers, en s'appuyant sur les dispositions du Code civil, limitent les droits du domaine public
aux rivières navigables et flottables, attribuant au domaine
privé la propriété des petits cours d'eau ; les seconds préten-
dent que les cours d'eau, grands et petits, appartiennent tous
au même titre au domaine public ; que le droit de police
générale implique la propriété, et qu'il n'est permis d'employer leurs eaux à aucun usage sans l'autorisation de l'administration ; que par conséquent aucune entreprise, aucun
travail ne peut être fait dans leur lit ou pour leur emploi sans
autorisation préalable et sans ordonnance du pouvoir. Il
serait très-important sans doute que la question générale de
propriété fût décidée, mais elle demanderait, pour être ré-
solue, beaucoup de temps et une longue discussion ; il serait
peut-être possible d'éviter les difficultés et les longueurs de
sa solution générale en précisant le mode d'action du gouvernement, de manière que son intervention eût toute l'uti-

lité qu'on peut lui désirer sans entraver les améliorations qu'on veut encourager. Nous pensons que l'utilité générale doit décider ici la question, et qu'il faut qu'au domaine public appartiennent tous les droits qu'il est utile qu'il possède, et aux particuliers tous ceux que demandent la justice, l'intérêt agricole et par conséquent l'intérêt général.

Ainsi, d'abord on ne peut ni on ne doit contester au gouvernement, dans l'intérêt de la salubrité publique, de la viabilité, un droit de police étendu sur toutes les eaux : bien conduites, elles sont une source de prospérité; mal employées et laissées à la disposition de l'intérêt particulier, elles peuvent, pour de petits avantages locaux, amener des dommages étendus, causer l'insalubrité et faire donner au sol de mauvais produits. Le gouvernement, tuteur naturel des intérêts publics, doit donc avoir tout pouvoir de les défendre et de les maintenir dans leur intégrité; nul doute, par conséquent, sur ce sujet. Ici donc n'est pas la difficulté, mais nous y arrivons.

L'établissement des barrages mobiles, pourvus de vannes pour les prairies traversées par les petits cours d'eau, s'est toujours fait jusqu'ici sans besoin d'autorisation, et leur établissement a dû être regardé comme étant de droit commun; lorsque des plaintes surviennent, l'administration, en vertu de son droit de police, peut toujours faire élargir le barrage trop étroit, abaisser le niveau des vannes, supprimer même les barrages essentiellement nuisibles à la salubrité ou à la viabilité. La loi qui confère le droit d'appui aux riverains qui ne possèdent pas les deux rives est loin d'avoir rien changé à cet état de choses, et il est tout-à-fait nécessaire, ainsi que nous le verrons plus tard, qu'il se continue.

Il n'en serait pas de même pour les barrages d'usine et même pour tout barrage permanent qui change et altère d'une manière pérenne le régime du cours d'eau; l'autorisation administrative préalable nous semble dans ce cas aussi essentielle dans l'intérêt public et particulier qu'elle le serait peu pour ceux munis de vannes. — Le barrage pour irrigation, muni de vannes, élève le niveau des eaux pendant trente ou quarante jours de l'année, dans les moments où les eaux extravasées ne peuvent qu'être utiles aux prairies riveraines ; les vannes sont le plus souvent enlevées le reste du temps ; il rend aux eaux leur écoulement ordinaire aussitôt qu'elles cessent d'être profitables. — Le barrage permanent, au contraire, modifie d'une manière fixe et nouvelle le régime des eaux, rend celui qui l'établit maître des pentes qui existent le long des riverains supérieurs ; en barrant le lit d'une manière permanente, il l'amène à se combler plus tard au niveau du barrage, enlève par là aux eaux leur ancien écoulement, les soutient à un niveau tel qu'au moindre accroissement de volume elle s'extravasent en toute saison, à temps ou à contre-temps, sur les fonds riverains supérieurs. Des déversoirs ou des vannes de fond sont bien d'ordinaire établis pour empêcher le mal, mais ils ne sont pas une suffisante garantie ; les eaux peuvent survenir pendant la nuit et le dommage arrive sans qu'on puisse le prévenir.

Enfin, ces barrages peuvent nuire à la salubrité, à la viabilité, et tranformer en marais des propriétés étendues. Il est donc tout-à-fait nécessaire que les particuliers voisins soient appelés dans une enquête et que l'administration décide de leur opportunité.

S'il était nécessaire qu'elle autorisât les barrages mobiles, les irrigations deviendraient beaucoup plus difficiles ; lorsque le particulier, usant du droit commun, barre temporairement le cours d'eau qui le traverse, les voisins supérieurs ou inférieurs ne réclament devant les tribunaux qu'au cas qu'on leur nuise effectivement ; si vous les appelez à une enquête administrative, où les oppositions peuvent se faire sans risques et sans frais, l'esprit de jalousie les suscitera nombreuses ; elles apporteront des obstacles ou tout au moins des longueurs à une entreprise utile ; la jalousie est un vice de notre nature aussi intense au moins à la campagne qu'à la ville.

D'ailleurs, il est de toute convenance, de toute nécessité même, que les barrages de toute nature sur les eaux de sources et de petits ruisseaux restent de droit commun; ces barrages sont faits ici avec quelques gazons, là avec des piquets soutenant de la terre qui part aux premières eaux; il serait impossible que l'administration pût suffire au travail qu'entraînerait la nécessité d'une autorisation pour chaque modification, chaque emploi de ces petits cours d'eau. Et puis ce serait un immense malheur pour l'agriculture, un obstacle insurmontable à toute irrigation existante et un empêchement absolu pour toute irrigation nouvelle.

Le Code civil a attribué le droit plein et entier de l'usage de ces eaux aux fonds traversés et bordés; il n'y a mis d'autre restriction que de les rendre à leur cours naturel à la sortie des fonds; les seules restrictions implicites sont de ne pas blesser les intérêts de la salubrité et de la viabilité; aussi dans l'état actuel des choses, partout où les irrigations sont en usage, les eaux de source chez leurs propriétaires et même dans les fonds inférieurs sont employées, au moyen de dérivations et de petits barrages, à l'arrosement des fonds riverains; elles se réunissent bientôt dans les petits ruisseaux, et dans chacun d'eux avant de se rendre dans la petite rivière, elles sont barrées souvent un nombre indéfini de fois. Ces faits se renouvellent sur tous les points de la France où l'irrigation est connue, et nulle part on ne demande d'autorisation pour cet emploi qui n'est autre chose que le simple exercice d'une faculté légale. Ainsi donc, dans l'état des choses, les riverains des petits cours d'eau en usent librement; leurs barrages peuvent rarement nuire, et d'ailleurs l'administration et, suivant les cas, les tribunaux sont là pour en réprimer l'abus.

Mais il est impossible que l'administration puisse songer à

s'entremettre dans tous ces petits détails, à vouloir régir et réglementer tous ces petits cours d'eau, à exiger enfin qu'on appelle et qu'on obtienne une ordonnance pour autoriser les petits barrages nécessaires à l'emploi de leurs eaux.

Pour pouvoir juger du travail que l'administration assumerait sur elle par cette prétention, il suffit de se former une idée du nombre de cours d'eau que l'administration se chargerait de réglementer.

Cherchons d'abord à déterminer la quantité d'eau que les cours d'eau charrient dans un département moyen de France d'une surface moyenne de 600 mille hectares; nous le pouvons d'après ce qui précède. Cette question est assez importante pour justifier des développements.

Nous avons admis, en nous fondant sur des observations nombreuses, que les cours d'eau en charrient une quantité égale aux 40 centièmes des eaux de pluie qui tombent sur la surface; or, la quantité de pluie en France peut bien être évaluée, ainsi que nous l'avons établi ailleurs, à une moyenne d'un mètre, dont les 40 centièmes qu'entraînent les cours d'eau représentent une couche de 40 centimètres sur toute l'étendue des 600 mille hectares d'un département moyen. Cette masse fluide procure à ces cours d'eau un débit moyen par seconde de 76 mètres cubes, qui se jettent dans les grandes rivières ou dans la mer lorsqu'elle borde le pays.

Cette moyenne, ainsi que nous l'avons établi précédemment, est faible; en outre, il est évident que chaque département, indépendamment des eaux de ses sources, a encore celle de ses pluies, et donne passage aux cours d'eau des départements voisins d'un niveau plus élevé que le sien: ce qui, dans beaucoup de départements, triplerait au moins les 40 centimètres; cependant, nous nous en tiendrons à cette moyenne, parce que, dans la question que nous débattons, ce sont spécialement les petits cours d'eau qui prennent naissance dans le pays que nous avons en vue.

Supposons maintenant une petite rivière qui débite en moyenne, à son embouchure dans une plus grande, un mètre cube d'eau par seconde ; cette rivière est formée des sources de son bassin, que nous arbitrerons en moyenne à 5 litres par seconde chacune, ou 20 pouces cubes de fontenier : c'est là sans doute une très-forte moyenne, double au moins de l'effective ; et cependant, pour former cette petite rivière, il faudra deux cents de ces sources, dont chacune dans les pays d'irrigation, avant de se jeter dans chaque petit ruisseau qui en reçoit au moins une vingtaine, est barrée dix fois, vingt fois pour l'arrosement des fonds riverains. Mais chacun de ces ruisseaux d'un plus long cours a bien, avant de se jeter dans la petite rivière, le double de barrages de chacune de ces sources. Ce serait donc en tout plus de trois mille barrages pour les seuls cours d'eau qui forment la petite rivière, et un nombre proportionnel pour une rivière d'un plus grand débit. Mais cette rivière représente à peine le soixante-et-quinzième des eaux d'un département moyen. S'il fallait donc dans un pays d'irrigation l'autorisation de l'administration pour barrer les eaux de sources et de petits ruisseaux, il y aurait par département au-delà de 225 mille demandes à faire à l'administration pour déterminer l'emplacement, la hauteur et toutes les dimensions de ces petits barrages, de ces gazons qu'emportent les premières crues et qui changent de place souvent plusieurs fois par année. Combien y faudrait-il d'ingénieurs uniquement occupés de ce travail, pour en dresser tous les plans, faire les enquêtes de *commodo vel incommodo*, rédiger les procès-verbaux et les rapports à l'administration ? Combien faudrait-il ensuite à l'administration elle-même de commis de plus, et quel est le préfet qui pourrait avoir assez de temps, en oubliant toutes les affaires de son département, pour examiner les rapports, les enquêtes, prendre un parti, un arrêté pour chacun de ces petits barrages ? Comment le conseil d'Etat pourrait-il prononcer sur les 225 mille barrages d'eau de chaque département, sur les 19 millions de toute la France? Où trouverait-on assez de commis, assez de bureaux, assez d'auditeurs, pour faire les rapports, rédiger les ordonnances qui, toutes, devraient être revêtues de la signature du chef de l'Etat? Il faut véritablement que ceux qui ont élevé une pareille prétention n'en aient pas mesuré toutes les conséquences; il faut qu'ils n'aient jamais envisagé ce nombre infini de rameaux, de ruisseaux qui sillonnent toutes les parties de la surface du pays, et que, frappés de l'utilité qu'il y aurait à ranger les cours d'eau de quelque importance dans le domaine public, ils aient voulu la généralité du principe sans apercevoir les immenses embarras qu'ils assumeraient pour l'administration.

Bien plus même encore, dans une irrigation bien entendue, ces petits barrages de sources, de ruisseaux et de ruisselets doivent souvent changer de place; de là nouvelles visites d'ingénieurs, nouveaux rapports, nouvelles enquêtes, nouvel envoi au conseil d'Etat, nouvelles ordonnances, etc., etc. Et au milieu de tout cet encombre, de toutes ces difficultés, quel est le propriétaire assez riche pour payer les frais qu'entraîneront toutes ces demandes et faire toutes les dépenses, tous les voyages et démarches nécessaires?

Il ne manquerait plus, pour achever de tout détruire, que de demander des autorisations pour les barrages existants; il en résulterait que, par le fait de ce nouveau droit acquis à l'Etat, on commencerait par détruire toute irrigation existante sur les petits cours d'eau, on dégoûterait de toute irrigation nouvelle; et que dans les pays où cette amélioration n'est pas connue, il deviendrait impossible d'y songer. Mais ces irrigations des petits cours d'eau sont de beaucoup les plus nombreuses; s'il y a en France un million d'hectares arrosés, les trois quarts au moins le sont par les eaux de sources et de petits ruisseaux; ou compte à peine 100 mille hectares arrosés par les grands cours d'eau.

En résumé, il serait absurde que l'Etat voulût soutenir une prétention si funeste dans ses conséquences, qui lui donne une autorité impossible à exercer, une prétention qui, dans son application, devient, sans compensation pour lui d'aucune espèce, un fléau pour les intérêts qu'il déclare dans tous ses actes vouloir encourager. Il est donc nécessaire que le gouvernement renonce à l'opinion tout-à-fait inconsidérée d'une partie de ses agents, sur l'emploi et la distribution des petits cours d'eau.

On pourrait croire à un pareil aperçu que nous raisonnons sur un malentendu et que telle ne serait point la prétention des agents de l'administration ; mais dans les écrits officiels qui traitent la question, il n'y a nulle exception : on veut que le gouvernement exerce les mêmes droits sur tous les cours d'eau, grands et petits ; d'ailleurs, cette opinion a déjà même passé dans la jurisprudence, et va bientôt devenir une source interminable de procès entre les particuliers. Il semblerait donc de la dernière importance que le législateur se prononçât au plus tôt sur ce sujet, défendît l'état de choses existant contre les exigences tout-à-fait déraisonnables des agents de l'administration, contre une jurisprudence fatale aux grandes améliorations, et laissât les riverains des eaux de sources et de petits ruisseaux dans la possession qu'ils ont de pouvoir les barrer temporairement pour l'amélioration de leurs propriétés. Serait-il possible de tenir en servage tous ces fonds riverains, de bouleverser les entreprises faites à l'abri de la loi, de l'usage, du droit commun, et qui triplent, quadruplent la valeur du fonds ? Faut-il que tous ces propriétaires aient l'épée de Damoclès suspendue sur leur tête ? C'est là un droit qui vous fait dépendre non-seulement du caprice de tel ou tel agent d'administration, mais encore de toute mauvaise volonté, de tout voisin supérieur ou inférieur, jaloux ou envieux, qui demandera à l'administration la suppression des barrages non autorisés. Ce voisin malveillant, et il y en a beaucoup, aura encore un moyen plus fâcheux de détruire la valeur de votre fonds: il s'adressera aux tribunaux qui, une fois que la nécessité de l'autorisation serait consacrée par la jurisprudence, condamneront le barrage et son auteur, et lui enlèveront, en le chargeant de frais, tout moyen d'amélioration. En vain la loi, en constituant le droit d'appui et celui de passage, aura favorisé les irrigations sur les petites rivières; cette jurisprudence qu'on veut établir sape par la base celles des centaines de milliers de sources et de petits ruisseaux qui fécondent leurs rives; elle porte le trouble et la crainte sur un million d'hectares qui leur doivent toute leur fécondité; elle brise ou tout au moins menace leur seul moyen d'amélioration; elle arrête l'immense multitude d'entreprises que les bienfaits de l'irrigation au moyen des sources allaient faire naître dans les pays si nombreux où elles sont sans emploi. Il est donc impossible que le législateur consacre un pareil attentat à la propriété, et s'il est nécessaire qu'il établisse les droits de l'Etat là où ils n'existent pas encore et où il serait utile qu'ils régnassent, il faut d'un autre côté qu'il limite des prétentions qui renverseraient des droits et des usages anciens sans aucune compensation d'utilité publique ni particulière. L'Etat est institué pour l'avantage de tous, pour la sécurité de la propriété; ici on l'appellerait pour paralyser les améliorations les plus utiles, pour tenir dans l'oppression les fonds les plus précieux du pays et sur lesquels se fonde en plus grande partie sa prospérité agricole.

Nous devons le dire ici, c'est dans l'abus du système de centralisation, dans la manie de concentrer tout pouvoir et toute action dans les mains de l'Etat, d'organiser enfin cet intolérable despotisme, qu'a pu naître la pensée de s'emparer pour les réglementer, de toutes les eaux d'un pays dans leurs plus petits rameaux.

Cette prétention d'ailleurs est éminemmeut contraire à l'esprit et au texte de la loi de 1791, qui engage l'administration *à faire en sorte que toutes les eaux du territoire soient dirigées vers un but d'utilité générale, d'après les principes de l'irrigation.* Ici, l'administration fait tout le contraire : elle agit contre l'esprit et le texte de la loi en entravant tout usage actuel et à venir des eaux pour l'irrigation.

Avec toutes nos prétentions au progrès, nous sommes bien loin, dans nos assemblées délibérantes, de voir des hommes de la capacité de ceux de la première Assemblée constituante, d'y voir les questions aussi mûrement étudiées, aussi sagement résolues. En beaucoup de points, et en celui-ci spécialement, nous reculons au lieu d'avancer; et en vérité, la prétention de l'administration, appuyée par l'autorité judiciaire, nous semble être ici une première application de cette absurde doctrine du communisme qui mettrait toute la propriété dans les mains de l'Etat.

Mais en laissant à l'intérêt particulier la disposition, sous la surveillance de l'administration, de l'emploi des sources et des ruisseaux pour l'irrigation, et en attribuant à l'Etat toute action et droit sur les rivières navigables et non navigables, comment tracer la limite entre les ruisseaux et les petites rivières? — L'administration resterait maîtresse de la fixer ; elle classerait par exemple parmi les petits ruisseaux tous ceux qui ne conserveraient pas 100, soit même 50 litres par seconde à l'étiage. Ainsi l'administration serait maîtresse de l'étendue de son droit, qu'il serait à propos cependant de rendre uniforme.

Ce classement d'ailleurs ne serait ni long, ni difficile; il suffirait, par un jaugeage, de déterminer le point où commencerait chaque petite rivière en cessant d'être ruisseau. Un ingénieur pourrait facilement faire plusieurs de ces opérations en un jour d'été, et dans moins d'une quinzaine toutes celles d'un département. La classification des rivières une fois faite, celle des sources et des petits ruisseaux le serait comme conséquence immédiate de la même opération.

Mais, dira-t-on, si l'administration ne devait pas être consultée sur l'emploi de tous ces petits cours d'eau, elle perdrait sur eux son droit de police : on ne peut pas lui reprocher d'avoir abusé de son droit, puisque l'emploi des petits cours d'eau s'est fait et se fait tous les jours sans entrave de sa part ; les choses peuvent donc rester dans l'état, et l'administration peut conserver un pouvoir dont elle n'abuse pas.

Nous avons beaucoup à répondre à une pareille objection. Pourquoi attribuer à l'administration un droit subversif, un droit absolu qui bouleverserait toutes les irrigations si elle l'exerçait ? Pourquoi lui attribuer le droit de détruire à volonté une faculté qu'assurent aux riverains des petits ruisseaux toutes les lois et tous les usages des pays civilisés ? Ce serait constituer un droit pire que ceux de toutes les féodalités détruites. Les seigneurs s'attribuaient un droit qu'on leur a souvent refusé sur les petites rivières à usines ; mais les petits ruisseaux sont toujours restés à l'usage et à la disposition de leurs riverains. Le droit de police sur les eaux ne consiste pas à en asservir tous les rameaux, à leur tracer leur chemin, leur emploi, de manière à ce qu'il soit impossible d'en faire usage sans l'attache de l'autorité : il consiste à empêcher l'abus et non l'usage. La loi romaine, dans sa profonde sagesse, a dit : *Naturali jure communia sunt aer, aqua profluens.* La loi française, en se conformant d'ailleurs à la loi romaine, a elle-même réglé toute la question ; elle a attribué la propriété de la source à celui dans le fonds duquel elle surgit. Au sortir du fonds, si la loi n'a pas reconnu explicitement que le petit cours d'eau devenait la propriété du fonds dans lequel il coule, elle a constitué ses droits à en faire usage. Si même elle n'a pas prononcé d'une manière absolue que la propriété des petits cours d'eau appartient aux riverains, elle l'a reconnu implicitement en attribuant formellement au domaine public les cours d'eau navigables et flottables, laissant implicitement au domaine privé tout au moins les sources et les petits ruisseanx.

Ainsi donc, nous reconnaissons la nécessité de s'adresser à l'administration pour l'établissement de toutes les usines, pour tous les barrages non munis de vannes sur les gros ruisseaux comme sur les petites rivières; mais là doit s'arrêter son action immédiate; elle ne doit pas être préventive, mais seulement restrictive, et elle doit laisser aux riverains la libre disposition de la source et du petit ruisseau, son emploi facultatif au moyen de barrages temporaires, sans qu'il puisse être inquiété pour l'usage sans l'abus.

Par les différentes propositions que nous venons de faire, l'administration conserve toute l'action utile qu'il est d'intérêt public qu'elle possède, et si elle renonce à des prétentions impossibles à mettre à exécution et contraires aux usages de tous les pays, c'est qu'elles nuisent essentiellement aux droits des citoyens, renversent tous les usages établis, détruisent tout emploi actuel des petits cours d'eau, empêchent toute entreprise d'irrigation nouvelle, nuisent enfin à tous sans être utiles à aucun.

CHAPITRE II.

DU MODE D'ACTION DE L'ADMINISTRATION SUR LES PETITES RIVIÈRES.

L'action de l'administration sur les petites rivières doit être essentiellement protectrice; elle doit faciliter l'usage des eaux que la loi a formellement attribué aux propriétaires, et empêcher que l'anarchie ne se glisse dans leur emploi, qui peut et doit être une source de richesse pour le pays.

Pour cela, il nous semble, en premier ordre, qu'il est nécessaire qu'aucun barrage permanent pour usine ou pour irrigation ne puisse se placer dans un cours d'eau classé comme ruisseau ou petite rivière, sans l'autorisation de l'administration. Un barrage permanent change le régime des eaux, rassemble sur un point la pente d'une assez grande étendue, détermine une chute qui peut nuire aux fonds inférieurs, élève le niveau des eaux de manière à pouvoir nuire aux fonds supérieurs, à la salubrité ou à la viabilité, multiplie les inondations, peut transformer en marais des propriétés étendues. Les parties supérieures du littoral plus basses que le niveau du barrage, qui s'améliorent par le barrage temporaire, restent indéfiniment recouvertes et envahies par les eaux du barrage fixe ; la masse des eaux est forcée à se jeter tout entière par-dessus le barrage, et leur niveau surélevé les répand sur les récoltes riveraines. Il altère enfin d'une manière pérenne l'état des choses pour les propriétés voisines et pour le cours d'eau lui-même. Il est donc nécessaire qu'après une enquête régulière l'administration puisse accorder ou refuser l'autorisation du barrage et prescrive sa hauteur et ses dimensions. Ce droit d'ailleurs n'est nulle part contesté au gouvernement. Il existe, il est vrai, un grand nombre de barrages non autorisés ; mais ils ont la possession et en quelque sorte un droit acquis qu'il ne faudrait pas troubler, à moins de plaintes des riverains ou de dommages portés à la salubrité, à la viabilité. Pour détruire à l'avenir tous les doutes, il serait donc nécessaire que la loi prononçât expressément qu'aucun barrage permanent ne peut, sous peine de destruction immédiate, s'établir sur les petites rivières sans l'autorisation du gouvernement.

Il n'en serait pas de même des barrages temporaires ou des barrages fixes pourvus de vannes sur les petites rivières ; de toutes parts, dans les pays d'irrigation, ils s'établissent sans autorisation. Il a toujours été jusqu'ici loisible, au propriétaire d'un fonds traversé, d'établir des barrages munis de vannes pour son irrigation ; il reste aux propriétaires supérieurs ou inférieurs le droit de porter plainte aux tribunaux si le barrage leur produit des dommages, et à l'administration elle-même le droit de les faire enlever ou abaisser s'ils nuisent aux intérêts généraux de salubrité et de viabilité qu'elle doit sauvegarder.

Ces barrages n'élèvent que temporairement le niveau des eaux, leur régime reste le même ; pendant 30 ou 40 jours de l'année seulement, leur niveau est modifié, les petites portions du littoral qu'elles couvrent en sont plutôt amendées qu'endommagées ; ils sont le moyen nécessaire pour profiter de la faculté d'usage des eaux que la loi a consacrée ; ils n'existent que dans le moment où les eaux sont utiles à tous les riverains dont les fonds sont en prairie. La loi, en reconnaissant le droit d'usage, a implicitement autorisé les moyens d'y arriver. Pendant que le barrage permanent altère et dénature la forme, la profondeur, le régime du cours d'eau, le barrage mobile s'ouvre et rend à la rivière tous les moyens de débit, lorsque menacent des inondations intempestives.

L'administration n'a aucun intérêt à leur imposer la nécessité préalable de son autorisation ; elle conserve toujours tous ses droits en cas d'abus ; l'autorisation préalable est une entrave dispendieuse qui entraîne des longueurs, des difficultés, provoque des enquêtes où l'envie et le mauvais vouloir joueront plus souvent un rôle que les intérêts.

D'ailleurs, les barrages sans autorisation laissent entiers les droits de tous les riverains, tandis que l'autorisation devient en quelque sorte entre les mains de celui qui l'a obtenue un privilége, un droit spécial sur les eaux qui serait peu d'accord avec les droits de tous. La nécessité de l'autorisation est sans intérêt pour l'administration, et serait une assez grande difficulté pour le propriétaire irrigateur. Il est donc à propos que l'établissement des barrages pourvus de vannes, sur les cours d'eau ni navigables , ni flottables , reste dans le droit commun et facultatif pour les riverains.

Enfin, d'après la législation nouvelle sur le droit d'appui, s'il arrivait que le barrage pût nuire, tout propriétaire de la rive opposée a droit de s'y refuser, et, dans ce cas, il devient nécessaire que le tribunal informe et se prononce. C'est donc là une garantie qui doit dispenser d'autant mieux l'administration d'intervenir; c'est assez de cet obstacle sans y ajouter celui de la nécessité de l'autorisation préalable de l'administration. Il serait donc de son intérêt bien entendu et de celui des propriétaires et de l'agriculture en général, que les barrages munis de vannes pussent s'établir sans autorisation sur les petites rivières non navigables ni flottables.

Par tous ces motifs donc, nous pensons qu'il serait éminemment utile à l'intérêt agricole que la législation intervînt pour fixer les droits respectifs de l'administration et des particuliers sur les cours d'eau; et il nous semble que les mesures que nous proposons règlent l'action de l'administration sans lui ôter de l'étendue, conservent les droits essentiels des particuliers, offrent encore l'avantage de laisser indécise la grande question de la propriété des petits cours d'eau, qui ne se résoudrait peut-être qu'après de longues discussions et beaucoup de perte de temps.

CHAPITRE III.

RÈGLEMENT DES USINES.

Les usines sont sans contredit d'une grande importance, et les moulins particulièrement peuvent être regardés comme d'utilité publique; les eaux fournissent ensuite à une foule d'industries des moteurs peu dispendieux qui ne pourraient se remplacer qu'à grands frais ; les usines méritent donc toute protection ; d'ailleurs, la plupart d'entr'elles, en élevant le niveau des cours d'eau encaissés, facilitent les inondations et par conséquent les irrigations naturelles, source unique de fécondité de plus des trois quarts de nos prairies. Mais l'usage est près de l'abus ; un grand nombre d'entr'elles, pour accroître leur puissance, élèvent incessamment leur niveau d'eau, noient les prairies riveraines, détériorent la qualité de leurs produits et nuisent à la salubrité publique. Il serait donc nécessaire que la loi fixât elle-même les conditions de leur établissement.

Ces conditions seraient :

1° Qu'elles ne pussent s'établir sans autorisation préalable.

La nécessité de cette autorisation est bien admise en principe par l'administration, mais néanmoins de toutes parts il s'en élève sans ce préliminaire qui nuisent plus ou moins à la salubrité, à la viabilité ou aux riverains ; et elles restent debout, acquièrent la consécration du temps, parce que les communes et les riverains craignent de s'engager dans des discussions souvent ruineuses, toujours longues et qui soulèvent les passions. Ce principe reconnu manque donc de sanction ; pour lui en donner une, il pourrait suffire de stipuler dans la loi que l'administration, quand on lui demanderait d'autoriser des barrages nouveaux d'usines ou d'irrigations, n'aurait aucun égard à celles construites depuis moins de cinq ans sans autorisation, et que celles établies à l'avenir sans cette formalité seraient détruites à la seule demande du conseil municipal de la commune sur le territoire de laquelle elles sont placées.

2° Pour contenir l'incessante élévation du niveau des usines qui crée tant de marais et dont on se plaint sur tous les cours d'eau de France, nous pensons qu'il serait nécessaire de prescrire légalement que l'administration devra, dans le cours de deux ans au plus, faire fixer par ses agents, pour chacune d'elles, d'une manière immuable, la hauteur au-dessus de laquelle leurs barrages ni leurs empellements ne pourront s'élever.

L'administration fixe bien ce niveau lorsqu'elle y est provoquée par les plaintes des particuliers ; mais par les raisons que nous venons de donner pour les autorisations, ces plaintes ne se font pas ou arrivent trop tard, et lorsqu'elles se font, elles restent sans suite dans la poussière des bureaux ; les niveaux s'élèvent incessamment, le mal grandit chaque jour et devient en quelque sorte un droit acquis. Il est donc nécessaire que le règlement reçoive de la loi un caractère impératif et absolu, et qu'un délai soit prescrit par elle. Ces opérations importantes offriraient peu de difficulté, demanderaient peu de temps, pourraient être faites par d'autres que les ingénieurs des ponts et chaussées, et il serait naturel que les propriétaires d'usines en supportassent les frais.

3° Mais toutes les usines, pour former leur chute, ont élevé le niveau des eaux par des barrages permanents, et tout en facilitant les inondations fécondantes, ont multiplié les chances d'inondations nuisibles ; les riverains acceptent les avantages de cet état de choses, mais ont droit qu'on en écarte d'eux les inconvénients ; pour le faire, il serait absolument nécessaire que dans les grandes eaux la rivière pût être ramenée à son régime et son cours ancien, et pour cela toutes les usines devraient être pourvues de vannes de fonds pour rendre les eaux à leur ancien cours ; des déversoirs seraient dans ce cas d'un faible secours ; une vanne de 1 mètre de hauteur et largeur évacue autant d'eau que 27 mètres de déversoir qui donneraient passage à une lame d'eau de 16 centimètres ; ces vannes de fonds seraient elles-mêmes accompagnées d'un petit déversoir qui servirait d'indicateur pour les faire lever dans les saisons où les inondations peuvent nuire aux prairies. Par cette disposition, les

eaux, soutenues par les barrages, seraient, par les vannes
de fonds, rendues à leur cours naturel aussitôt qu'elles
deviendraient dangereuses pour les récoltes des rives.

On nous dira encore ici que cette mesure est ordinairement prescrite par l'administration, lorsque, sur les plaintes
des particuliers, il est reconnu que le barrage peut leur
nuire; mais rarement les plaintes surgissent, et lorsqu'elles
arrivent, le temps manque pour leur donner suite : les riverains souffrent, ainsi que la salubrité. Il serait donc nécessaire que la mesure fût prescrite par la loi, qu'un délai fût
fixé par elle pour l'établissement de ces vannes, passé lequel
leur construction serait donnée par adjudication, aux frais
des propriétaires de l'usine.

CHAPITRE IV.

EMPLOI A L'IRRIGATION DU SUPERFLU DES EAUX DES USINES.

Dans les saisons d'abondance d'eau, qui sont le plus souvent celles des irrigations, les usines emploient à peine un
quart des eaux qui leur arrivent; elles perdent le reste sans
profit pour personne, et fréquemment ont la prétention
d'empêcher les riverains de les utiliser; il y a là un abus
considérable que la jurisprudence a limité sur quelques
points, et qu'il serait très-important que la loi elle-même
réprimât expressément, en stipulant que l'usage des eaux
superflues des usines appartient aux riverains pour l'irrigation.

Cette mesure serait d'une haute importance; elle profite-
rait à des centaines de milliers d'hectares qui jouiraient
ainsi, presque sans frais pour leur irrigation, de l'élévation
du niveau des eaux, produite par les barrages des usines; et

les riverains pourraient utiliser des masses d'eau qui se perdent sans emploi.

Le Conseil général d'agriculture a fait, dans sa dernière session, une proposition qui demande au législateur que tout fonds riverain des grandes dérivations ait la faculté d'employer à son usage les eaux superflues ; cet emploi sans doute paraît de droit naturel, soit que les eaux superflues proviennent d'usines ou d'irrigations, soit qu'elles dépassent leurs besoins, soit enfin qu'elles s'écoulent des fonds irrigués ; mais pour arriver dans le droit pratique, il est nécessaire que la loi consacre le principe.

Au premier aperçu, il semblerait difficile de fixer le point où commence le superflu des usines ; cependant, la solution pratique du problème ne nous semble pas offrir de véritable difficulté ; il faudrait pour cela que l'expert ou l'ingénieur chargé d'instruire la demande choisit un moment d'eaux abondantes pour se transporter sur les lieux, et qu'il fit marcher l'usine avec tous ses artifices ; il marquerait, dans le moment de leur jeu simultané, le niveau de l'eau vis-à-vis du fonds demandeur, et le propriétaire de ce fonds aurait la faculté d'établir de 5, à 10 centimètres au-dessus de ce niveau un déversoir dont la largeur serait proportionnelle à l'étendue de son fonds ; la même faculté d'ailleurs serait accordée à tous les fonds riverains du bief, et dans les grandes eaux la plus grande partie d'entr'eux serait uniformément arrosée ; il serait encore essentiel, dans les temps d'irrigation, que l'usinier ne pût lever ses vannes de déchargeoir qu'alors que les déversoirs des riverains ne suffiraient pas au dégagement des eaux, et le riverain aurait la faculté de clore son déversoir aux époques où l'eau pourrait lui nuire ; par ce moyen, les prairies riveraines qui bordent les biefs supérieurs de toutes nos usines, recevraient une immense amélioration, sans aucune perte ni aucun dommage pour les usiniers.

Cette disposition semble présenter quelque complication

pour la décrire, mais il nous semble qu'elle serait simple et facile à mettre en pratique. D'ailleurs, elle ne blesserait point de droits acquis; l'usine n'a de droits que ceux qu'elle exerce, celui d'employer les eaux du cours d'eau au travail de ses moteurs actuels; elle n'a pas le droit de les multiplier ni de grandir à volonté la puissance d'action qu'elle reçoit des cours d'eau. L'usage de l'eau appartient de droit aux riverains, et ce droit est antérieur à tout établissement d'usine. Une concession a conféré un droit de prendre sur le cours d'eau, aux dépens des droits riverains, une portion d'eau capable de faire marcher l'usine, et dans le principe un ou deux artifices; ce droit n'est qu'une exception, une dérogation au droit commun; le droit des riverains n'est pas par là détruit, mais seulement partagé; toute la portion du cours d'eau superflu est restée dans le domaine public et à l'usage légal des riverains; à eux appartient le droit de faire limiter la part de l'usinier, et la loi qui établirait ce principe ne serait que la conséquence du droit naturel et du droit commun.

D'ailleurs, beaucoup d'usines existent sans concessions spéciales, et celles qui sont établies en vertu de concessions ont reçu, à l'époque de leur établissement, le droit de faire marcher un artifice de mouture. Lors de l'invention des moulins, les artifices étaient simples; ils se sont multipliés, compliqués, ont agrandi le droit qui leur était concédé; le temps a en quelque sorte consacré l'usurpation; mais à eux, sans aucun doute, n'appartient pas le droit exclusif des eaux, de celles surtout dont ils n'ont pas l'emploi.

CHAPITRE V.

CONCESSION DES PENTES.

Nous avons vu que les grands intérêts de salubrité, de viabilité et ceux mêmes des riverains demandaient qu'en vertu du droit de police et de surveillance de l'administration sur les cours d'eau autres que les petits ruisseaux, aucun établissement d'usine ou de barrage permanent ne pût avoir lieu sans autorisation préalable. Ce droit n'a d'ailleurs jamais été contesté; mais de l'autorisation du barrage fixe résulte implicitement la concession de toute la pente du cours d'eau, depuis le point où est établi le barrage jusqu'à celui où il fait refluer les eaux. A l'administration qui donne l'autorisation appartient donc le droit de concession de cette pente; ainsi le législateur devra bien se garder de sanctionner la proposition faite à la Chambre des députés, qui tendrait à reconnaître chaque riverain comme propriétaire de la pente du cours d'eau sur son fonds.

Cette disposition entraverait toute irrigation et rendrait presque impossible tout établissement d'usine; il faudrait alors, pour établir un barrage quel qu'il fût, mobile ou permanent, pour irrigation ou pour usine, s'aboucher avec un nombre presque indéfini de propriétaires supérieurs dont la plupart abuseraient de leur position et du besoin qu'on aurait d'eux; il faudrait traiter avec eux pour acheter tout ou partie de la pente qui règne le long de leurs fonds et subir toutes leurs exigences; alors même qu'on accorderait le droit d'expropriation de la pente à celui qui en aurait besoin pour irrigation ou pour usine, les longueurs et les frais énormes qui en résulteraient seraient un obstacle devant lequel on reculerait le plus souvent, parce qu'il enlèverait à l'avance la plus grande partie du bénéfice qui pourrait résulter de l'irrigation ou de l'établissement de l'usine; cette appropriation des pentes à chaque riverain serait vraiment la boîte de Pandore qu'on ouvrirait sur toutes les questions d'irrigation et d'usine. On dépouillerait par là l'administration du droit qu'elle a et qu'elle seule doit avoir comme chargée de la police générale et spéciale des eaux, de disposer, après une enquête préalable, des pentes des ruisseaux et des rivières; on la dépouillerait, disons-nous, de ce droit pour le donner à un propriétaire auquel il ne peut servir qu'à entraver le droit commun d'irrigation. Enfin, on anéantirait ainsi le droit que le Code civil accorde aux propriétaires riverains de se servir des eaux, puisqu'ils seraient obligés de l'acheter à grands frais.

CHAPITRE VI.

AUTRES DISPOSITIONS LÉGALES NÉCESSAIRES.

Dans tout ce qui précède, nous avons plutôt cherché à agrandir qu'à limiter les droits de police de l'administration sur les cours d'eau : à elle appartient de déterminer leur largeur et leur direction, d'ordonner les curages, de disposer des pentes, de concéder le droit de barrages permanents, de régler la hauteur des points d'eau des usines, de faire baisser le niveau de celles qui nuisent à la salubrité, à la viabilité ou même aux produits des fonds riverains, et ces droits il est important qu'elle les conserve tous, parce qu'ils pourraient compromettre les intérêts publics et particuliers s'ils restaient à la merci des riverains. Mais il serait nécessaire qu'une législation, qui aurait pour but de lever les obstacles qui s'opposent à l'irrigation et de la faciliter, contînt encore quelques autres dispositions pour régler les droits réciproques des riverains, et prévenir autant que possible les discussions que fait naître l'emploi des eaux. Nous allons indiquer celles de ces dispositions qui nous semblent les plus essentielles.

1. L'exercice de la faculté d'irrigation que la loi accorde à tout riverain ne peut pas détruire les droits des autres; il est donc nécessaire que la construction d'un barrage ne prescrive pas contre le droit des riverains inférieurs ou supérieurs à l'usage des eaux: le riverain supérieur conserverait donc la faculté d'établir un barrage; il en serait de même du riverain inférieur; toutefois, il ne nous paraît pas convenable que le droit des tiers, lorsqu'il n'a pas les moyens actuels de s'exercer, puisse donner lieu de leur part à des réclamations qui entraveraient ou limiteraient l'emploi des eaux par le propriétaire qui a tout disposé pour s'en servir; ainsi la loi devrait stipuler qu'un riverain ne pourrait réclamer sa part de droit aux eaux que lorsqu'il aurait mis son fonds dans le cas de les recevoir par des constructions ou des dispositions convenables.

2. Mais le fonds supérieur, en usant des eaux, peut ou les consommer en plus grande partie, ou en épuiser pour lui seul les principes fécondants; le riverain inférieur qui, par ses constructions, se serait mis à même de pouvoir profiter des eaux, doit donc avoir le droit de solliciter un règlement entre lui et le riverain supérieur; toutefois ce règlement ne pourrait pas préjudicier aux intérêts ni aux droits des tiers qui, à leur tour, lorsqu'ils se seraient mis, par leur construction, dans le cas de pouvoir user des eaux, seraient admis à faire modifier le règlement en leur faveur.

3. Dans l'état normal des choses et par la disposition naturelle des plaines qui bordent les cours d'eau, le niveau des prés va en s'abaissant dans le même rapport que la pente du ruisseau ou de la rivière; le fonds inférieur est donc toujours plus bas que le supérieur, et peut, par conséquent, s'arroser sans l'inonder. Mais, par suite des lois naturelles qui

régissent le mouvement des eaux et qui nous sont fort peu connues, les cours d'eau pentueux se sont creusé et se maintiennent des lits sinueux. Dans des lits en ligne droite, l'action de la pente aurait agi sur le fonds du lit, l'aurait approfondi et par conséquent encaissé presque indéfiniment; et ces eaux se fussent ainsi dérobées aux besoins de toute nature de la population. Mais dans ces lits sinueux, le courant ronge incessamment ses bords du côté de la convexité des courbes et forme des atterrissements sur le bord opposé; ces atterrissements qui se forment de la terre des érosions et du limon des grandes eaux, s'élèvent graduellement, et finissent par arriver au niveau de la prairie. Les cours d'eau, les petits surtout, modifient donc sans cesse leur lit et leurs bords en rongeant les parties les plus élevées, et se formant un littoral plus bas du côté opposé. Cet effet du mouvement des eaux est encore éminemment utile à l'écoulement de celles de la contrée et à sa salubrité; ces érosions ont surtout lieu sur les parties que le limon des inondations élève au-dessus du niveau de la prairie; sans elles ses bords s'élèveraient sans cesse, le cours d'eau s'encaisserait de plus en plus, les eaux de la contrée cesseraient d'y affluer et des marais se formeraient sur leurs bords; une partie des propriétaires aux dépens desquels s'exerce cette loi conservatrice s'y opposent de leur mieux, et il en résulte des parties marécageuses; mais ils ne réussissent pas toujours, et la plupart laissent agir les eaux. Les bords des cours d'eau offrent donc, sur de petites largeurs, il est vrai, de nombreuses parties basses au-dessous du niveau général de la prairie que couvrent naturellement les barrages établis sur les fonds inférieurs.

Et puis il arrive aussi que, par suite de travaux de main d'homme ou d'accidents de sol, quelques parties du fonds supérieur se trouvent au-dessous du niveau général du terrain; mais lorsque les barrages ne seraient que temporaires ou munis de vannes, en couvrant d'eau dans la saison des irrigations les parties basses, ils leur seraient plus utiles que nuisibles; ils en augmenteraient la fécondité et en élèveraient généralement le niveau; toutefois, en cas de contestation, la question devrait se résoudre pour le fonds plaignant au moyen d'une indemnité, s'il y avait lieu à en accorder.

Les tribunaux sans doute entreront dans l'esprit de la loi qui a voulu favoriser les irrigations; ces dispositions en faveur des riverains deviendraient tout-à-fait illusoires si des dommages de l'étendue de ceux que nous venons de désigner devaient les amener à refuser d'autoriser la construction, ou à lui assigner un niveau au-dessous de ces parties supérieures accidentellement basses. En établissant une pareille jurisprudence, on rendrait impossibles la plupart des irrigations sur les petits cours d'eau, parce qu'il n'en existe point sur lesquels quelques portions de rives en amont ne se trouvent plus basses que les rives inférieures. Il nous semblerait donc souverainement injuste que, sous le prétexte d'un dommage réel ou prétendu qui n'aurait lieu que sur des parties minimes de fonds et qui pourrait quelquefois résulter d'un travail fait à dessein par un riverain supérieur malveillant, il serait injuste, disons-nous, qu'on pût priver un fonds cent fois, mille fois plus étendu, du bénéfice d'irrigation accordé par la loi; c'est bien assez de lui faire supporter la peine de l'indemnité pour une position anormale qui ne peut pas être de son fait.

Il serait encore très-utile que la loi intervînt sur cette question, parce qu'il pourrait arriver que les tribunaux, n'entrant pas dans l'esprit de la loi et abusant de la lettre, rendissent illusoire la faculté d'irrigation et entraînassent ainsi des pertes de produit qui, par leur nombre, arriveraient à léser les intérêts généraux.

CHAPITRE VII.

LÉGISLATION DES GRANDS COURS D'EAU.

La plupart des dispositions que nous venons de proposer s'appliquent spécialement aux petits cours d'eau; les questions se modifient quand ces cours d'eau deviennent des rivières ou des fleuves; or, rien n'est encore fait pour en organiser légalement et en faciliter l'emploi; cependant, l'irrigation dans nos contrées méridionales semble avoir plus d'importance encore que dans le centre et le Nord de la France; la haute température sur un sol irrigué est un immense avantage, pendant que sur un sol privé d'eau elle devient un principe de destruction. Nous avons dans le Midi 100 mille hectares sur lesquels les dérivations des grands cours d'eau répandent les bienfaits de l'irrigation; mais ces 100 mille hectares ne sont peut-être pas le dixième de l'étendue de littoral de nos grands cours d'eau qui pourrait être fécondée, soit par des dérivations nouvelles, soit par un meilleur emploi des eaux dérivées, soit surtout si on emploie la vapeur à élever les eaux. Mais ici les articles du Code civil qui reconnaissent les droits des riverains sur les petits cours d'eau ne sont plus du tout applicables; la servitude d'appui, ni celle de passage, ne peuvent non plus suffire; ces droits sur les petits cours d'eau ne peuvent s'exercer que par des barrages et quelquefois par des dérivations; ici les barrages sont impossibles, et les dérivations ne peuvent conduire l'eau que sur des fonds très-éloignés de celui sur lequel on les commence. Une législation spéciale est donc nécessaire pour les grands cours d'eau, pour ceux spécialement réservés à l'État, les cours d'eau navigables et flottables. Celle pour les petits cours d'eau a été commencée par le Code civil, s'est continuée par la législation qui a accordé le droit de passage et d'appui ; à la suite viendront, on peut l'espérer, les autres dispositions nécessaires au développement de l'emploi des eaux des petits cours d'eau.

Quant à la législation des grands cours d'eau, elle est toute à faire, et elle demande des dispositions nombreuses, toutes différentes de celles des petits. Ainsi on ne peut faire sortir l'eau des grands cours d'eau que par des dérivations d'une grande longueur, parce que leur pente générale diminue en raison de leur puissance.

Si les droits d'usage des eaux se bornaient dans les bassins des grandes rivières aux fonds riverains, comme pour les petits cours d'eau, on renoncerait le plus souvent à toute irrigation, parce que les propriétés riveraines sur les grands cours d'eau ne peuvent pas avoir assez d'étendue pour compenser les frais de dérivation nécessaires aux irrigations qui se borneraient à leur surface, et que d'ailleurs une dérivation sur un grand cours d'eau a le plus souvent besoin de parcourir plusieurs kilomètres avant d'amener l'eau à la surface ; et par conséquent l'auteur de la dérivation ne pourrait pas en profiter, à moins d'avoir un fonds encore beaucoup plus étendu en longueur qu'elle, ce qui ne se rencontre guère en France. Ici, à ce qu'il nous semble, on doit reconnaître qu'un droit aux eaux appartient aux parties du bassin auxquelles elles peuvent facilement arriver ; ce droit, sans doute, devrait être plus étendu pour celles qui sont couvertes dans les grandes inondations, et il semblerait devoir être différent suivant que la propriété est plus ou moins voisine de la rivière. Il faut donc sur ces cours d'eau des dispositions autres que celles du Code, des droits définis et plus étendus sur les eaux : il règne ainsi une sorte d'anarchie dans cette question, qui reste toute à l'arbitraire des agents de l'administration, et rien n'établit ni ne précise les droits des propriétaires des fonds qui forment les bassins. Jusqu'ici le gouvernement accorde arbitrairement, en les limitant toutefois, les concessions que lui demandent les particuliers et les associations; mais une concession doit-elle priver les propriétaires supérieurs et inférieurs de leurs droits à une partie des eaux? La concession peut-elle dépasser la part proportionnelle d'une étendue donnée sur le volume des eaux? Les premières demandes auront-elles pour elles seules tout le volume disponible aux dépens des propriétés du bassin qui ne se seraient pas mises en instance? Questions toutes difficiles à résoudre, et qui, à notre connaissance, ne sont résolues dans aucune législation. En attendant donc que la loi pose, si cela est possible, quelques principes généraux, l'administration doit éviter de satisfaire à l'exagération des demandes des plus empressés qui priveraient ceux qui, par circonstance ou position, n'ont pas pu se mettre en mesure d'en faire; il serait essentiel pour assurer sa marche que la loi pût fixer des principes généraux qui lui seraient utiles pour contenir les exigences. Ces principes une fois posés, elle resterait arbitre des grandes concessions, et péserait dans sa sagesse l'étendue qu'elle peut leur donner sans faire souffrir la navigation qui a bien aussi son importance. Sur les points qui sont d'appréciation locale, il est difficile que la législation puisse intervenir; il devra donc rester une grande latitude à l'administration dans cette matière; c'est le seul moyen de mettre un peu de régularité dans les concessions, de les faire profiter à de plus grandes étendues et d'empêcher qu'elles ne nuisent à des tiers.

Il devient en outre nécessaire qu'on adopte en France les moyens employés en Italie pour limiter et préciser la quantité d'eau; que cette quantité ne puisse pas s'augmenter dans les abondances et puisse cependant être réduite dans les raretés, afin d'en laisser aux concessions inférieures. Il faudrait encore que l'administration pût concéder ce surplus d'eau dans les eaux abondantes, qu'il en fût de même des *colatures*, qu'elles fussent l'objet de concessions aux propriétaires inférieurs, qu'elles ne pussent par conséquent pas se perdre, comme cela arrive souvent; enfin il serait nécessaire que les propriétaires qui s'en seraient servis, en cas que personne ne réclamât la concession, fussent tenus de les diriger sur des points où elles ne pussent nuire ni à la salubrité, ni à la viabilité, ni aux propriétés inférieures.

Toutefois le droit naturel et l'équité sembleraient devoir concentrer dans les propriétaires du sol d'un bassin le droit à l'usage des cours d'eau qui le sillonnent, et cependant le gouvernement a cru devoir concéder aux villes d'Aix et de Marseille, placées hors du bassin de la Durance, une partie de ses eaux; c'est désormais un fait accompli duquel il résultera sans doute une grande utilité pour ces deux villes et leur territoire; mais il serait convenable que des dispositions légales réservassent à l'avenir le droit d'usage des eaux aux propriétés comprises dans leurs bassins; elles subissent tous les dommages des eaux, elles doivent donc profiter exclusivement de tous leurs avantages.

L'emploi des grands cours d'eau fait ainsi surgir une foule de questions graves qui ont besoin du temps et de la discussion pour être approfondies, mûries, et demanderaient à être réglées par des principes généraux que poserait la législation.

Dans la plupart des pays de grandes irrigations, le gouvernement est resté le maître des eaux, dont la location forme une partie essentielle de son revenu; c'est lui qui a fait les dépenses, et il loue chaque année, à prix d'adjudication, des portions déterminées d'eau à ceux qui en ont besoin. Ce système nous semble bien préférable à celui où des compagnies font le travail et restent maîtresses des eaux. Le gouvernement peut alors conserver plus facilement ce qui est nécessaire à la navigation; il mesure ses concessions temporaires aux besoins effectifs des propriétaires, afin d'en faire profiter le plus grand nombre; dans les grandes eaux, il peut plus facilement louer le superflu, louer les *colatures*, assurer leur direction et empêcher qu'elles ne deviennent nuisibles à la contrée. Les associations à la tête des entreprises manquent souvent de capitaux pour les terminer, sont mal régies, les réparations ne sont pas faites en temps opportun ; elles exagèrent leurs droits, tendent sans cesse à les grandir, et n'ont aucune autorité pour assurer la direction des colatures qui deviennent un fléau. Ainsi donc sous beaucoup de rapports, la propriété des canaux est beaucoup mieux entre les mains du gouvernement qu'entre celles des particuliers. Si précédemment nous avons cherché à limiter l'action du gouvernement sur les petits cours d'eau, c'est que là elle était usurpatrice et essentiellement nuisible, et qu'ici elle serait tutélaire et éminemment utile.

Malgré les développements assez grands dans lesquels nous sommes entrés, nous sommes loin d'avoir indiqué toutes les dispositions que demande l'emploi des eaux pour l'agriculture ; nous avons seulement parlé des principales. On a toujours pensé que, vu leur nombre et leur liaison nécessaires, elles devaient former une espèce de Code des eaux. Sans doute il vaudrait mieux qu'elles fussent préparées et discutées dans leur ensemble : elles offriraient entr'elles plus d'harmonie.

Dans notre nouvelle forme de gouvernement, on pourrait demander au Conseil d'Etat un code des eaux ; mais dans son organisation, telle que nous la connaissons, on trouve à peine un agriculteur, et dans les questions d'emploi des eaux, les connaissances pratiques sont plus essentielles encore que dans les autres questions du Code rural. Dans les circonstances où nous sommes plus encore que dans celles qui les ont précédées, le plus grand intérêt du pays a donc été tout-à-fait mis en oubli, et on ne peut espérer de voir s'établir un code des eaux dans notre Assemblée législative, au milieu du décousu des discussions, de l'imprévu des amendements. Il eût fallu, dans l'organisation du Conseil d'Etat, qu'une section entière fût composée soit d'agronomes versés dans la pratique comme dans la théorie du premier des arts, soit de jurisconsultes auxquels les intérêts agricoles fussent aussi connus que les questions de jurisprudence. On aurait pu alors espérer de voir s'élaborer un code des eaux, et même ce Code rural sollicité vainement depuis plus d'un demi-siècle.

SECTION IV.

De l'endiguement des cours d'eau.

CHAPITRE Ier.

INFLUENCE DES DIGUES SUR LES IRRIGATIONS NATURELLES ET ARTIFICIELLES.

Dans un ouvrage où nous nous sommes donné pour but spécial d'apprécier l'importance de l'irrigation ainsi que les moyens de la faciliter et de la pratiquer, et après en avoir développé les grands avantages, il entre tout-à-fait dans notre sujet de nous occuper des obstacles qui s'opposent à sa propagation. Nous venons de traiter de ceux que lui opposent les lacunes de notre législation; nous allons maintenant nous occuper de celui que nous croyons le plus grand de tous, l'endiguement des cours d'eau.

Cette grande question s'est agitée et s'agite encore sur les rives de la plupart de nos grandes rivières; l'endiguement demandé par le plus grand nombre, rejeté par des opposants plus graves que nombreux, continue de marcher sur quelques points; le temps presse de s'opposer à ses progrès, si c'est un grand mal, comme nous le pensons. Depuis plusieurs années nous étudions la question; notre conviction s'est formée en voyant les résultats produits; le temps, la réflexion et l'expérience n'ont fait que l'affermir. Nous sommes convaincu que ce système entraîne pour le présent de grands désavantages, et en prépare de plus grands encore pour l'avenir; nos écrits l'ont donc combattu, nous avons répondu à ses défenseurs. Le gouvernement, qui précédemment les autorisait, semble être arrivé à hésiter; il s'est même refusé aux demandes qui lui ont été faites d'établir ce système là où il n'existe pas, et le Conseil général d'agriculture lui a demandé de n'autoriser de nouvelles digues qu'avec la plus grande réserve. Dans le sujet que nous nous sommes proposé de traiter, l'emploi agricole des eaux, et dans la disposition où se trouvent maintenant beaucoup de bons esprits de rejeter l'endiguement, il nous a semblé utile de résumer la question et de lui donner place dans notre travail pour laisser trace de la discussion, et pour écarter autant qu'il est en notre pouvoir le plus grand obstacle opposé aux grandes améliorations que nous désirons propager.

L'eau produit ses puissants effets, ou par suite de son extravasion naturelle hors de son lit sur le bassin qu'elle s'est formé, ou au moyen de procédés artificiels qui la font répandre à volonté sur le sol au moment du besoin. Ainsi donc les irrigations peuvent se distinguer en deux grandes classes : les irrigations naturelles ou les inondations, et les irrigations artificielles qui ont lieu au moyen des travaux de l'homme. Les premières sont dans l'état des choses de beaucoup les plus importantes et les plus étendues; elles ont lieu sur une grande partie de la surface du littoral des ruisseaux, des torrents, des rivières et des fleuves dont elles fécondent les bords, c'est-à-dire sur plusieurs millions d'hectares, les plus féconds de France; elles sont le seul moyen naturel de fécondation de toute cette étendue de sol; elles ont même créé ce sol avec toute sa fécondité, et elles l'entretiennent en grand produit par leurs dépôts annuels, sans que le plus souvent l'homme soit obligé d'y rien ajouter; et cependant le but principal que se propose l'endiguement est de supprimer ces irrigations naturelles, sources de son produit actuel et à venir.

Mais en même temps que ce système mettrait fin aux irrigations naturelles, il empêcherait en plus grande partie, ou du moins rendrait très-difficiles, ainsi que nous le verrons, les irrigations artificielles qu'on réclame de tous les points de France. Il y a donc antagonisme entre l'irrigation et l'endiguement, puisque les irrigations naturelles et artificielles consistent dans l'épanchement spontané ou artificiel des eaux sur le sol et du limon fécondant qu'elles contiennent, et que le but, au contraire, de l'endiguement est de s'opposer à l'épanchement de ces eaux, et, par conséquent, des principes fécondants qu'elles charrient. Le résultat nécessaire du système d'endiguement est d'entraîner au loin ce limon, ces principes fécondants, d'en obstruer les lits des cours d'eau, d'en former des atterrissements qui changent en marais les meilleures vallées, et de rendre ainsi préjudiciables au pays ces dépôts féconds qui, bien employés, devaient en faire la richesse. Enfin il compromet, comme nous le verrons, l'avenir encore plus que le présent : il menace la salubrité, la fécondité du littoral de nos cours d'eau, c'est-à-dire des parties les plus fertiles et les plus habitées de notre pays. Nous ne devrons donc pas craindre d'entrer à ce sujet dans quelques développements, d'autant mieux que jusqu'ici la question n'a pas encore été traitée avec l'étendue qu'elle mérite.

❦

CHAPITRE II.

DES LOIS NATURELLES QUI ONT PRÉSIDÉ A LA FORMATION DES BASSINS.

Pour pouvoir motiver notre opinion sur ce sujet important, nous nous trouvons obligé de remonter aux lois naturelles et providentielles qui ont présidé à la formation des bassins, au creusement des lits des cours d'eau, et à l'écoulement dans le grand réservoir de toutes les eaux de sources et de pluies que n'absorbent pas la végétation et les phénomènes atmosphériques.

Sans vouloir remonter aux différentes périodes géologiques auxquelles sont dûs la forme et l'état actuel du globe, nous ferons remarquer que dans les dernières révolutions aqueuses qui ont succédé aux périodes de soulèvement, les eaux chargées de débris et de limons les ont déposés sur toute la surface, sur celle des bassins comme sur celle des montagnes. Ce dépôt est la couche superficielle du sol à laquelle on a donné le nom de *diluvium*, et qui est devenue la couche végétale.

Les eaux, dans leur retraite, en s'acheminant aux parties les plus basses du globe pour y former les mers, ont donné à ces parties basses de sol, devenues les bassins des cours d'eau, une pente analogue à celle qu'elles avaient sur leur surface d'écoulement; et cette surface, en vertu des lois hydrostatiques, s'est nivelée suivant une pente représentée par la différence de niveau du point de départ des eaux à celui de leur arrivée, c'est-à-dire des hauteurs du sol soulevé aux dépressions de terrain où se sont établies les mers. Les fonds des bassins sur lesquels s'écoulait un grand prisme d'eau avec une vitesse en rapport avec la pente, ont donc été modelés par ce prisme, et ont dû prendre une pente analogue à celle de sa face supérieure. Après la formation du fond des bassins, premier lit du cours d'eau, les eaux, en s'abaissant et diminuant de volume, se sont réduites à en occuper les parties les plus basses, et, en continuant de s'écouler, elles se sont creusé dans le limon qu'elles venaient de déposer un lit en rapport avec leur volume normal; ce lit, qui n'était d'abord qu'ébauché, a achevé de se former et de se régulariser par l'action continue des eaux de sources et de celles des pluies non absorbées par le sol; il s'est formé spécialement par et pour le débit des eaux moyennes, et ses dimensions se sont établies en raison de leur masse; lorsque les pluies ont été abondantes, le lit ordinaire a été insuffisant, et le fond du bassin tout entier est redevenu le lit des eaux surabondantes. Ainsi donc, les lois naturelles ont préparé aux eaux un double lit, leur lit ordinaire pour les eaux moyennes, et le fond entier du bassin pour les grandes eaux.

Mais dans la succession des temps, toutes les fois que les eaux sont abondantes, des masses d'eau arrivent de toutes les inflexions de terrain, des parties supérieures du bassin et des pentes plus ou moins rapides qui le bordent; elles entraînent avec elles des terres, du limon qui se déposent successivement dans l'extravasion des eaux sur toute sa surface, et y forment une couche supérieure à laquelle on a donné le nom d'alluvion; ces eaux, en s'écoulant, achèvent de régulariser la pente qu'avaient déjà établie les premières retraites des eaux. Ainsi se sont formés tous les bassins de nos cours d'eau, grands et petits, au milieu du chaos et du désordre que semblait devoir laisser après lui l'immense mouvement des eaux.

CHAPITRE III.

DE LA FORMATION DES ALLUVIONS MODERNES. - - ACCROISSEMENT INCESSANT DES PENTES.

Après la formation des bassins dûe aux grands cataclysmes, la succession des divers débordements a produit des résultats qu'il est important de remarquer. Et d'abord les eaux, en s'épanchant sur leurs bassins, déposent sur les parties les plus rapprochées de leur origine la plus grande portion du limon qu'elles charrient, et leurs dépôts diminuent d'épaisseur à mesure qu'elles s'avancent; il en résulte que la pente des bassins dont les eaux peuvent se répandre librement doit aller sans cesse s'augmentant, puisque leurs dépôts sont toujours plus forts dans les parties supérieures; en vertu de cette loi, les pentes se sont formées et se maintiennent plus fortes dans les parties supérieures du bassin, et cet effet qui se continue, tend à exhausser leur littoral et à lui donner des pentes de plus en plus fortes, à mesure que les temps s'écoulent.

Cette loi d'accroissement régulier des pentes est modifiée par l'effet des affluents qui, arrivant avec tout leur limon, tendent à surélever aussi les parties du grand bassin qui leur sont subordonnées; mais tout en diminuant la pente des parties immédiatement supérieures et la régularité de la pente générale, elle tend aussi à élever le niveau du fond du bassin, et, par conséquent, à augmenter sa pente par rapport au niveau de la mer.

Cet accroissement successif de pente du fond des bassins devient une grande loi conservatrice; les eaux du fleuve arrivant à leur embouchure dans la mer, y rencontrent la masse de ses eaux qui leur fait obstacle, détruit leur vitesse et les amène au repos; elles déposent alors leur limon; elles élèvent ainsi successivement le fond de l'embouchure, les parties inférieures du lit du fleuve, et s'y créent un obstacle à leur propre écoulement; cet obstacle, en s'accroissant de jour en jour, affaiblirait, finirait même par détruire la pente, et tendrait à faire refluer les eaux sur le littoral et à y établir des marais. Mais, d'après ce que nous venons de dire, ce littoral, lorsqu'on permet aux eaux de s'extravaser librement, tend lui-même sans cesse à s'élever, et l'exhaussement qu'il reçoit des eaux du fleuve et de celles des affluents le maintient assez naturellement et le plus souvent à un niveau plus élevé que l'atterrissement produit par le fleuve; cet atterrissement est bien à la fois, il est vrai, le produit des eaux ordinaires et des eaux extravasées, et semblerait par cette raison devoir prendre un niveau plus élevé que celui du littoral qui ne reçoit que les eaux extravasées ; mais, d'une part, les eaux ordinaires ne contiennent pas un millième du limon de la masse des eaux d'inondation ; et, d'autre part, ces eaux, avant d'arriver à la mer, ont laissé sur le littoral, puisqu'elles sont libres de s'y épancher, la plus grande partie de leur limon ; enfin, les eaux de l'embouchure ont, pour se répandre, l'immensité de la plaine liquide dans sa largeur et sa profondeur, pendant que l'étendue du littoral est relativement beaucoup plus bornée. Ainsi donc, lorsqu'on laisse aux eaux leur libre écoulement sur le littoral, la pente générale s'y conserve, se maintient, grandit même, et, par conséquent, le bassin garde son écoulement.

Toutefois, lorsque l'embouchure se trouve resserrée par des causes accidentelles, l'atterrissement qui s'y forme est par là réduit à des dimensions relativement peu étendues. Alors, au bout d'un certain temps, il pourrait s'élever au-dessus du niveau de l'atterrissement du littoral ; mais ce cas serait rare et presque exceptionnel.

Cette tendance, lorsqu'elle existe, peut se contrebalancer en ouvrant aux eaux d'inondation de larges canaux qui les jettent sur le littoral ; les dépôts s'y font alors en très-grande masse, et on lui fait conserver ainsi un niveau supérieur à celui de l'embouchure ; par là la contrée continue d'écouler ses eaux dans le fleuve, et, par conséquent, il ne se forme aucun marais sur ses bords.

Mais lorsque le fleuve est emprisonné entre des digues qui remontent incessamment sur tout son cours, que ces digues contiennent à la fois les eaux et le limon qu'elles charrient, ce limon, au lieu de s'étendre naturellement sur les rives, d'y combler les parties basses, d'en conserver et d'en accroître même la pente, ce limon, disons-nous, décuple au moins en volume de ce qu'il eût été avec le fleuve librement épanché sur son bassin, se dépose d'abord dans le lit lui-même, d'où il résulte une diminution de pente; et quand les eaux arrivent à l'embouchure où elles cessent d'être contenues par les digues, elles s'y épanchent en nappe avec tout leur limon, y forment bientôt un atterrissement d'un niveau en rapport avec celui des digues, et, par conséquent, plus élevé que les atterrissements supérieurs. Et puis, au milieu de cette nappe épanchée, les eaux du lit conservent plus de rapidité, déposent leur limon dans sa direction, forment à quelque distance de l'embouchure une barre qui s'accroît du dépôt quotidien des eaux ordinaires comme de celles des grandes eaux, et qui, en raison de la profondeur du lit et de la masse des eaux relativement plus grande, s'accroît rapidement, et s'élève bientôt plus encore que l'atterrissement de l'embouchure. Le lit du fleuve s'obstrue donc de plus en plus, l'atterrissement de l'embouchure s'oppose à l'écoulement des eaux, des marais se forment, s'accroissent et remontent dans le bassin à mesure que les atterrissements de l'embouchure et la hauteur de la barre s'élèvent. Ainsi, par l'établissement des digues, on décuple la puissance d'atterrissement des embouchures, l'obstruction du lit du cours d'eau, les obstacles à la navigation; on détruit les lois providentielles et conservatrices de la salubrité du littoral des cours d'eau qui, au moyen de l'extravasion des grandes eaux, tendaient à l'élever de plus en plus et à accroître sa pente. Enfin, par l'endiguement, le limon, en s'accumulant dans le lit et sur les parties inférieures du bassin, diminue nécessairement la pente du cours d'eau en remontant son cours, ôte aux eaux leur écoulement naturel, et, par conséquent, arrive à faire remonter indéfiniment le marais sur les deux rives.

L'élévation successive du bassin des rivières, et, par conséquent, l'accroissement de leur pente, est d'ailleurs un fait qu'il n'est pas possible de contester. Sur le littoral des petits comme des grands cours d'eau, on trouve des niveaux d'habitations civilisées, inférieurs souvent de plusieurs mètres au niveau actuel des bassins; on rencontre souvent aussi dans ces niveaux inférieurs des terrains marécageux, des tourbes qui bordaient le lit lorsque la pente était moindre et qui sont actuellement recouverts d'une alluvion féconde qui, en accroissant la pente du littoral, l'élève et l'assainit. L'extravasion des cours d'eau sur leurs bords a donc toujours été une source de bien pour l'habitation des hommes.

Nous avons, dans ce qui précède, expliqué la formation de la pente du bassin des rivières dans le sens du courant des eaux et de la longueur du bassin; nous expliquerons d'une manière analogue sa pente latérale. Nous avons vu que, dans les grandes révolutions aqueuses du globe, le lit des eaux a dû s'établir dans les parties les plus basses; le lit était donc la partie la plus basse du bassin, et les eaux des affluents, en s'y rendant depuis le coteau qui le bordait, ont tendu à créer sur le fond du bassin une pente dans le sens de leur marche, c'est-à-dire depuis le coteau jusqu'au lit du cours d'eau.

Toutefois, cette forme primitive tend à s'altérer plus ou moins fortement sur le bord des cours d'eau limoneux; les eaux, après la formation des bassins, en s'extravasant lors des pluies, ont couvert d'abord leurs rives immédiates avant de s'étendre sur le reste du bassin, et pendant l'inondation s'y sont maintenues plus longtemps et plus profondes; elles y ont dès lors fait des dépôts plus considérables, qui se sont accrus plus que l'exhaussement général du reste de la vallée. Il en est résulté que la pente du coteau au cours d'eau s'est d'abord altérée, et comme le dépôt des eaux est plus fort au moment où elles quittent leur lit, ce dépôt est arrivé à former avec le temps et successivement une élévation de sol le long du cours d'eau, en sorte que le milieu de la prairie est devenu plus bas que ses bords. Cet effet qui se rencontre plus ou moins sur tous les cours d'eau grands et petits, est bien remarquable sur la Saône. Suivant **M.** Laval, ingénieur en chef de sa navigation, la largeur moyenne du fond de sa vallée est de 3 à 4 mille mètres, et les bords de la rivière sont plus hauts en moyenne de 80 centimètres que son milieu; cette contre-pente s'étend sur 12 à 1,500 mètres; au-delà le terrain se relève jusqu'au coteau par une inclinaison inverse d'une quotité variable.

On trouverait au besoin dans cet état de choses une nouvelle preuve de l'élévation successive du bassin des rivières, et comme les générations qui se succèdent s'aperçoivent de l'exhaussement graduel de cette espèce de bourrelet, on y lit encore que la forme actuelle du bassin de nos rivières n'est pas très-ancienne, et ne doit pas remonter au delà du temps où les livres sacrés ont placé la dernière catastrophe diluvienne.

Cette forme nouvelle des bassins n'est pas sans inconvenient; les eaux des coteaux ne peuvent plus s'écouler directement dans le lit du grand cours d'eau, et tendent à se former, en se joignant aux eaux du revers du bourrelet, un lit secondaire dans la partie la plus basse du bassin; mais ce lit lui-même manque d'écoulement, parce que les affluents sur leurs rives immédiates ont produit un atterrissement analogue à celui du grand bassin. Ce double atterrissement emprisonne les eaux de pluie et d'inondation, rend marécageux le fond de la prairie, ou au moins y fait stagner des eaux dans toutes les pluies un peu fortes.

Cette élévation successive des bords des cours d'eau tendrait à rendre les inondations moins fréquentes, et les bourrelets qui s'y forment sont des digues naturelles qui s'opposent à l'extravasion des eaux. Pour en faire l'application au bassin de la Saône dont nous venons de parler, les eaux de la grande rivière sembleraient ne devoir s'extravaser sur la prairie que lorsqu'elles dépassent de 80 centimètres, hauteur moyenne du bourrelet actuel, le niveau du milieu de la prairie; cette digue cependant ne les préserve pas à cette hauteur, parce que les affluents n'ont pas formé sur leurs bords un bourrelet d'une hauteur égale à celui de la grande rivière.

D'ailleurs ce profil concave de la vallée de la Saône est remarqué dans la plupart des vallées grandes et petites; il est frappant entr'autres dans celles de la Seine, du Rhin, du Nil, etc.

Nous avons dit que, dans la dernière des grandes catastrophes aqueuses, les eaux dans leur repos ont déposé sur la surface une couche des débris qu'elles charriaient; et ces dépôts, à la retraite des eaux, ont formé la surface du sol, qui est devenue la couche végétale à laquelle on a donné le nom de *diluvium*.

Dans le moment des grandes pluies, ces terres, déposées sur les plateaux, les sommets et les pentes, se pénètrent, se détrempent, se délayent; devenues en quelque sorte fluides, elles sont entraînées avec les eaux, se réunissent avec elles d'abord dans les inflexions de terrain, puis dans des lits ouverts et deviennent par leur réunion une puissance qui ravine le sol, creuse le lit primitif et emporte ses bords; lorsque la pente devient moindre et que le bassin s'ouvre et s'agrandit, les eaux déposent leurs plus gros débris sur les bords du lit, puis se rendent successivement dans les bassins inférieurs moins pentueux; elles s'y extravasent aussi sur leurs bords, où elles laissent encore une partie des terres et des graviers qu'elles entraînent, jusqu'à ce qu'arrivées dans le bassin central où la pente est encore moindre et réunies à toutes les eaux des affluents et de la grande rivière, elles couvrent tout le littoral en y déposant une partie des terres qu'elles tiennent encore suspendues; la portion de ce limon qui se compose de parties plus ténues, est entraînée plus loin, là où la pente du fleuve diminue; les eaux s'y trouvent en plus grande masse, soit en raison de leur moindre vitesse, soit parce que celles des affluents sont réunies; mais le bassin s'est élargi à mesure que les eaux se sont accrues, et les dépôts, par les raisons que nous avons énoncées, y sont moins élevés que dans les parties supérieures.

On peut d'ailleurs juger de la puissance des atterrissements du Rhône, par exemple, d'une manière assez précise. Des observations recueillies par M. Gorse, ingénieur des ponts et chaussées, ont établi que le Rhône dans les grandes inondations charriait à Arles, non loin de son embouchure, une quantité de limon égale à un deux cent trentième de son volume (1). Dans les eaux basses, le limon du Rhône ne serait plus que de un sept millième; et en combinant ensemble le nombre, la puissance, la durée des inondations et celle des eaux moyennes et basses, il a pensé qu'on pouvait admettre que ce volume de limon était en moyenne de un deux millième. Or, d'après les documents recueillis par M. Lortet, le Rhône débite par ses embouchures 2,200 mètres cubes, et, par conséquent, entraîne 1^{m}10 de terre par seconde dans la mer, ce qui produirait un atterrissement de 95 mille mètres cubes par jour, et suffirait par an à couvrir d'un mètre de limon 3,400 hectares, ou plus de deux lieues carrées (2).

---

(1) D'autres observateurs admettent que le Rhône charrie un centième de limon dans ses plus grandes eaux, le Nil un cent trente-deuxième, et le Rhin, d'après M. Boussingault, un cinquantième.

(2) Cet atterrissement se préjugerait beaucoup plus considérable en employant les données de M. Mescure de Lasplanes. *Le Rhône, dit-il, roule 14 mille mètres cubes par seconde dans ses grandes crues.* — Il déposerait donc vers ses embouchures 5 millions 260 mille mètres cubes par 24 heures, en supposant qu'il charrie un deux cent trentième de limon, et plus de 12 millions en en admettant un centième. En un seul jour donc, il couvrirait 1,200 hectares, ou 12 kilomètres carrés, de 1 mètre de hauteur de limon.

Cette masse que le Rhône dépose à son embouchure est loin de représenter toute celle que reçoivent ses affluents et qu'il reçoit lui-même. Dans les grandes pluies qui déterminent les inondations, les eaux coulent de toutes les pentes, se forment en petites nappes et bientôt en ruisseaux qui délayent les terres et les entraînent avec elles. Tous les cours d'eau, grands ou petits, calmes ou torrentueux, s'extravasent sur le littoral plus ou moins étendu de leurs bassins, y couvrent des espaces cent fois, deux cents fois plus grands que leur lit, y coulent en nappes moins rapides que les eaux du lit, et y déposent la plus grande partie des terres et débris qu'ils charrient ; il n'en arrive peut-être pas un centième dans le lit du fleuve, et le fleuve, à son tour, en s'extravasant, laisse sur ses bords les parties les plus lourdes du limon qu'il entraîne et qu'il a reçu de ses affluents. On conçoit que cela doit être ainsi, et que si les grands cours d'eau eussent entraîné avec eux toutes les terres qu'ont perdues nos montagnes et leurs pentes depuis l'époque diluvienne, les atterrissements du Rhône seraient vingt fois, cent fois peut-être plus étendus que la Camargue et la plaine de Beaucaire à Aigues-Mortes et d'Aigues-Mortes à la mer, qu'on doit naturellement leur attribuer. Ces terres se sont donc déposées presque en entier sur les millions d'hectares des bassins des cours d'eau qui versent au Rhône ; et néanmoins la marche de l'atterrissement du Rhône a encore été bien rapide, puisque saint Louis s'est embarqué pour la croisade au port d'Aigues-Mortes, maintenant éloigné de la mer de plus de 8 kilomètres.

Mais un fait plus récent, recueilli par **M. Baude**, révèle une marche d'atterrissement encore bien plus rapide. La tour de St-Louis a été bâtie dans la Camargue en 1737, à 2,600 mètres de la mer ; elle en est maintenant à 7,200 ; l'atterrissement, dans un peu plus d'un siècle, s'est donc augmenté d'une longueur de 4,600 mètres, et la mer, avant

qu'il s'élevât jusqu'à sa surface actuelle , a du en être remplie dans ses profondeurs. Le Rhône , depuis le milieu du
dernier siècle , a donc vu s'augmenter beaucoup sa puissance d'atterrissement, et cela est dû nécessairement aux
digues dont le grand développement ne remonterait qu'à 1755.

La puissance d'atterrissement de tous les cours d'eau
grands et petits, du Rhône en particulier , est donc bien
grande ; c'est un effet naturel dont il est important de prévoir toutes les conséquences et dont l'homme en le dirigeant
peut tirer de bien utiles résultats qui, par contre, peuvent
lui devenir grandement nuisibles s'il le dirige mal.

Mais toutes ces terres qui forment les atterrissements ,
toutes celles que l'épanchement des eaux laisse sur la surface
des bassins, sur les surfaces irriguées, viennent des parties
élevées de ces bassins, des contrées montagneuses ; ces contrées et les montagnes elles-mêmes tendent donc à s'affaisser,
leurs terres s'entraînent dans les plaines, les lits des fleuves
tendent à s'exhausser, et, par la suite du temps , les eaux
perdraient leur pente, et leurs lits se rempliraient si, dans
les inondations, leurs bords ne s'exhaussaient pas sans cesse
par le dépôt des terres. Ainsi donc, l'industrie de l'homme
doit s'étudier à faciliter l'extravasion des eaux plutôt qu'à
les contenir.

Après avoir développé les lois conservatrices qui ont présidé à la formation des bassins, à celle de leurs atterrissements qui en accroissent incessamment les pentes, facilitent
l'écoulement des eaux, s'opposent à la formation des marais
et tendent à dessécher ceux qui existent, il est temps d'entrer dans le fond de notre sujet, et d'apprécier sous leurs
différents points de vue les résultats de l'endiguement des
cours d'eau.

CHAPITRE IV.

LES INONDATIONS SONT DUES EN GRANDE PARTIE AU DÉBOISEMENT ET AU DÉFRICHEMENT DES PENTES.

L'homme à qui la surface du sol semble confiée pour la rendre féconde, pour y faire naître les produits nécessaires à ses besoins et ceux qui font l'agrément de sa vie, a été doué d'une intelligence supérieure pour accroître les biens que la nature lui prodigue et pour diminuer le mal dont elle le menace. Ici, il semble avoir fait tout le contraire de ce qui serait le plus convenable pour s'opposer aux suites fâcheuses du mouvement des eaux. La nature prévoyante avait couvert de végétaux de toute taille les pentes des montagnes; dans son lent mais incessant travail, la végétation accroissait par ses débris la couche de terre qui les couvrait; l'homme auquel le sol de la plaine n'a bientôt plus suffi, au lieu de s'occuper à en tirer un meilleur parti par une culture intelligente, a voulu agrandir son domaine; il a rompu les gazons, arraché les végétaux des pentes et ameubli pour le cultiver le sol qui les couvrait; les pluies qui sont survenues ont entraîné facilement ce sol, qui a grossi la masse torrentueuse et augmenté ses dégâts; plus tard (et nous y sommes), le rocher, mis à nu, a laissé couler instantanément toutes les eaux des pluies, tandis qu'avant les défrichements elles étaient retenues, divisées par les terres gazonnées, par les tiges, les feuilles et les racines nombreuses des petits et des grands végétaux; ces eaux, retenues à la surface, s'infiltraient dans ses profondeurs, alimentaient les réservoirs des sources du pied de la montagne; les sources manquant d'aliments, ont en partie tari, et celles qui se sont conservées se sont beaucoup affaiblies. Ainsi, une grande partie des eaux qui tombent à la surface ne s'y arrêtent point, s'écoulent en masses dévastatrices, et deviennent un fléau au lieu d'être un bienfait comme dans leur destination primitive.

Par l'écoulement en quelques heures de volumes d'eau qui se distribuaient au moyen des sources pendant tout le cours de l'année, les torrents et tous les cours d'eau grandissent instantanément, leurs ravages croissent en proportion, et les inondations sont devenues plus fréquentes, plus étendues, plus subites, et, par conséquent, plus funestes dans leurs effets. La plantation des terrains en pente, l'emploi des eaux de pluie aux irrigations, leur dérivation par des barrages pour rompre leur masse, les distribuer sur les pentes gazonnées où elles laisseraient la fécondité avec le limon qu'elles charrient, diminueraient sans doute le mal et nous rendraient en partie les garanties que notre imprudence nous a enlevées; mais au lieu d'en agir ainsi, on a eu recours à des moyens qui ne servent qu'à empirer le mal.

⸺⸺ ◈ ⸺⸺

CHAPITRE V.

INSUFFISANCE DES DIGUES POUR SE PRÉSERVER DES INONDATIONS ET DES DÉSASTRES QU'ELLES ENTRAINENT.

§ 1. *Résultats immédiats des digues.*

1. Les pertes que font éprouver les inondations ont fait chercher aux riverains les moyens de s'en préserver; la plupart n'en ont pas trouvé d'autres que les digues; on veut donc en établir là où il n'en existe point encore et rehausser celles déjà existantes; mais, nous osons le dire, tous ces travaux, anciens ou nouveaux, exécutés ou en projet, offrent beaucoup plus d'inconvénients que d'avantages.

Toutefois, expliquons-nous bien : les digues que nous

combattons sont les chaussées élevées au dessus des berges des cours d'eau, qui empêchent les grandes eaux de s'extravaser sur la surface du bassin, les chaussées qui, en leur offrant au dessus du sol un lit artificiel, doivent contenir toute leur masse et l'envoyer aux rives inférieures. Quant aux travaux de défense des berges, aux *perrés* qui les soutiennent, ou aux digues mêmes dans le lit du cours d'eau qui s'élèvent au niveau des berges pour arrêter sa marche toujours envahissante, reprendre au fleuve les terrains qu'il vient d'usurper, maintenir sa direction de manière à faciliter la navigation, diriger son lit du côté des ports d'embarquement, tous ces travaux, disons-nous, doivent être encouragés; l'administration même y doit aider, puisqu'ils deviennent d'intérêt général; car, outre qu'ils conservent des établissements et des terrains précieux, ils arrêtent l'érosion des berges, grandement accrue par la vitesse des bateaux à vapeur.

Ce que nous rejetons, ce sont les digues qui veulent créer un lit artificiel aux grandes eaux du fleuve, en leur refusant le bassin qu'elles avaient elles-mêmes dressé comme lit supplémentaire et spécial pour ces grandes eaux.

La protection qu'on leur demande est bien chèrement achetée, car elles retardent le cours des eaux, élèvent par conséquent leur niveau, et les inondations deviennent d'autant plus fréquentes que les eaux n'ont désormais pour s'évacuer qu'un lit rétréci, souvent obstrué; que ce lit, quelle que soit l'étendue qu'on lui donne, affaibli dans sa pente, sera bientôt rempli par l'effet des grandes pluies; alors les eaux en relief sur le sol se précipitent de toute leur hauteur sur le littoral environnant, et y causent des dégâts tout autrement terribles que ceux des anciennes inondations, où les eaux s'épanchaient en nappes amorties sur un lit de toute l'étendue du bassin (1).

(1) Nous écrivions ceci avant les funestes inondations des bords de la Loire; la leçon a été terrible, mais tout annonce qu'on n'en profitera pas.

Ainsi, les digues menacent l'agriculture et le pays d'un avenir funeste : elles privent le sol du limon qui l'a rendu fécond et qui est essentiel à sa prospérité ; elles semblent favoriser les fermiers à courts termes, mais en exigeant des constructions et des entretiens dispendieux, en privant le sol de ses moyens de réparation, elles le conduisent à l'épuisement, elles entament ainsi et détruisent en partie le capital du propriétaire.

2. En compensation de quelques récoltes qu'elles affaiblissent ou détruisent, les inondations produisent des avantages bien remarquables ; d'abord elles couvrent le sol d'un limon fécondant qui lui assure, sans autre engrais, les plus riches récoltes. Les bords des fleuves et des rivières sont partout, sans contredit, les parties les plus fécondes du sol, et il est bien évident que cette fécondité est uniquement due aux terres d'alluvion qu'y ont déposées les inondations. Les trois quarts des prairies n'ont pas d'autre source de fécondité. Sur les bords de la Saône comme sur ceux de la plupart des cours d'eau, on voit, dans les années où les eaux se répandent à propos, les récoltes des foins s'élever au double de ce qu'elles sont dans les années où ces eaux restent dans leur lit (1).

Mais cette fécondité que les eaux portent aux prairies, elles la donnent aussi aux terres labourables. Sans citer les inondations du Nil, en France et partout ailleurs, la plus grande partie des terres qui peuvent se cultiver sans fumier doivent cette fécondité aux inondations annuelles des rivières qui les bordent. Ce fait se remarque sur les bords de plusieurs des affluents de la Saône ; longtemps aussi on a vu une partie de ceux du Doubs, ceux de la Loire entr'autres, se cultiver sans fumier. L'effet des inondations est encore

(1) Il faut acheter, dit le proverbe, maisons bâties, vignes plantées et prés qui rouillent.

bien remarquable sur les bords du Rhône ; en diguant le fleuve, on a laissé une étendue assez considérable de ses bords pour lui servir de bassin dans les inondations et diminuer par là la fréquence et le danger de celles qui surmontent les digues. Eh bien ! ces terrains non digués produisent souvent jusqu'au double de ceux préservés ; on les sème tous les ans sans fumier, et leur produit net est encore, toute chance d'inondation déduite, bien supérieur à celui des terrains placés de l'autre côté de la digue. Il est évident que si on n'avait pas fait de digues, la plus grande partie du littoral se trouverait dans le même cas ; seulement le bienfait des eaux, réparti sur une plus grande étendue, serait un peu moins sensible, et le dépôt de limon y serait moins épais ; mais les *ségonnaux* placés dans le lit resserré sont plus souvent, plus longtemps sous les eaux, plus sujets aux arrachements, et cependant ils ont plus de valeur ; la valeur et le produit des terrains digués seraient donc, sans les digues, au moins égaux à ceux actuels des *ségonnaux*. Il en est de même des îles anciennes du Rhône qui, avec toutes leurs chances d'inondation, sont plus chèrement affermées que le littoral protégé.

Des faits analogues se remarquent sur les bords de la Gironde ; déjà, au dire d'observateurs attentifs et non prévenus, les territoires digués s'aperçoivent d'une diminution notable de fécondité, comparés à ceux qui ne le sont pas.

Nous trouverions sur toutes les rives des cours d'eau digués des faits pareils et aussi concluants. Les inondations apportent donc avec elles une source immense de fécondité. Mais elles produisent encore un avantage qui, quoique ne semblant pas immédiat, n'est pas moins de la plus haute importance pour l'avenir du pays.

3. Nous avons vu que les inondations élèvent de plus en plus le sol et accroissent la pente du littoral ; cet effet qui

se continue sur toute son étendue jusqu'à la mer, contre-balance, comme nous l'avons dit, celui des atterrissements de l'embouchure qui, en comblant le lit du cours d'eau, diminuent sa pente; mais cet avantage cesse aussitôt que des digues emprisonnent ses eaux. D'une part, la pente cesse de s'accroître sur le littoral, et, d'autre part, les digues conservant dans le lit du fleuve tout le limon qu'il eut rejeté sur ses bords, et le dépôt se formant dans une direction resserrée par les digues, les atterrissements doivent décupler de puissance; ils font bientôt remous sur le cours du fleuve, sa pente diminue, son lit se comble, et les atterrissements s'élèvent et s'accroissent dans une rapide progression; le lit des cours d'eau, par une suite nécessaire, finit donc par s'élever au-dessus du sol de la contrée, et, par conséquent, il cesse d'être le moyen d'assainissement et d'écoulement que la nature avait assigné à son bassin; ses bords deviennent marécageux, parce qu'ils n'ont plus de moyens d'évacuer leurs eaux. On ne peut pas les faire écouler par des lits latéraux; car, pour rendre efficace l'endiguement du fleuve, il est nécessaire de diguer à la même hauteur le lit des affluents; les lits latéraux seraient donc barrés par ces digues secondaires, et, par conséquent, des marais pestilentiels se formeraient à la place des terres fécondes; mais le travail incessant du fleuve continue, son lit se comble de plus en plus, l'atterrissement qui retient les eaux de la contrée s'élève, les marais remontent, le littoral est de plus en plus en plus envahi, la hauteur des digues doit croître en proportion, et tout cela d'autant plus rapidement que la pente du cours d'eau est moindre.

Quel peut être l'avenir d'un pareil état de choses ? Dans quelque grande inondation ces eaux, s'échappant de leur lit artificiel, se creuseront des lits plus naturels au pied de ceux qu'elles abandonneront; mais avant d'avoir un écoulement régulier, le pays sera submergé; il deviendra un marais pestilentiel inhabitable et incultivable, suite de l'imprudence et de l'imprévoyance des hommes.

L'Italie n'en est que trop la preuve vivante ; la plupart de ses cours d'eau coulent maintenant en relief sur la surface du sol ; des marais se sont formés, ont rendu inhabitable une partie de leurs fertiles bassins ; dans d'autres, des soins et des travaux de tous les jours sont devenus nécessaires pour se défendre de l'invasion des eaux en relief sur la contrée ; mais le mal va grandissant, le lit s'exhausse de plus en plus, et l'Italie est menacée de voir le reste de ses plaines les plus fécondes converties en marais indesséchables, parce que les atterrissements des parties où le fleuve contenu par les digues entasse son limon s'élèvent incessamment, que les digues suivent cette progression, et que le sol sans écoulement et par conséquent les marais croissent de plus en plus.

La construction des digues n'y paraît pas très-ancienne : l'histoire romaine qui a gardé le souvenir de tous les grands travaux, n'en conserve, à ce qu'il semble, point de trace ; les digues, nous le pensons, se seraient élevées au temps où l'Italie, partagée en petits États, était riche et florissante ; elles auront été alors l'ouvrage de petits intérêts circonscrits et souvent rivaux. On construisit d'abord les premières près de l'embouchure des rivières pour fixer les eaux qui divaguaient sur leur littoral ; les cours d'eau dès lors avaient peu de pente, surtout près des embouchures ; ils se formaient de torrents issus de montagnes couvertes d'un sol meuble et facile à entraîner ; les eaux limoneuses ont eu bientôt comblé leur lit rétréci par les digues ; le littoral supérieur appartenant à l'État voisin vit, par le fait de cette entreprise, les inondations se multiplier par la diminution de pente du cours d'eau, et trouva bientôt nécessaire de se diguer à son tour ; les digues ont ainsi successivement remonté, et, pendant ce temps, les plaines, les bassins ont perdu leur écoulement, les marais sont survenus, avec eux l'insalubrité, et une partie des meilleurs vallons d'Italie est ainsi passée à l'état de *maremmes;* bientôt habitants et habitations en ont disparu, et les pays ont été réduits à l'état misérable où nous les voyons aujourd'hui : un séjour prolongé y est maintenant mortel pour l'homme. Pour tirer parti de ce sol encore fécond, il est obligé de le destiner spécialement à l'élève des animaux domestiques, et de renoncer presque partout à sa culture; celle qui se continue encore sur quelques points se fait à l'aide de colons qui habitent hors de cette surface empestée, et y viennent seulement faire les semailles et les moissons.

La campagne de Rome en serait encore un bien frappant exemple. Pline nomme cinquante-deux villes qui existaient sur cette surface actuellement inhabitée, sans culture, et qui n'est peuplée que de quelques troupeaux et de leurs bergers, passés presque à l'état sauvage. Bien plus, la *mal-aria* semble avoir envahi la ville sainte tout entière : l'ancienne capitale du monde renferme maintenant un vingtième de ses anciens habitants, et elle aurait fini par succomber au fléau du mauvais air si elle n'était protégée par sa position de capitale du monde chrétien et par les souvenirs et les monuments de sa grandeur passée.

Ferrare devient inhabitable par suite des maladies qu'occasionnent les marais qui l'environnent; le Pô coule à la hauteur de ses toits; dans d'autres parties, les digues du fleuve s'élèvent au niveau des clochers des villages de ses bords.

Mantoue est loin de rappeler le lieu où Virgile avait choisi la scène de ses églogues : on ne trouve autour de cette ville qu'une suite de marais produits par les digues.

Les marais Pontins ont été autrefois, sur la plus grande partie de leur surface, le séjour fécond et salubre de la nation puissante des Volsques, qui a longtemps résisté aux efforts de la puissance romaine dans ses premiers âges; les anciens rappellent et on a trouvé les ruines de vingt-six villes qui y existaient (1).

M. Mescure de Lasplanes, ancien ingénieur, qui, depuis qu'il s'est retiré, s'occupe spécialement, dans l'intérêt de l'agriculture de son pays, de projets d'irrigation, dans un Mémoire sur la fécondité du limon des rivières, rappelle ce qu'il a vu sur les bords de l'Adige. Nous ne pouvons mieux faire que de citer ce qu'il dit sur les digues de ce fleuve, qui offre la preuve pratique de tous les inconvénients que nous venons de signaler :

« *Voulant préserver les campagnes des invasions de l'Adige,*
» *les Vénitiens donnèrent à ce fleuve des digues en terre; depuis*
» *lors son lit s'est comblé par les débris de rochers, les cailloux,*
» *le sable, le limon que lui apportent sans cesse ses affluents qui*
» *descendent des Alpes.*

» *A de courts intervalles de temps, on reconnaît la nécessité*
» *de relever le niveau de ces digues qui servent de grandes routes;*
» *il faut alors augmenter leur épaisseur au sommet et charger*
» *leur talus.*

» *En prenant pour cela des terres dans les plaines voisines, on*
» *forme des excavations où se réunissent les produits de la pluie*
» *et des filtrations; privées de mouvement, ces eaux deviennent*
» *un foyer de maladies pestilentielles.*

» *Des ingénieurs vénitiens ont constaté que le fond du lit de*
» *l'Adige, entre Vérone et la mer Adriatique, est plus élevé que*
» *le sol des campagnes environnantes, et que, dans ses grandes*
» *eaux, le fleuve porte son niveau à 6 ou 7 mètres au-dessus des*
» *terres cultivées qu'il traverse.*

» *Lorsque ce niveau atteint à une ligne tracée sur une échelle*

(1) Du temps de Pline, on remarquait déjà dans ce lieu un lac et même un marais du nom de Pontia, mais qui, à ce qu'il paraît, n'avaient pas alors beaucoup d'étendue.

» *métrique, on sonne le tocsin dans tous les villages ; j'ai vu alors*
» *la terreur se répandre dans les campagnes et jusqu'au sein des*
» *villes ; tous les habitants sans exception sont requis de se munir*
» *d'instruments propres à remuer, transporter des terres, fixer*
» *des fascines, enfoncer des pieux ; on les embrigade, et des ingé-*
» *nieurs vont avec eux bivouaquer sur les digues pour prévenir*
» *les ruptures et réparer les accidents ; chacun d'eux doit rester*
» *à son poste jusqu'à ce que le danger soit passé (1).*

» *Par suite du système des digues qu'on avait adopté et malgré*
» *les soins éclairés que donnait l'administration vénitienne à tout*
» *ce qui tenait à l'intérêt public, une étendue de terrain de dix-*
» *sept lieues de longueur sur sept de large, qui fut autrefois fé-*
» *condée par le mélange des argiles du bas Pô avec le sable que*
» *roule l'Adige, les Polésines en un mot, ces terres d'alluvion*
» *dont la fertilité était merveilleuse lorsque les fleuves de l'Italie*
» *supérieure n'avaient point de digues, n'offrent plus aujourd'hui*
» *que des marécages.*

» *Entourés d'eaux stagnantes dont ils ne pouvaient se débar-*
» *rasser, ne respirant qu'un mauvais air qui abrégeait de moitié*
» *le temps de leur existence, les anciens cultivateurs ont aban-*
» *donné leurs habitations aux reptiles et leurs terres aux roseaux ;*
» *le riz seul a le privilège d'être aujourd'hui cultivé dans une*
» *petite portion de cette contrée.* »

Il peut, au premier aperçu, sembler exorbitant d'attribuer
un pareil état de choses au système des digues ; cependant
il est certain qu'il n'existait pas avant leur construction ; et
Ferrare, par exemple, n'a pu être bâti qu'alors que le Pô,
au lieu de couler comme maintenant à la hauteur de ses
toits, coulait au-dessous du sol sur lequel on l'a construit.

----

(1) On conçoit que ces soins sont utiles lorsque les eaux approchent du
niveau supérieur des digues ; mais lorsqu'elles arrivent à les surmonter,
nul effort humain ne peut s'opposer aux désastres qu'en se précipitant sur
la plaine du sommet des digues elles causent sur tout le littoral.

Avant l'existence des digues, la ville n'était pas sur un sol couvert d'eau ; on les a construites, comme ailleurs, pour se défendre des grandes eaux, et on les a successivement exhaussées pour obvier aux atterrissements, aux comblements de lits dont leur établissement décuplait l'intensité. Si on se refuse à admettre qu'elles aient amené l'état de choses actuel, on se trouverait obligé de recourir à des hypothèses purement gratuites que rien ne fonde et que les faits démentent ; il faudrait supposer que cet état serait dû à une élévation du niveau des mers, ou à un abaissement du sol du littoral des fleuves ; mais aucune observation ne constate un pareil fait. Les côtes de Suède semblent bien s'être élevées ; celles de Naples, où fut bâti le temple de Pestum, à en juger par les madrépores qui couvrent une portion du fût des colonnes, paraissent bien avoir éprouvé un changement de niveau par rapport à celui de la mer. Par suite de cette oscillation, le sol où elles existent, qui nécessairement était au-dessus des eaux de la mer lors de la construction du temple, se serait abaissé au-dessous de son niveau pendant un certain temps où les madrépores se seraient formés par les polypes marins, et serait ensuite remonté au niveau actuel. Les faits peu nombreux d'élévation ou d'abaissement du terrain dans les temps modernes se bornent exclusivement aux bords immédiats de la mer. De pareils phénomènes dans les bassins de nos rivières produiraient d'immenses perturbations, formeraient des lacs, noieraient des cités ; les niveaux actuels du sol dans l'intérieur des terres paraissent donc tout-à-fait constants. Et rien surtout ne prouve une pareille hypothèse pour le sol sur lequel repose Ferrare, pour les deltas de l'Adige, du Pô, les *maremmes* de Toscane, les marais Pontins ; toutes ces contrées devenues insalubres continuent d'être au-dessus du niveau de la mer. La commission chargée par Napoléon de proposer des mesures pour le desséchement des marais Pontins, s'est assurée par des nivellements que leur sol y conservait un niveau sensiblement plus élevé que la mer; si les eaux qui rendent ces pays insalubres s'écoulent mal, c'est que leurs débouchés leur ont été enlevés par le système des digues.

On peut, jusqu'à un certain point, s'expliquer comment on est arrivé à leur établissement. Pendant les temps de barbarie qui ont suivi la translation de la capitale de l'empire à Constantinople, les cours d'eau d'Italie dont la pente était déjà, comme maintenant, assez faible, et qui formaient chaque année de grands atterrissements, cessant de recevoir des directions intelligentes, ont divagué sur l'atterrissement toujours croissant de leur embouchure, se sont ouvert des lits multiples et insuffisants pour suppléer à celui que comblait l'atterrissement; il en résulta des inondations plus fréquentes. A l'époque où l'Italie revint à la prospérité et à la richesse, on songea à prévenir ces dégâts et à régler le cours des eaux; mais au lieu de faire un travail d'ensemble dans lequel on aurait ouvert un grand débouché aux eaux et on les aurait dirigées pour combler les parties basses, on ne trouva malheureusement d'autre moyen que de les renfermer entre des digues. Les premières construites offrirent quelques avantages; encouragé par le succès, on les imita sur beaucoup de points; mais bientôt leurs désavantages apparurent et le mal fut plus grand qu'il n'était avant leur établissement; avant elles, les inondations nuisaient quelquefois aux récoltes, mais amélioraient le sol; avec elles, les inondations, plus rares il est vrai, le détruisirent. On se trouva alors obligé de les élever successivement pour obvier aux atterrissements croissant avec une intensité décuple, en raison du faible espace que laissaient les digues aux eaux du fleuve et au limon qu'elles charriaient. On se trouva en même temps obligé de diguer les cours d'eau tributaires à la hauteur des grandes digues; les eaux des pluies, retenues entre les digues longitudinales du grand cours d'eau et transversales des affluents, perdirent tout écoulement, et l'insalubrité s'accrut au point de rendre inhabitables les terrains qu'on avait voulu préserver. Toutes ces disgrâces n'arrivèrent pas immédiatement : elles se produisirent petit à petit. Et puis alors même qu'on eût attribué aux digues tous les malheurs qu'elles causaient, une fois ce système embrassé, on ne peut plus l'abandonner : on se trouve obligé, comme nous le verrons, de lui donner progressivement plus de développement, et ses inconvénients croissent en plus grand rapport encore que leur étendue. Ainsi donc, l'état ancien et actuel des lieux et les faits produits sous nos yeux nous semblent d'accord pour attribuer aux digues et à leur élévation successive l'état malheureux des deltas de l'Italie, des *maremmes* qui la désolent sur les rives de ses fleuves et près des bords de la mer.

Ce qui a puissamment contribué à amener l'état présent des choses en Italie, c'est que les grandes rivières y sont alimentées par des cours d'eau torrentueux issus des montagnes voisines, qui entraînent des quantités prodigieuses de limon ; la couche de sol qui couvre ses montagnes paraît généralement épaisse et meuble, et s'entraîne facilement dans les pluies ; aussi les colmatages y sont promptement efficaces. On cite des cours d'eau du Bolonais qui charrient jusqu'à 12 pour 100 de limon.

Les marais des bords du Rhône, près de ses embouchures, ont été créés de même que ceux d'Italie ; ils sont déjà bien étendus, et tendent à s'accroître encore ; mais les digues y sont moins anciennes, et la pente du fleuve est plus grande ; la marche du mal sera donc plus lente, mais non moins assurée, à mesure que se développera le système d'endiguement, qui déjà borde le fleuve sur une longueur de plus de 100 kilomètres.

Et puis il est évident que la puissance d'atterrissement du Rhône décuplerait dans sa proportion et ses effets, s'il

était digué dans tout son cours et ses affluents; il conserverait alors dans son lit, ou entraînerait à son embouchure,
toutes les terres que les eaux enlèvent aux montagnes et aux
plaines de la vaste étendue de son grand bassin.

L'effet funeste des digues se fait bien promptement sentir.
Il y a moins d'un siècle, d'après M. Mescure, qu'on a commencé à élever des digues sur les bords du Rhône, et les
marais y ont peut-être quadruplé d'étendue; des terrains
encore sains aujourd'hui sont menacés d'arriver à l'état des
polésines d'Italie.

4. Le val de Chiana, d'une grande fécondité avant les digues, était devenu malsain et inhabitable par suite des marais qui s'y étaient formés depuis leur établissement; les
atterrissements de sa partie inférieure étaient montés à un
niveau plus élevé que la surface des parties supérieures; les
digues, en outre, opposaient un obstacle infranchissable à
l'écoulement des eaux de la vallée. On a commencé par diriger les eaux sur les parties les plus basses; après avoir
rappelé la surface du sol à un niveau à peu près régulier,
on a été forcé, pour donner de l'écoulement aux eaux de la
vallée, de leur ouvrir des passages souterrains sous les
digues elles-mêmes; à la suite de ces travaux, on a vu disparaître en même temps les marais et l'insalubrité.

Ce pays s'est assaini sous l'intelligente direction du ministre
d'état Fossombroni, qui a su allier ces travaux agricoles importants à ceux de l'administration générale du pays. Cette
contrée se couvre maintenant d'habitations, de plantations
de vignes et de mûriers, qui vont faire de cet ancien marais
l'une des contrées les plus productives de la Toscane. Cet
homme habile a appliqué là un système dont il jugeait dès
longtemps la puissance et l'efficacité. Consulté dans le temps
par Napoléon, sur les moyens de rappeler la salubrité et la
fécondité dans les *maremmes*, il lui répondit qu'il fallait en
rétablir les pentes en y envoyant les cours d'eau pour com-

bler les parties basses.—*Mais ce moyen*, reprit Napoléon, *serait bien long. — Il serait le plus court puisqu'il est le seul*, ajouta Fossombroni. — *Vous avez raison*, répliqua Napoléon en lui touchant familièrement l'épaule. Et effectivement, depuis lors, les comblements ont assaini le val de Chiana; avant les événements qui viennent d'ébranler la face entière de l'Europe, on travaillait à l'assainissement de la grande *maremme* par les mêmes procédés; déjà 14 mille hectares se trouvaient assainis, et leurs parties basses sont élevées à un niveau qui permet aux eaux de s'écouler librement; avec le temps et des travaux soutenus et intelligents, on serait arrivé à amener la *maremme* entière à l'état prospère actuel du val de Chiana, qui était tout aussi infécond et malsain qu'elle. Les dépenses ont été de 375 fr. par hectare, et chacun de ces hectares vaut dix fois cette somme, quand avant il n'en valait pas moitié. Ainsi donc l'utile direction des eaux et des atterrissements qu'elles forment peut souvent réparer le mal qui résulte de ceux qui proviennent de travaux contraires aux lois naturelles.

Ces moyens qui ont rappelé la prospérité sur le val de Chiana et allaient la faire renaître sur la grande *maremme*, sont, nous le pensons, applicables aux deltas des grandes rivières d'Italie, et plus facilement encore à ceux des rivières de France; mais il faut pour cela un travail d'ensemble difficile à amener sur des propriétés divisées, dont les propriétaires ont besoin d'un revenu qu'il faudrait sacrifier en grande partie pendant plusieurs années. Un syndicat sans doute pourrait donner de l'ensemble, mais il faudrait que les propriétaires, après avoir renoncé à une partie de leurs revenus, pussent encore y appliquer des capitaux. Dans des temps calmes et de prospérité publique, le gouvernement pourrait avancer, à de faibles intérêts, ces capitaux, qui lui rentreraient après l'achevement de l'entreprise, et il se trouverait amplement dédommagé par tous les avantages moraux et matériels qu'il retirerait de pays maintenant désolés par l'insalubrité qui dévore la faible population dévouée à en tirer un faible produit. On ne peut surtout trop apprécier la salubrité qui résulterait d'un pareil travail, et dont les effets se feraient sentir à toute l'étendue du pays environnant.

La peste qui prend annuellement naissance dans le delta du Nil semble devoir être attribuée aux atterrissements du fleuve qui obstruent son embouchure, et qui ont élevé les parties inférieures de ce plateau au-dessus des parties supérieures. Ce fléau terrible était autrefois inconnu, alors que les atterrissements étaient moins étendus, moins élevés, et que les eaux s'écoulaient librement dans la mer.

Il en serait de même du choléra, qu'on croit devoir attribuer aux émanations du delta du Gange, maladie encore plus terrible que la peste, parce qu'elle se propage avec beaucoup plus de facilité, que les miasmes qui la transmettent sont plus durables, et se jouent de toutes les précautions de quarantaine qui suffisent à arrêter la propagation des autres maladies contagieuses. Or, dans l'Inde comme en Egypte, la hauteur de l'atterrissement de l'embouchure, cause immédiate du mal, s'est accrue par des constructions de digues.

Les effets fâcheux des endiguements se remarquent sur les bords de la Méditerranée beaucoup plus que sur ceux de l'Océan; dans l'Océan, des marées de plusieurs mètres de hauteur et qui varient chaque jour d'intensité déterminent des courants qui tendent à pousser au large les atterrissements; cependant, les effets qu'ils produisent y sont encore bien sensibles. Ainsi, le port de Dunkerque a perdu une grande partie du fond qui, il y a deux siècles, en faisait un port important de la mer du Nord, et les terres amenées par un petit cours d'eau ont formé une barre dans sa rade qui en interdit l'entrée aux grands bâtiments.

Ainsi encore, Boulogne et Vimereux, à peu de distance de Dunkerque, n'admettent plus les vaisseaux qui jadis les visitaient. Napoléon a voulu, dans le temps, avec les bras de l'armée campée sur les côtes pour la descente en Angleterre, recreuser le port de Vimereux pour lui rendre, en partie du moins, l'importance qu'il avait du temps des Romains; mais le mal fait par la suite des siècles est bien difficile à réparer; aussi, Napoléon renonçant à l'invasion de l'Angleterre, abandonna son projet de port.

L'effet des atterrissements est bien autrement prononcé sur les bords de la Méditerranée et de l'Adriatique que sur ceux de l'Océan. Ainsi en Italie, aux embouchures du Tibre, de l'Adige, du Pô, et en France, surtout à celles du Rhône, les ports anciens sont rentrés dans les terres. Aigues-Mortes, le port d'embarquement de saint Louis, s'est éloigné en six siècles de plus de 8 kilomètres de la mer (1); les atterrissements cheminent donc de plus d'un kilomètre par siècle, et cette marche est devenue bien plus rapide depuis que les digues ont été établies; aussi, on ne peut y conserver de port que là où ne se trouvent point de cours d'eau, et surtout de cours d'eau digués.

(1) On voudrait contester ce fait en disant que l'embarquement a pu se faire sur le canal qui passe à côté d'Aigues-Mortes; mais les faits, à ce qu'il nous semble, sont contraires à cette hypothèse, et appuient l'opinion que, dans le XIIIe siècle, Aigues-Mortes était un port important et commode. Il ne nous semble pas possible que saint Louis l'eût choisi pour le port d'embarquement de ses deux croisades préférablement à Marseille et à Toulon, aussi à portée des points où il voulait aborder, s'il ne l'eût pas trouvé étendu et sûr. Comment pouvoir admettre que, dans le canal étroit qui réunit maintenant Aigues-Mortes à la mer, il eût pu loger par centaines les vaisseaux de transport chargés de son personnel et de son matériel? Il y eut des départs de troupes de Marseille et des ports voisins; mais à Aigues-Mortes était le quartier-général, le centre de l'expédition, et saint Louis y séjourna même pendant plusieurs mois pour attendre la réunion de sa flotte.

Ce fut encore de ce point que, dans la première croisade, partit Alphonse, frère de saint Louis, avec de nouvelles troupes de croisés.

Sur les bords de l'Océan, on a encore pour se défendre les écluses de chasse qui, en livrant passage à marée basse aux eaux accumulées de la marée haute et du cours d'eau, réussissent plus ou moins à entamer les atterrissements qu'elles ont formés à quelque distance de l'embouchure; mais sur les bords de la Méditerranée, le défaut de marées empêche qu'on ne puisse employer ce moyen; on n'a de remède que les dragues, qui sont bien peu efficaces contre un pareil état de choses. Aussi comme nous venons de le voir, les atterrissements y sont plus nombreux et plus funestes dans leurs effets; mais ces effets n'eussent peut-être jamais été produits, si on eût permis et surtout dirigé sur le littoral l'extravasion des grandes eaux, dont le limon eût maintenu le niveau au-dessus des atterrissements de l'embouchure; mais au lieu de cela, tout le limon charrié par le fleuve est conduit par les digues sur les atterrissements qui interceptent l'écoulement des eaux.

On nous dit qu'il peut arriver et qu'il arrive que des courants balayent et entraînent souvent au large les atterrissements des grands cours d'eau, qu'un courant dans l'Adriatique entraîne ceux du Pô, et qu'une force analogue pousse ceux du Rhône du côté de Cette. Cependant, d'après M. de Gasparin, les observateurs remarquent qu'une nouvelle barre, qui n'est point entraînée, se forme encore à quelque distance de l'embouchure immédiate du Rhône; que cette barre s'accroît de jour en jour, et prépare un nouvel étang comme tous ceux qui se forment depuis des siècles dans les atterrissements du fleuve. Et, comme les premiers, ce nouvel étang ne se comblera pas, parce qu'on n'y conduira pas les eaux chargées de limon, qu'on voudra cultiver prématurément l'atterrissement, et que pour cela on sera obligé de le protéger par des digues qui concentreront encore la puissance d'atterrissement du fleuve dans son lit et son embouchure, au lieu qu'en le dirigeant dans l'étang on l'aurait comblé avec le temps et mis de niveau avec l'atterrissement qui le sépare de la mer.

5. Les endiguements une fois commencés doivent aller sans cesse en s'agrandissant et s'élevant, à mesure que le lit s'exhausse; les digues montent donc à chaque grande inondation qui les a surmontées souvent de plus d'un mètre. C'est ce que nous voyons sous nos yeux sur les bords du Rhône, où des digues qui datent de moins d'un siècle ont déjà été surélevées de 2 à 3 mètres. On conçoit que ce n'est qu'avec des efforts toujours renouvelés et bien souvent impuissants qu'on peut faire en sorte que toutes les eaux qui s'étaient ouvert un bassin sur toute l'étendue d'un double littoral de 5, 10, 20 kilomètres de largeur, puissent être contenues dans un lit vingt fois, quarante fois, cent fois plus étroit; mais à mesure que les digues du grand cours d'eau s'élèveront, devront aussi s'élever celles des affluents grands et petits; tout ce littoral, découpé par des digues transversales, manquera donc de plus en plus d'écoulement, les cours d'eau secondaires s'élèveront eux-mêmes au-dessus du sol, les usines perdront leur chute et par conséquent leur moyen d'action; et tout ce littoral deviendra un marais sans écoulement possible, puisque les lits des cours d'eau qui devaient recevoir ses eaux seront au-dessus de son niveau.

Ainsi déjà voit-on l'excellente plaine d'Arles, sans être encore précisément marécageuse, s'inonder à la moindre pluie par l'eau des affluents; tout le pays, les routes mêmes se couvrent d'eau; dans un siècle peut-être, si on continue le travail des digues, la plaine entière sera un marais comme ceux qui entourent déjà cette ville. Et ces marais autour d'Arles ne peuvent pas être bien anciens; Arles n'eut point été choisie pour capitale de la Gaule romaine, et ne fut point devenue celle du royaume de Provence si les marais l'eussent entourée comme aujourd'hui.

§ 2. *Digues submersibles et insubmersibles.*

On distingue deux systèmes d'endiguement : l'endiguement submersible et l'endiguement insubmersible ; les digues submersibles doivent garantir des eaux intempestives d'été, qui sont d'ordinaire moins hautes que celles d'hiver, et les digues insubmersibles doivent préserver des plus grandes eaux de toutes les saisons.

Le but qu'on donne aux digues submersibles est de préserver le littoral des inondations moyennes intempestives, c'est-à-dire des inondations d'été. Pour pouvoir les apprécier convenablement, il est nécessaire de préciser par un chiffre la hauteur des inondations moyennes dont on veut se préserver ; nous supposerons donc qu'on veut se défendre des inondations de 60 centimètres au-dessus des berges ; les grandes inondations de la Saône s'élèvent à 4 mètres et plus, et celles du Rhône, suivant les différentes places du bassin, à 5, 6, 7. C'est donc nous restreindre grandement que d'adopter cette hauteur d'eau au-dessus des berges pour représenter les inondations d'été.

Cela posé, nous avons vu que par la forme générale que prennent les bassins des rivières par suite des inondations, un atterrissement se forme sur les berges, et se prolonge jusqu'au-delà de moitié du fond de bassin, où se trouve alors la partie la plus basse ; cet atterrissement est de 80 centimètres sur les bords de la Saône ; plus fort dans les rivières plus limoneuses, nous l'admettrons cependant comme une moyenne. Or, dans une inondation de 60 centimètres au-dessus des berges, les eaux couvriront au moins les deux tiers du bassin, par suite de sa forme et de celle de l'atterrissement des berges. Et tout ce volume d'eau devra se placer entre les digues. Admettons ensuite que, plus prévoyant que les auteurs du projet d'endiguement de la Saône, qui placent leurs digues à 7 mètres du lit, on laisse de chaque côté, aux bords de notre rivière normale, moitié de la largeur du lit primitif, que nous supposerons de 200 mètres. Avec ces *ségonnaux* de 100 mètres sur chaque bord, on aura un lit artificiel de 400 mètres de largeur, qui devra contenir les eaux d'inondation; le grand bassin, quarante fois plus large que le lit normal, aura une largeur de 8,000 mètres; mais les eaux extravasées à une hauteur de 60 centimètres au-dessus des berges, doivent couvrir deux tiers au moins de cette largeur, c'est-à-dire 5,322 mètres qui, en raison de la forme concave que nous avons admise pour le bassin, donnent une section de 5,826 mètres d'eau à contenir dans le lit artificiel.

Pour pouvoir continuer nos appréciations et évaluer la masse d'eau de cette inondation de 60 centimètres, comme nous avons sa hauteur, il est nécessaire de lui assigner une vitesse qui devra être beaucoup plus faible sans doute que celle du courant.

Et d'abord cette vitesse sera toujours proportionnelle à celle du lit primitif; elle serait la même sans les obstacles, parce que le littoral a la même pente que lui; mais les ponts, leurs levées, les haies, les clôtures des fonds, les arbres, le frottement des eaux sur le fond du bassin, arrêtent leur mouvement sur le littoral, et sembleraient, au premier aperçu, l'annuler dans les cours d'eau à faible pente; mais il n'en est rien : la vitesse au bord du lit participe très-sensiblement de celle du courant; elle va, il est vrai, diminuant dans une progression décroissante à mesure qu'on s'en éloigne; mais elle reste néanmoins encore assez sensible, puisqu'elle produit des remous ou des élévations de niveau à la rencontre des obstacles de diverses natures. Or, ces remous ne sont pas autre chose qu'une accumulation d'eau produite par la force de translation, soit la vitesse des eaux. Après avoir surmonté les obstacles, leur vitesse redevient sensible, augmentée qu'elle est par l'accroissement de pente qu'elle a reçu du remous. Enfin, on voit, après l'inondation finie, que sur tout le sol inondé les récoltes sont couchées suivant la direction des eaux, ce qui implique une quantité de mouvement assez sensible dans les points même où la vitesse semblerait la plus faible. Ainsi, les derniers termes de la progression arithmétique décroissante de vitesse ont encore une certaine valeur. Il semblerait donc qu'on pourrait, jusqu'à un certain point, évaluer la vitesse moyenne de l'eau d'inondation, en la concluant d'une progression dont on connaît les premiers et les derniers termes; les premiers se trouvent au bord du lit et les derniers à l'extrémité de la nappe d'inondation près du coteau qui borde le bassin.

Lorsque l'eau rencontre des obstacles qu'elle ne peut surmonter, une partie du fluide près de la surface perd une portion de sa force de translation, et s'élève au-dessus du niveau des eaux inférieures; le reste s'infléchit du côté du lit du cours d'eau et des passages libres qui lui sont ouverts; l'eau même du remou ne reste pas sans mouvement: en vertu de son élévation au-dessus du niveau du reste des eaux, elle se porte sur les lieux de plus grande pente, et, par conséquent, du côté du courant libre. Toute cette masse d'eau conserve donc de la vitesse malgré les obstacles qu'elle rencontre, soit qu'elle les surmonte, soit qu'elle ne les surmonte pas.

La vitesse des eaux d'inondation est le point le plus essentiel de la question que nous nous sommes proposé de résoudre. Nous venons de chercher à établir par le raisonnement qu'elle se conserve encore plus forte que les apparences ne semblent l'indiquer; nous allons maintenant le prouver par des faits d'observation.

Daubuisson, dont l'ouvrage résume ce que l'hydraulique renferme de plus précis, estime que la vitesse d'un cours d'eau barré par une digue ne peut pas se juger par celle de la surface. *L'eau du remou, dit-il, semble souvent n'être que superposée au courant et ne pas participer entièrement à tous ses mouvements.* Il s'appuie, pour le prouver, sur les expériences des ingénieurs qui ont fait le nivellement du Wéser, desquelles il résulte que, dans un remou causé par une digue, la vitesse de l'eau, mesurée aux quatre cinquièmes de la distance du point où le remou prenait naissance, *presque insensible à la surface, était néanmoins forte au fond.*

Et cette vitesse des eaux au-dessous de la surface, encore forte à l'approche des obstacles, l'est, par conséquent, plus à distance, puisqu'elle n'est pas influencée par eux. Le repos apparent, ou la faible vitesse des eaux de la surface, fait donc mal juger de celle de la masse, et nous sommes en droit de conclure que la vitesse moyenne des eaux d'inondation est bien supérieure à celle de la surface, et que si nous réduisons cette vitesse à n'être en moyenne qu'un dixième de celle du courant, nous serons plutôt au-dessous qu'au-dessus du vrai pour un cours d'eau de pente faible, et, à plus forte raison, de pente forte.

Mais la vitesse des eaux intérieures du courant, plus considérable que celle des eaux de la surface, ne se borne pas aux eaux d'inondation. M. Surel, ingénieur très-distingué, rapporte que dans la navigation ordinaire du Rhône, avec des eaux animées d'une vitesse à la surface de 1^m50 à 2^m50, ou en moyenne de 2^m par seconde, un bateau dirigé par le gouvernail fait par heure 10 kilomètres 32, ou marche avec une vitesse de 2^m78. Ce surplus de vitesse du bateau sur celle des eaux de la surface est nécessairement dû aux eaux internes, qui ne lui communiquent même qu'une partie de la leur, parce qu'il s'en perd dans l'effort imprimé au bateau qui résiste par sa masse, et doit fendre les eaux de la surface animées de moins de vitesse que lui-même.

Cette plus grande vitesse des courants intérieurs ne se

borne pas aux cours d'eau; on a souvent observé que des courants marins rapides à l'intérieur laissent la surface de la mer sans mouvement.

Dans l'évaluation de ces diverses données, nous nous sommes beaucoup rapproché de celles que fournit la Saône et son bassin, puisque nous avons supposé une rivière moyennement limoneuse, qui n'a que deux dixièmes de millimètre de pente par mètre, et dont les grandes eaux ne prennent pas une grande hauteur au-dessus des berges. Nos résultats pourront donc s'appliquer à plus forte raison aux rivières de plus grande pente.

§ 3. *Hauteur de digues nécessaire pour contenir les inondations moyennes.*

Fixé sur la vitesse des eaux d'inondation, nous pouvons déterminer la hauteur de la digue nécessaire pour les contenir dans notre lit artificiel. Ces eaux d'inondation devant y prendre la vitesse du courant que nous avons admise dix fois plus grande, y occuperont dix fois moins d'espace que sur le littoral. Mais nous avons calculé que, pour une hauteur d'inondation de 60 centimètres au-dessus des berges, la section des eaux sur le littoral offrait une surface de 5,826 mètres; or, ces eaux doivent être contenues dans le lit nouveau, où la vitesse est dix fois plus considérable; elles y occuperont donc un espace ou une section du dixième de 5,826, soit 582 mètres; le lit artificiel de 400 mètres de large devra donc avoir pour les contenir une hauteur de 1^m45, ou deux fois et demie plus considérable que celle des eaux moyennes dont on veut se préserver.

Ce calcul est sans doute loin de la rigueur qu'on pourrait lui désirer; il doit suffire cependant pour se former une idée des dépenses à faire pour les endiguements submersibles. On pourrait encore en induire qu'en général pour se mettre à l'abri d'inondations d'une hauteur moyenne, il faut donner à son lit artificiel une hauteur de deux fois et demie en sus de celle des eaux dont on veut se préserver. Mais comme la vitesse des eaux d'inondation augmente avec leur hauteur dans un plus grand rapport que celle du courant, en raison des moindres obstacles que les eaux rencontrent à une plus grande hauteur, nous pensons qu'il serait à peine suffisant, pour se préserver des grandes inondations, d'élever des digues triples de leur hauteur, dimensions dont on se trouve encore bien éloigné dans tous les travaux d'endiguement; aussi, dans les grandes inondations, voyons-nous toujours les digues prétendues insubmersibles surmontées, et n'être partout qu'un moyen plus grand de destruction par les chutes d'eau, les courants et les ruptures qu'elles déterminent.

Ces appréciations de hauteurs de digues submersibles, calculées sur des *ségonnaux* de même largeur que le lit, varieraient avec leur élargissement ou leur rétrécissement; elles seraient évidemment moindres avec leur élargissement et plus grandes avec leur rétrécissement.

§ 4. *Les inondations deviennent plus nuisibles par l'effet des digues.*

I. Après nous être fixé sur la dimension des digues submersibles, cherchons à apprécier le secours qu'on peut en attendre dans les inondations moyennes.

On doit distinguer pour un même pays plusieurs catégories d'inondations:

A. Les inondations ordinaires qui ont lieu par des pluies générales qui font extravaser les affluents et la grande rivière dans leurs bassins respectifs. — Dans ce cas, les digues qu'on opposerait à la grande rivière ne peuvent préserver son bassin, parce que les affluents extravasés sur le leur, alors même qu'ils sont digués dans le grand bassin à la hauteur

des grandes digues, couvrant leur propre bassin avant la
naissance de leurs digues, arrivent en nappe dans le grand,
et s'y élèvent bientôt jusqu'à la hauteur des grandes digues
qui s'opposent à leur écoulement. Ainsi dans ce premier cas,
le plus ordinaire, les digues n'empêchent pas le grand bassin
d'être inondé, mais seulement la grande rivière de répandre
son limon fécondant sur sa surface.

B. Les inondations peuvent être dues ensuite aux pluies
locales du pays. — Dans ce cas, l'extravasion des affluents
inonde encore le grand bassin, et les digues s'opposant à
l'écoulement des eaux ne font qu'aggraver le mal.

C. Enfin, les inondations peuvent avoir lieu par des pluies
du bassin supérieur, qui feraient extravaser la grande rivière; c'est dans ce cas seulement que les digues peuvent
être utiles.—Or les inondations dues aux pluies générales sont
au moins deux fois plus fréquentes que celles dues aux pluies
locales, tant celles du bassin supérieur que celles du pays.
Si maintenant nous admettons que ces deux dernières catégories de pluie s'équivalent, il s'en suivrait qu'en résultat les
inondations dues aux pluies du bassin supérieur, qui sont les
seules dont les eaux peuvent être plus ou moins contenues
par les digues, ne seraient qu'un sixième de celles que subit
le grand bassin; les digues ne seraient donc utiles qu'à un
sixième des chances d'inondations moyennes; il s'en suivrait
encore que les cinq sixièmes des inondations du grand bassin
ont lieu par les affluents; mais les digues de la grande rivière n'y peuvent porter aucun remède; pour les prévenir,
il faudrait diguer les affluents eux-mêmes jusqu'à leur
source, ce qui est absurde.

Encore même dans le cas le plus favorable, lorsque la
grande rivière grossit par les pluies du bassin supérieur, le
préservatif serait loin d'être efficace; la rivière alors s'élève
entre ses digues, refoule les eaux des affluents, remplit leur
lit près de leur embouchure, et leur ôtant leur débouché,

les force de s'extravaser elles-mêmes et . nonder le grand bassin qu'on voulait préserver. Ainsi, alors même que le lit artificiel de la grande rivière formé par les digues ne serait qu'à moitié plein, le débouché manquerait aux affluents, puisque le remous des eaux de la grande rivière les refoulerait jusqu'à moitié de la hauteur de leurs digues, et qu'il ne resterait plus pour le débit des eaux de l'affluent qu'un lit de moitié de leur hauteur avec une grande diminution de pente. Les eaux des affluents s'extravaseraient donc, à moins de pente énorme, et par conséquent il y aurait inondation dans le grand bassin; les plus faibles des inondations, déjà en bien petit nombre, auxquelles peuvent être utiles les digues, font donc encore souvent extravaser l'eau des affluents sur leurs bassins.

Et puis les inondations qui ont lieu par les eaux des affluents et par les pluies générales et locales déjà, comme nous l'avons vu, six fois plus fréquentes que celles dont préservent les digues, deviennent, par l'effet de ces mêmes digues, plus hâtives, plus durables, plus étendues.

Elles couvrent d'abord plus promptement et à une plus grande hauteur le grand bassin, car les affluents s'extravasent avant la grande rivière; avant les digues, leurs eaux, peu abondantes relativement à celles de la grande rivière, arrivant dans le grand bassin, s'écoulaient immédiatement, ne faisaient que passer sans élever leur niveau, et ne couvraient qu'une partie de la surface. Avec les digues, les eaux emprisonnées par elles s'accumulent, et la surface entière du bassin se couvre avant l'arrivée des grandes eaux; si les digues ont des écluses, on ne peut les ouvrir, parce qu'on craint les eaux de la grande rivière; le grand bassin est donc inondé plus tôt et à une plus grande hauteur, et il ne le serait que plus tard et partiellement sans les digues.

L'inondation en outre est plus considérable, puisque les eaux des affluents, retenues par les digues, s'élèvent nécessairement à leur hauteur, alors même que les eaux sont peu abondantes, et que souvent sans elles l'inondation eût été à peine sensible; il s'en suit donc encore qu'elle est plus étendue et couvre de plus grandes surfaces.

Enfin elle est plus durable, puisque le retard apporté à l'écoulement des eaux les a accumulées en masse trois ou quatre fois plus considérable, et que leur écoulement qui se faisait avant les digues par tout le littoral du grand bassin ne peut plus avoir lieu que par les lits des affluents, ou par le nombre toujours nécessairement restreint d'écluses qui peuvent occuper à peine un cinq-centième des bords de la rivière.

A tous ces titres donc ces inondations, par suite des digues, deviennent éminemment plus dommageables, surtout si l'on remarque qu'en cas de rupture des digues l'accumulation des eaux qui en résulte entraine de grands dégâts, et que le plus long séjour des eaux détruit des récoltes que des inondations plus courtes et moins hautes eussent épargnées.

D'ailleurs le plus souvent les affluents, lorsque leur cours a quelque longueur, sont barrés pour des usines; leur niveau normal est par là maintenu presque à la hauteur des prairies riveraines; ils les inondent donc fréquemment et avec la plus grande facilité; c'est pour elles une grande source de fécondité, puisque les parties de prairies qui ne sont que rarement inondées produisent trois fois moins que celles qui le sont souvent. Il résulte de ces barrages multipliés et de cette élévation du niveau des affluents, que les inondations y sont d'une très-grande fréquence, qu'elles y ont lieu par des pluies locales de 4, 5, 6 centimètres, pendant que celles de la grande rivière n'arrivent que par des pluies deux ou trois fois plus considérables; et toutes ces inondations des affluents se jettent en nappe dans le grand bassin. Par cette nouvelle considération, les inondations du grand bassin par les affluents sont donc encore relativement beaucoup plus fréquentes que nous ne l'avions arbitré d'abord ; et ces inondations sont toutes essentiellement nuisibles au grand bassin digué , parce que ses digues y retiennent les eaux extravasées des affluents qui autrement n'auraient fait que passer sans séjourner et sans couvrir de grandes étendues.

Ici , on pourrait nous faire une objection qui semblerait grave à première vue : nous avons dit précédemment qu'on ôtait aux prairies du grand bassin leur moyen de fécondité en empêchant les eaux de la grande rivière de s'y répandre librement ; mais, d'après ce que nous venons de dire, elles recevront beaucoup plus souvent qu'avant les digues les eaux des affluents ; ces inondations plus fréquentes devraient donc compenser celles amoindries de la grande rivière ; cependant il n'en est rien. Les affluents qui ont un cours et un bassin de quelque étendue débordent souvent et facilement, parcourent en nappes tous leurs propres bassins, y déposent la plus grande partie de leur limon ; leurs eaux arrivent presque claires au grand bassin ; telles qu'elles sont, elles peuvent bien encore souiller les récoltes qui s'y trouvent, mais elles lui apportent très-peu de fécondité et même de limon ; en sorte que les prairies du grand bassin ne sont réellement fécondes que lorsque les eaux de la grande rivière s'y sont répandues.

D'ailleurs on peut juger de la quantité comparée de limon dû aux affluents et à la grande rivière, en comparant l'atterrissement formé sur leurs bords immédiats à celui de la grande rivière ; celui créé par les eaux beaucoup plus fréquentes des affluents est souvent deux ou trois fois moins élevé ; tel qu'il est cependant, il suffit encore pour nuire à l'écoulement des eaux du bassin. On voit souvent des nappes d'eau sans issue entre les lits des affluents, et il serait très-utile de pratiquer dans ces atterrissements des rigoles d'assainissement qui les couperaient et permettraient aux eaux de s'écouler librement, soit au lit de la grande rivière, soit à celui des affluents.

Les eaux des affluents, quoique beaucoup moins fécondes que celles de la grande rivière, sont néanmoins encore utiles; mais comme elles arrivent par les bassins des affluents, les parties intermédiaires du grand bassin, placées entre ceux des affluents, n'en profitent que dans leurs parties basses. Il serait donc à désirer qu'à leur arrivée dans le grand bassin, elles fussent reçues dans une grande rigole de peu de pente qui suivrait le pied du coteau le long de ces parties intermédiaires, pour qu'elles pussent se distribuer sur toute l'étendue du grand bassin; par ce moyen le limon se répandrait plus uniformément, et cesserait d'être, aux bords des affluents, un obstacle à l'écoulement des eaux. Toutefois cette irrigation ne pourrait être réellement utile que dans le cas où les eaux ne rencontreraient pas l'obstacle des grandes digues pour s'opposer à leur évacuation.

Mais comment se fait-il que le limon des affluents soit peu fécond sur le grand bassin, pendant que celui de la grande rivière qui, après tout, se compose de celui des affluents, l'est si éminemment? C'est qu'une partie des eaux qui se jettent dans la grande rivière, pendant les pluies surtout, s'y versent immédiatement, sans s'épancher, sans être employées à l'irrigation, sans prairies sur leurs bords et sans barrage d'usines, soit parce que la montagne se trouve près de la rivière, soit parce que leurs lits sont très-encaissés, soit enfin parce que n'étant pas *pérennes* et n'ayant de puissance que dans les pluies, elles ne sont pas barrées pour des usines. Ainsi donc les eaux de la grande rivière qui reçoivent immédiatement celles des torrents, des pluies, contiennent beaucoup plus de limon et doivent être plus fécondes que celles des affluents bordés par des prairies qui débouchent dans le grand bassin et les dépouillent de leur limon avant qu'elles y soient arrivées.

Mais disent encore les partisans des digues, pour profiter du limon de la grande rivière, on introduira ses eaux par des écluses. D'abord elles arriveront ainsi bien lentement, et resteront presque sans mouvement emprisonnées entre les digues; l'inondation ne promènera plus ses masses en semant sur tout son passage la fécondité, et en continuant la pente de la prairie, le sol ne recevra que le limon d'une seule masse d'eau qui restera à peu près stagnante à sa surface. Et remarquons que, puisque l'inondation commence par l'extravasion des eaux des affluents, ce sont ces eaux peu fécondantes qui remplissent l'espace entre les digues pendant toute la durée de l'inondation; que celles de la rivière, en se répandant, ne les déplacent qu'en partie, et que le littoral par conséquent recueille beaucoup moins de limon que si les eaux libres de la grande rivière, unies à celles des affluents, avaient leur cours naturel sans l'obstacle des digues.

Il est évident ensuite que ces eaux s'écouleront tardivement, puisqu'elles n'auront pour le faire par les écluses qu'un cinq-centième, un millième peut-être de l'espace qu'elles avaient avant les digues.

Et enfin ces écluses passant par les alternatives de la sécheresse et de l'humidité, laisseront toujours infiltrer une quantité notable d'eau qui, jointe à celle des pluies, des inflexions de terrain qui se jettent dans le grand bassin sans y trouver d'issue, inondera une grande étendue de ses parties basses dans le moment même des faibles inondations dont on a voulu se préserver.

Ainsi donc, toutes les raisons qu'on allègue en faveur des digues submersibles sont faibles, et les inconvénients qu'elles entraînent sont nombreux et grands. Aussi le Ministre des travaux publics a-t-il cru devoir, d'après l'avis du Conseil général des ponts et chaussées, rejeter le projet d'endiguement qu'on lui avait proposé pour la Saône; il entre tout-à-

fait dans notre sujet de reproduire ici les motifs que le
Conseil a donnés de sa décision :

> « *Ce qui contribue en temps de crue et dans des circonstances*
> *ordinaires à amener une quantité suffisante de limon sur les*
> *terrains couverts par les eaux de débordement, c'est que ces*
> *eaux se renouvellent constamment quoique avec lenteur, dépo-*
> *sent continuellement, pendant la durée de chaque inondation,*
> *le limon qu'elles charrient; ce renouvellement ne devant plus*
> *avoir lieu dans des conditions aussi favorables après l'exécution*
> *des digues projetées, la quantité de limon produite par chaque*
> *inondation deviendrait à peu près nulle, d'autant plus que les*
> *couches supérieures des eaux des crues, les seules qui arrive-*
> *raient sur les terrains situés derrière les digues, ne contiennent*
> *qu'une très-petite quantité de matière en suspension; le Conseil*
> *a en outre conservé quelques doutes sur l'efficacité des précau-*
> *tions indiquées pour assurer la défense des digues contre l'ac-*
> *tion des eaux.* »

Ces raisons, il nous semble, subsistent entières contre
tous les endiguements, et nous ne concevons pas comment
le Conseil a pu les autoriser pour le canton de Villefranche
à la même époque à peu près qu'il les refusait dans celui de
Pont-de-Vaux, situés l'un et l'autre sur des parties voisines
du littoral de la Saône.

Nous ajouterons aux motifs donnés par l'administration
pour le rejet du projet d'endiguement, une remarque qui
n'est pas sans importance. Dans les inondations de même
que dans les irrigations, les parties de la prairie légèrement
déclives reçoivent plus de limon que les portions basses dont
l'eau s'écoule mal; les eaux chargées de limon, en passant
sur la surface garnie de plantes, en sont dépouillées par les
feuilles et les tiges qui s'en emparent sur toute leur hauteur
et leur surface, pendant qu'en passant sur les parties basses
elles glissent en quelque sorte sans arrêt sur la petite nappe

stagnante et sans écoulement qui couvre le gazon du fond ; les grandes nappes contenues par les digues produisent un effet entièrement analogue, et les eaux des grandes inondations qu'on veut bien consentir à y envoyer en temps opportun sont beaucoup moins fécondantes qu'avant les digues.

II. Avec les digues les inondations moyennes s'élèvent à la hauteur des grandes.

Que se passera-t-il avec les digues qu'on devra élever à 1^{m}45 pour parer aux inondations moyennes de 60 centimètres au-dessus des berges ? Les affluents arrivant les premiers s'extravaseront sur leurs propres bassins ; leurs eaux débouchant dans le grand bassin du fleuve endigué s'y accumulent sans débouché, et le remplissent jusqu'au niveau des digues ; le fleuve avec ses eaux vient bientôt remplir son lit artificiel, et refoule dans leur lit les eaux des affluents qui, déjà élevées à la hauteur des digues, s'extravasent bientôt par-dessus. Ainsi donc dans une inondation moyenne qui se serait bornée à produire une nappe de 60 centimètres au-dessus des berges, les eaux de la grande rivière d'une part et celle des affluents de l'autre s'élèvent à une hauteur de 1^{m}45 au-dessus des berges. Il résulte par conséquent des inondations moyennes à peu près autant de hauteur d'eau qu'en charriaient les grandes inondations avant l'endiguement, autant de sol recouvert, autant de récoltes avariées.

Ainsi donc les digues submersibles ont partout trompé les espérances qu'on en avait conçues ; nulle part on n'a donné aux eaux des inondations moyennes un lit artificiel en rapport avec le volume des eaux ; partout les digues ont été trop basses ; on les a élevées successivement, on s'est vu ensuite obligé de diguer les affluents et par là d'enlever aux eaux du pays comme à celles du grand bassin leur écoulement naturel. Par ces dépenses et ces soins on protégeait quelques récoltes pendant l'été; mais elles étaient ravagées, et le sol même s'entraînait dans les crues d'automne, d'hiver et de printemps; la hauteur des digues donnait aux eaux, au moment où elles les surmontaient, une marche torrentueuse qui dévastait la contrée quand, avant les digues, l'eau s'épanchait sur le littoral en nappes amorties et peu rapides. Et puis, ainsi que nous l'avons vu, ces digues protégeaient à peine contre un sixième des inondations moyennes; elles les faisaient commencer plus tôt, durer plus longtemps et croître en intensité; enfin les grandes inondations elles-mêmes devenaient par suite plus fréquentes et plus durables; les digues submersibles nuisaient donc plus qu'elles ne servaient; aussi partout, lorsqu'on s'est vu mal préservé, on les a successivement élevées, les écluses se sont bouchées parce qu'elles ne pouvaient admettre dans les petites crues qu'une quantité d'eau relativement faible, et par conséquent fournissaient peu de limon; que d'ailleurs elles exigeaient beaucoup d'entretien, de surveillance, et offraient aux eaux des moyens de filtration qui, même dans les faibles crues, inondaient le bassin sans le féconder; on a donc fini par arriver au système des digues dites insubmersibles. Cela est si vrai qu'on ne citerait pas un cours d'eau de quelque importance dont les digues un peu anciennes n'aient fini par arriver au système des digues dites insubmersibles. Mais alors ont reparu avec une plus grande intensité tous les sinistres amenés par les digues submersibles; le sol du bassin n'a plus reçu ce limon qui renouvelait sa fécondité; le bassin du fleuve, devenu sans écoulement, est arrivé à un état marécageux et malsain; les prairies qui fournissaient les moyens d'engrais et d'entretien de bestiaux ont été défrichées. On s'est préservé des inondations moyennes, de celles qui faisaient la richesse du littoral; mais on a dû subir encore les grandes inondations avec tous les désastres que peuvent produire des eaux contenues dans un lit insuffisant, et qui se précipitent sur la plaine d'une hauteur de 3, 4, 5 à 6 mètres. Et ces inondations avec tous leurs sinistres deviennent plus fréquentes, plus durables et plus étendues.

Les bassins des grandes rivières ont, en général, une grande largeur en rapport avec celle de leur lit, et nous resterions au-dessous de la moyenne en arbitrant la largeur du lit à un cinquantième, soit un quarantième de celle du grand bassin. Comment donc concevoir des digues qui puissent contenir toute la masse d'eau souvent quinze, vingt fois plus considérable que celle des eaux moyennes, et qui couvre toute l'étendue du grand bassin, lorsque, par le système d'endiguement, on détruit la forme conservatrice que les lois naturelles avaient données au bassin en plaçant le cours d'eau dans l'endroit le plus bas, lorsque tout le limon retenu dans le lit du fleuve et dans son embouchure élève bientôt au-dessus du niveau général la partie qui, comme plus basse, devait en être le débouché. Il en résulte qu'il n'y a point de digues qui puissent se maintenir insubmersibles, et chaque siècle voit dix fois peut-être sur tous les cours d'eau les grandes inondations surmonter celles qu'on qualifie de ce nom ; alors ces digues surmontées s'entraînent, et les plus grands désastres frappent toute l'étendue du bassin. Chaque fois qu'arrive ce sinistre, on ajoute aux digues ; mais c'est bientôt envain, parce que le lit inférieur se comble incessamment, que la pente du fleuve diminue, que le système des digues va de toute nécessité s'agrandissant et remontant le cours d'eau, et que, par tous ces motifs, les eaux contenues et retardées dans leur écoulement prennent sans cesse et progressivement un niveau plus haut que la surélévation qu'on peut donner aux digues ; c'est le travail des Titans qui, pour escalader le ciel, entassent Ossa sur Pélion ; c'est encore mieux le tonneau des Danaïdes que le travail le plus obstiné ne peut jamais remplir. Et c'est cependant un travail que nous voyons tous les jours continuer tout en éprouvant ses funestes effets.

En adoptant le système des digues et surtout des digues insubmersibles, on a dû nécessairement renoncer aux prairies du littoral. Quand les eaux ont cessé de s'y répandre, leur fécondité s'est promptement épuisée; on a alors défriché la prairie en terre d'alluvion, on a commencé par y avoir de belles récoltes; mais bientôt elles se sont affaiblies, parce que l'agriculture, en perdant ses fourrages, a perdu ses moyens d'engrais et par conséquent de fécondité; le littoral fournissait l'engrais du reste du sol : maintenant il doit en recevoir. C'est ce qui a appauvri l'agriculture du bassin du Rhône, ce qui a réduit de plus de moitié le nombre de ses bestiaux; on les avait nombreux pour féconder le reste du sol; on avait pour les nourrir de grandes étendues de prairies de bonne qualité; maintenant que ces prairies sont défrichées, on n'en a plus que le nombre strictement nécessaire pour travailler la terre. Et ce mal est désormais sans remède, parce qu'on ne peut plus renoncer à ces digues, et que chaque siècle doit, au contraire, les voir incessamment s'accroître après chaque grande inondation.

Lorsqu'arrivent ces grandes inondations, les eaux auxquelles on a donné un débouché insuffisant s'élèvent bientôt au-dessus des digues, une nappe supérieure établit son courant; elles se précipitent de toute leur hauteur sur le littoral qu'elles dévastent; placées au-dessus des obstacles, elles prennent la vitesse du cours d'eau, et entraînent tout sur leur passage; les digues transversales s'entament, se rompent, et les eaux font éprouver tous leurs dégâts par ces ouvertures; et cependant heureux encore les pays dont les digues transversales s'entraînent, et permettent aux eaux de reprendre à peu près la hauteur normale des grandes inondations avant les digues!

Quelque chose de semblable a eu lieu en 1845, en Italie: l'Arno, digué au-dessus de Florence, a dépassé ses digues et tout emporté sur son passage; il a entraîné sur la ville des cadavres d'hommes et de bestiaux avec les débris des habitations détruites ; les parties basses de la cité ont eu plusieurs étages de leurs maisons inondés ; la population, réfugiée dans les étages supérieurs, recevait sa subsistance en bateau des parties de la ville non inondées ; la ville a servi de déversoir aux eaux d'inondation : elles s'y sont accumulées par l'obstacle que leur présentaient les digues transversales au dessous de la ville ; elles se dirigeaient sur Pise dans toute leur masse torrentielle ; heureusement les digues se sont rompues de toutes parts : la rivière a pris son niveau et son écoulement sur le littoral, et Pise a été sauvée. Quel est donc l'àpropos de digues dont la destruction sauve un pays ?

Dans les grandes eaux, le mal est beaucoup plus grand dans les parties diguées que dans celles qui ne le sont pas. Ainsi, en 1840, une forte pluie, en partie locale, avait amené de grandes inondations dans le bassin de la Saône non digué ; cependant les sinistres produits par ces inondations furent relativement beaucoup moindres que dans les parties inférieures du bassin du Rhône, qui n'avaient pas subi les grandes pluies, mais qui étaient protégées contre les inondations par des digues insubmersibles. En 1841, les pluies furent plus générales ; le mal fut encore beaucoup plus grand et plus étendu dans le bassin inférieur ; les eaux retenues par les digues transversales et latérales s'élevèrent à 4 ou 5 mètres au-dessus des berges, et détruisirent les récoltes, les habitations, et dans quelques parties même le sol ; les digues du fleuve et celles des affluents, en retenant les eaux, en leur ôtant le bassin qu'elles s'étaient elles-mêmes ouvert, doublent donc au moins le danger et les dégâts qui résultent des grandes inondations.

En 1847, les bords de lá Loire ont éprouvé sur une immense étendue de plus grands désastres encore. Après des pluies dont la quantité n'avait rien de bien extraordinaire, des digues prétendues insubmersibles ont été surmontées,

d'affreux torrents d'eaux accumulés par elles se sont précipités sur le littoral qu'elles devaient préserver; de grands
pays ont été dévastés, des villes détruites; dans quelques
parties, hommes et bestiaux ont péri; sur de grandes surfaces, les récoltes ont été emportées et le sol même entraîné;
les pertes éprouvées ont été estimées à plusieurs centaines
de millions; enfin la France a dû s'en affliger comme d'un
malheur public; les bords féconds de la Loire ont plus perdu
en quelques jours sur son littoral endigué, que les grandes
inondations n'eussent pu leur faire perdre en plusieurs siècles sur leur littoral resté libre; disons mieux encore : les
grandes inondations eussent laissé par compensation le littoral envahi couvert de limon, le pays s'en relèverait plus
fécond, plus productif, pendant qu'il a vu périr revenu et
capital et entraîner par les mêmes eaux les récoltes et le sol
qui les portaient. En vain maintenant les pays dévastés vou-
draient-ils renoncer aux digues qui ont fait leur malheur;
les digues inférieures qui ont élevé le niveau du fleuve tien-
draient leurs pays sous les eaux, et en feraient un cloaque
sans débouché au moindre accroissement des eaux ; on
est donc, à l'heure qu'il est, forcé de subir la funeste conséquence de l'endiguement du reste du fleuve. Aussi on a rétabli
en grande hâte ces digues rompues, qu'on a exhaussées encore
avec la prétention de les rendre insubmersibles, jusqu'à ce
qu'un nouveau malheur, semblable à celui de 1847 et plus
grand même en raison de digues plus hautes, vienne prouver de nouveau qu'on lutte en vain contre les lois providentielles.

Nous ne pouvons nous empêcher de faire remarquer ici
un contraste frappant : pendant qu'en Egypte, sous les lois
de Méhémet-Ali, on fait travailler une grande partie de la
population valide à élever par un grand barrage le niveau
des eaux du Nil pour leur faire couvrir de plus grandes surfaces, et par conséquent étendre le bienfait des inonda-

tions, en France, pays qui se cite comme modèle pour les arts et la civilisation, on fait des efforts inouïs pour repousser ces eaux bienfaisantes et leur limon régénérateur.

III. Lois régulatrices des phénomènes atmosphériques.

Il est sans doute pour chaque pays, dans les bassins des grands cours d'eau, des lois naturelles qui limitent la quantité de pluie. On trouve partout admis comme un fait d'expérience que les pluies ne s'arrêtent guère que lorsque les rivières sont répandues, c'est-à-dire au moment où elles pourraient devenir le plus nuisibles ; il existe donc dans l'ordre établi un frein qui leur est imposé pour leur fixer des limites. Cette loi conservatrice a sans doute, comme toutes les lois naturelles, de grandes oscillations qui permettent encore de bien fâcheux accidents ; mais l'étendue de ces oscillations est elle-même bornée ; la grande inondation de 1840 a été en partie le résultat d'une pluie de 60 heures, qui a donné 25 à 30 centimètres d'eau sur toute la surface du bassin de l'Ain et du bassin inférieur de la Saône. Si la même quantité de pluie eut été produite en une fois moins de temps, ou si, au lieu de régner sur 50 à 60 kilomètres de longueur et de largeur, elle fut tombée sur les 600 kilomètres de développement en longueur des bassins du Rhône et de la Saône, une masse d'eau de 2 mètres de hauteur au moins se fut ajoutée à celle qui déjà avait fait tant de ravages ; Lyon, Avignon et tout le littoral peut-être eussent été entraînés par l'horrible torrent jusque dans la Méditerranée.

Il existe donc des lois naturelles qui bornent la durée, l'intensité des pluies et président à leur distribution, des lois qui contiennent dans de certaines limites leurs effets nuisibles. Il existe de même des lois régulatrices des vents, de la sécheresse et de l'humidité ; des causes que nous ne connaissons pas tempèrent la chaleur de nos étés, le froid de nos hivers; nous vivons donc au milieu d'un état de choses maintenu par des lois providentielles; ces lois permettent quelques oscillations, comme exprès pour en faire sentir le prix et nous rappeler que notre existence tient à une main bienveillante qui protège et conserve son ouvrage.

Mais si, par notre imprudence, nous venons déranger l'économie de ces lois suprêmes, si nous interceptons le passage que la nature avait ouvert dans le grand bassin aux eaux du fleuve, nous doublons, triplons peut-être leur hauteur; leurs dégâts croissent en proportion géométrique, et nous jetons le pays dans toutes les conséquences fatales dont le préservaient les lois régulatrices qui limitent la quantité de pluie.

IV. Les digues établies forcent les riverains supérieurs et inférieurs d'en établir aussi.

Nous avons vu que les endiguements partiels peuvent préserver quelques parties du littoral des inondations moyennes, dans le cas seulement où les pluies ont lieu dans les parties supérieures du bassin; mais c'est tout-à-fait aux dépens du littoral supérieur non digué. Ce littoral devient le lit des eaux que les digues inférieures resserrent, accumulent, et dont elles font monter le niveau en retardant leur écoulement; les inondations y deviennent donc trois ou quatre fois plus fréquentes et plus étendues; le dommage pour les fonds supérieurs l'emporte par conséquent beaucoup sur les faibles avantages recueillis par les fonds inférieurs; le littoral supérieur devra donc s'opposer aux digues de l'inférieur, ou bien il sera réduit à l'imiter; de sorte que les digues remonteront bientôt indéfiniment sur tout le littoral du fleuve et des affluents.

Les mêmes débats se présenteront si un seul côté est digué; la digue jettera toutes les eaux sur le littoral opposé, accroîtra leur niveau, leur masse et par conséquent leurs dégâts ; les propriétaires de ce littoral doivent donc être appelés dans l'enquête ; ou plutôt un endiguement ne peut ni ne doit avoir lieu sans le consentement des riverains opposés et des riverains supérieurs, parce qu'il ne peut ni ne doit être permis d'altérer l'ordre naturel des choses, de changer le régime, le mouvement et le lit des eaux à son profit, lorsque ce changement porte préjudice à autrui : c'est là une condition sociale dictée par le bon sens, écrite d'ailleurs implicitement dans nos lois, et à laquelle cependant on contrevient chaque jour dans la pratique.

V. Nécessité d'une enquête avant tout endiguement partiel.

L'endiguement d'un fleuve ou d'une rivière n'est point une simple question de riverains : c'est une question qui importe à toute l'étendue de son bassin, et par conséquent aux plus grands intérêts de l'Etat.

Les premières digues s'établissent dans les parties inférieures des bassins, alors que le cours d'eau, perdant sa pente, se répand plus souvent et plus facilement sur ses bords. Un riverain veut se préserver ; une digue latérale est établie pour contenir le cours d'eau, et des digues transversales contiennent soit les affluents, soit les eaux d'inondation qui lui viennent du littoral supérieur. Comme cet endiguement partiel n'altère pas sensiblement le régime de la rivière, qu'il le préserve effectivement de la plupart des inondations moyennes, son auteur en tire peut-être plus d'avantages que d'inconvénients. Le riverain opposé, qui se voit inondé quand son voisin est préservé, croit devoir l'imiter ; mais alors il élève sa digue au-dessus de celle qui lui est opposée, pour rendre au moins procédé pour procédé. Cependant le niveau des eaux, resserrées, s'élève ; le riverain supérieur qui subit cette élévation de niveau se digue aussi pour se préserver, comme ses voisins inférieurs ; les motifs pour de nouvelles digues s'aggravent de plus en plus, et successivement leur construction remonte sur tout le cours de la rivière et bientôt sur celui de ses affluents.

Mais ce système marche encore bien plus promptement, lorsque, comme cela est fréquent, la construction des digues devient un travail de commune ; en peu d'années le cours d'eau se trouve digué dans son cours supérieur, et son littoral subit tous les inconvénients que nous venons de remarquer.

Lorsque les digues, commencées dans les parties intermédiaires d'un cours d'eau, ont remonté dans la partie supérieure, les riverains inférieurs se croient eux-mêmes bientôt intéressés à se diguer aussi. Le diguage supérieur change le régime des eaux, retarde leur débit et, par suite nécessaire, les accumule ; il élève donc leur niveau pour les propriétés inférieures, y rend par conséquent les inondations plus hâtives, plus fréquentes et plus étendues ; les riverains inférieurs croient donc devoir, pour échapper au danger qui leur surgit des constructions nouvelles, imiter les voisins supérieurs.

Ces digues successives, à mesure qu'elles voient le niveau des eaux s'élever par suite des travaux faits, prennent plus de hauteur les unes que les autres ; il suffit que, sur un bord, les digues soient plus élevées, pour que les riverains opposés et bientôt tout le littoral, sous peine de voir leur territoire servir de déversoir aux eaux d'inondation, se trouvent forcés de gagner leur niveau. Tout le littoral a donc un même et puissant intérêt dans l'endiguement d'une commune ou même d'un seul riverain.

Il y a là comme un défi entre tous les riverains à qui s'élèvera le plus haut pour se mettre à l'abri des avaries dont les menacent non-seulement les digues construites, mais encore celles à établir ; le système des digues donne ainsi naissance à une véritable anarchie, à un conflit de travaux dispendieux auquel se trouve contraint le littoral tout entier, par suite d'un premier propriétaire qui s'est endigué. Il existe donc une bien grande lacune dans notre administration, qui semble avoir abandonné cette opération à l'arbitraire inconsidéré de chaque riverain.

Le gouvernement chargé des intérêts généraux doit donc intervenir dans l'intérêt du bassin tout entier, dans celui de la navigation qui sera bientôt obstruée, dans celui des ports que ce système menace de combler, dans ceux enfin de salubrité publique, de fécondité générale, d'avenir du pays, menacés et gravement compromis.

L'usage, à ce qu'il semble, s'est bien établi qu'un endiguement de commune ne se fasse pas sans enquête; mais il ne paraît pas qu'il en soit de même pour les particuliers, et cependant, dans les petits cours d'eau, les barrages permanents pour usine ne peuvent s'établir sans cette formalité; dans les cours d'eau de toute nature, et surtout dans les grands, les digues sont un obstacle permanent à l'écoulement des eaux et comme un immense barrage sur toute l'étendue des rives, qui ne laisse aux eaux qu'un passage sans aucune proportion avec leur abondance souvent décuple dans les grandes inondations; d'ailleurs le barrage de l'usine est le plus souvent un moyen de fécondité pour les fonds supérieurs, et il est indifférent aux fonds inférieurs, pendant que l'endiguement est, pour toute la surface d'un bassin, un moyen de destruction, une source toujours croissante de dépenses, d'infécondité et de désastres qu'on subit sans pouvoir y échapper.

Dans l'état des choses, les formes actuelles d'enquête sont tout-à-fait insuffisantes; une commune veut se diguer, les voisins ne se croyant pas intéressés, ne réclament pas; toute la rive reste muette, parce qu'elle ignore les conséquences funestes qui résulteront d'un premier endiguement de rive-

rains le plus souvent éloignés ; d'ailleurs chaque administration ne peut appeler que les intéressés de sa circonscription ;
la rive opposée qui appartient d'ordinaire à une administration différente, n'est point et ne peut être appelée.

Citons un exemple :

Une enquête dans le département de l'Ain s'est ouverte
sur la rive gauche de la Saône pour l'endiguement d'une
commune ; l'administration n'a pu y appeler la rive droite
opposée, qui appartient à Saône-et-Loire. Ce département en
fait autant de son côté pour une autre portion de sa rive, et
celui du Rhône agit de même pour une autre partie de la
rive droite. Trois enquêtes ont eu lieu à des époques différentes ; ces affaires arrivent isolément au Conseil général des
ponts et chaussées ; elles sont instruites à part les unes des
autres. Suivant la rédaction des projets, les circonstances de
localité, le vent du bureau, la même question peut être jugée différemment ; et effectivement, si nous ne nous trom-
pons, les digues de la Saône ont été autorisées dans l'arrondissement de Villefranche (Rhône), on les construit dans
Saône-et-Loire, et on les a rejetées dans l'Ain. C'est évidemment une question identique, jugée d'une manière contradic-
toire, et il est impossible que, plus tard, on n'autorise pas
la rive gauche à opposer des digues à celles de la rive droite.
Il est donc d'une absolue nécessité, en cas d'une demande
d'endiguement, d'ouvrir une enquête générale sur tous les
bords d'un bassin dont tous les propriétaires ont un même
intérêt solidaire, et d'adopter des principes uniformes pour
juger les mêmes questions.

Mais ce qu'il y a de plus fâcheux, c'est que, le plus souvent, les villes riveraines ne soient pas appelées dans l'enquête ; elles le seraient d'ailleurs qu'elles ne réclameraient
pas, parce qu'on ignore presque partout les résultats que
peuvent amener les digues éloignées de la cité. Et cependant
ce sont les villes qui sont le plus spécialement menacées ;

l'inondation entame, détruit le produit d'un fonds pour une année seulement; mais dans les villes, habitations, mobilier, marchandises de toute espèce, tout est souvent à toujours détruit ou au moins avarié. Il est donc de toute convenance qu'une digue ne puisse s'établir ou s'exhausser sur la moindre partie des rives d'un cours d'eau, sans que le bassin tout entier, la ville et la campagne soient appelés à concourir à une enquête générale.

VI. Danger éminent des digues pour les villes.

Les villes ne peuvent pas se diguer comme les campagnes : elles perdraient leurs avantages de position, leurs quais, leur navigation, leur salubrité; elles ont été construites à un niveau qui les met au-dessus des grandes inondations moyennes; elles n'ont pu avoir la prévision de la position que leur donne le système d'endiguement, qui élève le niveau des inondations moyennes à celui des grandes inondations; d'ailleurs, alors même qu'elles se digueraient contre la grande rivière, elles seraient inondées par les eaux des affluents voisins; elles doivent donc rester comme victimes dévouées de l'élévation et de l'accumulation des eaux qu'amènent les riverains par la construction de leurs digues; c'est donc sur elles que tombera, sans qu'elles puissent y échapper, le plus grand poids des inondations. Ainsi les digues qui se multiplient et s'élèvent au-dessus et au-dessous de Tarascon et de Beaucaire, et qui maintenant vont se prolongeant avec quelque intervalle jusqu'au delà d'Orange, ont déjà augmenté les chances d'inondation pour tout le littoral. Avignon, deux années de suite, a vu les eaux s'élever dans ses murs à des hauteurs tout-à-fait inusitées; on doit s'attendre encore que le prolongement et le surhaussement des digues, que l'élévation incessante du lit du fleuve, et surtout que le retard et l'accumulation des eaux produits par les digues transversales rendront les inondations de plus

en plus fréquentes, plus étendues et par conséquent plus
désastreuses.

Et puis l'endiguement ne s'arrêtera pas dans sa marche :
de proche en proche il gagnera jusqu'à Lyon. Cette ville
voit jusqu'ici, sans s'émouvoir, les riverains qui lui sont
supérieurs ou inférieurs, élever de faibles digues pour préserver leurs récoltes ; elle ne s'y croit pas intéressée ; mais
la conséquence nécessaire de tout endiguement est de retarder l'écoulement des eaux, par conséquent de les accumuler et, par suite nécessaire, d'élever leur niveau. D'ailleurs ces faibles digues sont un prélude qui conduit nécessairement à des digues plus hautes. Que l'on voie ce qui s'est
passé sur la Loire, le Rhin, le Rhône inférieur même, sur
tous les cours d'eau enfin grands et petits qu'on a digués en
France ; toujours et partout, les digues d'abord faibles se
sont élevées, parce qu'elles ont multiplié les dangers au lieu
de les prévenir, et l'on a fini par arriver au système des
digues insubmersibles.

Il n'est pas besoin de digues bien élevées pour que Lyon
perde sa navigation, sa salubrité et tous ses avantages les
plus précieux ; déjà au-dessus de la ville, sur les bords de
la Saône, les deux rives songent isolément à s'endiguer ; les
digues du Rhône aussi remontent incessamment, et ne tar-
deront pas beaucoup d'y arriver ; la ville alors se trouvera
placée entre des chances d'inondation devenues multiples ;
dans les grandes eaux, les digues de la Saône accumuleront
les eaux des affluents, élèveront le niveau de celles de la
rivière pour les envoyer sur Lyon. Par les mêmes raisons,
sur le Rhône, après Lyon, les digues transversales des
affluents interdiront aux eaux accumulées leur passage sur
le littoral, et les enverront dans le lit artificiel du fleuve ;
mais ce lit, déjà plein jusqu'à extravasion des eaux de ses
propres affluents, surmontera, de son côté, ses digues ; et
ses eaux s'étendront en nappe sur Lyon, comme celles de la

Saône. Placée au milieu de ces eaux sur-élevées au-dessus et au-dessous d'elle, la ville de Lyon se trouvera d'abord le déversoir, bientôt l'entrepôt de ces eaux accumulées et grossies; son étroit bassin se trouvera tout entier submergé; les eaux resserrées y prendront une rapidité funeste; les inondations moyennes seront pour elle comme celles de 1840, et des eaux semblables à celles de cette funeste année, en s'élevant seulement de 2 mètres de plus, décupleront le mal éprouvé alors.

VII. Résultats des digues sur le littoral de la Loire, du Rhône, du Rhin, etc., etc.

Dans un endiguement complet, les eaux entraînent à la mer tout le limon qui ne se dépose pas dans le lit du fleuve et que les lois naturelles avaient destiné à féconder et exhausser le rivage; les parties les plus grossières de ce limon forment dans le lit du fleuve des atterrissements qui s'opposent de plus en plus au débit des eaux et entravent la navigation; les portions les plus ténues qui vont jusqu'à l'embouchure obstruent les ports et créent des barres à leur entrée; tous les travaux de nos dragues sont impuissants contre de pareilles accumulations et, en les supposant toujours en action, ils ne déplaceraient pas un millième peut-être de ce limon qu'amènent les pluies annuelles; il en résulte nécessairement que ces atterrissements produits par des eaux que les digues, par leur destination, maintiennent à plusieurs mètres au-dessus du sol, s'élèveront par la succession des temps peu à peu au-dessus du niveau du littoral, dont ils arrêteront les eaux et qu'ils réduiront en marais.

Toutes ces conséquences de l'endiguement ne sont point des suppositions d'imagination; elles se font déjà sentir en France d'une manière bien fâcheuse sur le lit et le littoral de la Loire, depuis Saumur, Angers, Nantes jusqu'à la mer; dès longtemps déjà le lit du fleuve se comble entre les digues

qu'on lui a données ; les bords de la Maine qui s'y jette,
sont devenus malsains et sont envahis par les marais.
Obstrué dans son cours, le lit du fleuve ne laisse remonter
jusqu'à Nantes que les plus faibles bâtiments ; le commerce
important de cette ville se perd ; mais elle ne semble pas
s'apercevoir que cet état de choses, qui s'aggrave tous les
jours, est dû aux digues retenant le limon qui devrait
se déposer sur le littoral. Pour y remédier, elle demande
qu'on lui fasse un port à l'embouchure du fleuve, un bassin
à St-Nazaire, pour pouvoir décharger les bâtiments qui
lui arrivent de toutes les mers. L'Etat va dépenser plusieurs
millions pour compenser bien faiblement une partie des
maux causés par l'endiguement ; mais il ne pourra pas assainir les bords de la Maine, ni ceux de la Loire elle-même,
et la ville de Nantes, alors même qu'on lui aura creusé un
bassin bien loin d'elle, aura perdu la plus grande partie de
ses avantages de position et, par suite, de son importance
commerciale.

Mais le mal n'est pas à son comble : il croît et croîtra de
jour en jour ; au-dessus comme au bas de Nantes, la navigation de la Loire est devenue grandement difficile, les
terres et les débris amenés par les grandes eaux restent tout
entiers dans son lit ; ils y forment des masses mobiles sans cesse
déplacées et poussées par le fleuve d'un lieu à un autre ; si
les digues ne leur portaient pas obstacle, ces débris, ces
alluvions se déposeraient en plus grande partie sur les rives ;
le fleuve, dans le moment des grandes eaux, aurait toute
la force nécessaire pour déblayer la faible part de limon qui
lui resterait ; il conserverait des passages réguliers qui ne
changeraient pas chaque jour, et dans lesquels les bateaux
pourraient circuler à l'aise, pendant que, dans l'état actuel
des choses, des hommes sont obligés, en hiver comme en
été, d'en parcourir le lit pour chercher et indiquer par des
balises les passes sans cesse mobiles de la navigation. Ces diffi-

cultés se font sentir jusqu'au-dessus d'Angers ; la Loire, avec sa faible pente, a été promptement encombrée, et il en est résulté que les parties non diguées éprouvent des inondations plus fréquentes et plus fâcheuses ; d'ailleurs les atterrissements qui ont lieu dans le sein du fleuve s'élèvent incessamment d'une manière bien sensible.

On voit, en effet, dans les îles de la Loire, des têtards de frênes qui n'ont pas plusieurs âges d'hommes, recouverts maintenant par les atterrissements au niveau de la naissance de leurs branches ; les alluvions successives ont bien recouvert au moins deux mètres de leur tige depuis l'époque de leur plantation ; mais alors le sol était déjà au-dessus des eaux et en culture, puisqu'on y plantait des frênes, et son niveau devait être avec celui du lit ancien dans le même rapport à peu près que le sol actuel l'est maintenant avec le lit du fleuve ; le lit du fleuve était donc alors de deux mètres au moins plus bas.

Mais quel serait l'âge de ces frênes ? nous ne pensons pas qu'il puisse être de plus de deux siècles. On pourrait donc croire que le lit digué de la Loire s'élève d'un mètre par siècle ; ce qui laisse entrevoir pour ce grand fleuve un avenir où il cesserait d'être la grande artère par où les eaux surabondantes du pays peuvent s'écouler dans la mer. Il serait facile d'ailleurs d'avoir quelque chose de précis sur cette importante question : il suffirait d'arracher un des frênes ; ce qui mettrait à portée de juger d'une part de l'atterrissement et de sa hauteur, et de l'autre de la date de la plantation par le nombre des couches annuelles.

La Meuse et la Charente sont bordées de digues ; aussi leurs bords sont devenus marécageux, parce qu'ils sont maintenant plus bas que les rivières qui leur servaient d'écoulement.

La Gironde est diguée déjà sur d'assez grandes étendues ; aussi on se plaint, sur ses bords, de la diminution de fécondité , et le temps arrivera où les marais viendront à leur tour.

Les digues du Rhin ont changé en prés aigres les prairies fécondes de ses bords ; on ne peut pas les défricher , parce que les grandes inondations les atteignent encore et qu'elles manquent d'écoulement ; la pente du fleuve va s'affaiblissant de jour en jour ; les atterrissements s'accroissent et, avec l'exhaussement de son lit, surviendront toutes ses fâcheuses conséquences.

Le Rhône est digué depuis Beaucaire jusqu'à la mer ; aussi il voit son lit s'élever au-dessus de son littoral ; à peu de distance de la naissance des digues, tout le pays est devenu malsain et , en grande partie, marécageux ; fécond encore en quelques parties, il détruit ses habitants et empêche toute culture régulière. Dans la Camargue, des milliers d'hectares de terrain sont presque perdus pour l'agriculture par les précautions mêmes qu'on a prises pour les préserver ; les affluents débordent souvent dans la plaine d'Arles avant même que le lit du fleuve soit plein , et l'inondation séjourne parce qu'elle ne peut plus se verser en nappe dans le lit du fleuve digué. D'un autre côté, tout le pays qui s'étend de Beaucaire à Aigues-Mortes est devenu un vaste marais ; les atterrissements croissent de jour en jour ; le marais remonte le fleuve , il s'approche de Nîmes, et l'insalubrité en est à peine à quelques kilomètres.

Mais ce qui se passe dans le bassin du Rhône se reproduit à peu près partout ailleurs ; si les atterrissements n'y suivent pas la progression rapide qu'ils nous montrent dans la Loire, c'est que le Rhône, avec sa pente de 55 centimètres par kilomètre, a beaucoup plus à atterrir pour la détruire que la Loire, où elle est beaucoup moindre ; cependant, dans le Rhône, les îles s'atterrissent aussi très-promptement ; on y voit d'énormes mûriers dont le tronc est déjà enterré jusqu'aux branches ; or à peine peut-on leur donner deux siècles de plantation; en deux siècles donc l'atterrissement se serait élevé de toute la hauteur de la tige, de 2 mètres au moins. Si dans quelques parties du cours du fleuve on trouve encore le fond de l'ancien lit, ce n'est plus depuis Arles à la mer, ce n'est plus même depuis Beaucaire; tous les jours donc l'atterrissement gagne, la pente diminue et nécessairement l'ancien lit se remplit.

Les digues suivent cette progression; aussi, chaque jour, il est question de les exhausser, et le gouvernement est sollicité de les étendre plus au loin; les eaux les ont surmontées en 1840 et en 1841, et ont causé de grands désastres, désastres toutefois qui ont laissé sur quelques points des compensations. Ainsi nous pourrions citer, dans les environs de Beaucaire, une propriété de 150 hectares appartenant à un honorable propriétaire de l'Ain; les eaux, en détruisant en partie ses constructions, en s'élevant à 4 mètres au-dessus du sol, l'ont comblé de limon, ont recouvert ses marais et y ont laissé un dépôt de 1^m à 1^m30 d'épaisseur; aussi cette propriété, louée 10,000 fr. avant l'inondation, l'est maintenant 18,000, et donne, à ce qu'il semble, de grands bénéfices à son fermier. Il suffit donc quelquefois qu'un sol digué échappe aux digues pendant une inondation, pour qu'il puisse doubler de valeur et de produit.

Un homme dont le nom fait autorité parce qu'il a autant d'expérience que de science et de sagacité, **M.** de Gasparin, tout en blâmant le système des digues, remarque que jusqu'ici le lit du Rhône ne s'exhausse point, et il établit en effet que, dans plusieurs parties de son cours, le fond a conservé le même niveau; mais de ce que le comblement n'a pas encore eu lieu dans une partie du cours du fleuve, on ne peut pas conclure que cela continuera ainsi, et que l'ancien lit se serait partout conservé sans s'exhausser; il faut bien que ce limon, qu'on empêche de se déposer sur le littoral, se place quelque part. En raison de sa grande pente, le

Rhône entraîne une portion considérable de ce limon dans les parties inférieures de son lit; mais ces parties seront bientôt comblées; la pente du Rhône s'affaiblira petit à petit, et les comblements de son lit vont croissant et remontant son cours au moyen des limons annuels; à mesure que le système des digues s'étendra, le mal s'augmentera en rapide progression; le lit ira graduellement en s'exhaussant, et ce mal ne sera pas long à faire sentir ses accroissements. La pente du Rhône de Lyon à Arles est de 54 centimètres par kilomètre; mais déjà d'Arles à la mer elle n'est plus que de 4 centimètres par kilomètre, ou de moins d'un douzième de la pente supérieure. Et tout le littoral, sur une longueur de 80 kilomètres jusqu'à la mer et sur toute sa grande largeur, est devenu par suite marécageux et malsain.

Dans l'état des choses, le Rhône charrie jusqu'auprès de son embouchure une quantité de limon capable de couvrir annuellement d'une couche d'un mètre 3,400 hectares au moins; or, le fleuve n'est digué que dans la plus petite partie de son cours, dans son lit inférieur; mais lorsqu'il le sera sur un grand développement, ainsi que ses affluents, le limon charrié, et par conséquent les atterrissements seront quadruples au moins; le système des digues, qui va sans cesse s'étendant, qui déjà a amené de si fâcheux résultats, menace donc l'avenir du pays des plus funestes conséquences.

Le Rhône avait créé à son embouchure deux atterrissements puissants : la Camargue entre ses deux bras, et la plaine de Beaucaire à Aigues-Mortes, sur sa rive droite; une partie de ces plaines offrait des terrains féconds dont la culture s'est empressée de profiter; mais de grandes étendues restaient à combler : il s'y trouvait de vastes étangs et des marais insalubres; il fallait, pendant un certain nombre d'années encore, laisser agir l'action libre du fleuve; on eût pu même mieux faire et gagner beaucoup de temps en imprimant à ses eaux une direction intelligente; les cultures auraient continué et progressé chaque année, en même temps que les comblements, avec des chances de fertilité sans cesse renouvelées, mais aussi de produits quelquefois perdus ou entamés. En peu de temps, on serait ainsi arrivé, sans beaucoup de dépense et en recueillant des produits toujours croissants, à assurer la salubrité comme la fécondité de ces plaines, les meilleures peut-être de la France; au lieu de cela, en continuant à frais énormes des digues qui, loin de protéger efficacement contre les dégâts du fleuve, rendent les débordements beaucoup plus terribles, on s'est condamné à n'avoir que des plaines couvertes en partie d'étangs et de marais, plaines à jamais malsaines, qui dévorent leurs habitants et portent la maladie dans tout leur voisinage.

Lorsque, par quelques anomalies qui peuvent résulter de circonstances particulières, il arrive que le bassin et le lit d'un fleuve ne conservent pas une pente régulière, et que quelques parties inférieures ont un niveau plus élevé que la pente générale, on peut parer à cet inconvénient en dirigeant les grandes eaux ou même les eaux moyennes limoneuses sur les parties les plus basses; le limon du fleuve les a bientôt comblées et soumises au niveau général. C'est ce système qui a été suivi au val de Chiana, qui l'a ramené à peu près à un état normal en réparant le mal fait par les digues ; c'est celui qu'on annonçait vouloir adopter aussi pour quelques parties de la Camargue. Imaginé par Torricelli, ce système offre un bien grand intérêt; mais il ne peut donner d'importants résultats qu'autant qu'on l'applique, avec l'aide du temps, à de grands espaces. Il jugerait à lui seul la question de l'endiguement, puisqu'il consiste uniquement à faire cesser l'effet des digues et à permettre aux eaux de s'épancher, comme avant elles, sur une partie de leur littoral. Mais il est à craindre qu'on ne renonce à ce système, seul moyen cependant d'y amener la salubrité et la fécondité; les résultats qu'on y a obtenus avec la culture du riz séduisent tous les propriétaires, qui y entrevoient un grand produit net avec de faibles sacrifices. On va ainsi reculer à jamais l'assainissement du pays, et doubler l'insalubrité que les digues y ont déjà amenée.

Nous avons visité à plusieurs reprises les bords du Rhône; nous avons parcouru ceux de la Loire; nous avons, dans ces contrées, été en contact avec une foule d'hommes recommandables; ils sont à peu près unanimes avec M. de Gasparin pour le Rhône, M. Oscar Leclerc pour la Loire, sur les inconvénients de l'endiguement; et leur opinion se fonde, comme la nôtre, sur tous les faits d'évidence que nous venons d'indiquer, mais les masses ne veulent pas s'en apercevoir : elles vivent au jour le jour, les unes du travail journalier du sol et les autres de son revenu net; elles doivent bien voir la dégradation de fécondité qu'amènent les digues, l'insalubrité, les grands désastres qu'elles traînent à leur suite, l'avenir dont elles menacent le pays; mais elles veulent l'endiguement pour s'assurer le pain du lendemain.

VIII. Les digues déterminent l'insalubrité des atterrissements.

L'insalubrité d'une contrée n'est pas toujours due aux eaux de la surface qui manquent d'écoulement; les eaux intérieures du sol ont aussi besoin de s'écouler librement, et lorsque cela n'a pas lieu, elles s'altèrent par les chaleurs de l'été, et déterminent les mêmes maladies que les eaux des surfaces marécageuses. Ainsi la partie de la Limagne d'Auvergne, qui porte le nom de marais et dont la surface a été desséchée sous Louis XIV par la famille Strada, ainsi les environs d'Issoire, ainsi un grand nombre de plateaux argilo-siliceux à sous sol imperméable, sans marais apparents, sont néanmoins insalubres, parce que les eaux intérieures sans écoulement s'altèrent pendant l'été. N'est-il pas probable que les eaux intérieures de la campagne de Rome et celles des marais Pontins, contenues par les atterrissements dont les digues ont provoqué et hâté la formation , restant stagnantes comme celles de la surface, contribuent autant que ces dernières à l'insalubrité du pays ; car la fièvre règne dans des parties de terrain sec et à distance des marais ? Les atterrissements dont les digues ont décuplé la masse détermineraient donc de deux manières l'insalubrité du pays : ici en s'opposant, par leur niveau plus élevé, à l'écoulement des eaux de la surface , et là en interceptant les anciens moyens d'écoulement des eaux intérieures et en rendant par conséquent le sous-sol imperméable ; dans la campagne de Rome , l'insalubrité proviendrait de la dernière cause, et dans les marais Pontins des deux causes réunies ; l'insalubrité de ces deux pays est presque une nouveauté qu'on ne peut pas faire remonter au delà de l'établissement des digues ; nous pensons donc qu'elles en seraient la principale et peut-être même l'unique cause.

Nous pouvons expliquer , à ce qu'il nous semble, comment leur établissement a pu rendre le sous-sol imperméable , et intercepter le mouvement ainsi que l'écoulement des eaux intérieures. Les cours d'eau digués ont déposé à leur embouchure le limon fin qu'ils y charriaient et qui était destiné à leur littoral ; ce limon, imperméable par suite de sa ténuité, s'est appliqué sur le débouché ancien des couches perméables par où communiquaient avec les eaux de la mer les eaux intérieures ; ces eaux, par le changement incessant de niveau et l'agitation de celles de la mer , recevaient un mouvement de fluctuation , d'abaissement , d'élévation et même d'écoulement, qui suffisait pour les préserver de l'alteration ; depuis que les bancs de limon fin les ont emprisonnées , elles restent stagnantes, s'altèrent et vicient l'air de la contrée.

D'ailleurs ces eaux partant d'un niveau plus élevé que la surface de la mer , se dégorgeaient dans son sein, et y trouvaient par conséquent un écoulement constant ; maintenant ayant perdu leur ancien écoulement, elles tendent à remonter à la surface et à la changer en marais.

On pourrait, à ce qu'il semble, rendre à ces eaux le mouvement qui maintenait leur salubrité en coupant l'atterrissement par des fossés qui, tout en servant d'écoulement à la contrée, découvriraient les couches perméables, et rendraient le mouvement à leurs eaux en leur rouvrant la communication avec celles si souvent et si fortement agitées du grand réservoir.

IX. Les digues sont dues à l'intérêt temporaire des fermiers.

Le système des digues, une fois embrassé, ne peut plus se quitter, et il entraîne dans des dépenses nouvelles et de plus en plus fortes. Ainsi si l'on veut doubler une digue en hauteur, son volume devra être quadruplé. Et puis à mesure que le lit principal s'exhausse, que l'endiguement des grands cours d'eau augmente, à mesure aussi il faut exhausser celui des affluents ; et tous les travaux, par conséquent les dépenses, croissent en progression géométrique. On prive ainsi d'écoulement et on rend marécageuses des étendues de plus en plus grandes ; mais tout ce mal se glisse presque inaperçu ; les digues s'accroissent à chaque inondation sous l'influence des pertes éprouvées ; les fermiers grossissent le mal pour accroître les remises du propriétaire ; ils poussent à des travaux qui ne leur coûtent rien, parce qu'ils y trouvent un avantage temporaire qui se prolonge au moins pendant la durée de leurs baux à courts termes. Alors même, ce que nous ne pensons pas, que les petites inondations qui entraînent les récoltes deviendraient plus rares, les grandes, qui souvent emportent le sol avec les récoltes, sont plus fréquentes et surtout plus fatales ; mais elles portent particulièrement sur le propriétaire qui alors ne peut rien demander de son fermage.

Et puis sous l'abri des digues, les fermiers défrichent la prairie qui cesse d'être productive, parce qu'elle ne reçoit plus que rarement du limon; ils en exploitent, par des récoltes épuisantes, la fécondité qui s'y était accumulée pendant des siècles, et ce n'est qu'au bout de quelques années de culture, lorsque ce sol épuisé n'a plus que la fécondité ordinaire des terres voisines, qu'on aperçoit le vide que laisse la prairie qui fournissait, par ses fourrages, les engrais de l'exploitation et qui maintenant les absorbe; mais le fermier n'y perd rien: il a exploité le capital de fécondité, et il renouvelle son bail en raison du nouvel état de choses.

La question de l'endiguement est donc une question de fermiers; ils sont nombreux, ont un intérêt commun, s'entendent merveilleusement; ils insistent auprès de leurs propriétaires pour leur persuader que l'endiguement les préserve de toute inondation; la plus grande partie de ces propriétaires, ceux surtout bien nombreux qui peuvent le plus difficilement essuyer des pertes de revenu, se laissent persuader, se joignent aux fermiers pour demander les digues; un petit nombre, les plus importants, ceux qui ont bien voulu prendre leçon de l'expérience, sentent les inconvénients, mais n'osent contrarier les masses dans un pays qui se gouverne par les majorités; les digues s'établissent donc contre l'intérêt de la propriété et la conviction des propriétaires instruits; mais ce serait au gouvernement à s'opposer à un fatal entraînement et à prendre la défense des plus grands intérêts du pays méconnus par les uns, abandonnés par les autres.

Il ne suffit pas, en créant des digues, de les couper, comme sur la rive droite du Rhône, par des écluses munies de vannes destinées à introduire l'eau à volonté sur les fonds riverains; comme ces fonds sont le plus souvent en culture, on ne peut que bien rarement y admettre les eaux, surtout les eaux chargées de limon, qui sont cependant le plus grand moyen de fécondité ; l'effet utile de ces *émissoires* est donc loin d'être en rapport avec le mal présent et à venir qu'entraînent les digues.

X. Les digues empêchent toute irrigation naturelle et artificielle.

Avec le système d'endiguement tout emploi des cours d'eau à l'irrigation devient à peu près impossible ; son but est de contenir les eaux et celui de l'irrigation de les répandre ; il tend donc à détruire, par le fait et par le but qu'il se propose, toute irrigation naturelle par inondation ; or ces irrigations sont de beaucoup les plus étendues et par conséquent les plus importantes ; ce sont elles qui fécondent la plus grande partie des bassins de nos rivières grandes et petites ; elles se font sans frais, sans main d'œuvre, et suffisent à elles seules pour amender le sol et en tirer de grands produits ; le système d'endiguement qui les détruit est donc déjà fatal sous le point de vue des irrigations naturelles.

Bien plus, il s'oppose à toute irrigation artificielle : cette irrigation ne peut avoir lieu qu'au moyen de barrages ou de dérivations ; mais les barrages seraient un contre-sens dans des cours d'eau digués, puisqu'ils ôteraient les eaux des lits où on veut les contenir ; d'ailleurs ils sont inadmissibles dans les grands cours d'eau, surtout lorsqu'ils seraient digués. L'irrigation ensuite ne serait pas plus possible avec des dérivations ; ces dérivations ne pourraient se faire sur la grande rivière, puisqu'il faudrait les diguer comme elle sur tout leur cours, sous peine de voir épancher les eaux qu'on veut contenir ; il faudrait ensuite les faire passer sous tous les affluents digués et les prolonger au loin jusqu'à ce qu'on eût gagné assez de pente pour faire répandre les eaux, et jusqu'au terrain d'un niveau supérieur à la crête des digues ; or un canal qui couperait le fond du bassin par ses deux digues en ferait un marais ; toute dérivation d'un grand cours d'eau digué ne serait donc possible qu'avec d'immenses dépenses et des dommages plus grands que les bénéfices qu'on en pourrait retirer. Les dérivations des petits affluents pourraient, avec quelque avantage, envoyer les eaux sur les parties élevées du fond du bassin, au pied du coteau qui le borde ; mais dans tous les cas d'irrigation, l'emploi des eaux introduites et répandues sur le sol exige deux conditions aussi essentielles l'une que l'autre : il faut les répandre et les évacuer ; on voit bien comment on les épancherait, mais on voit aussi qu'elles ne pourraient en aucune façon s'écouler ; elles viendraient buter contre les digues du grand cours d'eau et contre celles des affluents ; il en résulterait des marais et par conséquent perte à la fois de salubrité et de produits : on ne peut donc vouloir en même temps rejeter les eaux et les employer. Tout endiguement après avoir, en retenant les eaux, enlevé au littoral le plus grand moyen de fécondation que lui avait ménagé la nature, l'extravasion des eaux sur sa surface, s'oppose donc encore impérieusement à tout moyen artificiel d'y suppléer ; il est par conséquent subversif de tout projet d'amélioration du sol par les eaux.

Que si en Italie cependant on a pu pratiquer des irrigations avec des cours d'eau endigués, il en est résulté qu'on a rendu la contrée malsaine en privant les eaux de leur écoulement naturel. On ne parvient le plus souvent à en évacuer une partie que par des moyens très-dispendieux, en les conduisant au loin à travers le pays et les faisant passer sous les cours d'eau, jusqu'à ce qu'on arrive à la mer ou à des bassins de rivières non diguées qui puissent les recevoir. Or ces moyens qui ne sont pas toujours possibles en Italie, ne le seraient en aucune manière dans une contrée morcelée comme la France. Donc toute irrigation avec des cours d'eau endigués, si elle n'est pas impossible, est du moins très-difficile, jette dans de grandes dépenses, crée des marais, et par conséquent amène avec elle des causes certaines d'insalubrité.

XI. Système de M. Surel.

M. l'ingénieur Surel, attaché depuis plusieurs années à la navigation du Rhône dans le département de Vaucluse, a présenté un projet remarquable dans lequel il cherche à concilier les intérêts quelquefois peu d'accord de l'agriculture et de la navigation. Eclairé par l'expérience sur tous les inconvénients des digues, il est loin de proposer d'imiter les riverains inférieurs avec leurs digues insubmersibles. Il ne propose pas même, le long du fleuve, des digues submersibles ; il veut seulement régulariser ses bords ; quand ils doivent servir de chemin de halage, il les règle à 3 mètres de hauteur au-dessus de l'étiage, et à 2 mètres lorsque le chemin n'y passe pas. On voit donc qu'il ne donne aux bords 3 mètres au-dessus de l'étiage que dans l'intérêt de la navigation, et qu'aussitôt qu'elle cesse d'être intéressée il les réduit à 2 mètres dans l'intérêt de l'agriculture. Puis, pour conserver plus entièrement l'intérêt agricole et ne pas perdre la fécondité apportée par les inondations grandes et petites, les bords régularisés sont percés de nombreuses martelières ouvertes en sens contraire du courant, qui permettent aux eaux de se répandre sur toute la rive ; par ce moyen, il conserve le bienfait des eaux. Pour s'opposer ensuite à leurs dégâts, il coupe le bassin par des digues transversales qui, sur les bords pentueux du Rhône, ôtent aux eaux extravasées cette rapidité qui entraîne et détruit tout. Ces digues transversales protégent sans doute efficacement le littoral contre les funestes avaries qu'amèneraient de rapides courants ; mais on ne doit pas dissimuler qu'en refusant aux eaux extravasées un courant sur les rives, elles élèvent beaucoup leur niveau, accroissent ainsi la rapidité du fleuve, et rendent par suite ses inondations plus fréquentes, plus élevées et plus étendues ; mais elles amèneront au calme les eaux extravasées, ce qui compenserait, en partie du moins, la plus grande fréquence et la plus longue durée de l'inondation. Et puis les eaux, en s'étendant plus au loin, porteront avec elles leur limon fécondant sur les champs inondés, tout en les rassurant contre les courants qui les ravageaient.

Ainsi le but de cet habile ingénieur serait de créer sur les bords du Rhône un état de choses à peu près analogue à celui qui existe naturellement sur ceux non digués de la Saône; il demande au Rhône ses eaux, en leur ôtant leur vitesse destructive; il se contente d'avoir ses bords de 2 à 3 mètres au-dessus de l'étiage, et il ne demande même 3 mètres que quand il en a besoin pour la navigation.

Sur la Saône, par suite de la faible pente du littoral, les eaux d'inondation ont peu de vitesse, et les rives ont en moyenne 4 mètres au-dessus de l'étiage; et cependant, dans cet état de choses si favorable, une partie des riverains veut se diguer; le gouvernement, il est vrai, semble vouloir s'y opposer, et il a refusé d'autoriser un endiguement; mais c'est un peu tard, parce qu'il l'a permis sur d'autres points.

❈

CHAPITRE VI.

CONSEILS AUX RIVERAINS.

Que faire aux bords des grands cours d'eau si constamment utiles et quelquefois cependant si dommageables à leurs rives ? Nous dirons aux riverains de ceux où l'on n'a point embrassé le système des digues, de bien se garder de recourir à ce funeste remède et de continuer à subir, comme par le passé, l'inconvénient de leur position pour en conserver les avantages. Il faut respecter la loi naturelle des atterrissements sur les rives en la modifiant à son profit, et pour cela, au lieu de construire des digues qui perdent le présent et l'avenir du pays, il faut diriger par de grandes rigoles les atterrissements sur les parties les plus basses, menacées de perdre leur écoulement. C'est ainsi qu'on conserverait la salubrité du pays en accroissant incessamment sa fécondité.

Quant aux riverains des cours d'eau déjà en partie digués, s'ils sont compris entre des pays ou vis-à-vis de territoires digués, il est difficile qu'ils ne les imitent pas, à moins qu'ils ne se décident à subir le sort des *ségonnaux* du Rhône, et à acheter une grande fécondité par des chances de pertes plus fréquentes.

Pour ceux qui se trouvent au-dessous des territoires digués, s'il n'existe pas de digues inférieures pour élever le niveau des eaux, le mieux est, à ce qu'il nous semble, de rester dans leur position et de subir des inondations rendues un peu plus fréquentes par le retard et l'accumulation des eaux que déterminent les digues supérieures transversales; la fécondité qui en résultera compenserait, nous le pensons, bien largement les pertes.

Que si l'on se trouve au-dessus des territoires digués, position la plus fâcheuse, les riverains sont inondés par l'élévation du niveau des eaux que produisent les digues inférieures; ils subissent toutes les inondations grandes ou petites, pendant que les riverains inférieurs se préservent, à leurs dépens, d'une partie des petites; ils se croient donc à peu près forcés de les imiter; c'est ainsi que le système, une fois commencé, se généralise sur un cours d'eau, par ceux-là mêmes qui en sont les ennemis. Nous en connaissons sur les bords du Rhône de frappants exemples.

Que si les digues d'un particulier ne devaient pas en entraîner d'autres à l'imiter, il arriverait peut-être à en recueillir autant d'avantages que d'inconvénients; les digues isolées ne changent pas sensiblement le régime d'un cours d'eau, n'augmentent ni le volume, ni la hauteur, ni la vitesse des eaux, n'influent pas sur la fréquence, l'étendue, ni la durée des inondations; elles préservent effectivement la propriété diguée des inondations ordinaires; elles augmentent, il est vrai, mais de peu, les chances d'inondations des prairies voisines; le propriétaire, alors même qu'il perce ses digues d'écluses, ne recueille pas sans doute sur son fonds la même quantité de limon fécondant; mais cette diminution de fécondité ayant lieu par degrés insensibles ne s'aperçoit qu'à la longue. On trouve donc que ces premières digues réussissent; ce succès encourage les voisins à les imiter, et surtout les riverains opposés qui sont plus près d'en souffrir. Bientôt l'exemple gagne, les digues se multiplient, mais petit à petit et presque insensiblement arrivent leurs inconvénients qui grandissent comme elles et avec elles; le mal qu'elles produisent force les riverains au-dessus et au-dessous de recourir aux mêmes moyens pour s'en préserver; et c'est lorsque les digues arrivent à border le cours d'eau sur de grandes longueurs, que pour échapper aux maux qu'elles produisent on se trouve entraîné presque irrésistiblement à en provoquer de plus grands par des digues insubmersibles.

Par ces motifs, nous engageons tout riverain à ne pas donner le premier le mouvement à cette suite de travaux malencontreux, et nous pensons que la loi elle-même devrait interdire d'établir aucune digue sans l'autorisation de l'administration, autorisation qui ne serait accordée que pour empêcher les divagations du lit des cours d'eau.

Mais en rejetant les digues, n'y aurait-il pas quelque moyen d'améliorer un peu l'état des choses, de manière à rencontrer, sans beaucoup de travail, plus d'avantages que d'inconvénients?

Et d'abord, lors des inondations, les eaux des affluents se versent en nappe sur la partie du grand bassin qui correspond au leur; elles y produisent sur leurs rives immédiates un atterrissement qui s'oppose à l'écoulement des eaux, et rend marécageuse une portion de la prairie. Pour parer à cet inconvénient, nous établirions, comme nous l'avons dit, des rigoles qui soutiendraient les eaux au pied du coteau et les répartiraient sur·la partie intermédiaire du grand bassin placée entre les affluents. Nous couperions ensuite les atterrissements des bords de la rivière et des affluents par d'autres rigoles qui, aussitôt que leur lit serait rempli, introduiraient les eaux dans le fond du bassin et les en feraient sortir de même. Ces deux moyens réunis, en comblant la partie basse du bassin, régulariseraient la pente et contre-balanceraient l'effet des inondations plus fortes qui tendent à accroître les atterrissements nuisibles des bords de la rivière et des affluents; en multipliant les inondations fécondantes, ils faciliteraient, il est vrai, les inondations intempestives; il y aurait toutefois, nous le pensons, beaucoup plus de profit à en retirer que de perte à en éprouver.

On pourrait même conserver en grande partie la protection qu'accorde aux récoltes l'atterrissement de la grande rivière, en fermant avec des écluses sur les grands cours d'eau et sur les petits, avec de la terre placée à portée des rigoles, les passages ouverts dans les atterrissements, qu'on intercepterait lorsqu'on serait menacé d'une crue intempestive et qu'on rouvrirait aussitôt que le danger serait passé.

Si l'on voulait avoir la protection entière de l'atterrissement du grand cours d'eau, on élèverait à sa hauteur celui moins haut des affluents; dans ce système, en bouchant et rouvrant alternativement les rigoles ou les écluses, on serait efficacement protégé dans le moment du besoin par l'atterrissement de la grande rivière. Pendant les neuf dixièmes de l'année, le fond de la prairie recevrait les eaux et le limon du grand cours d'eau aussitôt qu'elles commenceraient à dépasser le niveau du fond du bassin, tandis que dans l'état présent des choses il ne les reçoit que lorsque ces eaux s'élèvent au-dessus de l'atterrissement de ses bords ou de ceux des affluents. Et puis la prairie se trouverait parfaitement assainie de ces flaques d'eau qui la noient entre les bassins des affluents. En outre, la différence relative de niveau des bords de la rivière et du fond du bassin, nuisible à plus d'un égard, cesserait de s'accroître, diminuerait même; le produit de la prairie assainie, mieux et plus souvent irriguée, serait nécessairement plus grand et de meilleure qualité. Et ces avantages se recueilleraient avec peu de travail, sans accroître le danger ni le dégât des grandes inondations, et sans ôter à la rivière les moyens de s'épancher ni restreindre son écoulement, mais plutôt en facilitant l'un et l'autre de ces deux moyens d'amélioration.

On pourrait nous objecter que nous régularisons ici un système d'endiguement, quand nous le combattons ailleurs d'une manière absolue. Nous répondrons qu'ici les digues sont faites, qu'il serait très-coûteux de les supprimer; qu'il vaudrait mieux qu'elles n'existassent pas, mais que, devenues conditions nécessaires de position, il est tout-à-fait convenable de profiter des légers avantages qu'elles offrent en diminuant autant que possible leurs inconvénients.

Ce système offrirait donc, en résumé, pour le présent de notables avantages, et pour l'avenir il préparerait une prairie assainie, d'une pente régulière, où les avaries seraient moins fréquentes et moins dommageables.

⎯⎯⎯⎯◦◦◦⎯⎯⎯⎯

CHAPITRE VII.

ENDIGUEMENT DES TORRENTS.

Les torrents entraînent avec eux, des cimes et des pentes déboisées des montagnes, d'immenses débris qui mêlés à de grandes eaux produisent une masse fluide terrible dans ses effets; cette masse s'accroît sans cesse des débris qu'elle produit ; ici elle emporte le lit et ses bords, et là elle le remplit et le comble ; lorsque la grande pente s'affaiblit, que les flancs du torrent s'ouvrent et forment une plaine, les plus gros débris cessent d'être entraînés et s'extravasent avec les eaux sur le double littoral ; la couche végétale disparaît, les prairies et les terres cultivées sont perdues sous des masses de pierres, de graviers, et demandent d'immenses travaux pour être recouvrées. Pour se défendre de pareils sinistres, quelques riverains ont des épis qui s'avancent jusqu'au milieu du torrent et le rejettent sur la rive opposée ; d'autres se bornent à resserrer par des digues le lit déjà le plus souvent étroit, pour agrandir leurs propriétés à ses dépens ; d'autres enfin, parce qu'ils sont négligents ou peu aisés, ne faisant aucune défense, voient leurs propriétés détruites ou grandement endommagées par le travail des riverains supérieurs, inférieurs ou opposés.

Une anarchie complète règne donc sur les bords et dans le lit du torrent, et le mal s'accroît par les entreprises particulières au lieu de diminuer. Il est donc de toute nécessité que l'administration intervienne pour régler l'étendue du lit, la direction de chaque torrent, et qu'aucun travail offensif ou défensif sur le lit ni sur les rives ne puisse avoir lieu sans son autorisation ; et si elle n'empêche pas les travaux convenables de défense des riverains, elle doit du moins repousser au loin tous ceux qui tendent à resserrer le lit ou à jeter les eaux sur la rive opposée.

Mais les riverains demandent plus : ils veulent que le gouvernement autorise le redressement du lit et l'établissement de digues submersibles qui y retiennent les débris qui se jettent sur leurs rives. Que résultera-t-il de ce double travail si la législation l'autorise ? La nature prévoyante a souvent donné au torrent un cours sinueux pour diminuer sa force destructive et par conséquent ses dégâts ; en supprimant ses sinuosités et redressant son lit, on augmentera nécessairement sa rapidité, et par suite le mal qu'il causera. Que de viendront alors les débris dont il se débarrassait sur ses bords immédiats? ils seront poussés par le courant resserré et rejetés sur les riverains inférieurs au delà des parties où la pente amoindrie les faisait naturellement extravaser; ils couvriront un bassin devenu plus vaste et plus précieux à mesure que le torrent s'éloigne de la montagne; et si le riverain inférieur se défend par des digues comme le supérieur, tous ces débris resteront dans le lit du torrent qui s'élèvera bientôt au-dessus des fonds riverains et des digues submersibles qu'on a voulu lui opposer; de ce lit en relief le torrent se précipitant sur les fonds de ses bords causera des dommages plus fréquents et plus étendus que lorsqu'on lui avait permis, suivant les lois naturelles qui le dirigent, de se débarrasser près de son origine de ses plus gros débris; bien plus, lorsque les eaux resserrées et rendues plus rapides auront une grande puissance et que le fleuve ne sera pas éloigné, ces débris seront entraînés dans le fleuve lui-même, dont ils entraveront la navigation; c'est donc le plus souvent envain que l'homme veut s'opposer aux grandes lois naturelles: il ne recueille que du dommage de ses efforts imprudents.

Les torrents des montagnes entraînent avec eux de grandes masses auxquelles il faut faire place ou qui se la font elles-mêmes. On voit, au pied des grandes cimes, des torrents qui ont accumulé en quelque sorte des montagnes de débris sur le sommet desquelles, pour éviter leurs ravages, on leur conserve et entretient un lit. Sur les bords du lac Léman et au pied des Alpes dauphinoises, il en est qui coulent ainsi sur le sommet d'une double pente formée par des graviers, et qui s'étend de chaque côté à 200, 300 et quelquefois jusqu'à plus de 1,000 mètres.

Que seraient devenus ces débris si on eût contenu les eaux entre des digues? Ils se seraient précipités dans la grande rivière ou dans l'affluent secondaire; ils en auraient comblé les lits , élevé le niveau des eaux , réduit en marais les parties supérieures du bassin, ou tout au moins ils auraient formé d'immenses obstacles au cours des eaux et surtout à la navigation.

Dans un pareil état de choses que doit donc faire l'administration chargée des intérêts généraux ? Elle doit faire étudier le lit des torrents, régler leur étendue, leur direction, et leur assigner une très-grande largeur au delà de laquelle les particuliers pourraient faire les ouvrages défensifs qu'ils jugeraient convenables.

Dans la question d'endiguement, soit qu'il s'agisse des torrents , des rivières ou des fleuves , les mêmes intérêts et les mêmes inconvénients se reproduisent ; ce sont toujours des riverains qui, pour éviter le dommage que leur causent les eaux , aggravent la position de ceux qui leur sont opposés, inférieurs ou supérieurs , et les forcent bientôt de les imiter ; chez les uns et les autres, le littoral en adoptant les digues perd ses plus sûrs éléments de fécondité, et s'il échappe momentanément à quelques dégâts, ceux des grandes inondations auxquels rien ne peut le soustraire deviennent plus intenses; pour tous, l'avenir agricole est grandement menacé; il en résulte toujours que les lits des rivières, des fleuves et des torrents, s'obstruent et se comblent, que la navigation voit multiplier les obstacles , que les ports s'ensablent et qu'il se forme à la longue des atterrissements qui gênent l'écoulement des eaux du pays et y créent des marais.

Que si l'on entend un grand nombre de voix parties des bords des torrents demander leur endiguement quand on n'en entend point pour s'y opposer, c'est que ceux auxquels ils nuisent sont actifs pour demander qu'on les préserve, pendant que les riverains inférieurs qui en souffrent peu restent calmes sans prévoir que les digues supérieures leur amèneront bientôt plus de mal que n'en éprouvaient ceux qui se seraient préservés avec les digues.

La prudence que nous croyons nécessaire d'employer dans le régime des cours d'eau torrentueux est loin d'être une idée nouvelle et sans précédents : l'Isère, alors qu'elle est descendue des premières cimes neigeuses des Alpes, s'unit à Conflans (Savoie) à un autre torrent; ces deux cours d'eau se sont ouvert au point de leur réunion un immense bassin de plusieurs kilomètres de large; sur cette surface plane et étendue, les deux torrents quittent leurs plus gros débris et entreposent en quelque sorte leurs eaux pour les laisser descendre plus doucement et en plus faible masse dans le reste de leur cours; une compagnie puissante demanda, avant la révolution, au duc de Savoie la concession d'une partie de ce bassin pour la mettre en culture, en s'engageant à renfermer l'Isère entre deux digues qui contiendraient ses eaux. Grenoble et la plaine de Grésivaudan furent avertis de la proposition; ils demandèrent l'intervention de la diplomatie française pour représenter que si l'on ôtait à l'Isère son bassin de Conflans, Grenoble et le Grésivaudan seraient inondés de toutes les eaux qui s'entreposent en masse à Conflans pour descendre successivement dans la plaine, que tous les graviers qui restent sur la vaste plage que se sont ouverte les torrents descendraient pour couvrir les terrains cultivés des parties intermédiaires de la Savoie et, plus loin, ceux de France. Ces réclamations furent écoutées : le roi de Sardaigne laissa les choses dans l'état; plus tard, une autre compagnie, sous Napoléon, fit la même proposition, qui fut rejetée par les mêmes raisons.

Dans le torrent de l'Isère est écrite l'histoire de tous les autres; on a rejeté dans le temps, à deux reprises différentes, les demandes qui furent faites de redresser et rétrécir son lit; doit-on consacrer aujourd'hui législativement des principes qui admettraient pour tous les torrents de France un système général d'endiguement et de redressement? Il s'ensuivrait que, pour ménager quelques portions de sol que la nature des choses et leur position avaient destinées à recevoir et supporter les premiers effets des cours d'eau torrentueux, on sacrifierait des espaces dix fois plus étendus et plus précieux, et on encombrerait bientôt le cours même et la navigation des grands cours d'eau.

Nous nous sommes bien longtemps peut-être appesanti sur ces diverses questions; mais elles nous semblent à la fois si graves, si importantes, que nous n'avons pas cru devoir y donner trop de soins, trop de temps, ni trop de développements. Il s'agissait d'écarter ou du moins d'affaiblir les obstacles qui s'opposent aux irrigations, de les rendre faciles, peu dispendieuses, et de les mettre à la portée du plus grand nombre. Pour cela, nous avons signalé les lacunes de notre législation et indiqué les moyens de les remplir; nous avons demandé à l'administration d'étendre son action toutes les fois qu'elle pouvait être utile, et de restreindre des prétentions qui rendraient impossible toute amélioration agricole par les eaux; nous lui avons demandé de repousser le système fatal d'endiguement là où il n'est pas établi, de le restreindre là où il subsiste, comme sapant par la base tout moyen d'irrigation et attaquant l'avenir des plus belles parties de notre pays.

<hr>

CHAPITRE VIII.

DES MOYENS DE PRÉVENIR LES RAVAGES DES TORRENTS ET DES INONDATIONS.

On est généralement convaincu que la plantation des terrains en pente empêcherait le mal causé par les torrents et les inondations de s'aggraver et le diminuerait même d'une manière notable; le remède serait bien tardif à opérer; il est donc loin de pouvoir suffire; mais il en est un autre plus spécial, plus actuel dont l'effet serait immédiat. Nous avons, dans un écrit publié il y a quatre ans, fait pressentir la diminution des inondations dans l'emploi multiplié des eaux à l'irrigation; nous y avons fait remarquer que les dérivations nombreuses au moyen de barrages dans le lit des cours d'eau et particulièrement dans celui des torrents, en distribuant l'eau sur les pentes qui bordent leurs rives, affaiblissaient la masse des eaux, calmaient leur rapidité, empêchaient leur irruption spontanée, cause principale et essentielle des avaries qu'elles entraînent..Ces idées sans doute n'étaient pas nouvelles, et nous connaissons leur mise à exécution dans plus d'une localité; M. Polonceau, peu de temps avant sa mort, les a développées dans un Mémoire qui offre beaucoup d'intérêt.

Jusqu'ici nous n'avions pas encore vu ce système employé sur des cours d'eau de quelque importance; mais des travaux que nous avons visités en Alsace, et leur succès constaté par l'expérience, ont rappelé nos idées sur ce sujet; et notre opinion réfléchie est que ce système mis à exécution sur une grande échelle, serait un remède presque assuré aux inondations, qu'il en préviendrait les plus grands désastres tout en multipliant le bienfait des eaux répandues sur le sol.

Mais venons au grand fait qui nous conduit à donner plus de développement à nos idées premières sur ce sujet.

M. Herzog, à Colmar, après avoir appliqué à la filature, au tissage et à l'impression des cotons et des laines toute la puissance d'une intelligence d'élite, a reporté sur la protection de son grand établissement, sur l'amélioration des propriétés qui l'entourent, sur la décoration de ses jardins et l'embellissement de ses alentours, toutes les ressources de son génie industrieux : placé dans le lit et à l'embouchure, dans la vallée de Colmar, du cours d'eau torrentueux dit le *Fecht*, soit torrent de la vallée de Munster, il avait à s'opposer à ses dégâts, à réparer ses dommages et à profiter du limon que portent ses eaux en compensation des désastres qu'il entraîne; il avait surtout à protéger tout l'ensemble de ses travaux, de ses jardins et de son établissement contre les irruptions d'un cours d'eau qui lui faisait souvent payer trop chèrement la puissance de plus de cent chevaux-vapeur qu'il donne à sa manufacture; enfin il avait à transformer des galets stériles en prairies fécondes; le but était grand et digne de toute son intelligence; eh bien! ce but nous a semblé rempli d'une manière à la fois simple, hardie et sans travaux ni frais bien considérables. Désormais les ravages du torrent seront beaucoup plus rares et moins étendus; il nous semble même l'avoir en grande partie dompté jusqu'à plusieurs kilomètres au-dessus de son habitation et pour le reste de son cours au-dessous de lui. Nous pensons aussi, et nous sommes tout-à-fait convaincu que si son exemple est suivi jusqu'à la naissance du torrent, tout le fond de cette belle vallée et de la partie de la plaine de Colmar sur laquelle elle débouche serait efficacement protégés contre les ravages annuels dont ces eaux font payer leurs bienfaits. En outre, des centaines d'hectares maintenant couverts de graviers, de pierres et de débris de toute nature seraient rendus à une culture productive, et formeraient bientôt une prairie de la plus haute fécondité, pareille à celle qu'a déjà créée M. Herzog à l'abri de ses premiers travaux. Maintenant M. Herzog père a confié leur direction à son fils, digne héritier de son intelligence et de sa capacité.

Le travail principal se compose de trois barrages successifs établis dans le lit du torrent, à 4 à 500 mètres l'un de l'autre; le premier, à 500 mètres au-dessus de son habitation, rachète en grande partie la pente du cours d'eau sur une longueur pareille en amont, et cette pente tout entière, à l'aide d'un canal en bois en relief sur le sol, est employée à faire mouvoir les deux grandes roues de son usine, chacune de 50 à 60 chevaux de force. Le second barrage est à

400 mètres du premier , et le troisième à une même distance du second ; ils sont en bois ou en pierre ; il leur a donné 2 à 3 mètres de hauteur, et il laisse au cours d'eau entre les barrages encore plus d'un mètre de pente. Chacun de ces deux barrages est abaissé dans son milieu de manière à y attirer les eaux ; des enrochements sont placés sous leur chute pour prévenir les affouillements ; les eaux ordinaires appelées par l'abaissement du barrage se creusent au-dessous de lui un lit spécial qui les contient alors même qu'elles sont agrandies ; toutefois leur niveau est ménagé de manière à envoyer sur leurs deux ailes une partie des eaux, pour arroser de grandes étendues de graviers et de galets sans produit qui couvrent les deux bords du torrent. M. Herzog a dressé ces terrains à surface très-inégale et en a fait des prés de première qualité ; et ce qu'il a fait aux culées de l'un des barrages peut se répéter à l'autre et successivement sur les ailes de tous les barrages en amont. Les eaux alors qu'elles grandissent sont ainsi divisées en quatre parts : l'usine prend d'abord l'eau qui lui est nécessaire, puis les deux dérivations s'alimentent pour l'irrigation des *galets* des deux rives, et enfin les eaux superflues qui restent dans le lit du torrent et dont la pente a été transformée en chute perdent ainsi leur vitesse d'accélération et par conséquent leurs moyens de nuire ; et calmées par les barrages, elles déposent en plus grande partie au-dessus de chacun d'eux les débris qu'elles entraînent.

Ce travail déjà très-heureux pour toutes les parties du bassin sur lesquelles s'étendent les barrages, protége particulièrement les propriétés inférieures jusqu'à l'embouchure du torrent dans la rivière de Colmar ; mais il n'est en quelque sorte qu'un bienfait local et qui ne suffirait pas, nous le craignons, dans les très-grandes inondations ; et puis le cours supérieur du torrent ne peut ressentir leur influence que jusqu'au dessus du dernier barrage ; mais il nous semble tout-

à-fait évident que si l'on échelonnait successivement ces barrages en remontant le cours d'eau , on obtiendrait d'une
manière à peu près absolue et durable sur toutes les parties
de ce bassin les grands avantages locaux qu'a obtenus
M. Herzog. Déjà des usines nombreuses qui peuvent se multiplier encore ont commencé le travail , qui s'achèverait par
des barrages placés dans l'intervalle qui les sépare. Mais le
le torrent ne sera tout-à-fait dompté que lorsqu'on aura
rompu son cours par des barrages qui enverront ses eaux
sur les rampes gazonnées de ses bords. Il en résultera alors
d'immenses bienfaits, les irrigations se multiplieront, des
terrains nombreux où l'on n'ose hasarder aucune espèce de
culture deviendront d'excellentes prairies. Ainsi donc nous
trouvons dans ce système des avantages multipliés : les eaux
par leur division sont diminuées de volume et s'épanchent
en grande partie en nappes amorties sur leur littoral ; elles
perdent cette soudaineté qui en accroît la masse et le danger ;
elles perdent la vitesse qui les rend rongeantes, et leur fait
entraîner avec elles ces masses destructives de graviers si
funestes à leurs rivages ; enfin, rendues au calme, elles
n'arrivent plus que lentement et sans débris à la rivière dont
elles sont les tributaires.

Mais si l'on envisage l'influence de ces travaux sur le grand
bassin où arrivent les eaux du torrent, la question prend
encore beaucoup plus d'étendue ; les barrages, après avoir
préservé et enrichi la vallée où coule le torrent, amènent
au cours d'eau des eaux tranquilles, affaiblies et retardées
dans leur cours ; il s'ensuit donc, comme les grandes inondations n'ont lieu que par l'afflux temporaire et simultané
des eaux torrentielles, que le barrage des torrents serait le
moyen le plus efficace de préservation de tout le littoral des
cours d'eau. Ces eaux dès leur origine , retardées dans leur
cours et versées sur les rampes graveleuses où elles créent
des prairies , sont en partie consommées par la végétation et

en partie évaporées ; une autre portion s'infiltre dans le sol, et le reste, diminué de moitié, descend en filets amortis dans le lit du cours d'eau ; les eaux évaporées ou absorbées par la végétation restent dans l'atmosphère pour y produire des rosées et des pluies bienfaisantes ; celles qui s'infiltrent dans le sol sortent au bas des rampes en sources fécondantes qui répandent leur trésor d'irrigations sur la vallée ; les sources anciennes éteintes depuis le déboisement se rouvrent, les sources temporaires deviennent pérennes, les pérennes voient grandir leurs eaux ; il en résulte que les eaux temporaires et simultanées du torrent qui portaient leurs ravages jusque dans le grand bassin se changent en eaux bienfaisantes et durables qui améliorent et enrichissent la contrée.

On ne peut pas toujours sans doute établir des prairies sur les rampes ; ici elles sont à surface trop inégale, là elles sont trop rapides ; c'est dans ces positions, s'il reste de la terre sur le sol, que le reboisement conviendrait éminemment. Il devrait surtout s'étendre sur les pentes rapides où les eaux ne peuvent atteindre ; car nous ne devons pas oublier qu'il est un moyen efficace d'arrêter l'écoulement des terres, de retenir et conserver pour le sol de la contrée les eaux des grandes pluies ; les bois font en quelque sorte en détail l'effet que produit en masse le barrage du torrent : chaque cépée de taillis, chaque arbre avec ses branches et ses feuilles divise, retient les eaux et les fait pénétrer dans le sol ; et puis rien n'empêcherait qu'on n'épanchât sur ce sol boisé les eaux soutenues par les barrages. Des expériences récentes de M. Chevandier ont prouvé que l'irrigation convient aussi très-bien aux bois et aux grands végétaux qui les peuplent. Ainsi donc ce serait à ce double moyen, le barrage des torrents et le boisement des pentes, qu'on pourrait devoir la cessation de ces fatales inondations qui, depuis quelques années, causent tant de désastres.

Il nous semble facile d'établir que c'est spécialement à l'irruption soudaine des eaux des torrents que sont dus les désastres des inondations. Les inondations arrivent par les eaux que jettent immédiatement dans les grands cours d'eau les torrents ou les rivières grossies subitement par eux ; les eaux qui alimentent les cours ordinaires des rivières proviennent de sources ; mais le cours de ces sources est tranquille ; lors des inondations, elles grossissent lentement et ne sont point chargées de débris, pendant que les torrents rassemblent presque instantanément et en masse les eaux qui tombent sur les flancs dénudés des montagnes et sur leurs côtes déboisées ; ce sont eux qui charrient ces débris qui, dans leur course rapide, avant d'engraver la plaine, brisent et entraînent tout sur leur passage. Ainsi donc quand on aura retardé l'écoulement de leurs eaux, diminué leur masse, empêché leur érosion et retenu sur les barrages les débris qu'ils peuvent encore charrier, on aura résolu le problème de diminuer l'étendue des inondations, de les rendre plus rares, plus lentes, plus calmes ; on aura fait cesser les engravements si funestes à la plaine, les ensablements qui, comblant les lits des rivières, forment de si grands obstacles à la navigation, et on cessera de se croire obligé de recourir aux digues, remède pire que le mal qu'elles veulent empêcher.

Il est quelques torrents qu'on ne peut pas barrer, comme par exemple une partie de ceux qui sortent des glaciers des montagnes primitives : mais ceux-là ne sont pas dangereux ; ils grossissent surtout par la fonte estivale des neiges, et, à cette époque, les inondations sont rares, parce qu'on n'est pas dans la saison des grandes pluies.

Le spécifique étant trouvé, resterait à l'appliquer.

Le travail commencerait par les torrents qui versent immédiatement dans les grands bassins ; ce sont eux qui font le plus de ravages, parce qu'ils portent immédiatement sur de grandes étendues leurs eaux soudaines avec les débris qu'ils entraînent, parce qu'ils jettent dans le lit du fleuve des engravements qui le comblent, qu'ils interceptent la navigation et mettent bientôt obstacle à l'écoulement des eaux de toute la contrée.

Par ce premier travail, les grands bassins verraient disparaître les inondations les plus soudaines qui les couvrent des débris des montagnes; le travail se ferait ensuite sur les torrents qui versent immédiatement dans les grands affluents et se continuerait pour s'achever sur les torrents tributaires des petites rivières; c'est là un grand travail sans doute, mais qui peut se faire petit à petit, et qui donne, à mesure qu'il se fait, des résultats immédiats et d'une grande utilité.

Ce travail cependant est beaucoup moindre que celui des digues et surtout des digues insubmersibles à établir le long du cours des torrents; il suffirait le plus souvent que les barrages eussent la hauteur des digues submersibles, et puis ils ne feraient que traverser le lit du cours d'eau à des distances de plusieurs centaines de mètres, pendant que les digues doivent le suivre sur ses deux bords dans tout le développement de son cours. Les barrages, il est vrai, ont besoin de plus de solidité; mais ils n'auraient pas dans le cours des torrents un cinq-centième du développement des digues qu'on veut donner à celles-ci, et ils ne s'établiraient que pour les torrents, pendant que le système d'endiguement doit s'étendre successivement sur la plus grande partie des cours d'eau. En résumé, ils n'exigent peut-être pas un deux-centième de la dépense qui serait nécessaire pour compléter le système d'endiguement qu'on sollicite, et cependant ils remédient puissamment aux dangers des inondations en les prévenant dans la source même de leur mal, pendant que l'expérience nous prouve que les digues en aggravent souvent les désastres.

Sans doute dans l'état de notre législation et avec la division des propriétés, on rencontrerait des obstacles, et effectivement M. Herzog en a rencontré qu'il a fini par vaincre;

mais le principe des dispositions légales nécessaires pour faciliter ces travaux est écrit dans nos lois qui autorisent les expropriations pour cause d'utilité publique ; il suffirait donc que la jurisprudence appliquât ce principe à l'établissement des barrages.

On nous demandera ce que deviendront ces eaux au sortir des prairies et des fonds arrosés ? L'infiltration dans le sol , la végétation , l'évaporation en auront consommé une partie ; ce qui resterait, si les voisins refusaient d'en profiter , serait ramené au lit du torrent par une rigole qui les recueillerait au bas des fonds irrigués.

Mais comment répartir les frais de ce grand travail ? Il est utile à un bien grand nombre ; il est donc naturel que ceux auxquels il profite en supportent la plus grande partie. Ce travail est d'abord un grand bienfait pour le propriétaire lui-même sur lequel il est assis , pour ceux ensuite auquel il envoie les eaux et pour tous les riverains du torrent sur tout son cours ; on pourrait donc leur demander la moitié des frais , et la commune en supporterait un quart en prestations en nature ; le dernier quart serait payé par l'Etat. Sans doute, on pourrait appeler à contribution les propriétaires des bassins grands et petits, préservés désormais des grands désastres des inondations ; ces bassins représentent un sixième peut-être de l'étendue du sol français, et en quotité d'impôts la moitié au moins de celui du sol tout entier ; mais la répartition serait bien difficile , et ici , à ce qu'il nous semble, l'intérêt est si étendu, que nous pensons que c'est l'Etat, c'est-à-dire la bourse de tous, qui doit achever de solder ce que les riverains immédiats ne paieraient pas.

Tous ces travaux sont bien nombreux et ils doivent être solides ; mais pour qu'ils soient possibles , il faut qu'ils soient faits sans luxe et avec économie ; les pierres abondent sur les bords des torrents ; les barrages ne seraient donc autre chose qu'un enrochement revêtu à sa face d'aval d'un bon parement à gros blocs sans mortier. Quoique simples et faciles, ces travaux ne peuvent être laissés à l'arbitraire des intéressés : il faut faire des nivellements préliminaires, arrêter la place des barrages, leur nombre, leurs dimensions, les circonstances de leur construction. Ici nous voyons de plus fort la nécessité de ces ingénieurs hydrauliques que le pouvoir vient d'accorder à l'instante sollicitation des intérêts de l'agriculture et de la salubrité publique.

Il y aurait donc là une législation à établir, toute une machine à organiser et à faire mouvoir, chose difficile à obtenir dans le système qui nous régit ; mais les intérêts à conserver sont si puissants, les désastres à prévenir si terribles, les pertes en capitaux et en revenus si grandes, qu'il nous semble que le gouvernement ne doit pas hésiter à faire étudier la question et à la présenter le plus tôt possible au pouvoir législatif ; l'étude seule de la question serait déjà, à notre avis, un grand bienfait ; il en résulterait naturellement la suspension des travaux si coûteux d'endiguement qui se continuent encore sur un grand nombre de points.

Ce système demanderait sans doute des développements plus étendus, mais ce n'est pas ici le lieu de les produire ; ils retarderaient notre marche dans notre travail sur la question spéciale de l'emploi des eaux.

SECTION V.

Des diverses qualités des eaux d'irrigation et des moyens de les améliorer.

CHAPITRE Ier.

DES DIVERSES QUALITÉS DES EAUX.

Les grandes entreprises d'irrigation demandent souvent des travaux considérables et très-dispendieux; la qualité des eaux de laquelle dépend tout le succès est donc bien importante à connaître. Ainsi dans le voisinage du bassin d'Arcachon on a rassemblé à grands frais des eaux provenant des Landes, qui devaient arroser 3,000 hectares et faire marcher de nombreuses usines; *les eaux rassemblées à grands frais se sont trouvées de mauvaise qualité, ont été répandues trop abondamment et n'ont*, nous dit **M.** Mescure, *produit que des effets désastreux.*

1. La limpidité des eaux ne peut pas faire juger de leur qualité; elles peuvent, *quand même*, contenir des principes utiles ou nuisibles à la végétation; il en est de limpides qui sont excellentes et d'autres qui sont essentiellement mauvaises.

Les eaux, disent quelques auteurs, qui sont bonnes à boire, qui dissolvent bien le savon, cuisent bien les légumes, sont propres à l'irrigation; nous en connaissons qui ont ces trois qualités et qui ne sont que médiocres; ces qualités annoncent simplement qu'elles sont pures, c'est-à-dire ne renferment en dissolution que peu ou point de principes spécialement nuisibles à la végétation. Ces eaux peuvent être utiles pour rafraîchir le sol pendant l'été, mais on doit les en éloigner pendant l'hiver ou les temps frais; cependant lorsque la prairie a été fumée, on peut les répandre dans presque toutes les saisons, parce qu'elles se chargent alors en les dissolvant des principes fécondants du fumier qu'elles font pénétrer en terre. Nous ne qualifierons donc de bonnes eaux que celles qui contiennent quelques principes dissous favorables à la végétation.

2. On peut ordinairement, en voyant dans son lit la source ou le ruisseau, présumer d'une manière à peu près sûre la qualité des eaux; lorsqu'il y croît du *cresson*, du *beca-bunga*, qu'il se forme sur les cailloux du fond une couche visqueuse noirâtre, que dans les parties où l'eau ne circule pas rapidement une espèce d'algue verte nage dans son sein, ou qu'enfin les bords se couvrent d'herbe vive, on peut être certain que ces eaux, répandues à propos, féconderont la prairie sans qu'il soit nécessaire d'y mettre du fumier.

S'il s'agit de l'emploi d'un cours d'eau de quelque importance, l'inspection des prairies qui le bordent doit faire juger de la qualité de ses eaux; alors même que ses rives seraient labourées, il y a toujours sur les bords des parties gazonnées, des atterrissements nouveaux dont l'herbe fait connaître l'effet des eaux. Et puis dans les pays même où l'irrigation n'est pas employée, en remontant le ruisseau ou ses affluents, on trouve toujours, petit ou grand, un bassin en prairie dont le produit éclaire sur celui qu'on doit attendre de l'emploi de ses eaux.

3. Il paraît que les eaux qui sortent des terrains primitifs sont généralement de bonne qualité; elles tiennent, à ce qu'il semble, le plus souvent en dissolution, des sels alcalins, de potasse ou de soude dont l'effet est toujours avantageux, particulièrement sur les graminées. Les eaux qui sortent des grès rouges sont ordinairement très-bonnes; ainsi, dans les Vosges, celles des sources et des rivières donnent

naissance à de bons prés qui produisent des foins d'excellente qualité ; les prés marécageux même qui y existent encore en assez grand nombre (car on ne les a pas tous assainis) donnent, en petite quantité il est vrai, du fourrage qui nourrit assez bien les bestiaux. Les eaux de la Moselle et de la Meurthe qui prennent naissance dans les grès des Vosges font d'excellents prés, et on peut regarder comme certain qu'elles doivent cet avantage aux grès en décomposition dont elles sortent. Ces grès abondent en *feldspath*, qui renferme une grande proportion de potasse et d'alumine ; cette dernière sert à lier entr'eux les grains siliceux du grès, pendant que les sels alcalins activent la végétation qui les couvre ; c'est probablement la bonne qualité de ces eaux, la multiplicité des sources et une constitution atmosphérique favorable qui ont engagé les habitants à soigner spécialement leurs prés, et les ont conduits à la découverte des deux meilleures méthodes connues pour l'irrigation, l'une pour les prés en pente et l'autre pour ceux en plaine. Cette bonne qualité des prés n'existe pas pour tous les pays à formation de grès ; le sol y est généralement mauvais lorsque ce grès se compose presque uniquement de fragments de quartz qui, au contraire du *feldspath*, résiste à la décomposition et ne contient ni argile, ni potasse ; le plus souvent les eaux du grès houiller sont médiocres, ainsi que les prairies qu'elles arrosent.

4. Les eaux des vallées des Alpes placées dans des roches primitives sont aussi de très-bonne qualité, et les prairies qu'elles arrosent ont une intensité de verdure qui annonce une végétation vigoureuse. Il y a, il est vrai, dans ces contrées élevées une atmosphère constamment chargée d'humidité, des rosées abondantes qui rendent les sécheresses rares, peu dangereuses, et qui sont éminemment favorables aux produits des graminées.

On remarque que les eaux des terrains primitifs favorisent plus spécialement les graminées, et celles des terrains calcaires les légumineuses; d'où l'on peut induire, ce que prouve d'ailleurs l'expérience, que les principes alcalins sont très-favorables à la végétation des graminées pour fourrages ou pour céréales, pendant que les principes calcaires le sont plus spécialement aux légumineuses fourrages comme aux légumineuses granifères.

5. Les eaux qui sourdent des formations calcaires sont généralement bonnes; il en est qui sont de la plus excellente qualité, qui, au sortir de la source, quelque peu abondantes qu'elles soient, semblent aussi fécondantes que des égoûts de fumier, et donnent naissance à un tapis d'herbe verte et serrée; aussi faut-il souvent les changer de place, sous peine de voir verser les produits longtemps avant maturité. Lorsque ces eaux s'éloignent de leur source ou restent dans leur lit, elles perdent une partie de leur puissance fécondante; mais elles la perdent encore plus promptement lorsqu'elles ont passé sur une certaine étendue de prairies; le foin verse alors dans les parties supérieures du pré, tandis qu'il est beaucoup moins abondant dans les inférieures; dans ce cas il faut les envoyer alternativement dans ses diverses parties; ce soin est surtout nécessaire avec des eaux peu abondantes; lorsqu'au contraire la source est forte et féconde, en la versant en nappe elle conserve plus longtemps son action et ses eaux ont moins besoin d'être ménagées dans leur distribution; du reste rarement les excellentes eaux proviennent de sources abondantes.

6. Lorsque le temps est favorable, l'effet des bonnes eaux se prononce promptement; par le temps froid et le vent du nord il est beaucoup plus long à se faire sentir que par le vent du midi; lorsqu'on les envoie pour la première fois sur un gazon, il faut un certain temps, fut-ce même en bonne saison, pour que leur effet se prononce; mais au bout de huit à quinze jours, suivant la qualité des eaux, on voit

apparaître la nuance verte vive qui le caractérise. Et ce qu'il y a de bien remarquable, c'est que quand le sol a été amené pendant un an ou deux à cet état par une irrigation suivie, dans les années suivantes elle peut être une fois moins abondante et cependant produire le même effet ; mais n'oublions pas qu'il ne se produit tout entier que sur les parties qui s'égouttent très-bien. Ces eaux toutefois ne sont pas inutiles sur les terrains qui s'égouttent mal, mais le foin ne s'y produit pas avec la qualité qu'il a sur les parties où elles ne font que passer. Et puis la nappe irrigatrice doit être mince ; il est remarquable que dans une prairie arrosée de bonnes eaux, les parties où elles ne font que passer en nappes minces donnent plus et de meilleur foin que celles où, réunies en trop grande masse, elles couvrent le gazon d'une nappe épaisse. Il est tout-à-fait utile à la qualité et à la quantité du produit que les petites tiges et une partie des feuilles du gazon restent à l'air : l'effet des eaux s'annonce alors plus prompt et plus énergique ; il semble que la plante a besoin du contact atmosphérique pour que l'action de l'eau s'exerce plus entière.

D'ailleurs, cette puissance des eaux s'use assez promptement ; si la nappe irrigatrice s'étend un peu loin, on voit son effet s'amoindrir petit à petit ; cependant en rassemblant les eaux dans une rigole, leur mélange retrouve des forces, et la nouvelle nappe produit encore un effet sensible.

Le produit des bonnes eaux est grand ; il est plus grand et se fait même plus promptement sentir que celui d'un engrais superficiel ; il est, il est vrai, moins durable ; mais il peut s'accroître encore beaucoup lorsqu'il se joint à une abondante fumure.

7. On a recherché quels pouvaient être les principes qui donnaient à l'eau ces éminentes qualités. Ces eaux sortent limpides de leur source ; c'est donc à un principe dissous et non suspendu qu'elles les doivent ; elles déposent à l'entrée

et quelquefois sur le bord des rigoles une mousse blanchâtre qui, analysée, a donné de la chaux carbonatée. On a pensé que le principe dissolvant était l'acide carbonique en excès, et que par conséquent la substance dissoute serait le bi-carbonate de chaux; on a cru pouvoir par là s'expliquer assez naturellement la grande fécondité de ces eaux, en disant que les plantes y trouvent à la fois la chaux et le carbone dissous qui, dans cet état, s'assimilent dans la plante des éléments de laquelle ils constituent une grande partie. Cette explication ne serait pas complètement satisfaisante, car ces eaux de formation calcaire se versent presque toujours sur les sols calcaires eux-mêmes, où les chaulages et les marnages ne produisent aucun effet avantageux.

D'ailleurs, lorsque dans les eaux le bi-carbonate de chaux se trouve en excès, elles deviennent incrustantes, précipitent leur carbonate de chaux à l'état pierreux, pendant que dans les bonnes eaux d'irrigation il semble rester constamment dissous; ces eaux incrustantes sont essentiellement mauvaises pour les prés, pendant que les autres leur sont extrêmement favorables; il semblerait donc qu'elles devraient renfermer d'autres principes de fécondité. Ces principes seraient-ils azotés? rien ne semblerait l'annoncer; ces eaux se conservent assez longtemps sans s'altérer, et rien alors dans l'odeur qu'elles répandent n'annonce de l'azote; la science donc, à ce qu'il paraît, n'a point encore trouvé sur ce point, comme sur beaucoup d'autres, le dernier mot de la nature.

8. Les terrains sur lesquels on dérive les eaux des grands cours d'eau dans les deux contrées de France où on les utilise, au pied des Alpes et des Pyrénées, sont en général calcaires; les eaux issues des contrées primitives y conviennent spécialement; ainsi celles de la Durance sont beaucoup préférées à celles de la grande source de Vaucluse qni sort des terrains calcaires; ces dernières donnent à la terre le carbonate de chaux qu'il contient déjà en surabondance, pen-

dant que la Durance semble lui fournir l'élément essentiel des graminées et des céréales, la potasse qu'elle amène des terrains primitifs et qui paraît lui manquer entièrement.

L'Isère serait comme la Durance; ses eaux portent avec elles l'alcali sur les terrains qu'elles arrosent; ce puissant effet des eaux des terrains primitifs sur les terrains calcaires qui leur donne la potasse et la soude qui leur manquent doit nous faire présumer que la réciproque serait vraie, et que les eaux sortant du terrain calcaire féconderaient puissamment les sols argilo-siliceux et granitiques; c'est là une espèce de marnage du sol qui distribue à toute sa surface en molécules le carbonate de chaux qui lui manque et qui, par cette raison, semblerait devoir être très-efficace.

On connaît bien l'effet avantageux des eaux des terrains calcaires sur les terrains de transport argilo-siliceux, silico-argileux qui se trouvent souvent dans les plaines où abondent les formations calcaires; mais comme le niveau de ces eaux est généralement inférieur à celui des terrains primitifs, on peut rarement juger de leur effet sur eux.

9. En nous résumant sur l'essentielle distinction des eaux provenant de formations calcaires et de celles provenant des terrains formés de grès, granits et autres roches siliceuses en décomposition, nous dirons que le principe fécondant des bonnes eaux des terrains calcaires serait en grande partie volatil; ces eaux ne sont jamais aussi fécondantes qo'au sortir du sol; leur effet est moindre après quelque trajet, quand même il ne se ferait que dans le lit du petit ruisseau. En outre, il s'épuise assez promptement; ces sources le plus souvent peu abondantes font au printemps surtout des taches vertes sur la prairie qui ne s'étendent pas bien loin, et afin d'en tirer le plus grand parti possible, il est nécessaire de les promener de place en place, de manière qu'elles arrivent neuves aux parties qu'on veut améliorer. Il semblerait donc que leur principe fécondant se dissipe facilement à l'air

et surtout par le contact des plantes du gazon sur lequel elles passent, qui s'en emparent sans laisser la part du gazon inférieur. Serait-ce l'acide carbonique seul qui serait ce principe, ou quelque bi-carbonate non aperçu jusqu'ici, mêlé au bi-carbonate de chaux, qui, seul et abondant, produit les eaux incrustantes plus contraires que favorables à la végétation?

Il n'en serait pas de même des eaux provenant de formations plus anciennes, composées des débris de grès, de granits et de roches qui contiennent en abondance le feldspath. Ces eaux sont aussi très-fécondantes; mais leur effet, alors même qu'elles ne sont qu'en petite masse, s'étend beaucoup plus que celles des formations calcaires; il se prolonge au loin, et le tapis de gazon prend une teinte homogène. On n'est point obligé, comme pour les premières, de les changer aussi souvent de place; les premières planches qui les reçoivent laissent passer une partie notable de leur principe fécondant aux planches inférieures; ce principe fécondant serait donc fixe, au contraire de celui des eaux de formation calcaire qui est volatil; il serait dissous dans l'eau, et en raison de ce qu'il y aurait une moindre affinité réciproque entre ce principe et le gazon que dans l'emploi des eaux des formations calcaires, ces eaux ne le perdraient que petit à petit; mais ce principe provient nécessairement d'éléments solubles de roches feldspathiques, c'est-à-dire de la potasse et de la soude qui s'y trouvent en grande proportion; c'est ce principe alcalin qui donne cette teinte vive à tout le gazon des terrains primitifs des contrées alpines.

Il suivrait donc des effets si différents de ces deux catégories d'eau, que les méthodes d'irrigation devraient varier suivant que ces eaux appartiennent à l'une ou l'autre formation.

10. Les eaux des terrains volcaniques produisent un très-grand effet sur les prairies; dans la Limagne, aux environs

de Clermont, les eaux du Royan donnent naissance à des prés de la plus excellente qualité; on conçoit que ces eaux chargées de principes salins, les mêmes qui rendent si fécond le sol volcanique en labour, doivent produire un grand effet sur la surface du sol en prairies.

11. Les eaux thermales produisent aussi un effet très-remarquable; les prés au-dessus de Plombières ne valent pas le quart de ceux placés au-dessous, qui reçoivent les mêmes eaux mêlées aux eaux minérales; la chaleur de ces eaux peut bien y contribuer; mais elle est bientôt dissipée, elle ne peut donc être la seule cause de leur efficacité; mais souvent ces eaux, et particulièrement celles de Plombières, de Vichy et de Bade que nous avons été dans le cas d'obser ver, contiennent le bi-carbonate de soude, dont l'effet est puissant sur la végétation.

12. Il est des eaux de terrain calcaire qui, sans être incrustantes, ne produisent qu'un effet médiocre; ainsi la rivière de Sorgue, cette belle nappe d'eau de la fontaine de Vaucluse, semble avoir absolument besoin de fumier pour féconder les prairies comme les terres labourables; nous avons vu les belles eaux de Valence demander pour leurs excellents prés une abondante fumure triennale; il en est de même de celles du bassin de Nice et d'une foule d'autres; ces eaux dans leur grande abondance sont souvent blanchâtres, et entraînent par conséquent des parties marneuses et argileuses en suspension; à peine s'explique-t-on qu'elles ne produisent aucun effet sans engrais, mais c'est un fait qu'il faut bien accepter : M. de Gasparin citait au Congrès scientifique de Nîmes un pré qu'il a vu arroser à grandes eaux pendant vingt ans sans fumier, et dont les récoltes ont été sans cesse décroissant.

13. Les eaux qui s'écoulent des terres labourées sont presque toujours de très-bonne qualité, et se dirigent avec avantage sur les prairies; elles entraînent toujours avec elles des

parties d'engrais, d'humus et de terreau éminemment utiles. Mais elles donnent lieu à une singulière anomalie qui semble en contradiction avec ce qui précède. On observe généralement dans notre pays que les eaux qui viennent des terrains calcaires labourés produisent médiocrement d'effet, pendant que c'est tout le contraire pour celles qui proviennent de sols sans principe calcaire. Ce principe s'emparerait-il des engrais de manière à les empêcher d'être entraînés par les eaux? Quelle qu'en soit la raison, c'est un fait constaté dans un grand nombre de lieux.

14. Les eaux qui sortent de formations purement argileuses sont souvent de qualité médiocre; elles sont cependant utiles pendant l'été en donnant de la fraîcheur au sol et fournissant un aliment à la transpiration des plantes de la prairie; mais il ne faut les employer que temporairement; dans les temps froids, humides et sur les sols argileux surtout, elles font venir par leur emploi continué des joncs et des petits carrex qui donnent peu et de mauvais fourrage. Ces eaux se rencontrent assez fréquemment dans les pays où les dépôts calcaires alternent avec les dépôts argileux; alors les eaux qui suintent de formations calcaires sont d'excellente qualité, celles qui sourdent plus bas de la formation argileuse n'ont plus qu'une action fécondante médiocre. Cet effet se remarque spécialement sur le plateau argilo-siliceux qui règne dans le bassin de la Saône, depuis les portes de Lyon dans l'Ain jusque dans Saône-et-Loire et le Jura.

15. Nous rappellerons ici que les bonnes eaux, et particulièrement celles des terrains calcaires, doivent, autant que possible, être employées immédiatement au sortir de la source; elles perdent, en courant à l'air, des principes que nous croyons gazeux, d'une grande puissance fécondante. La plupart des eaux de mauvaise qualité ou même de qualité médiocre y gagnent au contraire; perdraient-elles dans le trajet leurs principes nuisibles, ou en gagneraient-elles

d'utiles par leur mouvement dans l'atmosphère ? L'un et l'autre pourraient être vrais, suivant la nature des eaux : les eaux incrustantes se débarrassent de leur carbonate de chaux nuisible, et on a remarqué que des eaux qui paraissent avoir épuisé dans des irrigations supérieures leur puissance fécondante semblent en retrouver après avoir couru quelque temps dans leur lit, et surtout après avoir été battues dans les artifices d'une usine.

16. Les eaux des habitations, des cours de domaines, des villages, des villes sont de la plus excellente qualité; elles sont chargées d'engrais de toute espèce et doivent être recueillies partout avec empressement. Dans les pays où l'on entend l'économie des prairies, on y envoie avec grand profit l'eau des chemins; la circulation des animaux y dépose chaque jour des engrais; leur forme, le plus souvent creuse, y attire les eaux des terres voisines; en sorte que, dans les temps de pluie, celles qui s'y amassent sont très-fécondantes.

17. Les eaux des terrains pyriteux passent pour être mauvaises; elles donnent naissance à un foin de mauvaise qualité; et cependant les expériences de M. Eusèbe Gris ont démontré de la manière la plus précise que le sulfate de fer est un puissant stimulant de la végétation, qu'il a spécialement la faculté de guérir les plantes malades, de changer la couleur jaune des feuillages et des tiges, signe de faiblesse et de maladie, en une couleur verte, indice de vigueur et de santé, et enfin que les plantes ranimées poussent bientôt avec force. Ne serait-il pas probable que le mauvais effet des eaux pyriteuses viendrait de l'excès du principe fécondant qui s'y rencontre? Quel serait le moyen de faire cesser l'effet nuisible et reparaître l'effet avantageux?.....

18. Les eaux de neige doivent, nous dit-on, être rigou-reusement éloignées des prairies; il y aurait ici une distinction essentielle à faire. On sait que la neige est favorable à la végétation et aux blés qu'elle couvre, et les eaux des dé-

gels entraînent avec elles beaucoup de principes fortifiants. Elles peuvent nuire cependant à la fin de l'hiver, aux derniers dégels, parce que, s'infiltrant dans l'épaisseur de la couche végétale à la température de la glace fondante, elles engourdissent la végétation dans le moment où elle doit se ranimer; mais les eaux de neige ou de dégel du commencement et du courant de l'hiver devraient, nous le pensons, être utiles aux prairies en raison des principes fécondants qu'elles leur apportent, et de ce qu'à cette époque la végétation du printemps encore éloignée n'a rien à perdre au refroidissement du sol; leur infécondité tiendrait donc à leur basse température qui se communique dans le sol à une profondeur telle, que la douce chaleur du printemps a beaucoup de peine à amener la couche végétale où travaillent les racines à la température de l'air ambiant, principe essentiel de végétation.

19. Les eaux qui ont passé à diverses reprises sur un sol de prairies y laissent leurs principes fécondants; elles sont ce qu'on appelle fatiguées et ne reprennent pour ainsi dire des forces qu'en retombant dans le lit du cours d'eau, où elles se mêlent à d'autres. Ces eaux fatiguées, lorsqu'on leur donne du mouvement, qu'on les fait tomber en cascade, qu'on les emploie à une usine, peuvent de nouveau servir avec avantage; c'est encore là un fait pratique dont la cause s'explique difficilement.

Il paraît que sur les prés en pente les rigoles disposées d'étage en étage, qui reçoivent les eaux et les rassemblent pour les verser ensuite sur l'étage inférieur, servent à prolonger leur action fécondante. Dans les Vosges, on fait ces rigoles peu profondes. M. Emile Jacquemin nous dit qu'en Allemagne, dans le même système, on les veut profondes; les eaux y prennent alors un repos prolongé. Ce repos leur serait-il favorable? c'est ce que nous ne déciderons pas.

20. Les eaux qui passent sur des terrains marécageux leur

enlèvent des principes ennemis de la végétation et leur sont par conséquent très-favorables, puisqu'elles y laissent leurs principes utiles et entraînent ceux qui leur sont nuisibles; par cette double raison, elles nuisent aux prairies inférieures. Il en est de même des eaux des bois dans lesquelles les chênes ou les châtaigniers sont abondants; la feuille et tous les détritus du chêne et du châtaignier contiennent en grande proportion le principe astringent qui se dissout dans les eaux qui s'en écoulent, et produisent un effet analogue à celui des eaux qui ont passé sur les terrains marécageux; les fonds sur lesquels on les conduit recevant d'elles ces principes acides, en souffrent plus qu'ils n'en profitent; le principe astringent n'aide point, contrarie même la végétation, donne naissance à des carrex, des plantes de mauvaise qualité. Dans les sols où il n'existe pas et qui ne le créent pas, les génerations successives de végétaux vivent des débris de celles qui les précèdent; dans ceux au contraire qui s'écoulent mal, le principe astringent se produit et détermine le même effet sur la végétation que dans ceux où on l'introduit : il y remplit sa destination, qui est de conserver les débris végétaux en les transformant en humus acide; mais les générations végétales qui se succèdent ne peuvent vivre de cet humus; le sol devenu acide est donc peu fécond; toutefois, par une destination providentielle, lorsqu'il est humide et noyé, son niveau s'élève au moyen des débris entassés, et bientôt, échappant aux eaux, l'humus se désacidifie, et le fond devient de bonne qualité, surtout si on peut y conduire de bonnes eaux et les faire écouler avec facilité.

En résumé donc, il est prudent de refuser pour sa prairie des eaux qui viennent d'arroser des prés marécageux, à moins toutefois qu'elles ne soient abondantes, cas auquel les principes fécondants qui leur restent compensent au delà du dommage qui peut résulter des principes astringents qu'elles entraînent.

21. Il arrive quelquefois que des eaux qui prennent naissance dans des marais sont de bonne qualité ; il en est qui nourrissent des écrevisses et même des truites, ces deux caractères annoncent de bonnes eaux ; mais leur qualité s'aperçoit encore mieux dans les bons prés qu'elles produisent à l'issue des marais ; elles la devraient, à ce qu'il semble, à ce qu'infiltrées sur le plateau riverain qui borde le pli de terrain où se trouve le marais, et traversant les formations calcaires qu'il renferme, elles en recevraient un principe fécondant qu'elles rendent plus tard à la prairie.

CHAPITRE II.

DES MOYENS DE CORRIGER LES MAUVAISES EAUX.

On ne peut pas donner de principe général et certain sur cette question ; des eaux peuvent être mauvaises par plus d'une raison, et le moyen de les améliorer varierait avec les causes de leur infécondité ; l'expérience doit donc diriger en ce point. Mais il semble que lorsque l'infécondité des eaux provient de la nature du limon qu'elles charrient dans les grandes eaux, on peut tout au moins, lorsqu'elles sont claires, les employer pendant l'été à rafraîchir le sol, à moins qu'elles ne contiennent des principes dissous contraires à la végétation.

Les sources qui sortent de sols argileux et s'y chargent d'une argile nuisible, celles qui sont incrustantes par excès de carbonate de chaux dissous, s'améliorent très-sensiblement en les réunissant dans un réservoir où elles déposent en plus grande partie leur limon argileux ou calcaire nuisible ; mais pour rendre à peu près sûrement profitables ces mauvaises eaux, il est très à propos de mettre du fumier dans le réservoir ; ces eaux en le traversant s'imprègnent de portions d'engrais, se modifient peut-être dans quelques-uns de leurs principes dissous, et produisent un effet sensiblement meilleur. En fumant le pré en automne ou au premier printemps, l'effet de ces eaux est sans doute bien aussi corrigé ; mais quand le fumier est rare, on obtient déjà un effet remarquable à beaucoup moindres frais, en se bornant à faire passer les eaux dans le réservoir garni de fumier. On doit y employer du fumier frais à grande litière, parce qu'il renferme alors tout son azote, et que les eaux le traversent plus facilement que le fumier consommé qui se tasse et reste au fond de l'eau ; il est utile de venir de temps en temps soulever ce fumier avec une fourche de fer ; chaque année on vide la serve soit réservoir, et on sort tout ou partie du fumier qu'on remplace par du fumier neuf ; celui de cheval est préférable à celui de vache, parce qu'il se tasse moins et qu'il est plus chaud.

En Suisse, faute de fumier, on remplit les réservoirs de branches de sapin vert sans les serrer, et les eaux s'améliorent en les traversant ; on les remplace quand elles ont perdu leurs feuilles. Le sapin pourrait se suppléer dans les pays où il manque par des genêts, des ajoncs, des fougères, des branchages de peuplier, de noisetier, de frêne ; mais il faut éviter d'y placer du chêne, du châtaignier ou de la bruyère, qui contiennent le principe astringent et nuiraient plus qu'ils ne serviraient.

La chaux pour les eaux chargées de principes astringents, pour celles qui contiennent le sulfate de fer en excès, pour les eaux médiocres sortant de terrains primitifs, pour celles qui ont déjà arrosé des prairies étendues ou des prairies marécageuses, nous paraît devoir être un moyen d'amélioration très-utile ; on la place, comme le fumier, dans une mare qui reçoit les eaux, en tête du pré.

Il est remarquable que les eaux de pluie chargées de limon

argileux, qui arrivent accidentellement dans les creux de marne, s'y clarifient très-promptement; quelle que soit la cause de la précipitation qui s'opère, il nous semble que quelques tombereaux de marne se placeraient utilement à la tête du pré, dans la mare qui recevrait les eaux chargées d'un limon peu fécond; lorsqu'on arrive à clarifier ces eaux, on ne les a pas pour cela rendues fécondantes; mais on les a débarrassées de leurs principes nuisibles, et tout au moins pendant l'été peuvent-elles servir à rafraîchir le sol.

Mais les mêmes eaux peuvent être mauvaises pour certaines terres et bonnes pour d'autres; celles chargées de limon argileux conviennent aux terrains légers, sablonneux, et nuiraient aux sols humides et froids. En ce point comme en une foule d'autres en agriculture, l'expérience doit toujours être consultée, et on ne doit pas se livrer à de grands travaux d'amélioration, de grandes avances de fumier ou de chaux, de grandes extractions et transports de marne, avant d'avoir convenablement essayé ces moyens d'amélioration.

SECTION VI.

Des différents emplois agricoles de l'eau.

CHAPITRE Iᵉʳ.

DU COLMATAGE.

Les eaux des pluies en coulant sur les pentes pénètrent la surface du sol, et lorsqu'elles sont abondantes elles la délayent, la mettent à l'état de limon et l'entraînent dans leur mouvement avec des graviers et des débris du sol. Ce limon est d'autant plus abondant que les pentes sur lesquelles ont coulé les eaux ont été plus fortes, et que le sol a opposé moins de résistance à leur action rongeante; les eaux des terres labourables plus ou moins chargées d'engrais en s'y joignant enrichissent le mélange. Nous avons vu précédemment que le barrage et l'emploi multiplié de ces eaux sur les pentes gazonnées pouvait y conserver la couche de sol qui n'aurait point encore été entraînée, et réparer même en partie les pertes que le passé leur a fait éprouver; mais arrivées dans la plaine, elles conserveraient encore une grande partie du limon dont elles s'étaient chargées; lorsqu'elles sont abondantes, dans leur marche incessante et rapide, elles s'épanchent sur leur littoral, en élèvent le sol, en augmentent la pente; mais elles lui sont souvent nuisibles en souillant ou entraînant ses récoltes; l'art consisterait donc à s'en rendre maître et à les envoyer sur des surfaces où leur limon accumulé peut rendre de grands services, soit en les fécondant, soit surtout en élevant leur niveau et leur donnant de l'écoulement si elles sont marécageuses.

La plupart des cours d'eau grands et petits offrent sous ce point de vue de grandes ressources ; le Rhône dans les grandes inondations charrie un deux-cent-trentième de limon, un centième même suivant d'autres observations ; l'Aude en charrie douze, et certains torrents du Bolonais trente-trois pour cent. Ce sont là de grandes pertes pour les contrées montagneuses ; ces contrées pourraient sans doute en amoindrir beaucoup les fâcheux résultats ; mais ces résultats, au lieu de diminuer, grandissent chaque jour, et quels que soient plus tard les efforts intelligents des montagnards, il descendra toujours beaucoup de limon dans la plaine qui pourra, en lui donnant une bonne direction, en tirer un bien utile parti.

Ces eaux chargées de limon, lorsqu'elles s'épanchent librement, servent à augmenter les pentes des cours d'eau ; mais par les bourrelets qu'elles forment sur leurs bords immédiats, ainsi que nous l'avons vu, elles nuisent à l'écoulement régulier des eaux ; dans les grands cours d'eau qui se jettent à la mer, elles produisent sur leurs bords et dans la mer elle-même des atterrissements qui offrent souvent sur leur surface des parties malsaines non comblées, des niveaux peu réguliers qui empêchent l'écoulement des eaux et créent des marais ; l'intelligence de l'homme est nécessaire pour les diriger ; il peut envoyer leur limon dans les points où il serait le plus utile, combler ainsi les marais, assainir le sol, le féconder et disposer enfin de ce limon de manière à porter remède à une grande partie du mal qu'il a produit, et à faire tourner au profit de la plaine les pertes éprouvées dans les parties montagneuses.

La quantité de limon charrié s'accroît avec l'intensité des inondations ; c'est donc des plus grandes qu'il faut chercher plus particulièrement à profiter. Nous sommes loin, dans ce que nous avons dit précédemment, d'avoir exagéré leur puissance ; l'inondation de 1841 a couvert quelques parties de la plaine de Beaucaire à Aigues-Mortes d'un mètre de limon; le Rhône, dans ces circonstances, en charrie jusqu'à un centième, et le Rhin, suivant M. Boussingault, un cinquantième. Le Rhône, suivant M. Mescure de Lasplane, ancien ingénieur militaire, débite alors par seconde 14 mille mètres cubes d'eau, chargée d'un centième de limon; en 24 heures seulement, il porte donc à la mer ou laisse sur les atterrissements de ses bords 12 millions 96 mille mètres cubes, ou 5 millions 259 mille s'il n'en charrie qu'un deux-cent-trentième (1). Si tout ce limon était utilisé, on comprend quels immenses secours pourraient en tirer les deux plaines marécageuses qui bordent son cours; dans le premier cas, il couvrirait, par jour de grande inondation, d'un mètre de limon plus de 1,200 hectares, et dans le second 526.

C'est cette puissance qu'il s'agit de diriger, et de faire tourner au profit du sol au lieu d'en être la ruine, en lui faisant élever les sols trop bas et combler les parties marécageuses; les premières entreprises un peu étendues de ce comblement artificiel sont dues à Torricelli, élève de Galilée; de là l'origine italienne du mot *colmater*, ou combler un terrain. Mathieu de Dombasle, en traduisant John Sinclair, avait rendu les mots de *warp* et *warping*, qui désignent en Angleterre la même opération par ceux de *limoner* et de *limonement*, leurs correspondants français. Un plus grand nombre d'auteurs qui en ont écrit ont adopté le mot italien francisé; dans un pays qui se gouverne par la majorité, nous nous rangeons de leur côté; cependant ces deux mots caractérisent deux résultats de l'opération que nous devons bien

(1) M. Rennel calcule que le Gange entraîne à la mer 80 millions de mètres cubes de terre par heure, qui sont la deux-centième partie du volume de ses eaux; l'alluvion déposée par les eaux du Nil forme la cent-vingtième partie de son volume, et égale près de 500 mille mètres cubes par heure; le Mississipi dépose 260 mille mètres cubes par heure, et le Koang-Hô, selon Barrow, 60 mille mètres cubes. *(Annales de Roville.)*

distinguer. Ainsi en premier lieu, le colmatage désigne l'élévation du sol au-dessus de son niveau; il a pour but d'assainir les marais en plaçant leur sol au-dessus des eaux qui le rendent infécond : c'est l'effet produit en Italie dans le val de Chiana; d'autre part, le limonement se fait dans le but de couvrir d'un limon fécond un terrain non marécageux, de créer un sol fertile sur des sables ou graviers des bords de rivières; c'est le résultat qu'on obtient en Angleterre près de l'embouchure des rivières limoneuses dans l'Océan, et en France dans l'intérieur des terres dans les départements de Vaucluse et de l'Ardèche.

On conçoit que dans un marais on peut obtenir les deux résultats; mais ils doivent être distingués, et les deux expressions qui les caractérisent doivent être admises comme utiles.

Depuis bien longtemps dans l'Ardèche on avait imaginé de se procurer au bord des torrents des atterrissements qui ressemblent beaucoup aux colmatages italiens; cependant la méthode est loin d'être répandue en France comme elle pourrait l'être. Nous avons vu dans le temps sur les bords de la Drôme des limonements bien réussis, entrepris par M. Rigaud de Lille, propriétaire très-instruit des environs de Valence; il avait fait partie avec Prony de la commission nommée par Napoléon pour explorer les marais Pontins et proposer des moyens d'assainissement; il avait vu en Italie de nombreuses colmates et apprécié leurs résultats; en rentrant chez lui, il les imita sur les bords de la Drôme avec un grand succès.

En Angleterre, dès le milieu du siècle dernier, on a obtenu de très-grands résultats; l'eau des marées qui remontent le Trent, l'Ouze, le Donn et autres rivières qui se déchargent dans le golfe de l'Humber, est chargée de six à huit pour cent d'un limon très-fertile. On a dirigé par des canaux de dérivation les eaux sur des terrains médiocres, et on a eu ainsi une couche d'alluvion qui en a quadruplé la valeur. Ce limon provient sans aucun doute des rivières elles-mêmes qui l'ont jeté dans l'Océan, où il s'est mêlé à des débris marins de toute espèce. On entoure de digues plus hautes que la *marée* le terrain qu'on veut *limoner*. On y reçoit les eaux au moment du reflux au moyen d'écluses, et on les évacue lorsqu'elles ont déposé leur limon. On obtient ainsi bientôt une couche d'excellent sol; les mois de juin, juillet et août sont plus spécialement choisis pour cette opération; elle se fait avec beaucoup plus de succès dans les eaux peu abondantes qui contiennent relativement plus de limon que dans les grandes eaux, où il est plus délayé. Les frais sont assez considérables, mais ils diffèrent beaucoup suivant les circonstances, la hauteur des digues, la longueur et la profondeur des canaux de conduite et l'étendue du sol qu'on veut *limoner*. John Sinclair porte cette dépense depuis 200 fr. jusqu'à 1,400 fr. par hectare. Il est bon que les pluies lavent un peu ce sol nouveau, plus ou moins imprégné de sel marin. Une année de jachère convient donc beaucoup; après elle on sème et laisse pendant deux ans du trèfle rouge ou du trèfle blanc. On remarque une grande différence dans la qualité du limon qu'amènent les eaux; les parties où l'eau commence à s'épancher reçoivent un limon sablonneux et léger, celles plus éloignées le reçoivent plus consistant et de meilleure qualité; les premières années produisent sans engrais : le froment, les fèves, les pommes de terre et l'avoine y réussissent très-bien. Le niveau du sol qu'on veut féconder doit être nécessairement au-dessous de la marée haute; il faut en conclure que toute la contréc d'Angleterre qui emploie ce procédé de fécondation est formée de *laisses* de basse mer, qu'on a mises en culture en les protégeant par des digues plus élevées que les grandes marées.

Sur les bords de la Méditerranée, où la marée est peu sensible, on ne peut pas limoner au moyen du reflux; c'est sur l'Océan et dans les côtes basses que cet effet peut avoir lieu, dans les bassins et près des embouchures des rivières ; les atterrissements qu'on s'y procure au moyen des *marées* contiennent beaucoup moins de sel que ceux des bords immédiats de la mer, qui sont formés par ses eaux sans mélange d'eau douce. Le reflux dans les bassins des rivières se compose principalement des eaux douces qui, au moment où la mer s'élève, sont d'abord retenues par l'élévation de ses eaux et bientôt refoulées dans leur lit. C'est dans ce refoulement que se produit un courant qui entraîne les vases de l'embouchure, les mêle aux eaux qui vont se déposer dans les parties supérieures sur lesquelles on les a dirigées et où on a préparé les digues pour les contenir et recevoir leurs dépôts ; cette opération qui, comme nous venons de le dire, a produit de très-grands résultats dans les bassins de plusieurs rivières en Angleterre, pourrait sans doute s'imiter sur de grandes étendues des côtes francaises de l'Océan, protégées par des digues contre les hautes marées. La plupart des embouchures des cours d'eau y sont accompagnées de *laisses* anciennes de basse mer diguées, qui souvent contiennent des parties marécageuses. En dirigeant convenablement les eaux du reflux chargées de limon, on comblerait ces marais et on renouvellerait leur fécondité dans toute leur étendue.

L'assolement suivi en Angleterre sur ces terres limonées est analogue à celui des anciennes *laisses* de basse mer entourées de digues qui les mettent à l'abri des marées ; il est le même aussi que celui des *polders*, terrains bas intérieurs, où on est arrivé à établir une culture très-productive, et que couvrirait l'eau des grandes marées sans des digues.

Ces atterrissements qui se forment du limon des rivières mêlé aux débris marins sont généralement d'une extrême fécondité. Nous avons, à l'époque du camp de Boulogne, passé quelques mois sur un atterrissement de plusieurs lieues carrées formé par deux petites rivières de Picardie, la Canche et l'Authie ; cet atterrissement a rempli un golfe qui, à mesure qu'il s'est élevé au niveau des grandes *marées*, a été successivement et par parties mis en culture ; plus tard on a clos par des digues des atterrissements supérieurs au niveau des marées basses, mais inférieurs à celui des marées hautes ; cette contrée a plusieurs lieues de largeur et de profondeur ; nous habitions l'une des plus récentes conquêtes sur la mer, dont une partie était cultivée depuis 70 ans sans y mettre de l'engrais. Il serait extrêmement facile et bien utile d'imiter dans le bassin de ces deux rivières ce qui se passe dans les affluents du golfe Humber ; la plus grande partie de cet atterrissement, quelle qu'en soit la cause, est déjà très-sensiblement élevée au-dessus des grandes marées ; mais dans les portions qui approchent des bords de la mer, le sol d'un niveau inférieur, se limonerait avec grand avantage ; en outre, il reste à Etaples et à Montreuil de grandes étendues de marais qui pourraient se limoner et donner d'excellents sols. Sur nos côtes de l'Océan, il se trouve encore un assez grand nombre d'autres atterrissements digués, sur le littoral desquels on pourrait produire de semblables effets au moyen du cours d'eau qui les a formés. Il n'en est pas de même sur les bords de la Méditerranée ; on n'y a ni l'avantage du flux qui, par l'abaissement des eaux de la mer, facilite l'écoulement des eaux du pays entier, ni celui du reflux qui rejette dans le lit le limon du cours d'eau, mélangé de débris marins, animaux et végétaux ; aussi sur les bords de la Méditerranée on ne peut faire de *colmates* que par le courant des eaux qui viennent des terres, et ces comblements sont moins fécondants parce qu'ils n'apportent pas avec eux les débris marins qui se trouvent dans ceux produits par le reflux.

Cette opération peut se pratiquer avec avantage sur le littoral de tous les cours d'eau qui ont de la pente et charrient des limons de quelque valeur ; mais il est nécessaire d'abord, ainsi que nous l'avons précédemment indiqué, que le sol qu'on veut *limoner* soit entouré de digues plus élevées que le niveau auquel on veut amener les eaux limoneuses; il faut encore que le sol des parties qu'on veut limoner n'ait qu'une pente médiocre; autrement on ferait de grands travaux pour de faibles résultats.

On peut obtenir des comblements de différentes hauteurs : on peut les faire à la hauteur des eaux moyennes ou les élever même au-dessus des eaux des grandes inondations; si on ne veut combler qu'au-dessous des eaux moyennes et cultiver son sol à ce niveau, on doit l'entourer de digues pour le préserver des grandes eaux; si on veut l'élever au-dessus de ces grandes eaux elles-mêmes, on pratique dans le cours d'eau une dérivation à un point sensiblement plus élevé que celui des grandes inondations, et on conduit les eaux sur le terrain qu'on veut limoner avec une pente plus faible que celle du cours d'eau. Avec le temps le sol finira par y atteindre un niveau plus élevé que celui des grandes inondations. Et on conçoit que cela puisse avoir lieu, parce que les eaux de la dérivation à faible pente, prises à un niveau plus élevé que celui des grandes eaux, doivent se maintenir même alors à un niveau supérieur à celui des eaux épanchées du cours d'eau de toute la différence de sa pente avec celle de la dérivation; il peut par conséquent se produire, sur le sol à combler, un atterrissement d'un niveau plus élevé que celui des grandes eaux dont il est riverain.

Le colmatage peut se faire au moyen d'écluses pratiquées dans une digue parallèle au cours d'eau; cette méthode offre l'inconvénient de donner au sol un niveau plus élevé dans les parties voisines du cours d'eau, ce qui ôte aux eaux leur écoulement. Si au contraire on amène les eaux par des dérivations qui les maintiennent sur les parties les plus élevées du sol, elles déposent alors leur plus forte quantité de limon sur les parties éloignées des bords de la rivière, et on a alors l'avantage d'un fonds qui s'égoutte naturellement dans le cours d'eau.

Les colmatages créent un sol nouveau, détruisent les marais, rendent à la culture des terrains que les atterrissements inférieurs plus élevés ont convertis en plaine marécageuse; ils sont éminemment utiles sous ce point de vue, moins encore pour créer un sol nouveau que pour assainir l'ancien. C'est l'effet qui a été obtenu dans le val de Chiana : les colmatages en ont renouvelé le sol, banni les marais, et métamorphosé une vallée pestilentielle en une vallée assainie et féconde qui se couvre de mûriers, de vignes et d'oliviers.

Mais ce n'était pas assez que d'en élever le sol, il fallait en évacuer les eaux que retenaient des endiguements établis dans une direction transversale à celle de la grande vallée; on a dû pour cela faire passer ces eaux par des canaux souterrains sous les cours d'eau digués.

Dans les atterrissements du Rhône, sur ses rives et entre ses deux bras, il reste de grandes étendues en étangs qui n'ont pas été comblées lors de la formation de l'atterrissement qui leur sert de chaussée. Ces étangs malsains et sans produit pourraient se combler en y dérivant une partie des eaux du fleuve qui, sans attendre peut-être bien longtemps, les élèveraient au niveau du reste de l'atterrissement.

Le fleuve en se jetant dans la mer forme avec son limon, et à quelque distance des bords, une barre parallèle au rivage; cette barre s'élève successivement jusqu'à la surface des eaux, devient une petite île, s'agrandit sans que les parties intermédiaires se comblent; dans l'action continuée des eaux, l'île arrive à se lier avec l'atterrissement du littoral par son extrémité la plus éloignée du fleuve; le fleuve alors se conserve un lit à côté de l'atterrissement qu'il vient de former. Cependant son limon en accroît incessamment la partie la plus voisine, tant du côté de la terre que du côté de la mer, et finit par joindre la barre avec le littoral ; par cette succession d'atterrissement, il reste entre l'ancienne barre et le littoral une partie non comblée qui forme un étang ; l'atterrissement se continue du côté de la mer, l'étang s'en éloigne et restera dans cet état où il empeste l'air, tant qu'on n'y conduira pas des eaux limoneuses ; mais il est bien évident que si on y envoyait pendant un certain laps de temps les eaux du fleuve, on finirait par achever le comblement et faire disparaître l'étang malsain.

Le limon peut non seulement créer un sol et l'assainir, mais aussi le féconder ; les *ségonaux* du Rhône produisent tous les ans des récoltes sans fumier ; on connaît la fécondité produite par le Nil sur le vallon qu'il arrose ; on voit dans beaucoup de pays des parties de vallée produire tous les ans sans fumier, grâce au limon des cours d'eau qui s'épanche sur leur surface ; une partie des bords du Doubs, de ceux de la Loire, de l'Arroux et d'un assez grand nombre de cours d'eau en France sont dans cette heureuse exception. Thaër pense que c'est aux inondations annuelles que les bords de l'Elbe et d'autres cours d'eau doivent cet avantage ; mais cet avantage si grand disparaît aussitôt qu'on met par des digues le sol à l'abri des grandes eaux.

Mais arrivons aux travaux nécessaires pour pratiquer l'opération sur une certaine étendue de sol, au moyen d'un cours d'eau d'une étendue moyenne.

Il faut barrer le cours d'eau par une écluse à vannes mobiles, creuser ensuite un canal de dérivation qu'on dirige avec peu de pente vers les parties qu'on veut combler, on en découpe ensuite le sol par des digues transversales qui aboutissent sur une digue établie sur les bords du cours d'eau. Ce système de digues forme des réservoirs où les eaux du cours d'eau viennent déposer leur limon ; le canal dans sa marche remplit les réservoirs successifs ; chacun d'eux reçoit, par une écluse, les eaux du canal ; lorsqu'elles ont déposé leur limon, une autre écluse pratiquée dans la digue latérale les évacue dans le cours d'eau ; de nouvelles eaux troubles les remplacent jusqu'à ce que le dépôt ait atteint l'épaisseur dont on a besoin. Ce sont là les procédés qui ont assaini le val de Chiana et de grandes étendues de sol en Italie ; ce sont eux qui servent chaque année à féconder les terres de plusieurs communes du département de Vaucluse ; c'est par ce moyen que leurs cultivateurs ont exhaussé des parties de terrain bas et humide, et que, sur des terrains élevés et maigres, ils ont fait déposer des alluvions à l'aide desquelles ils cultivent le sol sans engrais. Ils doivent ces avantages aux eaux torrentielles de l'Ouvèze ; ils limonent pendant une année leur sol et le cultivent l'année suivante ; mais c'est une ressource qu'il faut ménager ; aussi ont-il soin que l'alluvion ne dépasse pas 3 ou 4 centimètres ; en lui donnant plus d'épaisseur, ils arriveraient bientôt à se trouver au-dessus du point où l'on peut faire arriver les eaux ; ils auraient bien alors un bon sol d'alluvion, mais qui finirait par demander de l'engrais pour être cultivé avec avantage. On conçoit que dans ce terrain on n'a point à craindre les mauvaises herbes ; la culture en est donc facile et peu dispendieuse.

Tout l'ensemble de ce travail doit être surveillé, surtout dans les temps d'orage ; les eaux charrient alors une plus grande quantité de limon, mais les dégâts surviennent facilement : les digues se rompent, les écluses s'entraînent ; aussi à ce moment tous les zélés habitants sont sur leurs digues pour diriger les eaux et prévenir les avaries.

Cet aménagement des eaux a particulièrement lieu dans la partie du département de Vaucluse située entre les torrents d'Aigues et d'Ouvèze, dans les communes de Camaret, Jonquières, Courthezon, Sorgues, Violes, Gigondas et Sablet. Sans doute ce terrain s'exhaussant de 3 ou 4 centimètres tous les deux ans, le temps n'est pas loin où il arrivera au-dessus de la portée des eaux ; mais alors il restera un terrain d'alluvion de bonne qualité qui, avec des soins convenables de culture et d'engrais, perpétuera la richesse du pays. Et puis au moyen de dérivations prises dans les parties plus élevées du cours d'eau, le limonement pourra se continuer encore pendant tout le temps que les frais seront couverts par le produit.

Il n'est point de fécondation produite par les eaux, ou plutôt par le limon qu'elles charrient, comparable à celle du Nil; toute la partie cultivable de sa vallée est due à l'alluvion que produisent ses débordements; ces inondations qu'amènent annuellement les pluies régulières des parties supérieures du bassin et des montagnes de l'Abyssinie, charrient une grande quantité de limon. Il paraît que dans l'espace de trente siècles le Delta, soit l'atterrissement de l'embouchure du Nil, se serait élevé de 6^{m}46, et suivant M. Girard, membre de la commission d'Egypte, chaque siècle le sol de ce pays s'élèverait de 126 millimètres; M. de Rozière, son collègue, porte cette élévation moyenne à 164; à ce compte, l'atterrissement, s'il eût été régulier, aurait commencé quatre mille ans avant l'ère vulgaire; toutefois il est à croire que ces atterrissements n'ont pas été réguliers, et qu'ils ont dû aller en progression décroissante; ce sont les terrains en pente qui fournissent ce limon; or les pentes en Abyssinie ont dû en fournir de moins en moins, à mesure que la couche de diluvium qui les couvrait a perdu de son épaisseur et successivement laissé à nu de plus grandes surfaces; on doit donc admettre que l'atterrissement a diminué en même rapport que la surface qni servait à le produire, d'où l'on pourrait conclure que les premiers temps de la formation du Delta ne remontent pas à plus de quarante siècles. Si des travaux intelligents eussent, comme dans les temps anciens, contenu l'invasion des sables du désert, la vallée se serait élargie considérablement, et l'alluvion se serait étendue à mesure que l'exhaussement du sol se serait accru; mais loin de repousser et de contenir ces sables, à mesure que la vallée s'exhaussait, on les a laissés envahir les alluvions anciennes, le sable du désert a comblé d'anciens canaux d'irrigation, et couvre maintenant des espaces jadis fertiles où existaient des villes et de nombreux villages.

Cette alluvion annuelle est ensemencée promptement après la retraite des eaux; la fécondité du sol et la chaleur du climat lui font encore produire deux récoltes pendant le temps qui sépare deux alluvions; mais le soleil du tropique a bientôt desséché ce sol meuble, en sorte que dans ce pays sans pluie il a besoin d'arrosements assez fréquents. Il paraît qu'autrefois les réservoirs supérieurs et le lac Mœris emmagasinaient les eaux d'inondation; ces eaux se distribuaient ensuite sur la vallée au moyen de canaux nombreux, dont une partie subsiste encore; mais le lac et les réservoirs sont en partie comblés; les canaux qui restent servent encore, il est vrai, de réservoirs pour le puisement des eaux par les machines. Suivant Soliman-Pacha, en remontant le bassin du Nil jusque dans les Nubies, plus de 200 mille norias *(sakies)* amènent l'eau à la surface.

Cette irrigation est très-chère : il faut trois paires de bœufs ou quatre chevaux de rechange pour élever, au moyen d'une *noria*, l'eau qui arrose à peine 3 hectares. On conçoit qu'il faut une agriculture bien productive pour couvrir de pareilles dépenses, et effectivement une sakie qui arrose 5 feddams, ou 2^h81, nourrit dix-huit personnes qui doivent verser en outre, dans les magasins du vice-roi, une grande partie de leurs produits bruts.

On a soumis au vice-roi plusieurs projets d'après lesquels l'irrigation pourrait se faire sans avoir besoin de machines; les uns ont conseillé de rétablir le lac Mœris et le canal qui lui portait les eaux; d'autres plus hardis ont conseillé un barrage dans le fleuve lui-même; le lac emmagasine une partie des eaux de l'inondation pour l'été, sans rien demander au cours d'eau ; le barrage au contraire n'emploie que les eaux du fleuve, devenues plus rares en été. Cependant on a préféré et on exécute le barrage, parce qu'il offre un plus grand moyen d'irrigation, qu'il coûtera moins cher, et que les eaux du fleuve ne s'épuiseront pas en été, comme cela devait avoir lieu pour le lac Mœris ; le barrage élèvera les eaux jusqu'au niveau du littoral sur lequel il est assis, et par conséquent pourra en donner à toute la partie inférieure du bassin, et lui fournira des moyens d'arrosage pendant tout l'été, avec de simples canaux, sans avoir besoin de machines.

Dans l'état actuel des choses, lorsque les eaux sont profondes, on les tire du sol avec des norias ; lorsqu'elles sont peu éloignées de la surface, on les y amène au moyen de puits sur lesquels on pose des bascules. Ailleurs les arrosages sont faits au moyen de moulins à vent ; le duc de Raguse rapporte qu'il faut par jour, pour arroser un hectare, un peu moins de 30 mètres cubes, ce qui donnerait sur la surface une couche de 3 millimètres. Une ordonnance récente en France vient d'accorder 555 mètres cubes par hectare, à prendre tous les quinze jours ; c'est un arrosage de cinq centimètres et demi chaque quinzaine, ou de plus de trois millimètres et demi toutes les vingt-quatre heures, proportion plus faible que les données que nous avons précédemment établies, et cependant encore plus forte que celle que rapporte le duc de Raguse.

Le Nil conserve à l'étiage 782 mètres cubes par seconde, soit par jour 67 millions 564 mille 800 mètres cubes. Or, d'après l'évaluation due au duc de Raguse, alors même qu'on laisserait au fleuve une partie de ses eaux, ses eaux dérivées pourraient suffire à l'irrigation de plus de 2 millions d'hectares ; et comme un tiers au moins des eaux d'irrigation retournerait au fleuve, que son étiage ne dure que quelques moments, il s'ensuit que sa navigation ne souffrirait pas sensiblement, tout en obtenant un immense secours pour l'agriculture du pays.

Méhémet-Ali était un homme à grandes vues, à grandes idées ; il les a réalisées en partie pour la prospérité de l'Egypte. On pouvait craindre qu'il n'épuisât ce pays et les hommes qui le cultivent par ses exigences de travail et de denrées, et que la prospérité qu'il créait ne fût qu'éphémère ; mais il est un critérium qui doit rassurer sur ce point, c'est qu'il a été entouré de respect et d'attachement pendant toute sa vie, a toujours été obéi sans résistance et n'a eu à vaincre aucune émeute. Pendant plus de deux ans, alors que ses facultés affaiblies ne lui permettaient plus de gouverner, son nom suffisait pour tout maintenir dans l'ordre ; aussi sa mort a été suivie de regrets universels. La conscience publique ne se trompe pas, et nous regardons comme certain que son gouvernement a été éminemment utile à ce pays et à ses habitants ; nous en concluons encore qu'il n'était point oppressif, comme on a pu le croire, et que dans ses exigences d'hommes et de denrées, il laissait encore à la population les forces nécessaires pour la culture, et des moyens suffisants pour une existence douce et facile. Si maintenant le grand barrage vient à remplacer convenablement les machines, si son successeur n'augmente qu'avec modération les prélèvements, il n'est pas douteux que l'aisance et la prospérité du pays ne s'accroissent encore beaucoup.

CHAPITRE II.

DU TERREMENT.

Dans un écrit qui traite de l'emploi de l'eau en agriculture, nous ne devons pas passer sous silence le procédé auquel on a donné le nom de terrement. Ce procédé consiste à remplir les bas fonds marécageux des prairies qui bordent les rivières par la terre des collines supérieures qu'on fait charrier et déposer par les eaux, et qui se dispose naturellement en pente douce. C'est là une espèce de colmatage qui se fait en peu de temps, et où l'eau, aidée par une main-d'œuvre intelligente, se charge du transport.

C'est encore en Italie qu'on trouve les premiers exemples de cette méthode, et particulièrement dans la Toscane, où l'on comble ainsi, d'après Sismondi, des marais étendus.

Il faut pour l'employer avoir à sa disposition un cours d'eau abondant et des pentes assez fortes pour que les eaux qui les descendent entraînent facilement les terres : c'est ensuite la main de l'homme qui les dirige, pour qu'elles couvrent régulièrement le sol et qu'elles laissent à son ensemble une pente qui suffise à leur facile écoulement.

Avant de se décider à une pareille opération, il faut préliminairement prendre le niveau du terrain à combler, se fixer sur la double pente qu'on doit lui laisser, celle parallèle au cours d'eau qui peut n'être que faible, d'un deux-millième par exemple, et celle qui lui est perpendiculaire, qui doit y reporter les eaux, entraîner, épancher la terre et laisser au sol une pente convenable; cette pente doit être en moyenne de un cent-quarante-quatrième, ou de 6 à 7 millimètres par mètre; elle peut, sans inconvénient, être plus faible dans un terrain léger, mais il est nécessaire qu'elle s'élève au moins à ce chiffre dans un terrain consistant.

Il est indispensable, à moins de faire un très-long canal de dérivation, que le cours d'eau ait lui-même une pente assez forte, puisque les eaux qu'on en tire doivent avoir d'abord la pente d'un demi-millimètre au moins par mètre du canal d'amenée, et qu'elles doivent en outre arriver à un niveau qui permette de former une surface de un cent-quarante-quatrième de pente au-dessus de la partie du cours d'eau riveraine du sol qu'on veut irriguer; cette pente d'un cent quarante-quatrième, ou de 7 millimètres par mètre, est une faible moyenne; elle pourrait, sans inconvénient, être plus forte, et on ne pourrait l'affaiblir sur un sol argileux qu'autant qu'on se déciderait à mettre le sol en planches bombées.

Avant de se mettre à l'œuvre il faut encore s'assurer, par aperçu avec le niveau, de la quantité de terre nécessaire au comblement, puis chercher à apprécier jusqu'à quel point on devra s'enfoncer dans le coteau pour obtenir cette masse de terre, en ayant égard, si on travaille sur un marais, à ce que le terrain s'affaissera sous la charge des terres qui s'y déposeront, et surtout à ce que les eaux doivent entraîner avec elles une partie des terres au delà des points qu'on veut combler.

L'opération ne serait guère praticable dans un terrain très-argileux; il est nécessaire que la terre se délaie dans l'eau sans trop de travail ni de main d'œuvre, et pour cela il faut qu'elle soit naturellement meuble. Elle ne réussirait guère mieux dans un terrain qui contiendrait beaucoup de pierres ou de gros graviers, ou bien il faudrait les mettre de côté pour les transporter dans les bas fonds, où ils opéreraient une partie du comblement, ce qui pourrait se faire assez facilement avec des brouettes qui marcheraient sur des roulages de plateaux.

Nous avons dit que ce travail ne pouvait guère réussir qu'au moyen de cours d'eau à pente rapide. Supposons en effet un cours d'eau de 5 millimètres de pente, pente décuple de celle du Rhône, avec une dérivation de 100 mètres à laquelle on donnera un demi-millimètre de pente ; il restera 450 millimètres de pente à distribuer sur la surface du sol qu'on veut former, à 7 millimètres de pente. Cette surface ne peut guère s'étendre qu'à 70 mètres de distance du cours d'eau ; si le marais était plus large, il serait nécessaire d'avoir une dérivation plus longue ou un cours d'eau de plus forte pente ; c'est donc la largeur du marais à combler, combinée avec la pente du cours d'eau, qui doit fixer la longueur de la dérivation ; on conçoit que, pour une grande longueur, il faut être maître du terrain, ou avoir des voisins d'une grande complaisance.

Toutefois on ne pourrait combler qu'une partie d'un marais d'une grande largeur ; l'expérience a prouvé en Allemagne, où ce travail se répète assez fréquemment, que la terre envoyée par le cours d'eau ne peut guère se niveler qu'à une distance de 100 à 150 mètres du canal de dérivation ; cependant l'opération pourrait encore être très-utile sur un marais d'une plus grande largeur : on aurait toujours gagné une surface assainie de 100 à 150 mètres de largeur, et le reste du marais y gagnerait encore une couche plus ou moins sensible de limon fin qui ne pourrait que l'améliorer.

Il est cependant assez rare d'avoir des marais sur des cours d'eau à forte pente ; c'est donc plus spécialement à former ou agrandir des prairies qu'on peut employer ce procédé ; c'est sur ceux à faible pente que se rencontrent particulièrement les marais ; mais si le comblement ne s'y fait pas avec le cours d'eau lui-même, on peut souvent l'y opérer avec ses petits affluents qui ont presque toujours une pente un peu forte, mais il faut alors qu'ils aient un volume d'eau assez puissant.

Après ces considérations préliminaires, entrons dans le détail pratique de l'opération, en admettant qu'elle se fasse avec le cours d'eau lui-même.

Le premier travail consiste à établir dans le cours d'eau un barrage, puis un canal de dérivation qui conduit l'eau directement au coteau ; arrivé là, il y pénètre jusqu'au point le plus élevé de la surface qu'on veut déblayer ; il se retourne alors pour commencer la rigole d'où doivent partir les eaux, rigole à peu près parallèle au cours d'eau, et qui doit être, après le travail fini, celle d'irrigation. On entame ensuite le travail en pratiquant dans le côté de la rigole une ouverture dont le fond soit au niveau qu'on veut donner au sommet de la prairie. On donne à cette ouverture une largeur telle, que l'eau qui doit faire le travail ait une hauteur de 40 à 50 centimètres. Il faut tenir la surface des parties comblées un peu plus haute, et celle des parties qui ont fourni la terre un peu plus basse que le niveau général, parce que les premières s'affaisseront et les dernières s'élèveront. On conçoit qu'une abondance d'eau et une forte pente doivent concourir à accélérer beaucoup le travail, et qu'un terrain très-argileux demande une pente dooble de celle d'un sol léger ; lorsque la pente n'est point assez considérable eu égard à la nature du sol, on doit augmenter le nombre des ouvriers pour faciliter le délaiement de la terre dans les eaux.

Le côté du canal adossé au coteau doit recevoir une pente de 45 degrés au moins, afin que, par l'effet du temps et des gelées, il ne se dégrade pas et ne tombe pas dans le canal. Lorsque tout est bien disposé, qu'on a ouvert un passage du côté du cours d'eau, on introduit les eaux ; on jette d'abord dans leur courant les terres entreposées au bord du canal, puis celles de ses bords du côté du cours d'eau, placées au-dessus du niveau général qu'on veut obtenir ; des ouvriers placés en tête et le long du cours d'eau aident au délaiement de la terre, abattent les petits atterrissements qui se forment et facilitent le déploiement de la nappe que doivent former les eaux à l'issue de la rigole ; lorsque les eaux ont entraîné tous les déblais, on continue son canal dans le coteau en abattant dans le courant toutes les terres au-dessus du niveau. Pendant que des ouvriers abattent les terres dans le courant, d'autres, le long de la nappe qu'il forme en se développant sur la pente, détruisent tous les obstacles, empêchent qu'il ne s'établisse de petits ravins et maintiennent la bonne direction des eaux. A mesure qu'on avance dans le coteau pour maintenir son courant, on digue les bords de la partie déblayée, et en marchant ainsi successivement, on enlève le sol superflu en maintenant au courant la même largeur et la même profondeur.

Il est essentiel que l'ouvrier le plus habile se tienne à la naissance de la rigole qui verse les eaux, afin de maintenir au bord du canal une pente régulière, ce qui n'est pas sans difficulté. On peut à l'avance, à l'aide du niveau, marquer sur les piquets qui tracent la direction qu'on veut donner à la rigole, la cote de terrain à enlever. On se dirigerait encore mieux en creusant à l'avance le canal de dérivation dans toute sa longueur; on y introduit l'eau, on place au niveau qu'elle donne des piquets sur le côté du canal qui longe le coteau; on a ainsi des points de repère qui dirigent dans la suite de l'opération; ces piquets, placés au niveau de l'eau, ne donneraient point de pente; on abaisserait donc au-dessous d'eux le sol de toute la quantité nécessaire pour maintenir la pente à laquelle on s'est fixé; cette pente, la plus convenable de la rigole, est d'un deux-millième, ou un demi millimètre par mètre; si la masse de terre au-dessous de la rigole ne suffit point au comblement, on la remonte; si au contraire elle est trop considérable, on l'abaisse.

Si on a beaucoup d'eau et que la terre soit légère, on peut donner à la nappe d'eau 3 ou 4 mètres de largeur; dans le sol argileux, elle ne doit guère avoir que moitié. Les ouvriers répartis sur toute la surface où les eaux s'épanchent aident à leur mouvement, à leur bonne distribution, à la répartition des terres qu'elles entraînent et facilitent à la nappe des eaux un libre épanchement ; c'est sur les parties supérieures, là où le courant est le plus fort, qu'il est besoin d'un plus grand nombre d'ouvriers.

On ne peut guère en moyenne conduire les terres qu'à 100 à 150 mètres du canal de dérivation ; on conçoit cependant qu'avec une plus grande quantité d'eau on pourrait la conduire plus loin ; mais alors il faut avoir plus d'ouvriers et prendre plus de précautions pour que le terrain ne se ravine pas.

Lorsque la terre est argileuse, comme en raison de la ténuité de ses molécules, il en reste beaucoup en suspension dans l'eau, il peut arriver que ces eaux chargées de terre obstruent plus ou moins la rivière ou les biefs des moulins inférieurs ; il devient alors nécessaire de modérer leur libre écoulement à la rivière, ce qui peut se faire avec un rang de fascines établi sur ses bords. Par ce moyen, les eaux déposent une plus grande proportion des terres qu'elles tiennent en suspension.

Il serait de même nécessaire d'amortir le courant des eaux lorsque le terrain entraîné serait d'une nature trop légère, parce qu'alors le bas fond ne recevrait que du sable, et que les parties argileuses qui lui servent de lien s'en iraient au courant des eaux.

Lorsque dans le cours de l'opération on s'aperçoit que des parties reçoivent trop de terre, au lieu d'y envoyer la nappe, on la dirige sur les points où il en est le plus besoin ; de même lorsqu'une portion du bas fond manque de terre, avec des fascines qu'on place et déplace à volonté dans le courant, on y envoie la nappe chargée de limon ; ces fascines servent encore à arrêter les petits ravinages qui se produisent facilement dans un sol léger.

Le prix de ce travail, lorsqu'il est bien conduit, n'est pas considérable. Thaër nous dit qu'en Allemagne les entrepreneurs de travaux agricoles demandent pour le faire de 150 à 400 fr. par hectare ; il a fait lui-même, sans ouvriers expérimentés et dans des circonstances défavorables, cette opération sur une étendue de 7 hectares, avec une dépense de 300 à 350 fr. par hectare.

L'enherbement de ce sol lorsqu'il est très-léger demande beaucoup de temps quand on l'abandonne à la nature sans lui donner de l'engrais ; on ne peut l'arroser parce que l'eau l'entraînerait ; mais lorsque le sol est raffermi, qu'on peut y envoyer de bonnes eaux, après un semis réussi de graines provenant de prairie analogue, le sol ne tarde pas de se gazonner ; mais dans tous les cas le fumier assure et avance beaucoup le succès.

Les prairies en sol léger sont plus longues à s'établir parce que ce sol est maigre, plus long à se gazonner et s'entraîne plus facilement ; mais lorsqu'il est une fois enherbé et qu'on peut y envoyer des eaux, le produit est souvent de meilleure qualité et plus abondant que celui d'un sol compacte, parce que les eaux s'en égouttent mieux.

On trouve dans Thaër de plus amples détails sur cette méthode qui nous semble à peine connue en France, mais qui y aurait de fréquentes et heureuses applications, parce qu'elle offre un moyen expéditif et assez peu dispendieux pour combler les marais et les transformer en prairies de bonne qualité ; les comblements à main d'hommes coûtent quatre à cinq fois autant, et sont à peine aussi réguliers que ceux qu'on obtient au moyen des eaux dirigées avec intelligence.

CHAPITRE III.

DES ÉTANGS.

Les étangs sont un emploi des eaux qui n'est pas sans importance ; ils couvrent 200 mille hectares du sol français, et fournissent à la consommation moitié au moins du poisson qui se mange en France ; une partie d'entr'eux, et particulièrement ceux des bords de la mer, sont dus à la nature ; mais un plus grand nombre sont dus à l'art ou à la main de l'homme, et ce sont ceux dont nous voulons parler.

Il faut pour les établir de petits bassins naturels, des plis de terrain qu'on barre par une chaussée transversale ; les uns s'alimentent avec les eaux des cours d'eau ou de sources, et les autres avec celles des pluies ; ces derniers ne peuvent guère s'établir que dans les pays à pluies abondantes.

On vide les étangs pour les pêcher au moyen d'une construction faite à travers la chaussée, dont l'ensemble porte le nom de bonde ; nous sortirions de notre sujet, ou du moins nous le compliquerions, si nous entrions dans les détails de construction et d'établissement que nous avons décrits ailleurs (1) ; mais nous devions les rappeler ici parce que c'est une application des eaux à l'agriculture.

Les étangs formés par les eaux de pluie ou par de faibles sources sont malsains en été, parce que l'évaporation abaisse leurs eaux, découvre leurs bords qui deviennent marécageux, et produisent dans l'atmosphère des effluves délétères ; ils sont donc un mal plutôt qu'un bien, à moins qu'ils ne couvrent des terrains marécageux et indessèchables ; car alors la masse des eaux qui les recouvre est moins insalubre

____

(1) *De la construction, de l'aménagement et du dessèchement des Etangs.* — Paris, librairie Dusacq.

que le marais primitif, et on a réussi à diminuer l'insalubrité de quelques parties des marais Pontins en les couvrant d'eau.

Lorsque les étangs sont alimentés par des cours d'eau, leur niveau baisse assez peu pendant l'été : ce sont alors des lacs, et si leurs bords ont de la pente, ils ne sont pas du tout malsains.

On tire partie des étangs de plusieurs manières : ceux toujours en eau se pêchent tous les deux, trois, quatre ou cinq ans ; dans les pays où on les conduit le mieux, on les alterne en eau et en labour ; le séjour des eaux et les déjections du poisson pendant un ou deux ans donnent au sol une fécondité qui permet d'obtenir sans autre engrais une bonne récolte d'avoine, de maïs, de froment ou de seigle, suivant les époques de la pêche et la qualité du terrain. Il est certains étangs en terrain calcaire qui, après deux ans d'eau, peuvent produire trois ou quatre récoltes successives sans fumier ; ils sont moins malsains que ceux en sol argilo-siliceux, mais ils tiennent moins bien l'eau, parce que le sous-sol en est plus perméable.

MM. Masson, de Nancy, possèdent des étangs établis pour inonder, en temps de guerre, les environs de la place de Metz ; le poisson de ces étangs donne un grand produit, mais ce produit est plus fort encore lorsqu'ils sont desséchés et en labour. M. Doulcet, propriétaire à Parrançay en Berry, a desséché un étang en sol calcaire qu'il a mis en pré, et dont il a ainsi décuplé le revenu. Nous-mêmes possédons un étang de 9 hectares qui, desséché, mis en pré et arrosé par le cours d'eau qui le formait, a quintuplé de revenu ; les eaux et le poisson y avaient donc accumulé des trésors de fécondité ?

On a établi sur quelques étangs des moulins qui fonctionnent surtout pendant l'hiver et même pendant l'été, lorsque ces étangs sont alimentés par un cours d'eau ; comme ces moulins sont en général mus par des roues à godets, le travail de l'usine ne peut pas abaisser l'eau de manière à nuire au poisson.

Sur le grand plateau de sol argilo-siliceux qui borde la rive gauche de la Saône depuis le Jura jusqu'à Lyon, il existe encore un grand nombre d'étangs ; ils ont été successivement desséchés dans la partie nord du plateau ; à mesure que l'agriculture s'y est perfectionnée, la population s'y est accrue, et est devenue quadruple de celle de la partie au midi qui avoisine Lyon, où ils étaient plus nombreux, plus étendus, et où ils se sont conservés en grand nombre. On s'explique les motifs de cette conservation ; ces étangs, grands et nombreux, ont produit une insalubrité qui a amené la dépopulation du pays ; il en résulte que l'exploitation alternative du sol en eau et en avoine, qui demande peu de main d'œuvre, y convient d'autant mieux que jusqu'ici le poisson et l'avoine avaient trouvé dans Lyon un débit assuré.

Le séjour du poisson produit un engrais bien puissant ; car les eaux de pluie qui remplissent les étangs sont assez souvent peu fécondes ainsi que le limon qu'elles charrient, parce qu'elles viennent en grande partie de bois, de pâturages ; l'avoine produite est néanmoins très-abondante ; elle est plus légère, il est vrai, que celle des terres ordinaires, mais elle passe pour donner plus de feu aux chevaux qui la consomment.

Les étangs sont peu anciens dans le pays ; ils s'y sont établis dans un temps où la livre de poisson, en raison du nombre des couvents et de la stricte observation du maigre, valait 3 ou 4 livres de viande. On a donc cru faire dans le temps une excellente spéculation agricole en établissant des étangs partout où l'on rencontrait des petits bassins naturels qu'on barrait par des chaussées en terre ; cette construction était chère, mais le pays était riche, et il espérait par là le devenir davantage. Lorsqu'ensuite on eût imaginé ou imité, en prenant exemple d'autres pays, l'assolement alterne en poissons et en grains qui, d'une part, augmentait la production du poisson, et de l'autre donnait une récolte avantageuse sans fumier sur un seul labour, on transforma en étangs la plupart des prairies des petites vallées, et on crut avoir doublé sa richesse : ce fut malheureusement une cruelle déception ; ces étangs amenèrent dans le pays une grande insalubrité dont les ravages incessants détruisirent en grande partie sa population et par suite sa richesse.

Le prix du poisson baissa ; la livre, au lieu d'en valoir 3 ou 4 de viande, n'en valut pas une ; mais le mal était fait : la population avait disparu, celle qui restait était affaiblie, le pays avait perdu sa richesse, et les étangs par suite sont devenus aux yeux de quelques propriétaires sinon une nécessité, du moins une grande convenance dans une contrée insalubre qui n'a plus qu'un quart de son ancienne population, et où les bras rares et chers sont encore chaque année décimés par la maladie.

Cependant depuis peu d'années la chaux semble redonner des forces au sol de cette contrée appauvri par une mauvaise culture, par le défaut d'engrais et de travail ; la terre produit plus avec moins de main d'œuvre, la culture en étangs cesse d'être aussi productive que celle des terres labourables chaulées ; les cultivateurs les plus habiles desséchent. Mais il faut pour ce nouvel ordre de choses des capitaux et des avances qui manquent tout-à-fait à ce sol presque tout cultivé par des fermiers pauvres, circonstance d'autant plus à regretter que par le desséchement ce pays retrouverait ses prairies sur le sol desquelles se sont établis les étangs ; il est donc bien incertain que les desséchements prennent promptement beaucoup d'étendue. Cependant si l'on profite de la nouvelle impulsion de fécondité qu'a amenée la chaux pour multiplier les prairies artificielles, les bestiaux et par conséquent l'engrais, la fécondité produite par cet amendement se soutiendra, l'aisance reparaîtra dans le pays dont l'emploi de la chaux sur le sol aura diminué l'insalubrité, et la suppression graduelle des étangs deviendrait la conséquence naturelle du nouvel état des choses.

Les étangs de la partie méridionale du plateau sont tous sur sol argilo-siliceux ; ce qui a hâté le desséchement sur sa partie nord, c'est qu'ils étaient en grande partie sur sol calcaire ; comme ils étaient moins grands, moins nombreux, moins malsains que dans la partie méridionale, qu'on ne les avait pas toujours mis à la place des prairies, le pays n'avait perdu qu'en partie sa population, sa richesse, et les étangs y ont été desséchés aussitôt que l'expérience a eu prouvé que leur produit en terre ou en pré pouvait être plus avantageux. Toutefois il en reste encore quelques-uns au nord de Bourg sur sol calcaire, qui sont moins malsains, exceptionnellement très-productifs, et qui produisent, après deux années de poisson, trois ou quatre récoltes sans engrais avec peu de main d'œuvre.

En Chine on a, dans le voisinage des habitations, de petits étangs, ou plutôt des réservoirs à l'aide desquels on fait l'éducation et l'engrais en quelque sorte domestique du poisson. On dépense pour cet engrais peu de grain, mais des débris végétaux et animaux de toute nature ; le poisson engraissé se porte à la ville comme nos fermiers y portent leurs volailles. Il paraît que cette industrie est très-profitable ; mais nous ne connaissons malheureusement ni l'espèce de poissons réduits ainsi à la domesticité, ni celle des végétaux employés à leur nourriture. Et puis les ouvrages chinois, que nous avons en grand nombre, sont tellement remplis d'exagérations de toute nature et de fausses directions qu'on ne peut s'en rapporter à eux. Une pareille industrie ne pourrait être importée en Europe que par les personnes qui l'auraient vue et étudiée sur les lieux mêmes. M. Stanislas Jullien, l'habile sinologue de l'Institut, nous a envoyé la traduction de plusieurs extraits des ouvrages qui traitent de cette question; les résultats donnés nous ont paru tellement exagérés que nous n'avons pas voulu prendre sur nous de les publier dans notre ouvrage sur les étangs; nous avons dû en conclure seulement que cette industrie était très-profitable, et qu'il serait à désirer qu'elle fût importée en Europe.

On a conservé sur quelques-uns des étangs desséchés les chaussées et les moulins qui y étaient placés; on y retient les eaux depuis le 15 octobre jusqu'au 15 mars; pendant l'hiver, lorsque les pluies sont abondantes, le moulin travaille; au printemps on évacue les eaux, et on fait pendant l'été une récolte de foin à laquelle succède le pâturage jusqu'au moment d'y remettre les eaux. Cependant les moulins de chaussées coûtent beaucoup d'entretien, et lorsque les eaux sont de bonne qualité, nous pensons que, tout compté, il n'y aurait rien à perdre à les supprimer et à employer les eaux à arroser la prairie en saison convenable; mais les moulins sont une industrie qui plaît aux fermiers qui les exploitent; ils sont tout construits, le propriétaire les conserve, les entretient et les répare sans se rendre bien compte de leur produit net.

SECTION VII.

De l'emploi de l'eau à l'irrigation.

CHAPITRE Ier.

DE L'ÉTENDUE ET DE L'AMÉLIORATION DES PRAIRIES ACTUELLES EN FRANCE.

La France possède en tout 4 millions 800 mille hectares de prairies, un dixième de son sol cultivable, quand la Hollande, la Suisse ont moitié du leur en prairies ou pâturages et quand l'Angleterre en a les deux tiers. Voyons un peu quel est le résultat d'une pareille distribution de terrain, en comparant l'état des choses en Angleterre et en France.

L'Angleterre nourrit et vêtit 28 millions d'individus avec une surface de 31 millions d'hectares, comme nous en nourrissons et vêtissons 35 millions avec notre surface de 53 millions. En Angleterre donc, un hectare et un dixième suffit à un individu, quand il en faut en France un et demi, c'est-à-dire trente-six pour cent de plus. Et l'Anglais est plus grand consommateur; il est en moyenne mieux nourri, mieux vêtu, consomme plus de viande, de laine, de tissus de fil, denrées qui demandent toutes, pour être produites, plus de sol et d'engrais que les céréales; en outre, un dixième au moins de l'étendue labourable est pour l'orge, qui produit les 2 à 3 hectolitres de bière que consomme chaque individu.

On appréciera encore mieux la différence en faisant remarquer que les Anglais, sur leurs 31 millions d'hectares, en consacrent deux tiers pour la nourriture des bestiaux; il en reste donc 11 millions en labour pour les céréales d'hiver, les denrées commerciales, l'orge, la bière, l'avoine, les produits oléagineux, filamenteux, et la jachère, car elle y existe encore sur d'assez grandes étendues. Si l'on suppose que 6 millions (et c'est beaucoup dire) sont destinés pour la nourriture de la population, il en résultera que 6 millions d'hectares produisent les grains qui nourrissent 28 millions d'individus, ou qu'un hectare nourrit quatre individus deux tiers. En France, outre les 13 à 14 millions semés en céréales d'hiver, nous consommons bien encore le produit de 2 à 3 millions d'hectares en orge, pommes de terre et légumes; 15 à 16 millions d'hectares, les deux tiers de la terre en labour sont donc nécessaires à la nourriture des 35 millions d'individus; un hectare en culture nourrit donc en France un peu plus de deux individus, comme il en nourrit plus de quatre en Angleterre.

Ce résultat eut été encore plus promptement aperçu si nous eussions rappelé que l'hectare de froment produit en moyenne en Angleterre de 20 à 24 hectolitres, comme en France 10 à 12; mais pour obtenir ces 24 hectolitres le cultivateur anglais n'en emploie que 2 de semence, comme le cultivateur français 4. La production anglaise, sur un hectare, est donc plus que double de la production française. En outre, pour obtenir ce produit double, on ajoute très-peu à la main d'œuvre, et par conséquent on obtient la nourriture d'un individu à beaucoup moindres frais.

Mais ce n'est là encore qu'une partie des avantages que retire ce pays de cet état de choses. En Angleterre, les quatre cinquièmes du territoire sont employés à produire la viande, les cuirs, la laine, le chanvre, le lin, les oléagineux, sources principales de prospérité agricole et commerciale, du bien-être et de l'aisance générale d'un pays dans toutes ses classes. En France, au contraire, les trois cinquièmes de la terre labourable sont employés à fournir le pain ou ses équivalents à la population. Près de la moitié du reste , ou un cinquième du tout , est en jachère ; l'autre moitié, ou un cinquième du sol labourable seulement, est employé à produire les denrées que donne l'Angleterre sur les quatre cinquièmes de son territoire cultivé. Et cette production sur le sol anglais se fait avec le même avantage que celle du froment, c'est-à-dire offre en raison de l'engrais qu'elle reçoit un produit double , sans accroissement sensible de main d'œuvre; la richesse relative du territoire anglais serait donc triple au moins de celle du territoire français.

D'où peut venir une si grande disparate quand notre sol est plutôt supérieur qu'inférieur au sol anglais? Il est évident qu'elle n'a pas d'autre source que la plus forte quantité d'engrais qu'ils appliquent à leur sol, ou, en d'autres termes, la plus grande étendue de sol qu'ils destinent à la nourriture de leurs bestiaux. Pour arriver à un résultat analogue à celui qu'a atteint l'agriculture anglaise et guérir la faiblesse de la nôtre, nous n'avons donc pas d'autre remède que de l'amener graduellement à doubler l'étendue du sol que nous destinons à nos bestiaux, et nous le pouvons avec un bien grand avantage au moyen de l'irrigation. Les Anglais doivent leur grande production fourragère autant à leur climat qu'à l'engrais et à l'élève de bestiaux nombreux; ils emploient moins que nous peut-être l'irrigation, dont ils ont, il est vrai, moins besoin; mais si nous joignons l'irrigation à l'engrais, nous avons vu que le produit de l'engrais lui-même était doublé; notre soleil, au moyen de l'eau et des engrais, peut nous faire arriver à surpasser beaucoup le produit du sol anglais; l'irrigation est donc notre planche de salut; mais nous devons l'appliquer plutôt encore aux plantes fourragères qu'aux autres récoltes, parce que c'est l'engrais qui nous manque plus essentiellement, et que son abondante production est le seul moyen assuré pour arriver à de riches moissons.

Reprenons maintenant l'examen de notre position actuelle sous le rapport de la production fourragère, et recherchons les moyens de l'améliorer par l'irrigation.

Ce sera sur nos 4 millions 800 mille hectares de prairies, sur celles du moins qui ne jouissent pas des avantages de l'irrigation, que devra se porter en premier ordre l'amélioration ; ces prairies exigeraient généralement moins de travail que la création de prairies nouvelles, et néanmoins les résultats pourraient déjà être bien grands.

Nos prairies peuvent se classer ainsi qu'il suit :

Un million d'hectares au plus sont, nous le croyons, arrosés régulièrement par les sources, les petits ruisseaux, les petites ou grandes rivières ; 2 millions appartiendraient aux prairies du littoral des rivières qui ne reçoivent que des eaux d'inondation ; les 1,800 mille hectares restants seraient moitié à peu près sans arrosement et moitié arrosés par les eaux des pluies, des chemins, des terres et des cours des domaines.

Admettons qu'il y ait peu à ajouter au produit du million d'hectares de prairies arrosées. Mais si des irrigations régulières étaient appliquées aux 2 millions d'hectares qui ne sont fécondés que par les inondations, leur produit d'après toutes les données agricoles, serait bien à peu près doublé. Et cette irrigation, à ce qu'il semble, n'offrirait pas de sérieuses difficultés : chaque rivière arroserait son propre bassin, et le grand bassin lui-même serait arrosé plus facilement encore par les affluents que par la grande rivière.

Quant aux 1,800 mille hectares restants, la moitié au moins touchent aux prés du littoral sans que les inondations ordinaires les atteignent ; on ne les laboure pas, parce qu'ils sont couverts par les grandes eaux ; leur produit est trop faible et de qualité au moins médiocre ; mais des irrigations régulières, en ménageant les pentes, pourraient, avec l'aide des servitudes de passage et d'appui, porter sur leur surface les eaux de la rivière ou de ses affluents, y feraient naître la fécondité des prairies arrosées, et tripleraient au moins leur produit ; l'autre moitié de ces prés, placés dans des positions favorables, peut recevoir et reçoit ordinairement les eaux des terrains qui les environnent, des chemins qui les touchent ; mais on les recueille et distribue avec peu de soin ; ils peuvent donc recevoir aussi de grandes améliorations du mouvement général qui porterait les esprits à un emploi rationnel des eaux.

Ainsi donc, en premier résultat, un emploi régulier des eaux doublerait le produit des trois cinquièmes, disons de moitié de nos prairies actuelles, et augmenterait par conséquent de plus d'un tiers les ressources en fourrage des prairies naturelles, et cela sans aucun accroissement d'étendue et avec plus de dépense d'intelligence que de main d'œuvre ; le résultat de cette amélioration serait déjà bien grand, puisqu'il permettrait d'augmenter d'un tiers ou au moins d'un quart le nombre des bestiaux qui travaillent, engraissent notre sol et fournissent à notre consommation.

CHAPITRE II.

DE LA CRÉATION DE PRAIRIES NOUVELLES AU MOYEN DES PETITS COURS D'EAU ET DES EAUX DES PLUIES.

Les prairies artificielles, les fourrages racines sont un bien heureux supplément pour la nourriture des bestiaux ; mais dans un tiers au moins de la France le produit des prairies artificielles est souvent compromis par la sécheresse, et cependant l'irrigation en garantirait la récolte. Dans la province de Valence (Espagne), on coupe la luzerne douze fois dans l'année ; dans notre Midi, avec l'irrigation on approcherait beaucoup d'un pareil résultat, et on assurerait de même la récolte de tous les autres fourrages artificiels.

Les irrigations au moyen de nos grands cours d'eau sont, comme nous verrons plus tard, très-peu étendues, et il n'y a pas un dixième peut-être de cette étendue en prairie arrosée; nous pouvons donc regarder les irrigations qui existent et celles même que nous proposons comme appartenant à des eaux de sources, de ruisseaux ou de petites rivières; mais leur étendue n'est pas moitié de celle sur laquelle on pourrait faire arriver les eaux; les centaines de milliers de sources, les milliers de petits ruisseaux et de petites rivières ont tous un bassin plus ou moins étendu, et peuvent, au moyen de la pente, multiplier beaucoup les surfaces arrosées dans toutes les parties de la France. Et puis chacun de ces petits cours d'eau peut se barrer, se dériver un nombre indéfini de fois et fournir l'irrigation d'une étendue proportionnelle à son volume; il nous semble donc que l'étendue arrosée pourrait au moins se tripler; dans plus de moitié de la France, les eaux à l'état de sources, de ruisseaux, restent sans emploi dans leur lit; on en subit les inconvénients sans en recueillir les avantages; cependant on voit leur effet se prononcer sur les prairies riveraines, mais elles ne profitent que des eaux accidentelles, et on ne fait rien pour les répandre.

Dans les pays où les cours d'eau ont peu de pente, dans ceux où cette pente est prise en partie par les usines, les prairies sont souvent marécageuses; mais ces eaux ne nuisent que parce qu'on ne fait rien pour faciliter leur écoulement; on est même souvent prévenu contre leur emploi, parce qu'on voit ces eaux qu'on laisse stagner donner des produits de mauvaise qualité. On ignore que presque toujours les eaux épanchées à la surface, si elles s'en écoulent librement, sont le moyen le plus sûr d'assainir les prairies, d'accroître et d'améliorer leurs produits; on laisse alors dans leur lit les milliers de sources et de ruisseaux qui pourraient féconder si heureusement le sol qui les environne. Mais espérons qu'on usera des droits de passage, d'appui et d'évacuation que la législation vient de consacrer, et qu'une partie de ces prairies marécageuses trouveront dans le bon emploi des eaux et leur facile écoulement une grande amélioration.

Sur de plus grandes étendues encore que les petits bassins des sources et des ruisseaux, les pluies amènent des eaux temporaires qui se réunissent en masse dans les inflexions de terrain, en entraînent le sol, s'y creusent des lits dans lesquels s'écoulent les terres des champs cultivés qui les bordent; mais en les employant avant leur réunion en masse nuisible, elles féconderaient les pentes, les petits vallons, et deviendraient un bienfait au lieu d'être un fléau.

Et puis, dans les pays d'irrigation eux-mêmes, on ne songe nulle part à faire sortir les eaux du fond du vallon, quand souvent, au moyen de la pente, on pourrait les promener sur ses rampes et les conduire quelquefois jusque sur le plateau supérieur.

Nous avons vu d'ailleurs que l'eau du territoire pourrait grandement suffire à ces diverses améliorations, puisqu'en répétant son emploi, l'eau disponible des cours d'eau fournirait au besoin une couche de 4 mètres sur toute la surface, et que nous ne demandons ici que de les voir employer convenablement sur un sixième au plus de l'étendue.

Nous sommes donc au dessous de la vérité quand nous disons qu'on pourrait soumettre à des irrigations nouvelles, au moyen des eaux des sources, des petites rivières et des pluies, une étendue de terrain égale à celle que couvrent les inondations naturelles, ou plus de 2 millions d'hectares; et comme les engrais, et par conséquent les bestiaux, sont ce qui manque le plus essentiellement à notre agriculture, c'est à des prairies que seraient destinées ces irrigations nouvelles. Le premier emploi de ces ressources fourragères nouvelles serait le bon entretien, la nourriture abondante que nous donnerions à nos bestiaux en même temps que nous en accroîtrions le nombre ; le produit essentiel des bestiaux, l'engrais et sa qualité dépendent de la nourriture et des soins qui leur sont donnés ; en France, c'est moins encore le nombre des bestiaux qui manque que la nourriture, les soins, le bon entretien et surtout encore l'aménagement et le bon emploi des fumiers ; les bestiaux belges par cette double raison donnent plus du double d'engrais des nôtres, et Mathieu de Dombasle a confirmé par ses expériences que nous pouvons sans difficulté imiter la méthode belge, et par conséquent obtenir ses résultats.

CHAPITRE III.

DE L'ÉTENDUE DES IRRIGATIONS AVEC LES GRANDS COURS D'EAU.

1. Après avoir cherché à apprécier les améliorations que nous pouvons devoir à l'emploi agricole de nos petits cours d'eau, nous arrivons à celles que nous pouvons tirer des grands cours d'eau, de leurs affluents et des grandes rivières elles-mêmes.

Mais apprécions d'abord ce qui existe ; les irrigations du Midi, au moyen de dérivations des grandes rivières ou de leurs affluents, se bornent à 94 mille hectares, le cinq-cent-cinquantième de la surface totale de toute la France. Le Piémont qui n'est qu'un seizième de cette étendue arrose 110 mille hectares ; la Lombardie qui n'est guère plus étendue que le Piémont en arrose 315 mille en été, 5 mille en prés *marcite*, dits prés d'hiver, et sur toute cette étendue il y a 27 mille hectares en rizières qui exigent cinq fois autant d'eau que les autres fonds, comme les prés *marcite* en demandent trois ou quatre fois autant. Nous ne connaissons pas l'étendue des irrigations d'Espagne, mais nous croyons pouvoir dire que si ce pays n'a pas succombé à toutes les causes de misère et de dépopulation qui semblent s'accumuler sur lui depuis près de quarante ans, il le doit à la grande étendue et au produit de ses irrigations.

Nous sommes donc beaucoup en arrière de tous nos voisins, et cependant notre territoire est au moins aussi bien partagé que le leur pour le nombre et l'abondance de ses cours d'eau; le Rhône et une partie de ses affluents reçoivent l'eau des glaciers, et sont par conséquent plus abondants dans la saison où le sol de leur bassin a besoin des eaux; la Garonne et les rivières qui descendent des Pyrénées ont la même origine et les mêmes avantages; le Rhin sort aussi des glaciers; la Loire et la Seine n'ont pas cet avantage; cependant leurs affluents nombreux offriraient par leur pente sous ce point de vue de grandes ressources; l'irrigation par dérivation des grands cours d'eau pourrait donc se produire sur de bien grandes étendues en France.

Il est à remarquer que les irrigations sont moins étendues là même où les besoins sont les plus grands; ainsi les quatorze départements auxquels appartiennent les 94 mille hectares arrosés en France contiennent 8 millions d'hectares, et ils n'en ont en prairies que 430 mille, le dix-neuvième de leur étendue; ils ont donc encore, malgré l'emploi qu'ils en ont fait, plus de besoins d'irrigation que les autres départements de France qui contiennent en général plus du dixième de leur territoire en prairies. L'agrandissement de cette nature de culture y est d'autant plus nécessaire que dans cette région le soleil méridional rend très-chanceux le produit des prairies artificielles; et cependant l'irrigation au moyen des sources et des petits ruisseaux y est presque tout-à-fait négligée; il n'y a guère que le département des Basses-Alpes qui l'emploie en partie; les méridionaux demandent à grands cris pour leurs plaines, leurs grands bassins de grandes irrigations;

ils veulent des concessions longues à obtenir et à mettre en usage, des dérivations d'une grande étendue, d'un établissement et d'un entretien dispendieux, qui traversent une foule de particuliers en leur nuisant souvent beaucoup, et ils dédaignent d'employer l'humble source, le petit ruisseau qu'ils peuvent appeler sur leurs fonds par quelques coups de bêche, par le plus léger barrage de fascines et de gazons. Ce serait cette amélioration qui importerait le plus à la prospérité agricole du pays, parce qu'elle s'appliquerait dans chaque localité à la multitude de sources et de ruisseaux qui sillonnent la surface et aux contrées montagneuses souvent pauvres ; ces eaux employées à plusieurs reprises dès leur source et dans leurs ramifications retiendraient dans leurs canaux les eaux de pluie, et en s'épanchant et se distribuant avec elles sur les pentes elles affaibliraient ces torrents qui détruisent les récoltes et souvent le sol cultivable de leurs propres bassins.

Mais revenons à notre question qui est ici spécialement l'irrigation avec les grands affluents.

2. Nous avons dit qu'en France, en comptant même les irrigations qu'on espère réaliser et les ajoutant à celles qui sont en activité, on arrive à 94 mille hectares ; ce devrait être l'emploi au plus de 100 mètres cubes d'eau par seconde ; les dérivations cependant s'élèvent à 130 mètres cubes, mais une grande partie est mal employée. Ainsi dans le département du Var on dérive 13 mètres, et la surface arrosée est à peine de 6 mille hectares, quand elle pourrait être double au moins. On peut encore beaucoup arroser sans crainte d'affaiblir nos cours d'eau ; ainsi que nous l'avons vu précédemment, ils charrient les deux cinquièmes de l'eau des pluies, ce qui fait pour tous les grands affluents de nos fleuves plus de 6 mille mètres cubes d'eau par seconde, et nous n'en employons que 130 ; on ne dérive donc pour l'irrigation qu'un cinquantième de nos ressources effectives, quand il

serait possible de décupler ces dérivations de nos grands cours d'eau secondaires, et par conséquent l'étendue arrosée par eux. Et remarquons qu'après les affluents les fleuves eux-mêmes pourraient fournir à des dérivations qui s'ajouteraient à celles des affluents; ainsi le Rhône, le plus pentueux de tous, il est vrai, doit arroser 8 à 10 mille hectares avec les 8 à 9 mètres par seconde dérivés par le canal de Pierrelatte, et on peut sans aucun doute le saigner de même dans plus d'un lieu sur ses deux rives.

C'est dans le Midi que les esprits sont le plus disposés à ces grands travaux, mais presque tout y est encore à faire; le bassin du Rhône, dans lequel les irrigations sont le plus multipliées, n'a de grandes dérivations que sur sa rive gauche, et encore la fontaine de Vaucluse qui charrie en moyenne 10 à 12 mètres cubes par seconde n'arrose guère que 2 mille hectares, au lieu de 10 à 12. On a demandé davantage à la Durance : sa rive droite n'y puise guère que 12 mètres cubes, sa gauche, il est vrai, en puise plus de 30; on pourrait, à ce qu'il semble, lui demander encore 20 mètres sans craindre de l'épuiser.

Mais si la Durance fournit son tribut à l'agriculture, les autres rivières de ce grand bassin sont presque sans emploi; dans le département de la Drôme, la rivière de ce nom, le Vernaison, l'Aigues et l'Ouvèze se jettent dans le Rhône à peu près sans emploi; dans le département de l'Isère, trois cours d'eau n'arrosent guère que 4 mille hectares; l'Isère elle-même dont le limon a formé la plaine féconde du Grésivaudan n'alimente aucune dérivation; c'est spécialement la Romanche et le Drac qui fournissent les eaux d'arrosage; plus de 20 mille hectares cependant pourraient dans ce département être arrosés facilement par ces grands cours d'eau.

C'est le département des Hautes-Alpes qui profite le mieux de ses cours d'eau torrentueux; cependant le Var avec des dérivations de 13 mètres cubes par seconde n'arrose que

6 mille hectares, quand il devrait en arroser au moins deux fois autant. M. Bosc, géomètre en chef du cadastre, a fait sur l'emploi des eaux de ce département un travail plein d'intérêt ; il a étudié ses différents cours d'eau, les a jaugés, s'est assuré de l'étendue des terrains irrigables, et a évalué les travaux à faire pour chaque dérivation ; il en résulte qu'avec une dépense de 2 millions on pourrait augmenter l'étendue arrosée de 18 mille hectares; il serait grandement à désirer qu'on fit une semblable étude dans tous les départements.

Sur la rive droite du Rhône aucun des grands affluents n'est employé, et cependant leurs eaux qui descendent presque toutes de montagnes volcaniques, qui ont formé des plaines de la plus haute fécondité, produiraient des arrosages éminemment féconds ; les petits torrents des montagnes sont souvent utilisés par l'industrieux Cévennol; mais lorsqu'ils forment une certaine masse on les abandonne à leur cours, on subit tous leurs ravages sans tirer parti de leurs eaux qui se perdent dans le Rhône, chargées de principes salins, d'un limon noir fertile. Au delà des contrées volcaniques, les *Gardons* sillonnent et ravagent le département du Gard sans qu'on leur demande aucun emploi utile comme compensation.

Après les arrosements du bassin du Rhône, on ne peut citer en France que ceux des deux départements des Pyrénées, sur lesquels M. Jaubert de Passa a fait un excellent travail; mais on n'y arrose que 32 mille hectares, et on évalue à plus de 100 mille l'étendue sur laquelle on pourrait conduire les eaux. Les cours d'eau des Pyrénées sont, comme ceux des Alpes, issus en partie des glaciers; ils s'augmentent dans les chaleurs de l'été, alors qu'un plus grand besoin d'irrigation se fait sentir.

Toutefois ces dérivations si utiles, desquelles doit résulter une si grande richesse, demandent, pour être convenablement établies, beaucoup de temps, de dépenses et de connaissances spéciales ; lorsque le cours d'eau a peu de pente, la dérivation doit être prolongée longtemps avant de faire arriver l'eau à la surface ; dans son parcours elle traverse des petits bassins de cours d'eau souvent torrentueux qui demandent des siphons ou des viaducs dispendieux ; aussi ces travaux en France ont généralement ruiné ceux qui les ont entrepris, et les générations et quelquefois les siècles s'écoulent avant qu'ils soient achevés et puissent arriver à leur destination. Ainsi le canal de Donzère soit de Pierrelatte, commencé il y a 150 ans, n'arrose encore que 4 à 500 hectares, quand il devrait en arroser 4 mille. Il est donc nécessaire que l'Etat subventionne de pareilles entreprises, ou appelle les compagnies en leur assurant un minimum d'intérêt. Si les chemins de fer considérés comme grandes lignes sont utiles à un plus grand nombre, leur utilité néanmoins n'est pas créatrice de richesse publique et particulière, ni de produits aussi nécessaires, aussi importants que ceux de l'irrigation ; et en comparant l'établissement des grandes dérivations à celui des embranchements les plus utiles, si de part et d'autre on veut les considérer dans leurs résultats matériels, celui qui double, triple immédiatement par l'arrosement la valeur capitale des fonds est bien autrement important pour l'Etat et le pays que celui qui ne fait que faciliter les communications. Mais il en est ici comme dans toute circonstance : le commerce, l'industrie, les petites convenances particulières, qui n'offrent qu'un intérêt secondaire quand on les compare aux grands intérêts agricoles, sont toujours les premiers servis par la législation ; ils obtiennent toute faveur, et l'Etat ne marchande jamais les sacrifices qu'il leur fait. Dans le cas où nous sommes, les intérêts agricoles ne demandent que d'être traités un peu à l'égal des intérêts commerciaux et industriels. Il serait donc de toute justice et de toute convenance que l'Etat vînt au secours de ces entreprises, comme il est venu au secours des établissements de chemins de fer.

3. Ce serait ici le lieu de traiter la grande question de la propriété des canaux et des grandes dérivations. En Piémont, en Lombardie et dans toute l'Italie, ils sont la propriété du gouvernement, qui les établit, les entretient et les répare, et ils sont pour lui la source d'un grand revenu. Entre les mains des particuliers, les distributions d'eau sont sans régularité, les constructions pour les prises d'eau n'ont jamais l'uniformité nécessaire : elles sont trop fortes ou trop faibles, et l'eau devient en quelque sorte un gaspillage ; dans les eaux abondantes, les irrigations consomment tout sans nécessité, pendant qu'avec des modules réguliers on en aurait toujours la même proportion, et le surplus qui n'est qu'éventuel se vendrait à des prix moindres à d'autres propriétaires. On verrait ainsi s'étendre les bienfaits de l'irrigation. Dans les entreprises particulières, les *colatures* sont perdues, et souvent elles s'égarent sur des fonds inférieurs qu'elles rendent marécageux; si leur administration était dans les mains du gouvernement, les surplus d'eau dans les abondances et les colatures recevraient des directions convenables, seraient vendus à des fonds inférieurs, et au lieu de produire des marais féconderaient de nouveaux champs.

L'administration peut seule donner à ces grandes améliorations l'esprit d'ensemble nécessaire pour éviter les conflits, les dilapidations, et tirer enfin des eaux le parti le plus utile. Mais il faut pour tous ces grands travaux, pour leur établissement, leur entretien et leur réparation, une classe d'hommes spéciaux qui instruisent les concessions, président aux distributions d'eau, aux constructions de modules, à la perception de la taxe du gouvernement, qui puissent et sachent rassembler les *colatures*, les trop pleins, pour les empêcher de nuire et en faire même une source de revenus pour l'État et de produits agricoles pour les particuliers ; il faut

des hommes spéciaux qui instruisent les demandes en con
cession de pente pour usines ou établissements de barrages
permanents, qui assignent à chaque usine son niveau, qui
soient chargés de le maintenir, qui fixent la quantité d'eau
nécessaire à leur jeu, et disposent du reste pour les irrigations des prairies riveraines; qui, en cas de contestation pour
la jouissance des eaux entre les riverains, puissent assigner
à chacun la part qui lui revient en raison de l'étendue et de
la position de son fonds, qui montrent aux propriétaires le
parti qu'ils peuvent tirer des eaux, qui les dirigent dans leurs
travaux d'irrigation, qui révèlent enfin à tout un pays les
richesses perdues par les eaux qui s'écoulent sans emploi.
Les mêmes hommes seraient chargés de tous les travaux des
ports, de leur établissement, de leur curement, de la construction de leurs bassins, de tous les travaux enfin si importants de la navigation maritime ; ils seraient chargés
de creuser, entretenir et réparer les canaux de navigation,
de faciliter et améliorer la navigation des rivières, de restreindre au besoin les concessions d'irrigation lorsque les besoins de la navigation l'exigeraient ; ces hommes enfin, gar-
diens de la salubrité et de la viabilité, restreindraient toute
entreprise qui pourrait les compromettre. L'emploi des cours
d'eau à l'irrigation soulève de grandes et importantes questions, et demande pour leur direction des hommes exercés et
habiles ; enfin les marais si étendus encore en France veulent
aussi des études spéciales pour être rendus à la culture et
ramener la salubrité dans les contrées qu'ils infectent.

Ces fonctions sont nombreuses, importantes, et si elles
n'exigent point une école particulière pour y former des
jeunes gens, tout au moins l'administration devrait-elle créer
une section dans l'école actuelle des ponts et chaussées, où
toutes ces questions seraient l'objet d'une étude spéciale.

Les ingénieurs des ponts et chaussées, chargés accidentellement de quelques-unes de ces attributions auxquelles leurs

études ne les ont guère préparés, ne peuvent pas même suffire à leurs travaux ordinaires ; il règne donc une véritable anarchie dans la plupart de ces questions d'une si haute importance, et dont la solution régulière est devenue un besoin social. Mais l'ordre et les améliorations ne peuvent s'introduire ici qu'au moyen de l'institution d'un corps spécial ; ce serait seulement alors que pourrait se remplir l'intention de la loi de 1790 , qui charge l'administration *de diriger toutes les eaux du territoire, de manière à les rendre utiles à l'agriculture.* Le gouvernement ne ferait qu'imiter ce qui se passe ailleurs : en Espagne, en Allemagne, en Italie, partout enfin où l'on a voulu utiliser les eaux, on a institué des ingénieurs hydrauliques. Mais ce corps ne peut pas s'improviser ; il lui faut des écoles spéciales, des études et des connaissances agricoles. Si, pour éviter de multiplier les corps, on voulait laisser toutes ces attributions à celui des ponts et chaussées, il serait nécessaire que les études dans l'école d'application fussent grandement modifiées, ou que même il y fût créé une section spéciale d'ingénieurs hydrauliques.

Cette demande que nous avons déjà formulée à plusieurs reprises semblerait avoir été écoutée. Dans chaque département un ingénieur des ponts et chaussées vient d'être désigné comme ingénieur hydraulique ; mais on est obligé de croire que cette nomination n'a pas été faite pour satisfaire aux besoins du pays, mais bien par rivalité de ministères. Celui des travaux publics, pour parer à la demande faite par le Congrès d'agriculture de placer les irrigations dans le département de l'agriculture, comme le bon sens semble le demander, s'est empressé d'établir un personnel, et ce personnel il le laisse sans instructions, sans attributions ; et cependant dans chaque département il y aurait un travail préliminaire à faire, l'inventaire des cours d'eau qui le sillonnent, de la quantité des eaux qu'ils produisent, et un aperçu des terrains qu'ils pourraient arroser. Ce travail, fait dans le département

du Var par M. Bosc, serait partout éminemment utile, et il pourrait être fait par tous les ingénieurs. Mais les fonctions nombreuses dont nous venons de donner un aperçu demanderaient
des études spéciales, longues et suivies, que n'ont point faites
les ingénieurs des ponts et chaussées. Si cette institution dure,
comme cela est à désirer, il faudrait qu'à l'avenir ils y fussent préparés, que l'enseignement fût modifié pour eux dans
l'Ecole des ponts et chaussées, et que leurs études fussent
dirigées sur tous les points que nous venons d'énumérer. Ce
ne serait qu'au bout de quelques années que les fonctions
d'ingénieur hydraulique pourraient être convenablement
remplies; cependant il est à croire que les jeunes hommes
instruits désignés pour ces fonctions pourront être utiles, en
attendant que l'école ait pu préparer des hommes spéciaux.

SECTION VIII.

Opérations préliminaires à une entreprise d'irrigation.

CHAPITRE Ier.

JAUGEAGE DES COURS D'EAU.

Il est nécessaire de connaître la quantité d'eau dont on peut disposer, pour pouvoir se fixer sur l'étendue du terrain qu'on peut arroser; cette connaissance est un préliminaire indispensable, quel que soit le volume des eaux qu'on veut employer; alors même qu'on n'aurait besoin que d'une partie du cours d'eau, il est essentiel d'en connaître le débit pour en prendre une part proportionnelle au besoin qu'on en a. Quand même on n'aurait à sa disposition que de petites sources, ces sources peuvent arriver à voir décupler leur utilité par la manière dont on les emploiera; les eaux en petit volume se perdent en partie dans les rigoles quand on les conduit à une certaine distance; en réunissant au contraire leurs produits de 2, 4, 6, 8 jours, on peut en tirer un excellent parti. Il est donc essentiel de connaître leur volume pour se diriger dans la grandeur du réservoir qui les recevra.

1. L'appréciation des eaux en petit volume offre peu de difficulté. Dans un moment où l'on peut juger que la source donne son produit moyen, on fait dans la rigole qui la reçoit un creux pour y placer un vase de la dimension de 12 à 50 litres; on fait en sorte que toute l'eau y arrive; on

compte à plusieurs reprises le temps que le vase met à se remplir, et on a ainsi la portée précise de la source.

Ce temps se mesure avec beaucoup de facilité; une montre à échappement ordinaire bat 145 coups par minute. Ainsi du nombre des battements nécessaires pour voir remplir le vase on conclut facilement la quantité d'eau fournie dans l'unité de temps, la minute ou la seconde.

2. Si le volume du cours d'eau est un peu fort ou qu'il coule sur le rocher, il faut le barrer au moyen de terres argileuses et d'une planche qu'on met dans le barrage; on échancre la planche à sa tranche supérieure, et on reçoit l'eau dans un vase un peu moins haut qu'elle. On arrive par ce moyen assez promptement à une appréciation suffisamment rigoureuse.

3. Mais à mesure que le volume grossit, les méthodes doivent changer. Lorsqu'il y a des usines sur le cours d'eau, on peut se servir des vannes des artifices ou de celles de décharge de ces usines; on choisit un jour où les eaux sont en quantité moyenne; on prend le moment où les usines supérieures n'arrêtent pas l'eau, on lève ensuite petit à petit les vannes jusqu'à ce qu'on arrive au point où les eaux du bief supérieur n'augmentent ni ne diminuent de hauteur; à ce point les vannes débitent le volume du cours d'eau qu'on veut apprécier.

C'est alors ce débit qu'il faut trouver. Pour cela on emploie la formule de la dépense théorique d'eau par une ouverture donnée $L\,O\,\sqrt{2\,P\,H}$, dans laquelle L représente la largeur de l'ouverture, O sa hauteur, P l'action de la pesanteur représentée par la vitesse acquise par un corps qui tombe pendant une seconde, et H la hauteur du niveau supérieur de l'eau au dessus du milieu de l'ouverture. Sans entrer dans les développements qui motivent cette formule, nous remarquerons cependant que le produit L O de la base de l'ouverture par sa hauteur représente la section ou la base du prisme d'évacuation, que le radical $\sqrt{2\,P\,H}$ représente la vitesse de l'eau d'écoulement ou l'espace parcouru par elle en une seconde en vertu de la charge d'eau. Notre formule nous donne donc le prisme ou le volume d'eau écoulé en une seconde par l'ouverture de la vanne qui est la surface d'évacuation ; mais cette dépense théorique est trop forte et n'est pas d'accord avec la pratique. Pour avoir la dépense effective, il faut retrancher de celle que donne la théorie la diminution qu'y apporte la contraction de la veine fluide, ou la diminution qu'éprouve le débit de l'eau lorsqu'on la force de passer par des ouvertures à minces parois, moindres que son canal ordinaire.

On a donné le nom de coëfficient à la fraction qui représenterait la dépense pratique, si la dépense théorique était l'unité ; pour avoir donc la dépense pratique, on multiplie la dépense théorique par cette fraction.

Ce coëfficient, dans les usines de 1 à 2 mètres de chute et avec des ouvertures de vannes de 10 à 20 centimètres, serait en moyenne de 61 centièmes lorsque la contraction a lieu sur les quatre côtés, c'est-à-dire lorsqu'aucun des côtés du canal d'écoulement ne se trouve dans la direction des parois de l'ouverture ; il serait de 63 centièmes si le fond du canal est la base de l'ouverture, de 65 si, outre le fond, l'un des côtés du canal se trouve dans la direction de l'un des piliers de l'ouverture, de 69 à 70 si, comme cela arrive le plus souvent dans les usines, le fond et les deux côtés du canal se trouvent dans la direction du banc gravier et de l'ouverture des vannes ; enfin il serait de plus de 80 lorsque les quatre côtés du canal se trouveraient dans la direction des quatre côtés de l'ouverture. Cette dernière disposition ne peut guère s'obtenir dans les usines, mais on y emploie avec avantage les vannes inclinées ; dans ce cas la contraction diminue beaucoup, et le coëfficient passe graduellement de 70 à 80 centièmes, à mesure que l'inclinaison augmente.

Les coëfficients qui précèdent résultent d'expériences faites sur des écoulements de réservoirs à minces parois; ils sont généralement trop faibles quand on les applique à l'écoulement à travers des vannes d'usine; ces vannes sont placées dans des rainures de piliers en pierre qui ont le plus souvent 30 centimètres au moins d'épaisseur; leur ouverture est donc loin d'être à minces parois, et la contraction y est moins forte que celle qu'a donnée l'expérience pour des ouvertures à minces parois; M. Arthur Morin a communiqué depuis peu à l'Académie des expériences qui prouvent que les coëfficients des formules anciennes sont trop faibles. Nous pensons donc qu'on peut bien admettre, pour coëfficient d'écoulement des vannes d'usines pourvues de piliers de 30 centimètres d'épaisseur, le chiffre 0,69 à 0,70.

Après avoir déterminé le coëfficient de contraction, on multiplie par lui la dépense théorique, et on a la dépense effective de la vanne; si on a plusieurs vannes et qu'une seule ne suffise pas pour faire écouler l'eau moyenne, on les lève en même temps; et lorsqu'on est arrivé à un débit régulier, c'est-à-dire lorsque le niveau de l'eau supérieure se maintient sans s'abaisser ni s'élever, on fait pour chacune d'elles la même opération, c'est-à-dire qu'on leur applique la formule modifiée par le coëfficient; on ajoute les résultats obtenus, et leur somme donne le volume du cours d'eau, c'est-à-dire le nombre de litres qu'il débite par seconde.

Mais ces coëfficients devraient encore se modifier avec la largeur et la hauteur des ouvertures; la contraction s'exerce sur les faces extérieures du prisme d'écoulement, et l'on conçoit que ces surfaces sont loin de rester dans un rapport constant avec le volume du prisme d'écoulement, et qu'elle doit diminuer à mesure que le volume du prisme augmente; le coëfficient doit donc varier avec le volume des ouvertures; les formules que nous avons données ne seraient donc exactes que pour des hauteurs moyennes d'ouverture et des largeurs moyennes de vannes ; le jaugeage au moyen des vannes d'usine serait donc loin d'offrir toute l'exactitude qu'on désirerait.

4. On approcherait plus près de la vérité si on faisait passer l'eau sur un déversoir; l'appréciation serait alors plus facile et plus juste. Pour cela on ferme toutes les vannes, et lorsqu'on peut juger que l'eau qui coule sur le déversoir représente toute celle de la rivière, on calcule le débit du déversoir par la formule $L H \sqrt{2 P H}$, c'est-à-dire qu'on multiplie la base L du déversoir par la hauteur H de l'eau en repos au dessus de cette base, et on a un produit qui donne la section de l'eau d'écoulement; on multiplie ensuite ce produit par $\sqrt{2 P H}$, c'est-à-dire par la vitesse de l'eau d'écoulement, et on a théoriquement le prisme d'eau écoulé en une seconde, ou le débit théorique du déversoir. Il reste maintenant, pour avoir le produit effectif, à multiplier le résultat par un coëfficient K qui varie avec les circonstances ; les expériences de MM. Poncelet et Lesbros l'ont donné de 0,424 à 0,390 pour des hauteurs de lames d'eau de 1 à 20 centimètres. Pour l'usage ordinaire nous adopterons, avec M. Morin, 0,405.

Nous avons dit que H représente la hauteur de l'eau en repos au dessus de la base du déversoir; on la détermine avec le niveau, qui donne la différence de hauteur entre le point où l'eau a un courant à peine sensible et le seuil du déversoir; cependant, à défaut de niveau, un petit obstacle placé dans l'un des angles du déversoir soutient l'eau à peu près à la hauteur normale. On se contente même encore de la prendre dans la feuillure de la vanne qui ferme le déversoir. L'erreur en moins que donnent ces deux dernières mesures est faible et peu importante, et il vaut mieux qu'elle soit pour affaiblir que pour exagérer.

5. Lorsque pour le jaugeage on ne peut se servir des écluses d'usines et qu'on ne peut point pratiquer de déver-

soir, il faut jauger la rivière dans son lit; pour cela, dans le temps des eaux moyennes, on cherche dans le cours de la rivière une longueur d'une certaine étendue dont la pente, la profondeur et la largeur soient à peu près régulières; la masse d'eau à apprécier sera évidemment représentée par le prisme d'eau qui s'écoule en une seconde; or la base de ce prisme est la section moyenne de la rivière qu'on mesure en plusieurs points. Connaissant la section ou la base du prisme, il suffira pour avoir son volume de connaître la vitesse de l'eau qui en est la hauteur. Pour y parvenir, en amont de l'espace où on a observé un cours régulier, on jette dans le courant par un temps calme des corps légers qui plongent en partie dans l'eau; on compte avec sa montre le temps que ces corps mettent à arriver au bas de cet espace régulier : on répète l'opération pour mieux assurer son résultat; on mesure ensuite cet espace, et on en conclut celui parcouru en une seconde; on a alors la hauteur cherchée du prisme.

Il n'est point difficile, ainsi que nous l'avons dit, de calculer le temps en seconde avec une montre ordinaire : on compte le nombre des battements que les corps légers mettent à parcourir l'espace donné, et on en conclut rigoureusement l'espace parcouru en une seconde.

Mais cette vitesse est celle de la surface; celle des parties du prisme qui avoisinent le fond et les bords est plus faible en raison du frottement que le fluide éprouve sur les parois du lit. L'expérience a prouvé qu'on doit retrancher un cinquième de la vitesse de la surface pour avoir la vitesse moyenne; cette vitesse réduite sera la longueur ou la hauteur du prisme droit dont on a la base; multipliant donc la surface de sa base qui est la section de la rivière par le chiffre de la vitesse réduite, on aura le volume de l'eau fournie par la rivière en une seconde. On répètera à plusieurs reprises son opération sur la rivière; il est surtout nécessaire de la répéter si les usines sont nombreuses et voisines les unes des autres, parce que leur marche ou leur arrêt altère la régularité du cours d'eau.

Il est aussi à propos de s'assurer de la quantité d'eau dans les eaux basses pour connaître ses ressources d'irrigation en été ; mais il est encore plus essentiel de connaître le volume des grandes eaux parce qu'elles correspondent toujours au temps des plus utiles irrigations. Lorsqu'on le peut et que l'entreprise à faire est importante, on emploie dans les différentes saisons les diverses méthodes de jaugeage ; on prend une moyenne entre toutes les évaluations, et on peut compter d'une manière un peu certaine sur le résultat.

CHAPITRE II.

UNITÉ DE MESURE DE L'EAU, MODULE.

Il est essentiel dans tout pays d'irrigation d'adopter une unité de mesure fixe et d'un facile emploi : c'est le seul moyen de mettre dans toute distribution d'eau la régularité et la justice distributive si nécessaires dans l'intérêt de tous. On a longtemps cherché la solution de ce problème ; pour y arriver, on a adopté presque partout des ouvertures de dimensions données, devant débiter l'eau sous une pression déterminée ; mais le changement de niveau des eaux, la pente du canal de distribution et de celui d'irrigation, la forme de l'ouverture, l'épaisseur de ses parois, rendaient toujours cette unité très-variable ; il en est résulté des discussions, des débats administratifs et judiciaires longs, coûteux et difficiles, qui ne sont point parvenus à faire établir une jurisprudence uniforme pour résoudre la question ou seulement pour la réduire à de simples termes.

On a voulu généralement prendre pour unité de mesure

la quantité d'eau nécessaire, avec un mètre de chute, pour faire mouvoir un moulin à farine. On conçoit que le point de départ n'était pas bien choisi, parce que cette quantité d'eau dépend essentiellement de l'espèce de la roue hydraulique employée ponr transmettre la force, et de la quantité de travail faite par la meule dans un temps donné ; aussi la *ruota* en Piémont, la *meule* dans les Pyrénées, le *moulans* dans les Basses-Alpes, présentent-ils tous un chiffre différent. En Lombardie et en Piémont on a pris pour unité de mesure, sous le nom de module, l'once d'eau qui n'est guère que le sixième de la meule ; l'once se mesure par la quantité d'eau qui s'écoule par une ouverture donnée sous une hauteur d'eau déterminée.

Mais malgré ces précautions on n'est point encore parvenu à avoir un module uniforme, et dans le Milanais, où on a approché le plus près de la solution de la question, le module d'eau est encore évalué à une quotité qui varie de 36 à 48 litres par seconde. On est cependant d'accord que l'once est la quantité d'eau qui s'écoule par une ouverture de 15 centimètres de largeur sur 20 de hauteur, sous une pression constante de 10. On est parvenu à rendre cette pression à peu près constante au moyen d'une vanne dite hydrométrique ; cette vanne, placée dans les parois du grand canal d'irrigation, sert à donner l'eau au canal ; la prise d'eau ne se fait pas immédiatement dans le canal de dérivation ; elle se fait par une ouverture placée derrière la vanne hydrométrique, dans une construction, soit bassin en pierre, qui sert en quelque sorte de réservoir alimenteur à l'eau d'irrigation ; l'*eygadier* ou distributeur des eaux baisse ou élève la vanne de manière à maintenir dans ce réservoir, au dessus de l'orifice d'écoulement, les 10 centimètres de hauteur de la pression légale. On conçoit qu'avec cet artifice l'eau qui s'écoule par une même ouverture, sous une même pression, doit donner dans l'unité de temps un même volume. La vanne

hydrométrique est le principe de la régularité de distribution ; on y ajoute dans la construction des conditions acces-
soires dans lesquelles il serait très-long d'entrer et dont
on peut voir le détail dans l'ouvrage de M. Nadault de
Buffon : ces conditions ne sont pas jugées essentielles, car on
s'en dispense dans bien des prises d'eau concédées par le
gouvernement.

Le partage des eaux serait bien régulier, si elles se distribuaient toutes isolément par once ; mais pour l'attribution
de 2, 3, 4, 10 20 onces, on double, triple, quadruple, décuple, vingtuple la largeur de la prise d'eau ; alors disparaît
l'égalité de distribution, la quotité d'eau de l'once s'accroît
avec leur nombre, parce qu'alors la contraction diminue
dans une rapide progression. Il faudrait donc, pour arriver à
la régularité, que des expériences nombreuses et précises
déterminassent la diminution que doit recevoir chaque largeur nouvelle de 15 centimètres (largeur du module isolé) à
mesure que le nombre des onces s'accroît ; mais ces expériences sont assez difficiles à faire et manquent jusqu'à ce
moment. On est bien parvenu à diminuer l'irrégularité des
distributions, en ne concédant point de prises d'eau au dessus
de 6 onces ; mais une pareille prise d'eau équivaut encore à
près de 8 onces isolées. Il paraît que c'est sur l'ouverture de
6 onces réunies que les rapports officiels portent de 47 à 48
litres l'évaluation du module milanais, pendant que le module isolé n'en débite que 36 à 37 ; c'est ce qui explique les
différentes appréciations du module par les auteurs et les
jurisconsultes.

On pourrait, à ce qu'il semble, parer à cet inconvénient
et rendre les modules multiples comparables aux modules
isolés ; pour cela, il faudrait, dans la paroi du réservoir d'alimentation, pratiquer autant d'ouvertures de la dimension
légale qu'on a de modules à établir, et isoler ces ouvertures
par des dalles mitoyennes qui en feraient autant de canaux

séparés; on donnerait une même longueur à chaque canal, pour que la contraction à la sortie fût la même.

Mais dans le module isolé, comme dans les modules réunis, le débit pourrait être modifié par la différence de pente des prises d'eau; il serait donc nécessaire pour arriver à la régularité de leur attribuer, pour une partie de leur parcours du moins, une pente uniforme fixée par l'administration, et cette pente légale devrait être faible pour pouvoir s'appliquer à toutes les positions, parce que la pente d'une prise d'eau peut bien se diminuer, mais non s'augmenter.

Pour arriver à ce but de pente uniforme, on abaisserait le petit réservoir d'alimentation du module de manière à donner la pente légale à la prise d'eau; si son abaissement la plaçait au dessous du fond du canal, on l'alimenterait alors par une bonde dont on pourrait régulariser le débit aussi bien que celui d'une vanne.

Par ces divers procédés, sans augmenter sensiblement les frais, on arriverait à un module régulier dont le débit se maintiendrait uniforme dans les modules réunis comme dans ceux isolés; la distribution serait donc régulière, pendant que dans l'état actuel le plus ou moins d'épaisseur des parois de l'ouverture, le nombre d'onces de la concession et la différence de pente des prises d'eau, suffisent pour faire varier grandement le débit.

Ces moyens de partage d'eau, indispensables dans l'emploi des grands cours d'eau du midi, seraient très-utiles aussi dans le centre et le nord de la France, bien que les grands cours d'eau n'y soient point employés aux irrigations; les partages d'eau s'y font ordinairement par semaine, par jour, parties de jour, moyens assez réguliers; mais ils s'y font aussi par ouvertures d'une largeur déterminée, moyens très-irréguliers, parce qu'en faisant ces ouvertures on se borne à les faire en rapport avec les droits de chacun, sans avoir égard à la pente des rigoles qui reçoivent les eaux, et à ce que la quantité du débit dépend presque autant dc cettε pente que de la largeur des ouvertures. Et puis on ignore l'avantage des ouvertures multiples sur les ouvertures simples ; on ne sait pas qu'une ouverture double, par exemple, débite près d'un sixième de plus que deux ouvertures qui en seraient moitié.

On peut diminuer l'inégalité qu'entraîne la différence de pente, en donnant à chaque prise d'eau une même longueur de canal sans pente ou avec une pente qui serait la même. Quant aux ouvertures multiples les unes des autres, on corrige leur irrégularité en divisant, comme nous l'avons proposé, la grande prise d'eau pour les modules par des pierres mitoyennes qui la partagent en portions égales à l'ouverture de la plus faible.

⁕

CHAPITRE III.

SUITE DES OPÉRATIONS PRÉLIMINAIRES.

Après s'être assuré de la quantité des eaux dont on peut disposer, il est nécessaire de connaître les différentes cotes de niveau des fonds qu'on veut arroser ; ce nivellement fera connaître l'étendue, la direction, les dimensions et les dépenses approximatives des canaux de conduite ; il pourra faire apprécier les avaries qu'ils peuvent craindre, la quantité de terre qu'il pourra être à propos d'enlever ou de rapporter. On examinera ensuite si on doit prendre l'eau par une simple dérivation ou un barrage, si le barrage ne fera pas refluer les eaux de manière à nuire à l'usine supérieure, si l'on pourra rendre l'eau aux usines inférieures, si les propriétaires des fonds traversés consentiront à l'amiable à livrer passage, s'il n'y a point de droits acquis qui s'opposent à l'entreprise, s'il existe des barrages inférieurs ou supérieurs, si les eaux, après avoir été employées, ne nuisent pas aux fonds inférieurs, et si ces fonds consentiront à leur donner une libre issue. Nous traiterons rapidement ces diverses questions.

1. Se procurera-t-on l'eau par une dérivation ou un barrage ? Les dérivations sont seules possibles sur les grands cours d'eau ; on ne peut point y établir de barrages, parce qu'ils empêcheraient la navigation. D'ailleurs on ne veut et on ne peut prendre qu'une portion déterminée d'eau, et on a besoin pour cela de l'autorisation de l'administration, qui assigne en même temps la hauteur et la largeur du seuil de la dérivation ; mais la quantité d'eau qu'on dérivera ne dépend pas seulement des dimensions de la prise d'eau ; elle dépend encore de la pente et de la direction qu'on donnera aux eaux du canal.

Nous admettrons que la prise d'eau n'a pas lieu sur un cours d'eau navigable, et ne sera par conséquent point destinée à une contrée entière, mais seulement aux fonds d'un particulier ou encore d'une association restreinte de propriétaires.

Mais pour cette entreprise d'une étendue limitée, revient la question de savoir si on prendra l'eau par une dérivation ou un barrage. Si le barrage fait refluer les eaux sous les roues d'une usine supérieure, on doit y renoncer, et on se trouve réduit à une dérivation. Or la prise d'eau par dérivation sur son propre fonds est un droit qui n'est pas contesté et qu'établit le Code civil ; mais pour que la dérivation arrive à un résultat utile, il faut agir sur un cours d'eau à grande pente ; l'eau ne peut arriver à la surface du fonds à irriguer qu'au moyen de la différence de pente du cours d'eau et de la dérivation. On conçoit que l'eau arrivera d'autant plus tôt à la surface, que cette différence sera plus grande ; mais encore est-il nécessaire que la dérivation ait une pente suffisante :

on dérivera d'autant plus d'eau qu'elle sera plus forte, et d'autant moins qu'elle sera plus faible; si le cours d'eau est encaissé, il faudra, à moins qu'il n'ait une grande pente, que la dérivation parcoure un long trajet avant de pouvoir faire arriver l'eau à la surface; toutes les parties du fonds placées avant ce point ne pourront jouir de l'irrigation que dans les inondations; mais alors la dérivation, qui dépense moins de pente que le cours d'eau, les versera sur ces parties de fonds plus tôt et plus longtemps que ne l'aurait fait le cours d'eau. On devra ensuite examiner s'il y aurait avantage, eu égard aux frais, à lever la terre de ces parties pour les mettre au dessous du niveau des eaux, et si on aurait l'emploi utile de ces terres. Il pourra souvent y avoir avantage à les lever, si elles n'offrent pas une trop grande masse : en attendant qu'on fasse ce travail, on peut, après quelque longueur de trajet, en pratiquant au travers de la partie du fonds non irrigable une rigole perpendiculaire au canal, amener l'eau sur les parties de terrain plus basses que la surface supérieure de l'eau. Au point où cette rigole amène l'eau à la surface, on trace une rigole horizontale, ou du moins de très-peu de pente, qui arrose toute la partie du fonds au dessous du niveau des eaux de la dérivation.

Du reste, un coup de niveau donne tout de suite et facilement la portée des eaux, et apprend à l'irrigateur à quel point les eaux arriveront à la surface, et quelle sera l'étendue du terrain irrigable; on prendra, pour fixer le niveau du sol à arroser, la hauteur moyenne des eaux; les meilleures irrigations ont lieu dans les eaux grandes et moyennes; si l'on prenait ses dispositions pour les eaux basses seulement, on irriguerait une moindre partie de sol; et puis, avec les dispositions prises pour employer les eaux moyennes, on en jouit pendant la plus grande partie de l'année.

Avec un canal en ligne droite entretenu régulièrement, on peut ne donner qu'un quatre millième de pente, un quart de millimètre par mètre; on obtiendra moins d'eau qu'avec une plus forte pente, mais les rigoles secondaires prendront l'eau sans écluse, et la rigole principale elle-même, sur la plus grande partie de son cours, pourra servir de rigole secondaire et verser l'eau en nappe sur ses bords.

On conçoit que toutes ces directions ne regardent que les dérivations des petits cours d'eau, et par conséquent les irrigations d'une faible étendue; les dérivations sur les grands cours d'eau exigent nécessairement le concours de propriétaires nombreux dont les premiers n'éprouvent que la servitude du passage sans pouvoir profiter du bénéfice des eaux, et ce n'est souvent qu'après un parcours de plusieurs kilomètres que les eaux peuvent commencer à arriver à la surface. On comprend que, pour ces dérivations, on ne peut pas songer à donner au canal un quatre-millième de pente, puisque le Rhône lui-même, le plus pentueux des grands cours d'eau de France, n'en a pas un deux-millième de Lyon à Arles; mais il faut à ces dérivations les deux cinquièmes au moins de cette pente, c'est-à-dire un dixième au moins de millimètre; dans ce cas, avec un encaissement de 2 mètres seulement dans un cours d'eau ayant, comme le Rhône, un deux-millième de pente, il faudrait à la dérivation un canal de plus de 5 kilomètres de longueur avant que de faire arriver l'eau à la surface; rien ne s'opposerait cependant à ce qu'une portion des fonds intermédiaires, ceux surtout qui s'approcheraient du point où l'eau arrive à la surface, si l'on fait une opération pareille à celle que nous venons d'indiquer pour les dérivations des petits cours d'eau, ne reçussent le bénéfice des eaux. Comme la dérivation dont on ménage la pente s'éloigne de plus en plus de la rivière à mesure qu'elle se prolonge, elle laisse le plus souvent entr'elle et la rivière une assez grande étendue de fonds dont les parties, à mesure qu'elles s'approchent du cours d'eau, sont à un niveau plus bas que celui des eaux de la

dérivation; pour irriguer ces parties basses, on pratiquerait,
à la hauteur que doit prendre dans le canal le niveau des
eaux concédées, des déversoirs pour leur trop plein qui en-
verraient leurs eaux sur les parties de fonds sous le canal,
plus basses que le niveau supérieur des eaux; ces fonds,
qui supportent la servitude de passage, ont plus de droit
aux eaux que les fonds inférieurs plus éloignés qui n'en
supportent aucune; il est donc de toute justice de leur en
attribuer une part.

Quant aux petits cours d'eau, lorsqu'ils sont encaissés, le
plus souvent, avec l'emploi seul des dérivations, les fonds
traversés ou bordés ne pourraient pas recevoir les eaux; cependant les fonds placés au dessus des barrages des usines
pourraient, ainsi que nous l'avons dit précédemment, jouir
souvent des eaux sans leur nuire; les usines, pour rassembler
en un point la pente dont elles ont besoin, soutiennent les
eaux au dessus de leur niveau naturel dans des biefs artificiels
placés dans les parties élevées du terrain, ou formés par des
digues qui soutiennent les eaux au dessus des fonds riverains;
mais ces usines, ainsi que nous l'avons établi, n'ont aucun
droit sur les eaux inutiles au jeu de leurs artifices. Ainsi
donc, le long de ces biefs, des dérivations alimentées par des
déversoirs qui ne prendraient que les eaux surabondantes, et
qui seraient placés à un décimètre au dessus du niveau, soit
du repère des usines, soit de la partie supérieure de leurs
vannes lorsqu'il n'y aurait point de repère, soit enfin du niveau de l'eau près de l'usine pendant la marche libre de tous
leurs artifices à l'époque des eaux moyennes; ces dérivations, disons-nous, ne leur nuiraient en aucune manière,
et rendraient d'immenses services aux prairies riveraines;
leurs eaux toutefois devraient rentrer au cours d'eau avant
l'usine inférieure. Ces déversoirs seraient souvent utiles
aux usines elles-mêmes, soit en les dégageant d'eaux qui
souvent leur nuisent par leur trop grande abondance, soit

en suppléant à l'insuffisance des vannes de fond qu'elles ont ou doivent avoir, pour prévenir, en rendant l'eau à leur cours naturel, les inondations nuisibles; soit enfin en envoyant à distance, au dessous des artifices, des eaux qui les engorgeraient si elles restaient dans le bief. Ces déversoirs offriraient encore le très-grand avantage de servir de repère immuable aux usines, et de contenir efficacement les surélévations incessantes du niveau de leurs vannes, qui transforment en marais de grandes étendues de prairies, et leur infligent ainsi tous les désavantages des eaux stagnantes sans leur permettre de recueillir les profits des eaux *fluentes*. L'emploi de ces eaux surabondantes par les riverains nous semble bien de droit naturel; cependant en attendant que ce droit soit consacré par des lois, il pourrait donner lieu à des contestations; le mieux donc est, si cela est possible, de s'entendre avec le propriétaire de l'usine.

Cette faculté accordée aux riverains aurait sur toute l'étendue de notre pays une grande importance; les 1,200 mille roues hydrauliques de France appartiennent à 4 ou 500 mille usines, ayant chacune un barrage qui élève l'eau au niveau et souvent au dessus des prairies riveraines, et les trois quarts de ces usines traversent par leurs biefs des prairies plus ou moins étendues qui pourraient presque toujours, au moyen de déversoirs, s'arroser par le superflu de leurs eaux. La Société d'émulation et d'agriculture de l'Ain vient de primer deux irrigations qui se font au moyen de déversoirs établis, d'accord avec les usines, à quelques centimètres au dessus de leurs vannages. Dans la première, on arrosera 14 hectares de sol en terres, bois, pâturages et prés; dans la seconde, on a créé 2 hectares de prés nouveaux, on arrosera 6 hectares de prés anciens, et enfin on est en voie d'envoyer les eaux superflues, dérivées par déversoirs, à 12 ou 15 hectares qui ne recevaient que des eaux rares d'inondation. Cette amélioration pourrait donc s'étendre en France à des centaines de milliers d'hectares, dont elle doublerait les produits.

Lorsqu'on est placé à distance des usines, on a une plus grande latitude pour l'emploi des eaux ; mais des barrages deviennent nécessaires pour les élever à leur niveau. Les fonds traversés peuvent bien, au moyen de la propriété des deux rives, les établir sans le concours de leurs voisins ; mais lorsque les fonds à arroser sont seulement bordés par le cours d'eau, le consentement du riverain opposé devient nécessaire pour l'appui du barrage ; une loi est intervenue qui lève en plus grande partie cette difficulté ; cependant le barrage n'est pas de droit absolu : le riverain sur lequel on veut s'appuyer peut contester, et le tribunal décide si l'intérêt agricole à satisfaire est assez grand pour permettre la servitude ; lorsque le tribunal s'est prononcé favorablement, il reste à fixer l'indemnité due au fonds sur lequel on s'appuie, formalités qui ne laissent pas d'être à la fois longues et dispendieuses, et qui feront obstacle à plus d'une importante amélioration.

2. Le barrage une fois décidé, on arrive à une question qui reste indécise. A-t-on ou non besoin de l'autorisation de l'administration pour établir le barrage ? Le Code civil et une foule d'autorités imposantes semblent être pour la négative ; mais l'administration tout entière et d'autres graves jurisconsultes seraient pour l'affirmative. La question, il semble, devrait se résoudre en faisant une distinction entre les barrages mobiles ou temporaires et les barrages permanents. Le droit d'établir, sur le petit cours d'eau, le barrage mobile ou temporaire dont l'effet n'est que momentané, qui, en cas d'opposition d'un riverain opposé, a besoin de l'assentiment de l'autorité judiciaire, nous semble devoir appartenir à tous les riverains ; la loi qui l'autorise et dont la puissance domine aussi bien l'autorité administrative que l'autorité judiciaire, en ne posant pour condition de son établissement que l'in-

tervention de l'autorité judiciaire, a implicitement reconnu qu'il n'avait pas besoin de celle de l'autorité administrative, puisqu'elle conserve d'ailleurs toujours ses droits de répression en cas que le barrage nuise à la salubrité ou à la viabilité.

Il en serait tout autrement, ainsi que nous l'avons établi ailleurs, des barrages permanents sur les cours d'eau de quelque importance; ces barrages impliquent des concessions de pente, des droits par conséquent sur une partie prolongée des cours d'eau; ils modifient d'une manière permanente la hauteur des eaux et leur niveau par rapport aux fonds riverains. On conçoit que l'administration qui a et doit conserver la police des eaux, doit intervenir dans ce cas, et faire elle-même procéder à une enquête *de commodo vel incommodo*; mais nous ne reviendrons pas sur cette question que nous avons, dans ce qui précède, traitée avec quelque développement.

3. Il faut maintenant voir l'étendue du terrain que l'on peut arroser, s'assurer de la direction du canal et faire en quelque sorte la cote des hauteurs des différentes parties de son terrain; le niveau d'eau, instrument simple, d'un usage facile, peut donner toutes ces connaissances; un premier nivellement déterminera la hauteur que les eaux peuvent atteindre et par conséquent le tracé de la rigole, ce qui permettra d'évaluer la surface du sol arrosable; des coups de niveau à différentes hauteurs donneront ensuite le profil de ses diverses parties.

Si les inondations couvrent le terrain, sa cote sera plus facile à faire; des piquets enfoncés jusqu'au niveau des eaux répandues feront connaître après leur retraite la hauteur relative de toutes les parties couvertes d'eau.

On jugera, en développant ses différents coups de niveau, de la direction que prendront les eaux et les rigoles qui les conduisent et des obstacles qu'on aura à surmonter : si ce sont des inflexions de terrain qui obligeraient le canal de traverser des parties basses, il faut avec le niveau s'assurer quelles sont les difficultés qu'on rencontrerait à contourner le petit vallon; si cette direction donne aux eaux un trop grand circuit, ou si elle se jette sur des fonds étrangers, il deviendra nécessaire de faire passer l'eau dans un canal en relief sur le terrain, entreprise qui n'est pas sans difficulté pour peu que le canal soit élevé; il faudra dans ce cas, pour ne pas créer un marais dans la partie du vallon supérieure à la digue qui supporte le canal, établir sous elle une rigole couverte pour débarrasser les eaux de la partie supérieure. Si au lieu d'une dépression de terrain on rencontre un renflement, il faudra donner au canal une direction qui le contourne, ou le traverser par un canal souterrain. Il serait encore mieux, si le travail n'est pas trop considérable, de lever au dessous du canal toute la partie du terrain supérieure au niveau de l'eau, de manière qu'elle puisse s'épancher sur toute sa surface. Il sera nécessaire aussi d'enlever de la terre sur le côté supérieur du canal, de manière à donner à ce côté une pente de 45° au moins; on sèmera en foin sa surface ameublie pour la faire gazonner, afin que la terre ne s'éboule pas dans le canal.

Avant de se décider à une entreprise d'irrigation de quelque importance, il est nécessaire de s'assurer avec le niveau de l'étendue du mouvement de terrain à faire; on l'évaluera donc, ainsi que tous les autres travaux; on les comparera à l'étendue du terrain qu'on veut arroser; on estimera ensuite la valeur actuelle du sol, celle que lui donnera l'irrigation, on ajoutera toutes ces dépenses présumées, on y joindra la rente du sol pour les années sans produit et les intérêts des dépenses, on retranchera cette somme de la valeur présumée, et, si la différence n'est pas moitié de la valeur actuelle, on pourra hésiter à tenter l'entreprise, parce que les dépenses dépassent presque toujours celles présumées, et qu'il faut un assez long espace de temps pour que le fonds amélioré acquière la valeur des terrains arrosés de même nature qui ont servi à l'estimation comparative; dans les entreprises agricoles, aussi bien que dans les entreprises industrielles, il ne faut rien donner au hasard.

L'eau, en ménageant et conservant son niveau, peut suivre toutes les directions, arroser des pentes, des hauteurs et même des mamelons; le système de rigoles horizontales ou de peu de pente, que nous décrirons plus tard, conduit à des résultats que l'on peut à peine deviner; cependant, si on doit arroser des terrains étendus, il est nécessaire, pour pouvoir conduire, avec une rigole de peu de pente, une quantité d'eau capable d'y suffire, de lui donner une direction aussi droite que possible; les rigoles d'arrosement peuvent sans inconvénient suivre tous les contours de terrain, parce que leur destination est moins de conduire les eaux que de les rassembler et de les épancher en nappe sur leurs bords; mais la prise d'eau doit alimenter toutes les rigoles d'arrosement; il faut donc que, par sa direction, ses dimensions ou sa pente, elle puisse conduire un volume d'eau en rapport avec l'étendue qu'on veut arroser.

4. La pente de la prise d'eau a une grande importance : trop forte, elle ravine ses bords et les fonds auxquels elle fournit l'eau; et puis on est obligé, pour la faire verser, d'y placer des écluses nombreuses, et cet inconvénient est assez grave, parce que ces écluses coûtent cher à établir, parce qu'elles demandent un entretien qui souvent manque, parce qu'à chaque reprise ou cessation d'irrigation on doit les lever ou les baisser; et puis le niveau des eaux étant incessamment variable, il faut, dans le cours de chaque irrigation, à mesure qu'il s'élève ou s'abaisse, modifier toutes ces ouvertures; autrement une irrigation commencée avec de grandes eaux et avec les écluses disposées pour cette condition, si on ne

modifiait pas les ouvertures lors de l'abaissement des eaux, donnerait tout aux dernières parties du fonds aux dépens des premières, — et réciproquement si les eaux augmentaient, les premières parties du fonds auraient une part proportionnelle beaucoup au dessus des dernières, double inconvénient qui, pour être réparé, exige du temps, de la surveillance et une intelligence rare à rencontrer.

Ce dernier et double inconvénient ne disparaît pas en entier dans le canal d'irrigation sans écluse; mais il y est beaucoup moindre si on lui ménage une pente telle que dans les eaux moyennes toutes les parties de la prairie soient uniformément abreuvées; dans ce cas, il n'y a pas d'inconvénient à ne pas chercher à modifier son irrigation; l'avantage que trouvent les parties supérieures de la prairie dans les grandes eaux se compense par celui que les parties inférieures rencontrent dans les eaux basses.

Nous conseillons de donner au canal de prise d'eau une pente faible, parce qu'elle permet de porter les eaux plus haut et sur de plus grandes étendues; si on a à conduire une forte quantité d'eau, on peut, sans inconvénient, augmenter sa largeur; quant à sa profondeur, il est très-convenable de la ménager de manière qu'il puisse se vider en entier lorsqu'on ne prend pas l'eau; une profondeur superflue amoindrit sensiblement le débit au lieu de l'accroître, et donne naissance à des plantes aquatiques qui exigent des curages fréquents, et à chacun d'eux une augmentation de profondeur.

On diminue successivement la largeur de la rigole, à mesure qu'on avance et qu'on a besoin de moins d'eau; il résulte de ce rétrécissement successif que les eaux primitivement introduites doivent successivement s'extravaser, que la rigole verse en nappe sur tous ses bords sans aucun artifice, et que tout l'ensemble de la prairie reçoit une part d'eau à peu près uniforme.

L'établissement de cette rigole et de ses bords demande quelques soins; mais avec le niveau et le système des nivelettes, que nous aurons plus tard occasion de développer, on en vient aisément à bout; on la pratique autant que possible en ligne droite, au moyen de rechargements dans les parties basses et d'écrètements dans les plus hautes; en diminuant la largeur de sa rigole, on diminuera peu sa profondeur, pour pouvoir conserver une meilleure part d'eaux aux parties éloignées de son origine.

Il y a de l'inconvénient, lorsque l'irrigation est suspendue, à ce que le canal d'irrigation reste plein; il se produit souvent alors des infiltrations qui font venir à quelque distance de ses bords des joncs et des carex. Il est donc à propos qu'à son extrémité on pratique, dans le sens de la pente, une rigole étroite qui se bouche avec un gazon lors de l'arrosement et se rouvre lorsqu'il est fini.

On doit s'attendre qu'on sera obligé de retoucher les bords où on a levé ou rechargé le terrain; les parties rechargées se tassent; là au contraire où on a mis à découvert le sous-sol compacte, toujours plus serré que la couche végétale, la végétation, l'exposition à l'air, les gelées, l'amènent bientôt à un niveau plus élevé.

Mais quelle serait la pente la plus convenable à donner à la prise d'eau? Elle dépend souvent des circonstances. Lorsqu'il s'agit de dériver des eaux d'une grande rivière, on donne d'ordinaire à la dérivation une grande dimension et une direction droite, ce qui permet de donner une faible pente; cependant on donne rarement moins d'un dixième de millimètre par mètre; mais lorsque les eaux charrient beaucoup de limon, de sable ou de gravier, ou que leur dépôt fait croître dans le lit beaucoup de plantes aquatiques, il peut être utile d'aller jusqu'à une pente double; mais avec cette pente on ne pourrait faire de dérivation que sur des rivières à forte pente. La Saône, par exemple, n'a que

0,00008 , ou moins d'un dixième de millimètre par mètre de pente à son étiage ; les dérivations y seraient donc sans utilité et ne seraient en quelque sorte que des lits parallèles ; dans les cours d'eau qui auraient deux ou trois fois cette pente , nous pensons qu'il pourrait être utile de pratiquer des dérivations en ligne droite auxquelles on donnerait moitié de la pente du cours d'eau , et on en recueillerait encore de notables avantages ; lorsque la rivière serait pleine , la pente et la vitesse du cours d'eau s'accroîtraient ; les eaux de la dérivation , prenant alors aussi une plus grande vitesse et un niveau plus élevé , s'épancheraient , en raison de la différence de pente , sur des portions de la prairie qui resteraient séches sans la dérivation , et lors des grandes eaux la dérivation les porterait sur des points que ne couvre pas l'inondation.

Le niveau des eaux dérivées s'élève en raison non seulement de la différence des pentes , mais encore de la dérivation directe substituée aux contours du cours d'eau ; par ce moyen , dans les grands bassins dont la surface étendue a peu de pente , les eaux conduites par la dérivation peuvent , à rivière pleine , s'épancher et arroser à quelque distance les parties du bassin qui ne sont couvertes que par les eaux d'inondation ; les inondations moyennes y donnent le bénéfice des grandes , et les parties qui ne sont recouvertes que par les grandes inondations profitent de celles des eaux moyennes ; on augmenterait donc ainsi très-sensiblement le bénéfice des eaux ; mais il serait nécessaire qu'une écluse à la tête de la prise d'eau ne permît leur entrée que lorsqu'elles pourraient être utiles. Ces écluses cependant devraient se fermer lors des grandes inondations , parce qu'autrement le niveau des eaux , surélevé par la dérivation , atteindrait des parties du bassin mises en labour comme étant à l'abri des grandes inondations.

Quant aux dérivations sur les petits cours d'eau , comme elles n'ont à conduire que de faibles volumes d'eau , qu'elles ne sont qu'à petite section, que souvent pour s'éviter du travail on les établit sinueuses pour leur faire suivre toutes les inflexions de terrain, leur pente doit être plus forte que celle des grandes dérivations; mais si on veut qu'elles versent en nappe sur leurs bords sans l'interposition de petits batardeaux, une pente d'un demi-millimètre serait déjà trop forte, et si on était obligé de l'augmenter, le rétrécissement progressif de la rigole deviendrait essentiel pour forcer à se répandre des eaux qui, sans cela, s'entraîneraient presque toutes aux extrémités de la rigole. Dans une prise d'eau de 600 mètres de développement, qui distribue l'eau en nappe sur toute sa longueur, nous n'avons guère donné qu'un cinquième de millimètre, ou un cinq-millième de pente. Notre prise d'eau avec 1^{m}30 de largeur et deux tiers de mètre de profondeur peut offrir un débit en moyenne d'un demi-mètre par seconde; son débit augmente ou diminue avec l'accroissement ou la diminution des eaux du cours d'eau, dont la surélévation ou l'abaissement de niveau accroît ou diminue la pente; sa largeur qui commence à 1^{m}30 se réduit à 70 centimètres à son extrémité; sa profondeur diminue aussi, mais dans une moindre proportion; elle fournit à l'arrosement de 4 hectares dont elle a déjà beaucoup accru le produit, et s'épanche en nappe à peu près sur tous ses bords; deux rigoles perpendiculaires, qui prennent l'eau dans le canal d'irrigation pour la porter fraîche et non épuisée aux parties inférieures du pré, augmentent son tirage, en sorte que son débit semblerait à peu près suffisant pour l'étendue du pré; mais comme il ne nous donne pas toute la quantité d'eau à laquelle nous avons droit, nous sommes décidé à abaisser ses bords pour augmenter sa pente; nous avons obtenu ailleurs un débit plus avantageux en donnant aux prises d'eau plus de pente, mais nous avons perdu l'avantage de les voir verser en nappe sur tous leurs bords, comme la première. En général donc, il faut

proportionner les dimensions et même la pente de sa rigole
à l'étendue des droits qu'on a sur le cours d'eau, en ne perdant pas de vue que si les grandes rigoles sont avantágeuses
dans les eaux abondantes, elles rendent les irrigations plus
difficiles dans les eaux basses. Lorsque la prise d'eau traverse des graviers perméables, il faut donner peu de profondeur à la rigole, et en lui donnant une assez forte pente
abréger le temps du séjour de l'eau; cependant avec des eaux
limoneuses on peut se contenter d'une pente moyenne, parce
que le limon a bientôt étanché les fuites du sol.

Si l'on a des eaux grasses, des eaux provenant des habitations, des cours de domaines, des villages, des villes,
les rigoles, soit d'introduction, soit même d'irrigation,
doivent avoir une pente très-sensible; avec peu de pente,
elles déposent l'engrais dont elles sont chargées dans la
rigole d'introduction; et alors même que sa pente serait
suffisante, si les rigoles d'irrigation sont sans pente, il resterait autant d'engrais dans leurs fonds qu'elles en verseraient
sur leurs bords; ce sont surtout ces eaux qu'il est essentiel
de pouvoir envoyer dans les diverses parties du pré avant
qu'elles n'aient passé sur d'autres; nous pensons même qu'on
ne doit pas les faire verser en nappe, à moins qu'elles ne
soient abondantes; une nappe très-mince chargée d'engrais
non dissous les laisse sur les bords immédiats de la rigole;
dans ce cas, il est mieux de les envoyer sur les diverses parties de la prairie au moyen de petites saignées pentueuses;
ces soins, il est vrai, sont minutieux; mais ils sont com-
pensés par l'égalité et la beauté du produit.

Si les eaux sont précieuses et rares et si l'amélioration
qu'on en attend a de l'importance, il est des moyens d'obvier aux pertes d'eau; une rigole en pierres de taille serait
bien chère, et coûterait 8 à 10 fr. le mètre, quand même sa
largeur se bornerait à 30 ou 40 centimètres; mais on peut la
faire à beaucoup moindres frais lorsqu'on a de bonne chaux

hydraulique et que le mètre cube de béton tout employé ne coûte pas plus de 8 à 10 fr.. Cette rigole, comme toutes celles d'introduction, doit aller en diminuant; pour préciser, nous lui supposerons 40 centimètres de profondeur et largeur pour finir à 20; en lui donnant 15 centimètres d'épaisseur de béton, elle peut s'établir à 1 fr. 25 c., 1 fr. 50 c. le mètre courant. Nous avons fait à ce prix une rigole de 300 mètres pour ménager des eaux faibles et rares à un pré de 3 hectares; l'hiver nous y a fait des dégâts; notre chaux n'étant que faiblement hydraulique, nous y avons suppléé avec la brique comme pouzzolane artificielle; mais il eût fallu, avec la qualité de chaux que nous avions, remplir la rigole de terre après l'avoir établie, et n'y mettre l'eau qu'au printemps suivant.

5. Il faut aussi connaître la qualité du terrain que l'on veut améliorer : les conditions varient suivant qu'il est argileux, compacte, meuble, sablonneux ou graveleux. Dans un gravier peu consistant, il faut de grandes quantités d'eau pour arroser de petits espaces; l'eau se perd dans les rigoles avant d'arriver à leur extrémité. Avec de la patience et du temps, quand les eaux sont limoneuses, elles cimentent en quelque sorte par leurs dépôts le terrain qui finit par tenir l'eau dans les rigoles, et par en absorber beaucoup moins à la surface. Il faut, il est vrai, beaucoup de temps pour établir de bons prés dans cette nature de sol, et ils continuent d'absorber plus d'eau que les autres; mais avec l'abondance d'eau on finit par y recueillir beaucoup et d'excellent fourrage, témoins les graviers de la Meurthe et de la Moselle.

Un sol argileux a besoin pour s'égoutter d'une pente beaucoup plus forte qu'un sol léger, pour que l'irrigation n'y fasse pas naître des joncs et des carex; toutefois, lorsque les eaux sont de bonne nature, on vient encore à bout, même avec une faible pente, d'y recueillir du foin abondant et de bonne qualité, si l'on y multiplie les rigoles de dessèchement. Quel que soit le système d'irrigation employé, il faut toujours beaucoup plus de pente au sol argileux qu'au sol léger ; si le sol léger a pour sous-sol une couche peu perméable, il lui faut encore une pente très-sensible, parce que les eaux s'infiltrent jusqu'à la couche imperméable, et que si elles y séjournent ou seulement s'écoulent très-lentement, elles donnent naissance à des plantes de mauvaise nature et particulièrement aux grands carex.

Le sol argilo-siliceux a besoin de plus de pente que le sol calcaire ; ce dernier, malgré une apparence plus compacte, est toujours plus perméable que le premier, parce que l'eau le traverse plus facilement, qu'il se dilate plus aisément aux influences atmosphériques, et que par sa nature même il craint moins le séjour de l'eau stagnante.

Le sol tourbeux s'égoutte difficilement ; on ne peut réellement l'amener à la fécondité qu'en le découpant en planches bombées à forte pente latérale. Nous reviendrons sur ces diverses questions quand nous traiterons des différentes méthodes d'irrigation.

6. Sur les cours d'eau à usine, l'irrigateur s'assurera si le niveau du fonds à arroser est de 20 centimètres plus bas que le dessous des roues hydrauliques de l'usine supérieure ; si cela a lieu, un barrage dont le dessus des vannes serait à ce niveau ne nuira pas à l'usine ; si le fonds est trop près de l'usine, pour pouvoir établir un barrage, on pourrait s'entendre avec l'usinier afin de profiter du sien, et convenir d'une indemnité pour y prendre les eaux aux époques où d'ordinaire les usines ont de grands superflus ; ou bien si le bassin dans lequel est située la prairie a une pente très-sensible, on peut établir son barrage en tenant le dessus de ses vannes à 20 centimètres au dessous des roues du moulin ; on abaisse par des déblais à ce niveau les bords de sa rigole, travail qui n'est pas considérable dans un terrain à pente très-sensible. Dans tous les cas, afin que l'usinier n'ait pas à

s'en plaindre , il est convenable de donner au commencement de sa rigole une dimension telle qu'elle puisse contenir en grande partie les eaux du cours d'eau ; autrement ce cours d'eau barré pourrait élever ses eaux au dessus de ses vannes , de manière à les faire refluer sur les roues de l'usine.

On peut encore dans ce cas recourir , ainsi que nous l'avons proposé , à une rigole de dérivation sans barrage ; cette rigole pourra être très-utile , surtout si le ruisseau est sinueux dans son cours inférieur , comme le sont tous ceux à forte pente ; quand les eaux seront abondantes , elles entreront dans la rigole en direction à peu près rectiligne , et avec une pente faible ; elles arroseront alors des parties sur lesquelles elles ne se seraient point versées sans la dérivation , quelle que fût leur abondance.

7. On pourrait donner plus de puissance à la dérivation par un barrage mobile submergé et dont le niveau supérieur serait de 30 à 60 centimètres, suivant la force du cours d'eau , plus bas que le dessous des roues de l'usine ; ce barrage consisterait en deux vantelles analogues à celles des canaux ; ces vantelles se manœuvreraient comme elles , au moyen de leviers horizontaux qui serviraient de côté supérieur au cadre des vantelles ; les eaux auraient un grand dégagement avec les portières fermées , parce qu'elles auraient pour s'écouler toute la partie du lit que n'interceptent pas les vantelles et tout le canal qui conduit l'eau sur la prairie ; cependant, si la dérivation et la partie du lit restées libres ne suffisaient pas dans les grandes eaux à un débit à peu près égal à celui du lit non barré , on aurait soin, pour éviter les discussions avec l'usinier , de tenir alors les vantelles ouvertes ; les vantelles fermées dans les grandes eaux, outre qu'elles pourraient lui nuire en élevant le niveau des grandes inondations, pourraient porter dommage à des terres labourables qu'elles n'atteignent pas d'ordinaire.

Ces barrages submergés offrent le grand avantage de faire arriver l'eau beaucoup plus promptement à la surface, et de doubler quelquefois l'étendue irrigable; mais ils doivent être employés avec discrétion pour éviter les conflits avec l'usinier et les terres riveraines. On conçoit que le dégagement de 30 à 60 centimètres que nous laissons aux eaux au dessus des vantelles doit varier dans de plus grandes limites encore, suivant la position, la grandeur, la pente du cours d'eau, le nombre des artifices de l'usine et le débit de la dérivation; dans tous les cas, la hauteur des vantelles doit être telle que les eaux de l'usine en marche conservent un facile dégagement.

Ce moyen peut encore s'employer sans dérivation; son effet serait de multiplier les inondations, seul moyen de fécondation de la plupart des prairies; dans ce cas plus encore que dans le précèdent on doit tenir ces barrages ouverts lors des grandes inondations.

8. Si, par accident de terrain, le fonds supérieur était plus bas que l'inférieur, il faudrait baisser le niveau du fonds à arroser au dessous du niveau du fonds supérieur; autrement on noierait ce fonds supérieur en arrosant l'inférieur. En attendant de faire ce travail, on peut établir son barrage en ayant soin que le niveau du dessus des vannes soit plus bas que celui du fonds supérieur; dans ce cas on arrose toute la partie de son fonds plus basse que le supérieur, et plus tard on complète le travail en enlevant sur la partie élevée toute la terre nécessaire pour qu'elle puisse s'arroser.

D'ailleurs, au moyen de ce que l'irrigation se fait avec un barrage temporaire dont les vannes donnent aux eaux tout leur écoulement après l'irrigation, les eaux retenues sur le fonds supérieur lui sont beaucoup plus utiles que nuisibles, et lui procurent les avantages de l'irrigation par submersion; ces avantages sont moins grands sans doute que ceux des irrigations avec libre écoulement, mais suffisent néanmoins pour augmenter beaucoup encore le produit ; cependant l'héritage supérieur peut se plaindre et exiger qu'on ne l'inonde pas.

9. Des barrages inférieurs ou supérieurs ne doivent pas être un obstacle aux entreprises d'irrigation ; les fonds supérieurs ou inférieurs, en usant de leur droit d'employer les eaux, n'ont point détruit celui des fonds intermédiaires ; ces fonds peuvent donc établir aussi à leur profit une dérivation ou un barrage ; mais dans ce cas, comme chacun des riverains a un droit proportionnel à son étendue, il faudra s'entendre pour prendre les eaux chacun suivant son droit ; si les voisins se refusaient à un traité amiable, il faudrait demander un règlement qui aurait pour base les droits de chacun mesurés sur l'étendue de son fonds. Ce règlement peut se faire à l'amiable par un homme de l'art ; sinon on le poursuivrait judiciairement.

10. Il y a avantage pour les fonds inférieurs, s'ils sont en prairies, à recevoir les eaux des fonds supérieurs ; toutefois la loi a décidé que cette servitude pourrait donner lieu à une indemnité ; mais cette indemnité ne peut avoir lieu qu'autant qu'il en résultera plus de dommage que de profit ; cependant ce droit d'écoulement d'eau sur autrui n'existe qu'autant qu'on ne peut pas rendre l'eau à la rivière sur son propre fonds.

11. Si par la dérivation des eaux on les porte dans le bassin d'un autre ruisseau, les riverains inférieurs ont droit de se plaindre : on leur enlève par là des eaux sur lesquelles ils ont un droit d'usage ; il faut donc borner son irrigation aux parties de terrain qui sont dans le bassin du ruisseau sur lequel on travaille, ou s'entendre avec les riverains pour empêcher leurs plaintes.

12. Si les fonds à arroser sont supérieurs à une usine, les eaux d'arrosement peuvent rentrer à la rivière avant ou après l'usine ; si elles y rentrent avant, l'usinier ne pourrait avoir droit de se plaindre qu'autant que le cours d'eau serait

peu abondant et que l'irrigation en consommerait une partie très-notable. Les droits des riverains et ceux des usiniers sur les cours d'eau sont en quelque sorte parallèles; ils doivent s'exercer les uns et les autres, de manière à se nuire le moins possible; si l'établissement de l'usine est antérieur à celui de l'irrigation, ses droits sans doute sont plus étendus, mais ils ne peuvent détruire ceux des riverains. Sur des cours d'eau d'une force moyenne, on pourrait adopter un règlement qui concilierait les intérêts en les ménageant; dans les six mois d'abondance d'eau, du 1er octobre au 1er avril, les arrosements pourraient se faire à volonté; du 1er avril au 1er octobre, ils auraient lieu seulement une fois par semaine.

Lorsque les prés ne peuvent rendre l'eau à l'usine, nous pensons qu'ils ont droit à obtenir un règlement qui leur fixerait des jours et des quotités d'eau pendant les six mois d'abondance; ils auraient néanmoins, dans tous les temps, droit au superflu, qui pourrait se régler au moyen des déversoirs dont nous avons parlé. Nous reviendrons plus tard sur ce sujet.

Nous avons parcouru une partie des principales difficultés que peut rencontrer une entreprise nouvelle d'irrigation; il faut y avoir un grand égard, parce qu'on ne doit pas, en vue d'un bénéfice toujours éloigné, se jeter dans des longueurs, des frais, ni s'exposer à des malveillances, circonstances qui, réunies ou seulement isolées, sont souvent plus fâcheuses que le succès de l'entreprise ne peut être profitable. Il faudra donc, dès le principe, songer à satisfaire les exigences fondées en droit; c'est bien assez d'avoir à subir la jalousie des voisins qui, presque toujours, voient avec peine et envie le succès qu'on obtient à côté d'eux et dont ils n'ont pas leur part.

SECTION IX.

Travaux d'art.

CHAPITRE Ier.

DES DÉRIVATIONS SANS BARRAGE.

Le but de toute irrigation artificielle est d'amener l'eau à la surface; pour cela, il faut la dériver de son cours pour la conduire sur les fonds à arroser. La dérivation peut être simple ou avec barrage; la dérivation simple est un canal auquel on doit donner moins de pente qu'au cours d'eau, puisque ce n'est qu'en raison de la différence de sa pente et de celle du cours d'eau que l'eau peut arriver à la surface. Sur les grands cours d'eau, les dérivations sans barrage sont à peu près, sans l'emploi des machines, le seul moyen de faire arriver l'eau à la surface. Les barrages y seraient trop dispendieux, et offriraient un obstacle à la navigation. Sur les petits cours d'eau au contraire, les dérivations se font presque toujours avec barrage; cependant celles sans barrage peuvent souvent y être utiles lorsque la pente est un peu forte; dans ce cas, si l'on a une certaine étendue de fonds, alors même que le cours d'eau est encaissé et que les eaux sont à l'étiage, elles finissent par arriver à la surface à distance, il est vrai, de l'embouchure du canal; mais la portion du fonds qu'elles parcourent avant d'y arriver s'arrose elle-même quand le cours d'eau remplit son lit et surtout quand il s'extravase; le canal, avec sa faible pente, conduit alors les eaux sur des terrains que n'atteint pas l'inondation. Une simple dérivation peut donc être utile, même avec un cours d'eau encaissé, circonstance qui annonce toujours une forte pente ; et, lorsqu'il n'est pas encaissé, elle suffit souvent pour produire une grande amélioration, surtout si on lui donne une direction non sinueuse et un lit un peu plus profond que celui du cours d'eau.

Lorsqu'on est placé au dessous et près d'une usine, tout barrage est impossible, parce qu'il noierait ses artifices ; on doit donc s'en tenir à une simple dérivation ; l'irrigation, il est vrai, n'a lieu sur les bords immédiats que dans les grandes eaux ; mais, par compensation, en dispensant d'un barrage, elle se fait presque sans frais.

Les dérivations doivent se faire dans la direction la plus droite possible, s'entretenir nettes d'herbes et de tous obstacles pour appeler le plus d'eau possible sur le fonds à arroser ; on doit, en outre, leur donner au moins la profondeur du cours d'eau, et établir à la prise d'eau une écluse qui puisse empêcher l'arrivée des eaux intempestives.

Comme ce n'est qu'en raison de la différence des pentes que les eaux arrivent à la surface, les dérivations, ainsi que nous l'avons vu précédemment, peuvent encore offrir des résultats utiles sur les grands cours d'eau qui, comme la Saône, ont très-peu de pente ; lorsque les besoins de la navigation décident à y établir des barrages, les dérivations pourraient encore y être plus promptement utiles, parce qu'elles profitent de toute l'élévation du niveau que produit le barrage ; cette élévation, en y ajoutant la différence de pente de la dérivation et du cours d'eau et la pente de ce cours d'eau dans les sinuosités qu'il parcourt, peut encore permettre d'arroser d'assez grandes surfaces, et donner ainsi plus d'étendue aux irrigations naturelles des grandes eaux.

CHAPITRE II.

DES DÉRIVATIONS AVEC BARRAGE. — DÉTAILS DE CONSTRUCTION.

Lorsque le cours d'eau est encaissé , on a grand avantage à établir un barrage qui élève l'eau à la surface même du fonds où on l'établit, pendant que la simple dérivation ne l'amène qu'à une distance plus ou moins grande de la prise d'eau ; et puis le barrage donne la facilité de pouvoir irriguer à volonté et de donner beaucoup plus d'étendue aux irrigations.

Les barrages peuvent être permanents ou temporaires ; nous allons. pour chacun d'eux , entrer dans quelques détails en nous appesantissant plus spécialement sur les barrages temporaires à écluse, qui sont les plus habituels.

§ 1. *Barrages permanents.*

Ces barrages ne sont guère employés que dans les pays montagneux pour les cours d'eau à grande pente ; ils rendent toujours plus fréquentes les inondations des fonds supérieurs , peu étendus en raison de la grande pente ; si ces fonds sont en prés et non arrosés artificiellement, le barrage, en facilitant les inondations ou irrigations naturelles, leur est plus utile que nuisible. Il n'en est pas de même des terres labourables, où les eaux, par leur séjour et même par leur simple invasion, peuvent détruire les récoltes et entraîner les terres ; mais alors même que les fonds supérieurs seraient en prés et que le barrage leur serait plus utile que nuisible, il est convenable d'avoir l'assentiment des propriétaires et même l'autorisation de l'administration pour établir un barrage permanent.

Dans les cours d'eau à grande pente , où les lits prennent

souvent beaucoup d'étendue, un barrage en maçonnerie serait très-dispendieux ; aussi les barrages permanents s'y font le plus souvent avec des enrochements dont on dispose les pierres sans mortier ni ciment, de manière à intercepter le plus possible le passage des eaux au travers de la construction ; on élève sa crête, construite avec les plus gros blocs, de manière à laisser dans son milieu une dépression adoucie qui offre un lit capable de donner passage aux eaux ordinaires ; du côté d'amont du barrage, où l'eau s'arrête sans vitesse, la construction se fait en simples parements, sans avoir besoin de donner une pente de plus de 45° ; mais elle doit avoir du côté d'aval un glacis étendu fait avec toute solidité, sur lequel puissent s'amortir, sans l'entraîner, les eaux rapides avant d'arriver au niveau du lit inférieur.

Lorsque le cours d'eau a du volume et de la rapidité, ce barrage est encore une construction difficile et chère ; il ne suffit point d'en superposer solidement les pierres, il faut encore, pour qu'elles ne s'arrachent point par la force des eaux, les contenir dans des cadres en bois à compartiments, et employer les fascines et les enrochements pour rompre la chute des eaux ; c'est l'espèce de barrage qui s'emploie généralement sur la Meurthe, dans l'arrondissement de St-Dié. Un pareil barrage, fait dans des conditions convenables, y coûte souvent plus de 2,000 fr. ; mais un barrage temporaire y serait beaucoup plus cher et résisterait moins bien qu'un barrage permanent solidement établi ; d'ailleurs dans les eaux abondantes, époque des meilleures irrigations, les cours d'eau pentueux roulent avec eux des graviers qui prennent naturellement leur passage dans la dépression du barrage permanent, et qui seraient jetés sur la prairie avec un barrage temporaire, à moins qu'on ne renonçât alors à l'irrigation en levant les pelles.

§ 2. *Barrages à écluse.*

Dans les cas les plus ordinaires sur les petits cours d'eau et les ruisseaux, les barrages à écluse sont de beaucoup préférables aux barrages permanents; mais pour peu que le cours d'eau soit large et profond, la dépense ne laisse pas que d'être encore assez forte; il faut une construction solide que les eaux ne puissent entraîner et qui soit à l'abri des affouillements; cependant on peut, sous quelques conditions, en modérer la dépense, tout en assurant sa durée.

Presque partout le prix et le peu de durée du bois ont dû faire renoncer à l'employer pour cette construction; mais en construisant les barrages en pierres, nous regardons comme à peu près nécessaire d'y employer la chaux hydraulique, qui se rencontre maintenant presque partout; mais dût-on l'aller chercher à distance, il faut s'en procurer si l'on veut de la durée et surtout de l'économie; sans elle, les constructions nécessitent à peu près l'emploi de la pierre de taille en gros blocs, toujours et partout chère; avec elle, la pierre de taille n'est nécessaire que pour le banc-gravier et les piliers qui doivent recevoir les pelles.

Nous disons que la chaux hydraulique est indispensable aux constructions dans l'eau; la chaux grasse, qui prend si lentement et sèche souvent à l'air, au lieu de faire prise, ne prend pas du tout dans l'eau, et son mortier, qui reste d'abord à l'état pâteux, voit bientôt sa chaux se dissoudre petit à petit et se réduire en sable.

Avec quelques recherches, on trouve facilement dans les montagnes calcaires de la chaux hydraulique; on rencontre presque partout la pierre marneuse à aspect gris terreux, qui se fuse à la gelée, dont l'intérieur offre souvent la couleur bleue, pierre qui, dissoute dans l'acide nitrique, donne 15, 20 pour cent de résidu; qui se cuit plus facilement que la pierre ordinaire, devient jaunâtre par la cuisson, et noircit à un feu trop prolongé. On l'appelle dans beaucoup de pays pierre morte, et on la rejette pour les constructions. Ces caractères indiquent une pierre dont la chaux est plus ou moins hydraulique, en proportion de la quantité d'argile qu'elle contient; sa prise est quelquefois lente, mais elle durcit beaucoup.

On trouve encore des pierres plus consistantes qui donnent de la chaux hydraulique dont la prise est plus prompte que celle de la pierre marneuse. Ainsi la pierre du Crua, dans le Midi, qui donne une excellente chaux hydraulique, ne manque pas de consistance, et se distingue particulièrement par la couleur bleue de l'intérieur de ses couches.

On peut s'assurer de la nature de la pierre en l'essayant par l'acide nitrique; lorsqu'elle donne un résidu au dessus de 10 pour cent, on peut espérer que sa chaux aura des propriétés hydrauliques; si ce résidu se compose de graviers siliceux, on n'aura que de la chaux maigre, peu hydraulique; si, au contraire, il est impalpable, offre les apparences de l'argile, on aura une chaux dont l'hydraulicité sera en proportion de l'abondance de ce dépôt. On peut d'ailleurs faire essayer la pierre dans des fours à chaux; ou si l'on a un fourneau de chimie, en le remplissant de charbon et soutenant les échantillons de pierre au dessus de la grille, on a, en deux heures de cuisson, de la chaux de la qualité de laquelle on s'assure par l'expérience. Si cependant on est à portée d'un four à chaux coulant, il est mieux d'y mettre un hectolitre de pierre cassée; après la cuisson, sa couleur et, mieux encore, son essai la font reconnaître.

Lorsque dans les essais que nous venons d'indiquer on ne rencontre que du calcaire pur, la marne, à ses différents degrés de richesse, peut fournir de bonne chaux; dans des essais en petit, nous avons obtenu des ciments très-durs avec de la marne contenant moins de 40 pour cent de carbonate de chaux; elle offre cependant l'inconvénient de ne pas se fuser et d'avoir besoin d'être écrasée pour son emploi; c'est ce qui arrive pour tous les ciments français, ceux de Pouilly, de Grenoble et pour toutes les chaux dans lesquelles la silice, l'argile, le sable, la magnésie se trouvent en grande propor-tion. Brindley, cet ingénieur anglais qui a donné une si forte impulsion à la canalisation de l'Angleterre, qui disait que Dieu nous avait donné les rivières pour construire des canaux, employait la marne pour en faire de la chaux lorsqu'il ne trouvait pas de carrières qui pussent lui donner de la chaux hydraulique.

Nous ne proposons pas de la fabriquer de toutes pièces, en mêlant, par la méthode Vicat, de l'argile avec de la chaux grasse fondue, et faisant cuire de nouveau les espèces de pains qu'on en fabrique. Il est plus simple et moins dispendieux d'employer la chaux grasse avec de l'argile mi-cuite, réduite en poudre, qui, comme la pouzzolane, rend hydraulique la chaux grasse. Enfin, le mélange des ciments de Pouilly ou de Grenoble peut donner immédiatement, quoique assez dispendieusement, à la chaux grasse la faculté de faire une prise plus prompte.

Mais ce n'est pas tout que d'avoir des carrières qui fournissent la pierre à chaux hydraulique; cette pierre souvent n'y est pas d'une composition uniforme, et la même carrière peut fournir des chaux hydrauliques à différents degrés; enfin on peut être trompé par les fabricants lorsque la pierre à chaux grasse est plus à leur portée. Depuis nos grands progrès dans toutes nos branches d'industrie, l'art de tromper a fait des progrès encore plus rapides. Placés au pied des Alpes, nos rochers calcaires offrent des compositions très-diverses, et l'on rencontre presque partout de la pierre à chaux hydraulique; depuis longtemps, un village du coteau est en possession de la fournir à la ville de Bourg. Il y a vingt ans, trente ans, on l'avait, quand on la demandait, en la payant un peu plus cher, et les constructions que nous avons faites à cette époque ont fait bonne prise dans l'eau comme dans l'air ; mais depuis dix ans cette chaux n'a plus la même qualité ; le mortier prend lentement, s'égrène à la gelée ; les maçonneries qu'on en fait dans l'eau se dégradent. C'est qu'on n'emploie plus régulièrement la même pierre, et que les chaufourniers trouvent plus commode de prendre des débris de carrière de pierre ordinaire, qu'ils vendent, après cuisson, comme chaux hydraulique.

Il y a peu de moyens d'échapper à cette tromperie, qui produit cependant de grands dommages. Ainsi, dans le désir que nous avions de ne point perdre l'eau qui arrose le pré du jardin de la campagne dont nous avons parlé, nous avons fait construire une rigole en béton, de 300 mètres de long ; deux fois l'hiver l'a détruite, parce que la chaux n'avait pas fait prise avant les froids. Nous avions, pour le même pré, jeté encore en béton les murs d'un réservoir, qui devait recevoir les eaux de la source pour les accumuler et les distribuer toutes les semaines dans le temps des eaux rares ; la prise ne s'est point faite depuis deux ans, et enfin une grande partie de nos constructions d'écluses dans les prés ont éprouvé les mêmes avaries.

On pourrait, jusqu'à un certain point, se mettre à l'abri de cette déception, en exigeant que toute la chaux qu'on reçoit fût jaunâtre ou grise, et en faisant écarter dans la construction toute pierre à chaux blanche, dont la couleur est assez facile à distinguer.

Il est essentiel aussi que toute cette maçonnerie en chaux hydraulique se fasse à bain de mortier : c'est le seul moyen d'ôter à la construction les joints et les fissures qui peuvent donner passage aux eaux. Nous pensons encore qu'il y a tout avantage à employer le plus de béton possible, parce que le béton offre une masse sans joints, pendant que toutes les pierres, même les pierres de taille, en présentent sur toutes leurs faces.

On commence le travail par l'établissement du banc-gravier; si le fond est solide, on le place, sur un simple lit de béton, au niveau du fond de la rivière ; il convient de lui donner assez de longueur pour qu'il puisse s'engager sous les murs latéraux. Il est essentiel aussi de ne pas chercher à rétrécir le lit de la rivière, parce que ce resserrement produit un courant, une espèce de chute, et détermine au bas et sur les côtés d'aval du batardeau des affouillements qui menacent plus ou moins la durée de la construction, et font des dégradations sur les bords des deux prairies riveraines. Si le cours d'eau est encaissé, on gagnera quelque chose dans la facilité de la manœuvre à placer le banc-gravier un peu au dessus du niveau du fond du cours d'eau ; la manœuvre des pelles est alors plus facile, parce que la colonne d'eau qui les presse est moins élevée ; et puis le travail de maçonnerie est moindre ; mais il faut donner plus de pente et de longueur au glacis, aux murs latéraux soit bajoyers, et prendre plus de précautions contre l'effet des eaux à la chute en bas du barrage, en sorte que, tout compté, l'avantage qu'on a d'abord rencontré est bien contrebalancé.

Pour construire le glacis, on peut se contenter de le faire en béton, si la chaux est d'une prise prompte ; on peut encore l'établir avec un pavé noyé dans le béton, ce qui donne un plafond plus solide que si on le construisait en dalles qui s'entraînent facilement dans les grandes eaux ; on le termine en aval par une pièce de bois de chêne qui s'engage sous les murs latéraux ; on construit ces murs, soit bajoyers, en leur donnant un seul parement sur leur face extérieure, et on les achève en remplissant le derrière de ce parement de béton dans lequel on noie des cailloux. On a ainsi une construction qui fait en quelque sorte corps avec la terre qui la touche, et se défend beaucoup mieux qu'un mur à double parement des infiltrations, causes fréquentes de destruction. En construisant les murs des bajoyers, on y place les piliers des rives, et en même temps, pour prévenir efficacement soit les infiltrations, soit les affouillements qui en sont la suite, on ouvre, dans la direction de la face d'aval des piliers, des fossés verticaux de 50 centimètres de large, d'un mètre et demi de longueur, et à la profondeur du banc-gravier; on remplit ces fossés de béton, et on a ainsi des murs d'ailes qui défendent plus sûrement des infiltrations que ceux qu'on place ordinairement dans la rivière en aval de l'empellement.

Les piliers de l'intérieur de la rivière sont d'une seule pièce : ils se placent dans une mortaise pratiquée dans le banc-gravier; maintenus par ce moyen dans leur base, ils le sont dans leur sommet par une pièce de bois qui prend le nom de chapeau, dans laquelle ils s'encastrent, ainsi que les deux piliers des rives; cette pièce est traversée par la tige des pelles; ces tiges, percées de trous, se maintiennent, par des chevilles, à la hauteur que l'on veut; les pelles jouent dans des rainures de 4 centimètres de profondeur, pratiquées dans les piliers; il est nécessaire que les piliers aient au dessus du sol une hauteur égale à celle des empellements, afin que dans les grandes eaux les pelles puissent se lever à une hauteur qui laisse aux eaux le passage entier du lit.

Pour éloigner les chances d'accident qu'amènent souvent les grandes eaux dans ces diverses constructions, il est essentiel de tenir tous leurs abords à 3 ou 4 mètres de distance au dessus du niveau du pré; on éloigne par là toute chance d'érosion, et les eaux couvrent la prairie avant de surmonter les abords du batardeau.

Nous avons en général, dans nos constructions, supprimé la pièce de bois servant de chapeau, et réduit la hauteur de nos piliers à 20 centimètres seulement au dessus des rives; les piliers sont maintenus dans leur variement par une barre de fer fixée sur chacun d'eux par un tenon qui la traverse; ces tenons sont scellés au plomb dans la pierre, à 4 centimètres de la rainure; le dévers des piliers est contenu par une pièce de bois qu'on est toujours obligé de placer derrière eux pour pouvoir faire la manœuvre des vannes et passer d'un bord à l'autre. Les pelles se soulèvent au moyen de deux manettes en fer; elles portent une chaîne de fer qui embrasse la barre et dont les bouts sont fixés, l'un à la partie supérieure du devant, et l'autre à la partie inférieure du derrière des pelles; cette chaîne empêche qu'on ne puisse les enlever, et, au moyen d'un levier qui s'y engage et s'appuie sur les piliers, elle sert encore à donner aux pelles le premier soulèvement de quelques centimètres, nécessaire pour que les mains, à l'aide des manettes, puissent achever de les soulever; enfin, la barre de fer est traversée par des chevilles en fer qui, en s'engageant dans les anneaux de la chaîne, tiennent la pelle soulevée à la hauteur qu'on désire; ces chevilles ou boulons ont une légère courbure, qui empêche l'anneau de la chaîne de s'échapper.

La manœuvre dans cette forme d'écluse, si les piliers d'intérieur sont solidement fixés, est plus facile que celle des écluses à chapeau, surtout pour les petits barrages à une seule pelle.

Nous avons trouvé dans notre pratique que les petits barrages se font plus solides et à moindres frais avec une pierre d'une seule pièce, de 15 à 20 centimètres d'épaisseur, et évidée pour y placer la pelle; la manœuvre s'y fait comme dans les autres écluses. Ces petits empellements peuvent avoir depuis 30 jusqu'à 120 centimètres d'ouverture; l'ouverture pourrait, sans inconvénient, être plus large, si la hauteur de l'eau était peu considérable.

Ces empellements d'une seule pièce peuvent être doubles; on trouve fréquemment des carrières qui fournissent de bonnes pierres dites plafonds, de 15 à 20 centimètres d'épaisseur, sur 3 à 4 mètres de longueur; il suffirait, pour un empellement double d'un mètre d'ouverture à chaque pelle, d'une pierre de 3^{m}10 de longueur ; on donnerait au montant du milieu, représentant le pilier des écluses ordinaires, 30 centimètres de largeur, et aux deux de chaque bord 36 à 40 ; dimensions dont l'ensemble représente une pierre de 3^{m}10 de largeur ; il suffit ensuite de 30 à 40 centimètres de hauteur pour le dessous de la pierre, qui sert de banc-gravier ; enfin, on donne aux montants servant de piliers 15 à 20 centimètres de hauteur de plus que le niveau du sol ; le bas de l'ouverture servant de banc-gravier se place au niveau du fond du cours d'eau ; il en résulte que les montants surmontent les rives de 15 à 20 centimètres, hauteur nécessaire pour que les pelles, au moyen des anneaux de la chaîne et de la traverse en fer, puissent se tenir soulevées à la hauteur des rives.

Pour placer ces empellements d'une seule pièce on fait dans le lit du cours d'eau une ouverture double de leur épaisseur, qu'on prolonge de chaque côté dans le pré de 40 à 50 centimètres de plus que la largeur de la pierre ; on met en place la pierre, après quoi on remplit tous les vides qui restent devant et derrière d'un bon béton, tant au fond du lit que sur les côtés ; et si la chaux hydraulique n'est pas de très-bonne qualité, on attend, pour mettre l'eau, que la prise soit faite.

Il est essentiel que toutes les pierres employées dans l'eau ne craignent pas la gelée, particulièrement celles avec lesquelles on fait les empellements d'une seule pièce.

Il est important aussi pour tous ces travaux d'écarter momentanément les eaux ; si le cours d'eau est faible, le mieux est de lui creuser un lit latéral ; on travaille alors à sec dans l'ancien lit, et on laisse le béton faire sa prise avant d'y remettre l'eau.

Nous avons essayé plusieurs formes d'empellements : celle que nous venons d'indiquer nous a paru la plus simple.

CHAPITRE III.

PONT CANAL. — CANAL SIPHON.

Il peut arriver que l'on ait à faire passer les eaux d'irrigation de l'un à l'autre bord d'un petit cours d'eau ou d'un canal d'évacuation; deux moyens se présentent pour cela : construire un pont canal ou un canal siphon.

1. Le pont canal est une construction simple : on pratique sur chaque bord une culée, qui reçoit une ou plusieurs dalles formant le fond du canal ; si les dalles sont courtes et que le cours d'eau ait quelque largeur, on place au milieu une pierre sur champ, enfoncée dans le sol de 30 à 40 centimètres. Sur la tranche supérieure de cette pierre, on fait aboutir bout à bout les dalles, qui portent sur les culées de chaque rive et forment le fond du canal; ces dalles ont à chacun de leur bord extérieur une feuillure de 10 centimètres de largeur et de 3 à 4 de profondeur, dans laquelle se placent d'autres dalles verticales, qui font les deux côtés du canal, et dont la hauteur est égale à la profondeur du canal d'irrigation; on garnit tous les joints de ciment de Pouilly, de ciment français, de mortier hydraulique, ou mieux encore de ciment de Grenoble. Pour éviter les affouillements qui ont lieu très-facilement dans les eaux abondantes et surtout à chaque bout du canal, on le prolonge en pierre de 50 centimètres au moins sur chaque bord.

Cette construction, placée dans la partie supérieure du lit du cours d'eau, offre l'inconvénient de mettre un peu obstacle au libre écoulement des eaux, et peut, par cette raison, nuire à des intérêts voisins; on est alors obligé de faire sa rigole de prise d'eau en relief sur le terrain et sur le lit qu'on veut traverser; mais ces rigoles en relief sont sujettes à se rompre, arrêtent les eaux d'irrigation du pré du côté d'amont, les empêchent d'arriver à la partie d'aval, et les font plus ou moins stagner dans la partie supérieure; dans ce cas, une petite rigole au pied et au côté d'amont du relief emmène les eaux d'irrigation au cours d'eau, ou canal d'évacuation. Nous donnerons plus loin quelques détails sur ce sujet.

2. On évite cet inconvénient de rigole en relief, ou de canal obstruant le cours d'eau, par un canal siphon. Pour l'établir, après avoir détourné le cours d'eau, on construit, au dessous du fond des cours d'eau, dans la direction qu'on veut donner aux eaux, un canal dont les côtés latéraux sont deux murs en pierre et chaux hydraulique; le fond se fait en bon béton, dans lequel on peut noyer des pierres qui servent de pavé; si le sol est solide, cette précaution est superflue. On donne à ce canal la hauteur nécessaire au passage du volume d'eau qu'on veut faire traverser; ce canal se recouvre de dalles jointives, qui forment le fond du cours d'eau. Les bords latéraux de ce cours d'eau s'établissent avec deux dalles verticales, qui s'encastrent dans deux feuillures pratiquées dans les dalles du fond; on fixe ces dalles, à chacune de leurs extrémités, dans deux pierres verticales qui doivent former les quatre angles des petits murs d'ailes que l'on construit aux quatre points de rencontre des côtés du cours d'eau par ceux du canal siphon; on jette ensuite, pour éviter les affouillements, un bon béton en amont et surtout en aval des extrémités des dalles qui forment le fond du cours d'eau; on garnit partout les joints de bon ciment, et on a une construction solide.

Cette construction est simple, quoique sa description le soit peu; mais on la conçoit facilement lorsqu'on se représente bien la double destination de la construction qu'on fait. Elle est, à bien dire, la même que celle du pont canal; dans le pont canal, l'eau d'irrigation passe dessus, et l'eau du cours d'eau, ou d'évacuation, passe dessous. Ici, au contraire, dans le canal siphon, le cours d'eau passe dessus, et l'eau d'irrigation dessous.

On pourrait craindre que la partie inférieure du siphon ne vînt à s'obstruer de limon; cependant, nous en avons construit un dans la forme que nous venons de développer, qui fonctionne depuis 25 ans avec des eaux souvent chargées de limon, et nous nous sommes assuré, non sans quelque surprise, qu'il ne renferme aucun dépôt; il est à croire que le resserrement des eaux, à leur passage par le canal souterrain, produit un courant qui entraîne le limon et en empêche le dépôt.

Le canal siphon, de même que le pont canal, lorsqu'ils sont faits avec soin, en bonne chaux et ciment, ne demandent aucun entretien.

CHAPITRE IV.

RIGOLES EN RELIEF.

Lorsque les eaux d'irrigation doivent traverser un petit vallon qu'on ne possède pas en entier, ou qu'on veut se dispenser de leur faire suivre les contours sinueux des coteaux qui le bordent, on le traverse par une rigole en relief sur le sol; mais cette rigole transversale barre les eaux d'amont; pour prévenir leur stagnation, on construit dans la partie la plus basse du vallon, suivant la direction des eaux, et dans la place que doit occuper le relief, un petit canal en pierre qu'on recouvre de dalles; on établit sur ce canal le massif de terre, tassée et damée, qui doit supporter la rigole. Pour mettre ce massif en état de résister à l'érosion des eaux, aux fuites par les trous de rats et de taupes, on donne à sa base le triple de sa hauteur, à laquelle on ajoute celle du terre-plein du sommet, et ce terre-plein doit avoir lui-même une largeur triple de celle de la rigole ; on sème ensuite de la graine de foin sur le massif, et lorsque les terres sont bien assises, que leur surface se prend en gazons, on creuse sa rigole, en ayant soin d'empêcher l'extravasion des eaux qui ravineraient le massif jusqu'à ce que le gazon soit bien affermi. Lorsque cela a lieu, les bords et les pentes du relief peuvent s'arroser, et produisent de très-bon foin ; quant aux eaux qui se réunissent dans le canal sous le relief, à leur débouché on les emploie à l'irrigation de la partie d'aval de la prairie.

Toutes les constructions dont nous venons de parler doivent être faites d'une manière très-solide, afin d'être peu sujettes à entretien ; en général, il ne faut pas reculer devant quelques dépenses qui simplifient l'irrigation, la rendent facile, et, par cette raison, il faut diminuer autant que possible le nombre des écluses, des petits barrages, tout travail d'art enfin qui demande de l'entretien. Lorsqu'une irrigation se fait sous des conditions multiples de canaux et d'écluses, il suffit qu'une condition vienne à manquer pour faire manquer tout l'ensemble ; un seul défaut d'entretien peut empêcher toute irrigation, et il suffit d'un propriétaire ou d'un fermier négligent pour perdre le fruit de travaux anciens et dispendieux ; or, ce cas de négligence arrive souvent : il est donc essentiel, au moment d'un premier établissement, de faire les choses dans cette prévision.

C'est surtout dans les pays où l'irrigation n'est pas d'usage habituel qu'on doit prendre ces précautions ; là où on a l'habitude des soins à donner, on n'y manque guère ; mais dans les lieux où ils sont chose nouvelle, on les prend les derniers de tous, et on ne veut consacrer aucun temps aux précautions à prendre contre le ravage des eaux ; cependant, nous le répétons, *l'eau est un bon serviteur et un mauvais maître*. Il faut donc toujours être en garde, obvier aux plus légères érosions, porter remède aux brèches, en se souvenant bien qu'une petite réparation peut arrêter de grands dégâts, et dispenser dans l'avenir de travaux considérables à faire pour réparer le mal.

Dans tout ce que nous venons de dire, nous nous sommes borné à des détails sommaires; nous les jugeons suffisants, parce qu'il nous semble que les constructions que nous indiquons n'ont rien de difficile, et qu'on trouve partout des ouvriers qui peuvent les faire.

SECTION X.

Quantité d'eau nécessaire aux irrigations.

Quel est le volume d'eau nécessaire pour produire les améliorations que se propose l'irrigation? La question est très-complexe, ou plutôt se résout de beaucoup de manières. Ce volume doit varier suivant le climat, la qualité des eaux, leur abondance, l'espèce de végétaux qu'on cultive, et surtout suivant la nature du sol. Il faut plus d'eau aux jardins, un peu moins aux prairies, moins encore aux terres labourables, souvent beaucoup aux terrains légers, moins aux sols argileux, peu là où le sol est imperméable, beaucoup au contraire et souvent alors qu'il est très-perméable; il en faut six fois plus aux rizières qu'aux prairies ordinaires, et dix fois plus aux prés *marcite* pendant l'hiver qu'aux prés ordinaires pendant l'été, trois ou quatre fois plus aux arrosements des prairies sans engrais qu'à leur arrosement avec engrais. Il est donc difficile d'établir des règles générales; cependant, sans rien préciser d'absolu, l'usage et l'expérience ont conduit à des moyennes qui s'appliquent aux sols les plus ordinaires dans les différents cas que nous venons d'énoncer. Il entre essentiellement dans notre sujet d'indiquer ici ce que notre expérience et celle des autres nous ont appris de plus précis sur ce point.

Nous commencerons d'abord par nous occuper des quotités d'eau d'arrosement avec engrais. Ces arrosements se font spécialement pendant l'été; ils ont pour but de rafraîchir le sol, en fournissant à la végétation l'eau dont elle a besoin; ils se donnent aux prairies, aux terres labourables, aux jardins;

les engrais qui les accompagnent se donnent tous les ans aux jardins et aux terres labourables, et tous les trois ans seulement aux prairies ; ces arrosements sont plus particuliers aux pays méridionaux : l'eau y remplit l'importante fonction d'équilibrer deux grands agents de végétation, de fournir à la chaleur vivifiante du soleil l'humidité nécessaire pour que le sol et les engrais développent toute leur puissance ; et comme leur but essentiel est de donner à la végétation l'eau dont elle a besoin, ils n'ont généralement lieu qu'en été.

Nous traiterons ensuite des arrosements faits avec des sources naturellement fécondes : ce sont ceux qui demandent le moins d'eau pour produire le plus d'effet.

Enfin, il reste les arrosements les plus nombreux, ceux qui se font avec les ruisseaux et les petites rivières ; ceux-là, comme ceux qui précèdent, ont lieu en automne, dans les temps doux de l'hiver et au printemps. Ils sont destinés à laisser sur les prairies les principes fécondants des eaux. Ils ont le plus souvent lieu sans engrais, mais ils demandent plus d'eau que les précédents ; ce sont les plus ordinaires dans les climats du centre et du nord de la France.

§ 1. *Quotité d'eau nécessaire pour les irrigations avec engrais.*

C'est surtout dans le Midi qu'ont lieu ces irrigations ; en prenant une forte moyenne dans la quantité d'eau qu'on leur donne dans les Pyrénées, les Alpes françaises, les Alpes italiennes, en Piémont, dans le Milanais et en Espagne, il s'en suivrait qu'un mètre cube d'eau répandu pendant l'été sur la surface peut moyennement suffire en le partageant en 10, 15, 20 arrosements de 5 à 10 centimètres d'eau chacun, et le distribuant à propos sur le terrain en prairie ou en labour.

La quantité d'eau de ces arrosements varie suivant la nature de sol et de culture ; une bonne pluie de 2 à 3 centimètres d'eau pénètre de 12 à 18 centimètres dans le sol en labour, et un tiers de moins dans la terre gazonnée; dans nos jardins, les arrosements avec arrosoirs répétés, il est vrai, tous les deux jours, ne sont guère que d'une couche de 3 millimètres; on conçoit donc qu'un décimètre d'eau, quantité triple de celle d'une forte pluie, et trente fois plus considérable que nos arrosements de jardins, versé doucement sur le sol et ménagé pendant vingt-quatre heures, peut fournir dans tous les cas un arrosage abondant. Aussi cet amendement, répété sur la prairie une dixaine de fois dans l'année, et aidé d'une fumure de 15 mille kilog. par hectare tous les trois ans, suffit moyennement à entretenir dans le sol une grande fécondité. Ces irrigations sont généralement dues aux eaux des grands cours d'eau; elles ne servent guère qu'à rafraîchir le sol et à fournir l'eau nécessaire à la végétation; sans engrais, elles donnent peu de résultat.

§ 2. *Quotité d'eau nécessaire avec de bonnes eaux sans engrais.*

Les irrigations de prairies avec engrais sont, comme nous l'avons dit, presque spéciales à nos contrées méridionales; dans le reste de la France, où l'on n'arrose pas les terres, mais seulement les prairies, la même quantité d'eau, nous le pensons, suffirait pour y produire des effets à peu près analogues si on les fumait; mais le fumier se réserve pour les terres labourables, et, par compensation, on donne au sol une quantité d'eau plus considérable, et qui varie suivant la nature des eaux; cependant l'eau de bonne qualité donnée en petite quantité, mais à propos, y produit déjà un très-grand effet. Ainsi, dans les montagnes du département de l'Ain, M. d'Angeville a triplé le produit de 40 hectares de son sol, en donnant à chaque mètre à peine un mètre d'eau de pluie, recueillie dans un étang,—et M. de Taluyer, dans le Rhône, a décuplé le revenu de 25 hectares avec une quantité d'eau encore moindre.

§ 3. . . . .*Avec des eaux de bonnes sources.*

Il est, dans les pays montagneux et au bas des coteaux, une foule de petites sources dont la puissance fécondante est telle qu'une faible quantité d'eau suffit pour déterminer une grande fécondité ; ainsi nous connaissons entr'autres une source d'un litre par seconde, ou de 60 litres à peine en moyenne par minute, qui suffit à faire produire à un hectare de pré 7 à 8 mille kilog. en deux coupes, produit double au moins de celui que les eaux de pluie et des chemins font donner au surplus du pré placé au dessus du niveau de la source ; cet arrosement, qui ne dure guère que soixante jours, équivaut à peine à 60 centimètres sur la surface.

Nous avons établi dans notre jardin un pré de 3 hectares avec les eaux de 4 hectares de terrain, sur lesquels se trouvent, il est vrai, les cours d'un domaine ; à ces eaux pluviales engraissées se joignent des sources qui, pendant cinquante jours de l'année de leur plus forte abondance, peuvent produire en moyenne un litre par seconde, ou 86 mètres cubes par jour ; le pré arrosé par ces eaux produit de 5 à 6 mille kilog. par hectare en deux coupes. Cette source qui, dans les temps ordinaires, ne fournit pas un quart de litre par seconde, n'est pas recueillie dans un réservoir, et, par cette raison, est de peu d'effet sur cette grande étendue ; elle ne représente guère pendant l'année qu'une couche de 20 centimètres d'eau utilement répandue sur toute la surface, et cependant elle ajoute bien moitié au produit de tout l'ensemble, dont un tiers au plus pourrait être fécondé par les eaux pluviales qui traversent les cours du domaine. Ces eaux grasses de 4 hectares peuvent équivaloir à une couche de 33 centimètres sur les 3 hectares du pré ; mais leur effet peut à peine équivaloir à celui de la source, dont les eaux cependant gagnent beaucoup à être étendues par les eaux pluviales. Sans elles, ces eaux, qui ne sont point recueillies dans un réservoir, seraient en trop petite masse pour pouvoir arroser une surface relativement aussi étendue.

Dans les pays de granit et de grès en décomposition, les bonnes sources sont nombreuses, mais peu abondantes; elles contiennent, à ce qu'il semble, une quantité notable de potasse dont l'effet est très-grand, particulièrement sur les graminées; dans ces deux espèces de terrain, il suffit de petites quantités d'eau pour produire un grand effet, et on y a des prés féconds en leur donnant à peine de 25 centimètres à un mètre au plus d'eau.

Mais toutes les sources ne sont pas de bonne qualité; une grande partie, il est vrai, de celles qu'on rencontre dans les pays de formation calcaire sont fécondantes, et tiennent souvent en dissolution, comme nous l'avons vu, du bi-carbonate de chaux. Nous redirons ici que c'est à ce double principe en dissolution qu'on peut attribuer en partie cet effet; mais que cependant il ne suffirait pas pour l'expliquer, et qu'on aurait encore à demander à la science des recherches sur ce point.

§ 4. . . . . *Avec des eaux de ruisseaux.*

Nous avons souvent observé les irrigations produites par trois sources qui arrosent chacune une petite vallée, et se réunissent bientôt dans une seule plus grande; ces eaux ne sont guère employées que dans les moments d'abondance; elles donnent alors en moyenne, entr'elles trois, 300 litres d'eau par seconde, et forment, sur une longueur de 7 mille mètres environ, une prairie de 250 hectares, le long de laquelle elles sont reprises en partie par quinze à vingt barrages; près de leur source, leur versement en nappe, sans aucun artifice, suffit pour produire une abondance extrême d'excellent foin, qui va, en deux coupes, depuis 8 jusqu'à

12 mille kilog. par hectare. A mesure que ces eaux s'éloignent de leur source, bien qu'on les répande en plus grande abondance, le produit diminue sensiblement, mais reste cependant encore proportionnel au volume des eaux d'irrigation. Il varie beaucoup dans les différentes parties de cette longue prairie, et descend à mesure qu'on s'éloigne des sources, depuis le plus élevé, que nous venons de rapporter, jusqu'à 3 mille kilog., qui serait celui des prairies sèches non arrosées, et qui ne reçoivent que de rares inondations. Les irrigations artificielles peuvent, dans cette prairie, durer annuellement en moyenne au plus cinquante jours par an, en y comprenant les jours d'inondation, ce qui ne ferait que 50 centimètres d'eau sur les 250 hectares, si on ne les versait qu'une fois sur la prairie; mais, en raison des barrages assez multipliés, il est des hectares qui en reçoivent cinq, dix, quinze fois plus, c'est-à-dire 2, 5 et jusqu'à 8 mètres. Plus loin, la vallée s'agrandit, les usines deviennent plus nombreuses, les écluses pour irrigation cessent tout-à-fait, la prairie diminue de qualité, les produits s'abaissent de moitié, et ne se conservent qu'au moyen des inondations que facilitent les usines par leurs barrages permanents; mais les produits se nivelleraient en grande partie avec ceux des prés supérieurs, sans nuire aux usines, si des déversoirs bien disposés versaient aux prairies, dans les grandes eaux, leur superflu. Les usines voisines les unes des autres prennent toute la pente; il ne peut donc point s'y établir de barrages, et les usiniers ne veulent souffrir aucune entreprise sur le cours d'eau, alors même que les prairies ne disposeraient que des eaux superflues.

Ainsi donc, en nous résumant sur les irrigations d'eau de bonne qualité, les meilleurs prés sont ceux qui ont de bonnes sources, ceux par conséquent qui reçoivent le moins d'eau, et leur énorme produit se réalise avec des irrigations de moins de 2 mètres d'eau en moyenne sur toute la surface; toutefois, nous devons dire que ce produit est quelquefois sensiblement amoindri par les vents du nord qui règnent en avril.

§ 5. . . . . *Avec des eaux de petites rivières.*

Lorsque les eaux de sources et de pluies, rendues dans leurs petits bassins, y forment les petits ruisseaux, si elles ont servi à l'irrigation des prés supérieurs, elles ont perdu en partie les principes salins et gazeux qu'elles contenaient; il en faut donc une plus grande quantité, alors même qu'elles se sont enrichies de débris d'humus écoulés des terrains environnants; arrivées ensuite dans les plus forts ruisseaux, puis dans les petites rivières après un grand nombre d'emplois successifs, ces eaux mélangées se sont bien enrichies des écoulements des terres labourables et engraissées d'une plus forte masse de débris terreux, végétaux et animaux; mais elles ont perdu, par les irrigations auxquelles on les a employées, une beaucoup plus grande proportion de leur premier et plus puissant moyen de fécondation; il faut donc, en les employant, suppléer à la qualité par la quantité; on en obtient alors, en les versant plus abondamment, en très-grande partie l'effet qu'elles produisent près de leur source. Une trentaine de jours dans l'année pendant lesquels les eaux leur sont abondamment fournies représentent bien en moyenne de 3 à 6 mètres sur la surface; ce cas nous fait rentrer dans celui des irrigations les plus ordinaires du centre et du nord de la France, avec les eaux de ruisseaux ou de petites rivières, et nous croyons pouvoir admettre, en résumant de nombreuses observations personnelles et en les comparant à celles recueillies par d'autres, que 4 à 6 mètres cubes d'eau dérivés des petits cours d'eau et répandus à propos sur le sol suffisent, sans engrais, en moyenne aux prairies des deux tiers de la France.

Nous avons, dans le département de l'Ain, un exemple assez remarquable, sur une prairie étendue, de l'effet des eaux sur les produits. La prairie de la Reyssouze, depuis Bourg jusqu'à son confluent dans la Saône, s'étend sur une longueur de 50 kilomètres et sur une largeur moyenne d'un et demi, ce qui peut donner une étendue de 7,500 hectares, en comptant les petits bassins secondaires affluents. Un dixième au plus de cette prairie est arrosée artificiellement; la moitié des neuf dixièmes restant est plus ou moins féconde, suivant l'étendue et la fréquence des inondations qu'elle subit; l'autre moitié, qui n'est pas arrosée et très-rarement inondée, ne vaut pas le quart des parties arrosées, ou moitié de celles inondées. La Reyssouze charrie un mètre d'eau par seconde dans les bonnes eaux moyennes, moins d'un sixième dans les basses, et jusqu'à 7 et 8 mètres dans les grandes; les irrigations y sont réglées à un jour par semaine, et ce jour est le plus souvent le dimanche. Ces irrigations, qui ont souvent lieu le même jour, s'enlèvent alors réciproquement une grande partie des eaux, qui ne retournent pas immédiatement à la rivière; et, comme ces eaux sont peu abondantes et qu'il se fait des pertes, on ne peut guère compter qu'un demi-mètre par seconde employé à chaque irrigation. En supposant qu'une écluse arrose 20 hectares, chaque irrigation de vingt-quatre heures représente sur toute la surface une couche d'eau de 20 centimètres d'épaisseur, qui aura déjà passé en moyenne sur huit à dix prairies. Comme ces irrigations ont lieu à peu près vingt fois par an, il s'en suivrait que chaque mètre de surface reçoit 4 mètres d'eau, non compris celle des inondations. Si maintenant nous admettons que le bénéfice apporté par les eaux d'inondation puisse équivaloir à celui que produiraient 2 mètres d'eau employés en irrigation, il en résultera que nos prés arrosés de la Reyssouze reçoivent l'équivalent de 6 mètres d'eau par mètre de surface. Mais les prés ainsi arrosés produisent le double au moins de ceux seulement inondés ; 4 mètres d'eau répandus à propos, en sus des eaux d'inondation, suffisent donc pour faire doubler les produits.

Toutefois, il est dans cette prairie des fonds beaucoup plus productifs, ceux, par exemple, qui dépendent des moulins et où l'irrigation se fait à volonté ; on peut évaluer leur produit à un tiers en sus de celui des prés qui ne sont arrosés qu'une fois par semaine.

§ 6. *Quotité d'eau demandée par les irrigateurs allemands.*

Les auteurs allemands qui ont écrit sur la quotité d'eau nécessaire aux irrigations sont d'accord pour dire qu'elle doit varier suivant la qualité des eaux, la saison dans laquelle on les distribue, suivant la nature du sol, sa pente et sa position. Schenck, homme pratique, l'un de ceux qui a le mieux résumé la pratique des irrigations de Siegen, pose pour principe qu'un pré humide doit recevoir moitié en sus d'eau d'un pré sain, et un pré marécageux le double. Il énonce encore que vingt-cinq à vingt huit jours d'irrigation doivent suffire à une prairie.

Quant à la quantité d'eau de chaque irrigation, Zeller, secrétaire perpétuel de la société d'agriculture de Hesse, pense que la quantité d'eau à donner à une prairie en vingt-quatre heures doit s'élever à une couche de 13 à 25 centimètres sur toute la surface, et que 5 centimètres ne feraient que détremper le terrain. Si nous prenons 18 centimètres comme une moyenne suffisante qui se répète en vingt-six arrosements, nous aurons sur toute la surface 4 mètres et demi de hauteur d'eau, ce qui est, à très-peu près, la moyenne que nous avons trouvée en résumant nos observations sur les meilleures irrigations de notre pays.

M. de Westerweller, ancien ingénieur hydraulique du duché de Hesse-Darmstadt, dont nous ferons connaître plus tard les travaux, nous a transmis ces détails sur les irrigations d'Allemagne. Il pense que, quelque faible que soit la quantité d'eau dont on peut disposer, il y a toujours grand avantage à ne pas la laisser perdre; il a vu, à Eppenheim, grand duché de Hesse, un pré de 435 hectares arrosé par un cours d'eau de 500 litres par seconde; le pré était divisé en quatorze lots, de 30 hectares et demi chacun, qui s'arrosaient tous les quatorze jours, en sorte que, dans les deux cents jours d'irrigation favorable, chaque lot en avait quatorze, et recevait sur sa surface de 30 hectares et demi 43 mille 200 mètres cubes d'eau par jour, ou une couche de 14 centimètres, quantité qui surpasse de bien peu le minimum demandé par Zeller. Ces quatorze arrosements ne font sur toute la surface qu'une hauteur de 2 mètres d'eau, moitié à peine de la hauteur que nous avons demandée pour irrigation normale, et cependant, au bout de deux ans, le produit du sol avait doublé. D'après le même observateur, les irrigations qu'il a observées en Suisse et dans les Vosges sont beaucoup plus abondantes; l'hectare reçoit à peu près par minute 3 mètres cubes d'eau, ou 4 mille 320 mètres par jour, ou enfin une hauteur de 43 centimètres.

Dans l'irrigation de l'étang Corian qu'a établie M. de Westerweller, le cours d'eau débite 8 mètres cubes par minute et arrose à la fois 6 hectares et demi; il fournit par conséquent 11 mille 520 mètres cubes par jour, qui, répartis sur la surface des 6 hectares et demi, forment une couche de 17 centimètres; mais, comme nous le verrons plus tard, le nombre des jours d'irrigation peut être de 40 à 50 pour chaque portion de la prairie, ce qui fait 7 à 8 mètres par an.

M. Villeroi admet comme principe, d'après les auteurs allemands, qu'il est convenable que la nappe d'eau irrigatrice ait au moins 3 millimètres d'épaisseur et 5 de vitesse par seconde. Avec cette vitesse, l'eau parcourt un mètre en trois minutes vingt secondes, et mettrait par conséquent trente-trois minutes à parcourir 10 mètres; mais on conçoit que cette vitesse s'amoindrit beaucoup lorsque l'herbe a poussé.

D'après tout ce qui précède, nous serions disposé à admettre que 20 centimètres d'eau par vingt-quatre heures seraient une moyenne très-avantageuse, avec des eaux de qualité moyenne, sur des prés sans fumier, — que cette moyenne peut s'abaisser à 13 ou 14 centimètres lorsque l'eau est rare, mais s'élever encore avec profit jusqu'à 30, — que vingt-cinq à trente jours d'arrosement suffisent avec cette quotité d'eau, — mais qu'il n'y a aucun inconvénient à en doubler le nombre. Il s'en suit que les volumes d'eau d'irrigation des prés fumés et ceux des terres dans le Midi, qui doivent être en moyenne d'un mètre en dix arrosements, ne sont que le quart de ceux d'irrigations sans engrais avec des eaux de qualité moyenne; mais, comme nous l'avons vu des eaux de sources, des eaux grasses venant des villes ou des villages, des eaux de pluie qui s'écoulent des terres cultivées, on peut obtenir de bons résultats avec des quantités d'eau beaucoup moindres.

L'auteur allemand que nous venons de citer demande beaucoup moins d'eau pour les prés sains que pour les prés humides. Il est remarquable que de bonnes eaux sur des près sains produisent rapidement leur effet; leur surface verdit immédiatement, pendant qu'il faut des arrosements prolongés pour produire des effets analogues sur les terrains humides, et encore plus sur les terrains marécageux. Il existe dans les bonnes eaux un stimulant analogue à celui de la chaux et des cendres sur le sol; une faible dose de ces deux amendements produit un effet prompt sur les terres saines, pendant qu'en doublant la dose sur les terres humides l'effet s'y prononce plus faible; il paraît même insensible sur les terrains marécageux; c'est par cette raison qu'il est si essentiel d'égoutter la prairie qu'on arrose, et c'est ce qui constitue le grand avantage du système d'irrigation en planches bombées, que nous développerons plus tard.

Ainsi donc, les terrains humides demandent, avec de bonnes eaux, des arrosements fréquents, et ils doivent être d'autant plus abondants qu'ils ont moins de pente. En effet, sur ces terrains de peu de pente, il est nécessaire que la nappe irrigatrice puisse prendre le plus de vitesse possible; or, le moyen de lui en donner c'est de l'avoir un peu épaisse, parce que sa tranche supérieure, moins arrêtée par les plantes de la surface, profite de toute la pente du terrain, et entraîne avec elle la partie inférieure qui, sans cela, s'égoutterait trop lentement et serait presque stagnante. Nous le dirons donc ici, et nous le répèterons souvent : *Introduisez, si vous le voulez, lentement vos eaux d'irrigation, mais faites-les écouler promptement, et, si cela est possible, qu'une heure après la cessation de l'irrigation on ne voie plus d'eau à la surface de votre pré.*

SECTION XI.

CHAPITRE Iᵉʳ.

IRRIGATION EN HIVER DES PRÉS DU MIDI.

Les irrigations estivales sont tellement profitables sur les prés du Midi, qu'il n'est pas à croire que celles de l'automne et des hivers doux n'y produiraient pas un effet aussi avantageux au moins que dans les parties plus au nord; il semblerait même que la douceur des hivers devrait y accroître l'effet des eaux. Nous voyons dans nos contrées que, dans les hivers doux, les irrigations donnent aux prairies une verdeur et une épaisseur de gazon, garants presque sûrs d'une bonne récolte au printemps suivant; les prés *marcite* d'Italie prouvent d'ailleurs ce que peut sur le sol méridional l'emploi des bonnes eaux pendant l'hiver; ce fait seul, qui se multiplie sur un grand nombre de points, semblerait donc suffire à résoudre la question. Et d'ailleurs, à cette époque, les eaux surabondent dans le Midi comme ailleurs; elles voient quadrupler, décupler même leur volume d'été; rien ne s'opposerait donc à ce que des irrigations nombreuses et abondantes de prairies eussent aussi lieu à cette époque dans le midi de la France comme en Italie; il s'en suivrait des infiltrations qui rempliraient les réservoirs des sources pérennes et temporaires; ce grossissement des sources se prolongerait jusque dans la saison chaude, au grand avantage de tout le pays. Comme cette époque d'hiver est d'ordinaire celle des inondations, il s'en suivrait encore que les eaux étant divisées et barrées dans leur cours pour être employées aux irrigations, les inondations y seraient moins fréquentes et moins dangereuses ; mais nous reviendrons plus tard sur le sujet des prés *marcite*, ou prés d'hiver.

CHAPITRE II.

PERTES D'EAU DANS LES DÉRIVATIONS.

Avant de finir ce que nous avons à dire sur la quantité d'eau nécessaire aux irrigations, nous ferons remarquer que le mètre d'eau par mètre de surface, partout admis dans le Midi comme nécessaire aux irrigations estivales avec engrais, doit être apprécié à bord du sol qu'on veut arroser ; cette quantité, prise à la dérivation, a besoin d'être beaucoup plus considérable ; les infiltrations qui se font dans le sol d'alluvion ou de gravier des canaux, la part toujours trop forte que s'attribuent les premières irrigations, les pertes qui ont lieu dans les distributions, absorbent une très-grande masse d'eau, et partout nous voyons l'eau des dérivations être deux, trois, quatre fois plus considérable que celle du mètre normal nécessaire à chaque surface.

M. Jaubert de Passa nous dit que, dans les Pyrénées, onze meules d'eau sont dérivées pour 2,000 hectares ; en évaluant la meule à 264 litres par seconde, on aurait par mètre de surface 4^m88, ou 48,867 mètres cubes par hectare, au lieu de 10,000.

D'autre part, en Espagne comme en Piémont, on demande une quantité d'eau d'un mètre par seconde pour 900 à 1,000 hectares, ce qui fait une hauteur de plus de 3 mètres sur la surface.

Dans le Milanais, on veut une once pour 40 hectares : c'est 3^m46 pour un mètre de surface ; il en faut beauconp plu* pour les rizières et plus encore pour les prés *marcite.*

Il s'en suit donc que les eaux perdues par évaporation, par infiltration dans les irrigations méridionales seraient deux à trois fois plus considérables au moins que celles effectivement utilisées par l'irrigation ; ces eaux, il est vrai, ne sont pas tout-à-fait perdues ; si elles ne profitent pas directement au sol, elles vont grossir les sources, rafraîchissent l'atmosphère, et offrent des éléments aux pluies, aux rosées et à de nouvelles irrigations.

Ces pertes d'eau toutefois n'ont lieu que dans les dérivations des grands cours d'eau, par suite de leur longueur ; dans les irrigations avec les petits cours d'eau, qui se font au moyen de barrages, les eaux arrivent immédiatement sur le fonds, et servent par conséquent sans perte à son amélioration.

Il en est de même de celles qu'on amène à la surface par la vapeur : elles peuvent arroser le rivage même sur lequel est posée la machine, et par conséquent n'éprouvent aucune perte.

SECTION XII.

De l'irrigation sur les terrains en culture.

CHAPITRE Ier.

ARROSAGE DES JARDINS.

Les arrosements de jardins, lorsqu'il ne pleut pas, se rèpètent tous les trois à quatre jours, ou toutes les semaines, suivant la saison et l'espèce de légumes; ils se font généralement par imbibition, au moyen de rigoles qui bordent des planches sur lesquelles sont plantés deux rangs de légumes; il est nécessaire alors que le sol soit assez meuble pour que l'eau puisse le pénétrer; dans le comté de Nice, l'eau est plus volontiers répandue à la surface; mais il est des légumes, les haricots par exemple, auxquels ce mode d'arrosement pourrait nuire. Lorsque le sol se pénètre difficilement d'eau, ou que l'espèce de légumes aime beaucoup l'eau, on place les rangs à peu de distance des rigoles pour les faire mieux profiter des eaux; on fait alors les planches plus étroites, ou, en leur laissant leur largeur, on rapproche les rangs de légumes des rigoles.

Les arrosages des jardins ont lieu cinquante à soixante fois dans la saison; ils sont de 4 à 5 centimètres, et dépensent par conséquent de 2 à 3 mètres d'eau par mètre de surface; ceux de Cavaillon dépensent à peu près 3 mètres; dans beaucoup de pays, lorsqu'on n'a pas d'eau courante, on la puise pour les arrosements; ce travail est long et pénible. En Egypte, le fellah, dit Navier, élève 143 litres à un mètre par minute, pendant que l'Européen en élève en moyenne 216.

On élève l'eau pour l'arrosement des jardins à main d'homme ou avec des animaux ; les bras d'homme puisent l'eau dans le puits avec des seaux, au moyen d'une poulie fixe et d'une corde à laquelle sont suspendus deux seaux. Lorsque le puits n'a pas plus de 5 mètres de profondeur, une bascule est plus expéditive et moins fatigante, parce qu'au moyen du poids qui charge le bras court de la bascule, le seau plein n'exige pas plus d'effort pour être monté que le vide pour être descendu. M. de Lasteyrie nous représente la bascule comme très-employée en Catalogne ; elle l'est aussi beaucoup en Egypte, et nous la retrouvons dans beaucoup de nos campagnes pour l'usage domestique. On emploie aussi les pompes à puiser l'eau ; mais la plupart consomment plus de force, relativement au produit, que la bascule ou le double seau. Les arrosements des jardins maraichers des environs de Paris ont lieu presque tous sans le secours des machines ou des animaux ; seulement on abrège la peine du transport par des conduits qui mènent l'eau dans des tonneaux enterrés dans les différentes parties du jardin.

L'arrosement est le plus grand travail de l'été ; dans les jardins de quelque étendue, il dure souvent toute la journée ; toutefois, lorsque cela n'est pas nécessaire, on se borne à arroser le matin et le soir, parce que l'arrosement du jour avec de l'eau froide est nuisible à quelques plantes.

Dans les jardins du Midi, où le travail est plus pénible à cause de la chaleur et où l'ouvrier est plus ami du repos, on épargne le plus souvent le travail aux hommes, et on en charge des mulets ou des ânes ; en Egypte, il est fait le plus souvent par des bœufs. Les machines employées sont des norias ou roues à pots, roues à godets. A Nice, un âne suffit pour l'arrosement de la plupart des jardins ; l'eau, peu profonde, se distribue par des canaux en relief sur le sol, fabriqués avec d'excellente chaux hydraulique ; on arrose ainsi les orangers, les légumes de toute espèce, et en hiver même les petits pois et les choux-fleurs , qui croissent à l'ombre des orangers. La plupart des grands jardins cependant s'arrosent avec des eaux qui coulent à la surface.

Nous ne pouvons nous empêcher de remarquer ici qu'une partie de notre littoral méditerranéen , depuis Toulon jusqu'au Var , que ses abris protègent si bien pendant l'hiver , pourrait , dans les circonstances nouvelles que lui feront les chemins de fer , devenir le jardin de primeur de la France , et couvrir les marchés de Paris et de Lyon , dans les mois de janvier, février, de petits pois , d'artichauts , d'asperges, de choux-fleurs , qu'on y transporterait en deux jours ; mais il n'y a peut-être point de pays en France où la culture des jardins soit aussi négligée que dans ce climat si favorisé ; il semble que là où la nature a beaucoup fait , l'homme se croie dispensé de la seconder en rien.

A Valence , dans la Drôme , les jardins sont fort étendus, et arrosés les uns avec les eaux de la surface et d'autres avec celles puisées à peu de profondeur. A Nîmes , les eaux du Vistre arrosent une grande partie des jardins , et offrent le grand avantage d'être souvent chargées d'engrais que les pluies entraînent de la ville. M. Maffre nous a fait connaître les jardins de Pézenas ; ces jardins, qui renferment à peine 100 hectares, approvisionnent la campagne à 4 , 5 , 6 myriamètres de rayon , et les villes à plus grande distance jusqu'à Marseille. Chaque hectare produit en moyenne un revenu brut de 5 à 6,000 fr. , et un revenu net de 5 à 600 fr.; ils reçoivent en moyenne, tous les trois jours, un arrosement de 3 centimètres et quart sur la surface; c'est pour soixante arrosements en moyenne, dans la saison, 2 mètres à peu près par mètre de surface; ces jardins occupent une population de plus de mille âmes. Les labours s'y font à la charrue, traînée par un ou deux mulets, et les arrosages avec des roues à godets , manœuvrées par les mêmes animaux. Les grands travaux sont donc faits par les animaux, et néanmoins ceux de détail occupent toute cette population en été et en hiver, dès la pointe du jour jusqu'à la nuit. Il faut sans doute pour ces jardins des engrais abondants; mais les balayures seules de la ville, de huit mille âmes de population, suffisent à plus du tiers d'entr'eux.

A Amiens, les jardins des *hortillons* sont d'anciens marais divisés en planches de 3 à 4 mètres de largeur, séparées par des fossés de 2 mètres qui communiquent avec la rivière; ils sont en terrain tourbeux, qu'on élève au dessus des eaux avec la terre des fossés; tous les arrosements se font avec une espèce de pelle creuse en bois, qu'on nomme *écope*. Il est bien remarquable que ces jardins, comme ceux de Pézenas, ont à peu près 100 hectares en valeur de 12 à 15,000 fr. l'hectare, que leur location s'élève de 560 à 750 fr., et qu'enfin, pour compléter l'analogie, ils occupent une population d'un millier d'individus. Toutefois, l'industrie a été plus créatrice à Amiens qu'à Pézenas : elle a converti des tourbières presque sans produit en excellent sol de jardin, et il est bien remarquable que le sol vaut moitié moins en capital et en revenu là où on a extrait la tourbe; à Pézenas, on a, au contraire, créé les jardins dans des sols d'excellente qualité.

Et puis, à Amiens, le produit brut serait encore beaucoup plus élevé : il serait de 8,000 fr., pendant qu'à Pézenas il n'est que de 5 à 6,000; cela nous semble dû à la facilité des arrosements qui se font à Amiens à discrétion et avec peu de main d'œuvre; les arrosements doivent encore y être plus féconds qu'à Pézenas : le terrain tourbeux sèche vite; sa couleur noire fait qu'il s'échauffe plus promptement, et compense jusqu'à un certain point la différence de latitude.

Cette transformation des terrains tourbeux en jardins peut se faire sur de très-grandes étendues; les tourbes sont presque toutes au niveau de cours d'eau, qui donneraient les mêmes facilités d'arrosement qu'à Amiens; la tourbe, convenablement assainie et arrosée, serait donc le meilleur sol de jardin ; mais toutes les tourbes auraient-elles une pareille fécondité ? Quoiqu'on puisse en douter, toujours nous semble-t-il certain que les tourbes infécondes seraient l'exception.

CHAPITRE II.

ARROSAGE DES TERRES.

Les froments et les seigles ne s'arrosent guère que quatre ou cinq fois par an : au renouvellement de la végétation, à la montée en épis, à la floraison, enfin à la maturation ; dans l'Ariége, on les arrose quatre ou cinq fois dans les années sèches, et une ou deux, ou pas du tout, dans les années humides ; on les arrose plus fréquemment dans le royaume de Valence, où la terre est calcaire et la chaleur plus grande ; dans la Seu-d'Urgel, d'après M. Jaubert de Passa, on donne trois arrosages au froment : le premier en octobre, époque des semailles ; le second en janvier ou février, moment où la végétation se renouvelle, et le troisième à la fin d'avril, époque de la floraison ; mais l'eau manque dans ce pays, la dérivation ne donne que $7^{m}37$ par seconde, qui doivent suffire à l'arrosement de 86 mille 788 hectares ; ce n'est guère que 0,24 par mètre de surface, un quart de la dose moyenne ; aussi les irrigations ne se répètent-elles que tous les quarante jours, et la jachère continue d'y régner, pendant qu'ailleurs où l'eau est abondante et où l'on a suffisamment de fourrage, non seulement on recueille tous les ans, mais le plus souvent on fait succéder aux céréales d'hiver le haricot, le millet, les pommes de terre ou autres cultures dérobées ; on récolte alors beaucoup, mais il faut fumer tous les ans abondamment.

A Cavaillon (Vaucluse), suivant les remarques de **M.** Auguste de Gasparin, on donne quatre arrosages au froment : le premier en septembre, avant les semailles, sur la terre préparée à recevoir le grain; le deuxième au mois d'avril, lorsque la température moyenne s'élève à 12°; le troisième pendant la floraison, comme à la Seu-d'Urgel, et le quatrième quelques jours après la floraison finie.

En résumé, la pratique des pays où l'on arrose le froment nous enseigne que 40 à 50 centimètres d'eau sont, pour cette récolte, une moyenne à peu près suffisante.

Nous pensons que le premier arrosage n'a lieu qu'à défaut de pluie; le froment aime à être semé dans la terre fraîche et à laquelle l'humidité donne de la consistance : ainsi on s'en dispenserait dans les climats à pluies d'automne; le second se fait au moment de la montée des épis, et assure la quantité de paille; le troisième, qui a lieu à l'époque de la floraison, se trouve parfaitement d'accord avec la remarque qu'on fait partout, que la fleur du froment demande à être lavée par la pluie; le quatrième se donne pendant la formation du grain, parce que les chaleurs sèches de cette époque le font souvent retraire; ces arrosages sont donc très-bien motivés.

Dans tous ces arrosages de terres labourables et particulièrement des blés d'hiver, il faut avoir égard à la nature du sol que l'on cultive. Les terrains très-argileux ou à sous-sol imperméable en plaine doivent être arrosés avec beaucoup de mesure; on ne doit pas perdre de vue que lorsque l'eau reste à la surface par suite d'un sol trop compacte ou dans la couche cultivée, à raison de l'imperméabilité du sous-sol, elle devient nuisible; l'eau en mouvement entretient la végétation, pendant que l'eau stagnante lui est fatale.

Pendant l'été, pour la culture des plantes semées au printemps, le soleil et les plantes arrivées au moment de leur développement évaporent cette eau et la condition de perméabilité du sol est moins absolue; mais, pendant l'hiver et au printemps, donner de l'eau à des terrains qui ont souvent beaucoup trop de celle des pluies leur est pernicieux. Toutefois, lorsque ces terrains ont une pente très-sensible, le danger n'est plus le même, parce que les eaux prennent toujours alors un peu de mouvement. Sur ces natures de sol, l'eau s'égoutte encore lorsqu'il y a de la pente; ainsi, sur les planches bombées qu'on établit sur ces sols dans les années humides, les parties supérieures de la planche sont saines et donnent d'assez belles récoltes, pendant que celles qui avoisinent la raie ne donnent qu'un mauvais produit, parce que, outre leurs propres eaux, elles reçoivent encore celles de la partie supérieure de la planche. Dans les sols qui n'égouttent pas les eaux, les plantes de froment s'énervent, pendant que les mauvaises plantes des terrains humides se fortifient aux dépens de l'engrais qui était destiné au froment.

Les terres arrosées ont un bien plus grand besoin d'égouttement que les prairies; les végétaux qui forment le gazon des prés sont d'espèces qui demandent de la fraîcheur et de l'humidité pour se développer avec vigueur, pendant qu'il en est tout autrement des végétaux de culture ordinaire; et puis cette multitude de plantes qui forment le gazon transpirent une bien plus grande quantité d'eau que les végétaux cultivés; la sécheresse s'y fait beaucoup plus sentir; aussi remarque-t-on partout qu'après qu'elle a duré quelque temps il faut beaucoup plus d'eau pour imbiber la couche végétale gazonnée qu'une même épaisseur de couche labourée.

Dans les pluies obstinées de l'hiver ou du printemps, par exemple, on voit sur les terres humides jaunir les blés et la plupart des récoltes, pendant que la prairie arrosée qui, outre l'eau des pluies, reçoit celle des arrosements, verdit de plus en plus. Enfin, dans les champs arrosés, on n'a qu'une même espèce de plantes dont les besoins d'eau ont quelque chose de fixe et d'uniforme, après quoi cette eau devient nuisible et détruit même la végétation; il en est tout autrement pour les prairies : la surabondance d'eau nuit à quelques espèces de plantes, pendant qu'elle en favorise d'autres dont la transpiration est encore plus abondante.

Toutefois, ce plus grand besoin d'eau a lui-même des bornes, surtout lorsque la saison s'avance; nous verrons plus tard, dans la pratique des irrigations, la mesure dans laquelle il convient de donner l'eau aux prairies elles-mêmes.

Le maïs s'arrose souvent, les haricots tous les quinze jours seulement; on ne donne de l'eau au chanvre que quand il est déjà un peu grand ; les prairies artificielles s'arrosent aussi avec grand avantage, mais il convient que la pousse ne soit pas couverte par les eaux d'arrosage. On arrose souvent la luzerne dans le royaume de Valence ; on la coupe avec une faucille dentelée qu'on fait entrer de 2 à 3 centimètres dans le sol ; par ce moyen, nous dit **M.** Jaubert de Passa, on augmente la quantité du fourrage, et la terre reçoit une petite culture qui détruit les mauvaises herbes.

Les céréales de printemps le plus souvent n'ont pas assez de prix pour être cultivées dans les terres arrosées; cependant, lorsqu'on les y sème, on ne leur donne guère plus d'arrosage qu'aux céréales d'hiver.

CHAPITRE III.

ARROSAGE DES RIZIÈRES.

On fume abondamment les terrains des rizières; mais c'est l'eau surtout qu'on leur donne avec abondance. En Egypte, on donne 500 mètres cubes d'eau nouvelle par jour et par hectare, ce qui, pour les cent cinquante jours que cette culture occupe le sol, fait plus de 7 mètres d'eau par mètre de surface. Ces eaux se puisent dans des puits, avec des norias servies par des bœufs ; une paire de bœufs ne peut fournir l'eau qu'à 60 ares de rizières ; ailleurs qu'en Egypte, elles s'arrosent avec l'eau qui coule à la surface.

En Espagne, la proportion d'eau jugée nécessaire est un peu moindre qu'en Egypte ; cette culture est très-productive ; mais cependant elle est partout contenue, n'est que tolérée, et l'autorité a sans cesse besoin de borner son étendue, parce que son produit est grand pour le propriétaire et même pour le malheureux qui s'y dévoue et qui reçoit de gros salaires.

L'emploi des eaux à la culture du riz est une grande source de richesse pour un pays, mais une plus grande cause encore d'insalubrité. L'Inde et la Chine vivent en grande partie de riz ; dans les Etats-Unis, les états du Sud, les colonies à esclaves en produisent beaucoup ; le Novarrais, en Piémont, quelques cantons de la Lombardie, de la Polésine ; en Espagne, le royaume de Valence, particulièrement dans les environs du lac d'Albufera, — ont de grandes rizières ; on parle peu de l'insalubrité qu'elles déterminent dans l'Inde et la Chine. M. Voisin, supérieur des missions étrangères, qui a habité plusieurs années ce dernier pays, nous a dit qu'on s'apercevait peu de la *mal-aria* qu'elles y produisaient ; et M. Giovanetti, habile jurisconsulte qui habite Novare, pays de grandes rizières, prétend, comme la plupart de leurs propriétaires, qu'on les calomnie.

Il en est de même de nos propriétaires d'étangs : l'intérêt a une merveilleuse influence sur les opinions des hommes ; heureusement que la question des rizières est depuis longtemps jugée par des gens étrangers à cet intérêt ; toutes les législations d'ailleurs se sont prononcées contre elles, ou au moins les ont cantonnées et rejetées loin des habitations groupées ; mais c'est une plaie qui tend sans cesse à s'agrandir pour peu que l'administration se relâche de sa surveillance.

La question de l'influence des rizières sur la salubrité a été mise au concours par l'académie agraire de Turin ; ses conclusions, après cette espèce d'enquête où les partisans des rizières ont envoyé et déduit toutes leurs raisons, ont été que la culture du riz, essentiellement insalubre, devait être interdite dans les pays où elle n'est point en usage, qu'elle pouvait être conservée dans ceux seulement où elle est ancienne, mais en la restreignant rigoureusement dans d'étroites limites.

A Tormes, dans le royaume de Valence, on avait établi des rizières; l'autorité ignora ou négligea cette entreprise; il en résulta de fâcheuses maladies dans le pays; des ordres tardifs les proscrivirent, mais la population était atteinte, et il fallut longtemps pour lui rendre sa santé première.

M. Jaubert de Passa a étudié la culture et l'influence des rizières dans le royaume de Valence; il s'est assuré que dans les environs du lac d'Albufera, dans trente villages cultivant le riz, les naissances pendant cinquante-sept ans se sont élevées à 36 mille et les décès à 39 mille; que, pour recruter la population, il a fallu l'émigration de 1,897 familles étrangères, pendant que dans les communes voisines, à quelque distance des rizières, la population, dans le même espace de temps, a doublé. Aussi, à diverses reprises, le gouvernement espagnol a-t-il refoulé cette culture sans cesse envahissante. En Piémont, là où elle est permise, elle doit se tenir à 14 kilomètres du chef-lieu de l'administration, à 9 des villes et places fortes et à 1,000 mètres des petites villes.

On conçoit aisément l'effet que doit produire sur la salubrité la culture du riz. Et d'abord depuis le mois d'avril, et quelquefois depuis février jusqu'en octobre, les eaux restent à la surface en nappe de 10 à 20 centimètres; il y a des intervalles de desséchement pour les sarclages; mais toutes les fois qu'on dessèche momentanément, l'insalubrité s'accroît. A l'époque de la moisson, l'influence est plus funeste encore, parce que le soleil d'été darde ses rayons sur la boue, sur les débris des plantes arrachées dans les sarclages qui se pourrissent sur le sol ; et puis le sarclage se fait dans l'eau ou sur la boue ; le cultivateur passe ses journées dans l'eau et dans la boue, quelquefois jusqu'à mi-jambes, le dos courbé sous un soleil brûlant ; mais il est encore plus mal quand il doit travailler dans la boue sans eau. Enfin, dans tout le cours de la saison, cette nappe d'eau, pénétrée par le soleil dans sa mince épaisseur, s'échauffe, se putréfie avec les débris aquatiques qu'elle contient. En vain on la change lorsque des signes de putréfaction s'annoncent par l'écume qui vient à sa surface ; on ne vient pas à bout de détruire l'odeur cadavéreuse exhalée par les débris de la *chara*, plante de la famille des *charagnes*, qui infeste les rizières, et que le desséchement du terrain suffit pour détruire.

Le produit du riz est considérable ; il fournit une nourriture saine, mais peu fortifiante ; les populations qui en vivent manquent remarquablement d'énergie.

Ce produit nous semble donc trop chèrement acheté quand il faut y sacrifier la santé et la vie de la population qui le cultive ; il ne réussit d'ailleurs que dans des terrains de bonne qualité, où l'on pourrait établir d'excellentes prairies, et le plus souvent des terres de labour d'un grand produit. Toutes les rizières ont besoin d'être à sec une partie de la saison pour être labourées, fumées et récoltées ; on y introduit et maintient l'eau à volonté. Il s'en suit donc qu'on pourrait presque toujours l'empêcher d'y arriver, et par conséquent tenir leur surface en culture ordinaire, froment, maïs, etc. ; et puis il faut quatre à cinq fois plus d'eau aux rizières qu'aux terres, et il nous semble tout-à-fait probable que les eaux des rizières, distribuées sur une étendue quatre à cinq fois plus grande, donneraient un produit brut double au moins de celui de la rizière, sans aucune atteinte à la salubrité.

D'ailleurs, quel est l'avantage réel qu'en retire le pays ? tout le bénéfice est pour le propriétaire, qui vit éloigné de cette surface empestée ; le cultivateur seul en subit tous les dommages : il vit au jour le jour, sans s'enrichir plus qu'ailleurs malgré les forts salaires qu'il reçoit; sa santé affaiblie, les fréquentes maladies qu'il subit lui ôtent cet esprit de prévoyance et d'avenir qui engendre l'économie; il vit et meurt pauvre, sans songer à quitter cependant le pays où il est né et où la rareté des bras élève les salaires. Nous ne devrions donc pas regretter de tirer de l'étranger le riz de notre consommation, et il n'est pas à souhaiter que les succès des premières rizières de la Camargue engagent à étendre beaucoup cette culture. Elle est nécessaire, nous dit-on, pour dessaler la terre et la rendre propre à d'autres récoltes; et on annonce que sur cette terre dessalée on fera aux rizières succéder de bonnes prairies; mais est-il probable, si les produits sont aussi considérables qu'on l'annonce, que le fermier, pas plus que le propriétaire, renonce à la culture du riz pour une culture nouvelle moins productive? Ne serait-il pas à désirer, dans l'intérêt de la salubrité publique, que le gouvernement ne tolérât cette culture que sous la condition expresse de faire succéder aux rizières des prairies après le nombre d'années jugées nécessaires pour dessaler le terrain?

D'ailleurs, cette culture, déjà à diverses reprises, a été prohibée, en Roussillon entr'autres pays, par l'ancien gouvernement qu'on a accusé d'être peu soucieux de l'intérêt des masses. Ne serait-il pas de la plus haute inconséquence que le gouvernement actuel, qui écrit sur tous ses drapeaux et proclame dans tous ses actes l'intérêt qu'il leur porte, sacrifiât la salubrité publique à quelques intérêts individuels, et autorisât une culture si difficile à contenir dans ses limites?

SECTION XIII.

Irrigation des prairies.

CHAPITRE Ier.

DES CONDITIONS GÉNÉRALES D'IRRIGATION.

Les conditions nécessaires pour une bonne irrigation des prés sont multiples :

1° Il faut que l'eau couvre le plus d'étendue possible, et que par conséquent le canal d'introduction soit établi à toute la hauteur que peut permettre la pente nécessaire au débit des eaux. Dans une rigole nettoyée régulièrement, une forte pente est loin d'être nécessaire et ajoute des difficultés à l'irrigation, parce que les eaux, entraînées par le courant, se portent en masse aux extrémités du canal, et que, pour arroser les parties intermédiaires, il faut construire et entretenir des barrages pour racheter la pente et élever les eaux au niveau des parties supérieures de la prairie.

2° Les eaux doivent couvrir toute la surface et arriver à toutes les inflexions de terrain, ce qui peut avoir lieu pour toutes les parties dont le niveau est inférieur à celui du canal d'introduction. Le coup d'œil ne suffit pas pour conduire les eaux ; on a besoin de s'aider du niveau avec lequel on trace les points principaux de la rigole, en lui donnant la pente qu'on désire.

3° Il est essentiel que les eaux se répandent doucement en nappe autant que possible, qu'elles ne prennent que peu de vitesse et qu'on les empêche de se réunir dans les inflexions de terrain, ce qui peut toujours se faire au moyen de rigoles presque sans pente qui les réunissent et les font circuler et se distribuer sur les côtés de ces petites inflexions ; par ce moyen la vitesse des eaux se calme, et , en multipliant au besoin les rigoles circulatoires, les eaux cessent de s'accumuler dans le fond du petit bassin pour y raviner le sol. C'est encore le niveau qui détermine leur direction ; il est donc de toute nécessité que l'irrigateur sache l'employer. On peut , à défaut du niveau d'eau, employer le grand compas de 2 mètres d'ouverture , muni d'un fil à plomb ; tous les ouvrages d'agriculture en donnent la figure; nous nous dispensons donc de le décrire , d'autant mieux que son tracé est encore moins sûr et demande plus de temps que celui du niveau d'eau.

4° La pente que nous avons admise précédemment pour le canal d'introduction suffit pour introduire facilement les eaux ; lorsqu'elles sont abondantes, elles se répandent en nappe sur tous ses bords, et il suffit pour cela que sa largeur aille en diminuant. Il est évident que ce retrécissement successif force l'eau, qui ne peut plus y trouver place, à s'extravaser. Ce principe est général : il convient que toutes les rigoles de prise d'eau, canaux d'introduction, têtes d'eau et abreuvoirs, se rétrécissent dans leur marche.

5° Dans toute bonne irrigation les eaux doivent se répandre et glisser doucement en s'épanchant sur toute la surface. Par contre , il est nécessaire que les eaux s'évacuent promptement, sans toutefois raviner le sol ; et comme leur quantité augmente à mesure que l'égouttoir se prolonge, il doit successivement augmenter de largeur. Cette prompte évacuation est la condition essentielle pour la bonne qualité du foin; il est donc nécessaire que la pente des rigoles de sortie ou d'égouttement soit plus forte que celle des rigoles d'entrée ou d'arrosement.

CHAPITRE II.

DES DIVERSES MÉTHODES D'IRRIGATION.

Les méthodes d'irrigation doivent varier suivant la nature du sol, et spécialement suivant la position des lieux. Afin de préciser nos idées et pour ne pas nous jeter dans de trop grandes longueurs, nous décrirons plus spécialement les méthodes d'arrosement des terrains en pente et celles des terrains en plaine; ces deux catégories renferment toutes les positions de terrain. Il est pour chacune de ces deux situations une méthode spéciale qui peut s'appliquer à tous les sols de position analogue; nous les décrirons successivement, en leur donnant tous les détails et tous les développements nécessaires, pour que chacun puisse les appliquer sur son propre sol; nous décrirons en passant les autres méthodes qui sont vraiment les plus ordinaires, mais qui varient tellement qu'elles ne peuvent guère recevoir de directions bien précises.

Dans toute irrigation, le double but à remplir pour jouir du bénéfice des eaux est, comme nous ne pouvons trop le redire, de les répandre en nappes amorties sur toute la surface, et de les en écouler facilement.

En laissant aux eaux la pente du sol dans les terrains à forte pente, on n'obtiendrait point d'irrigation et on ravinerait sa prairie; la première condition d'irrigation devait donc être de diminuer la pente des eaux, et de soutenir les rigoles de manière à leur en laisser peu ou même point du tout. Pour cela, la pratique et l'expérience ont amené à répandre les eaux sur la surface du sol au moyen d'étages successifs de rigoles ayant peu ou point de pente; c'est le système des rigoles horizontales *de reprise d'eau* ou de *rechute*, pour nous servir de l'expression admise dans les Vosges, pays classique d'irrigation. Dans ce système, les eaux se promènent en nappe sur tous les bords de la première rigole, glissent doucement sur la surface gazonnée qui la sépare de la deuxième, sont recueillies par cette deuxième rigole où elles arrivent au repos, se répandent ensuite sur le sol qui sépare la deuxième rigole de la troisième, s'épanchent ainsi d'étage en étage, arrosent successivement en nappe les espaces qui séparent les rigoles; le terrain se trouve arrosé et il est défendu de toutes les érosions qu'amènent les eaux pentueuses.

Quant aux terrains ayant très peu de pente et surtout aux terrains marécageux, il est toujours facile d'y introduire l'eau ; mais le difficile est de l'en faire sortir, et l'expérience nous apprend que dans ces terrains spécialement cette dernière condition est la plus essentielle. Mais pour écouler les eaux il faut de la pente; il faut donc la créer lorsqu'elle manque, et c'est ce qu'on fait en divisant le sol en planches bombées. Nous décrirons successivement les méthodes applicables à ces deux positions de sol, et d'abord celle des terrains en pente.

CHAPITRE III.

IRRIGATION DES TERRAINS EN PENTE.

Dans ce système, la pente est coupée transversalement de rigoles à peu près parallèles qui soutiennent l'eau et la versent en nappe sur tous leurs bords.

Ces rigoles ont très peu de pente ou plutôt sont horizontales; elles sont placées à 10 ou 12 mètres l'une de l'autre; chacune reçoit l'eau de la partie du pré qui la sépare de la rigole supérieure ; tracées dans une direction horizontale, chacune d'elles se remplit en entier et verse l'eau à son tour sur tous ses bords, et par suite sur tout l'espace de pré qui la sépare de la rigole inférieure. L'arrosement se continue de rigole en rigole jusqu'au bas du pré, qui se trouve ainsi tout entier arrosé par la même eau.

Une rigole perpendiculaire aux rigoles horizontales descend en suivant la pente ; elle sert à recevoir l'eau d'irrigation, à la transmettre dans les diverses rigoles, et à faire arriver immédiatement et à volonté dans les parties inférieures l'eau neuve qui n'est point encore épuisée par les arrosements.

Ce système a plusieurs grands avantages ; il convient particulièrement lorsque les eaux sont peu abondantes ; il les ménage, les utilise à diverses reprises, s'applique à des pentes inégales et à des terrains accidentés, porte l'eau sans difficulté et sans digue dans toutes les parties de la prairie dont le niveau est plus bas que la prise d'eau. On n'a pas besoin, dans ces rigoles, d'empellements ni d'arrêts d'eau ; leur travail une fois fait, l'irrigation a lieu toute seule, et il n'y a besoin ni de gazons ni de saignées pour arrêter ou faire verser l'eau ; toute la surface se trouve ainsi arrosée, le sommet comme le bas, les inflexions comme les élévations de terrain. Cette méthode se retrouve en plusieurs pays ; toutes les irrigations bien faites dans les terrains accidentés et pentueux s'en rapprochent plus ou moins ; mais, quoique souvent employée, nous ne l'avons vue encore formulée nulle part. Elle consiste spécialement en un système de rigoles horizontales qui se promènent sur toute la surface du terrain, et reçoivent l'eau par une rigole perpendiculaire. C'est avec ces deux conditions appliquées rigoureusement à toute l'étendue du sol, qu'elle a été imaginée, il y a quarante-cinq ans, dans notre pays par un de nos frères, et, depuis lors, nous l'avons employée avec succès dans de nombreuses circonstances. Nous avons publié les résultats de notre pratique il y a douze à quinze ans ; plus tard, dans un second mémoire, nous avons aussi développé celle des planches bombées.

Sans doute il est beaucoup de lieux où l'irrigation par rechute est plus ou moins en usage, parce qu'on y est naturellement conduit lorsqu'il faut arroser des terrains étendus et irréguliers avec une petite quantité d'eau. Les ouvrages agronomiques anglais rappellent des irrigations dans les propriétés du duc de Buccleugh, qui sont établies dans ce système. On s'en rapproche plus ou moins dans les irrigations les mieux entendues des terrains pentueux ; cependant nulle part il n'était formulé en France, quoique dans les Vosges on le pratiquât depuis longtemps d'une manière correcte et régulière. Une province d'Allemagne s'est rendue depuis peu célèbre par la manière habile dont ses irrigateurs l'appliquent aux terrains en pente, en même temps que le système des planches bombées à leurs terrains marécageux. Dans lequel de ces deux pays, des Vosges ou de Siegen, ces deux systèmes sont-ils le plus anciens ? c'est une question que nous ne pouvons résoudre.

Le système horizontal est plus simple que celui des planches bombées, et sa pratique peut s'expliquer avec peu de développements ; comme il peut être très utile de la faire connaître, nous allons entrer dans la plupart des détails nécessaires à sa mise à exécution, détails qui sont le résultat d'une assez longue expérience.

Les rigoles dont il se compose se tracent avec le niveau d'eau ; la distance de ses stations ne doit pas excéder 30 à 40 mètres, et on a soin, pour placer sa mire et chercher son niveau, de choisir des places unies et sans creux. On prend ensuite avec l'instrument le niveau du point de départ de la première rigole ; puis, dans la direction qu'elle doit suivre, tous les 5 ou 6 mètres, et spécialement dans toutes les places où le terrain s'élève ou s'abaisse, on marque avec des piquets les points de la prairie au même niveau que le premier. Tous ces points marqués sont ceux d'une rigole horizontale qu'on fait avec la pelle, ou plus expéditivement avec la charrue. La première rigole se trace à 10 ou 12 mètres du canal d'irrigation, qui est lui-même à peu près horizontal et verse en nappe ses eaux qui sont recueillies par cette première rigole ; à 10 ou 12 mètres au-dessous, on trace de la même manière une seconde rigole, et ainsi de suite et successivement jusqu'à ce qu'on arrive au bas du pré. Lorsque les rigoles sont faites, comme de l'un des points marqués à un autre il peut y avoir encore quelque légère inflexion de terrain et des parties plus basses ou plus élevées, on les remplit d'eau, et si elles ne versent pas exactement et également sur tous leurs bords, on lève avec une houe large, plate et bien tranchante, toutes les parties trop élevées des bords jusqu'à ce que l'eau s'y répande. On peut arriver au même résultat, en maintenant l'eau dans la rigole, dans les parties basses où elle verse trop abondamment, avec des terres ou des gazons ; mais l'enlèvement de terrain, quoique paraissant demander plus de main d'œuvre, est bien préférable, parce que l'eau contenue par les gazons forme une nappe au-dessus des parties soutenues et qu'elle s'infiltre à travers les petits gazons qu'on a placés sur ses bords, que les parties basses des rigoles correspondent toujours à des plis de terrain où l'eau afflue naturellement, et qu'il s'en suivrait que l'arrosement des parties du pré correspondantes aux portions soutenues des rigoles serait plus abondant que celui des parties où elles ne le seraient pas.

Lorsque, malgré toutes ces raisons, on se voit obligé de soutenir les bords des rigoles, il faut amener un peu de terre au-dessus de la rigole, pour que cette partie ne se trouve pas noyée comme plus basse que ses bords inférieurs soutenus. On met aussi de la terre derrière les gazons qui élèvent les bords, et on tasse cette terre pour opposer plus d'obstacle à l'infiltration des eaux, et pour que le niveau du sol n'éprouve pas des ressauts qui nuisent toujours beaucoup aux arrosements réguliers.

D'ailleurs le travail d'enlèvement du sol est peu considérable, parce que les accidents d'un terrain dont tous les points à 6 ou 8 mètres de distance sont de niveau, ne peuvent être que légers ; on peut, du reste, lorsque le terrain est très-accidenté, multiplier encore plus les coups de niveau.

Cependant, il faut autant que possible chercher à diminuer les contours de ces rigoles sans pente, et éviter les trop fortes courbures, parce que l'eau alors circule mal et verse dans les commencements de la rigole aux dépens de ses extrémités ; pour éviter ces inconvénients, on adoucit les trop fortes courbures, en levant un peu le terrain sur les parties saillantes de ces rigoles ; dans les portions trop fortement rentrantes, on fait de légers comblements dans lesquels on place la rigole, et on dispose les terres de raccordement de manière que le dessus et le dessous de la rigole se trouvent dans une pente régulière avec le reste du terrain, et que l'eau puisse arriver facilement et sans arrêts de la rigole supérieure à l'inférieure et en sortir de même.

Lorsque le pré a une certaine étendue en largeur, on doit multiplier les rigoles perpendiculaires de distribution ; si elles devaient fournir l'eau à des rigoles horizontales d'une trop grande longueur, on conçoit que les parties placées aux extrémités du pré recevraient moins d'eau que les parties voisines. Pour éviter ces inconvénients, on multiplie ces rigoles autant que cela est nécessaire ; le mieux est de les pratiquer à 40 ou 50 mètres l'une de l'autre.

Ces rigoles coupent perpendiculairement les rigoles horizontales parallèles, et on introduit l'eau dans les deux branches de la rigole horizontale par laquelle on veut que l'eau commence à s'épancher, en barrant la rigole perpendiculaire au point où elle coupe la rigole horizontale ; ce barrage se fait par un gazon qui envoie l'eau dans les deux branches, et qui s'ôte ou se déplace à volonté ; de petites plaques de tôle pourvues d'une manette sont plus commodes à employer que des gazons qui s'entraînent et pour lesquels on est souvent obligé de faire des creux dans le pré. Ces petites pelles sont très commodes et d'une grande durée ; nous en avons qui fonctionnent depuis plus de vingt ans sans détérioration sensible.

Lorsque la pente du pré est un peu forte, que les eaux sont parfois abondantes et coulent rapidement dans les rigoles transversales de prise d'eau, elles les creusent et élargissent. Pour éviter cet inconvénient, il convient de les briser en parties qui vont d'une rigole horizontale à l'autre, en sorte que la première débouche à 1 ou 2 mètres de l'origine de la seconde, celle-ci à même distance de la troisième et ainsi de suite, de manière cependant à s'écarter peu de la direction d'une rigole unique. Par ce moyen, ces rigoles se creusent et s'élargissent peu, et il devient plus facile de placer les petits arrêts d'eau nécessaires pour sa distribution.

```
B  ─────────────────────────────────
                       A|
B' ─────────────────────────────────
                         A'|
B" ─────────────────────────────────
                     A"|
B'" ─────────────────────────────────
                          A'"|
B"" ─────────────────────────────────
                    A""|
```

Ainsi, A A' A" A'" A"" sont les parties brisées de la rigole perpendiculaire qui portent à volonté les eaux dans les rigoles horizontales B B' B" B'" B"".

Dans un pré de 3 hectares pour lequel nous n'avions qu'une petite source et des eaux de pluie qui passent dans les cours d'un domaine, nous avons trouvé de l'avantage à établir un système multiple de rigoles horizontales. Chaque partie de pré, au moyen de ses rigoles horizontales traversées dans leur milieu par le système de rigoles transversales, s'arrose à son tour, à moins que de grandes averses ne fournissent le moyen d'arroser à la fois tout l'ensemble du pré.

Comme les bords des rigoles s'améliorent plus que le reste de la prairie, il est bon de les changer de place au bout de quelques années ; on remplit alors les vieilles rigoles de la terre des nouvelles ; les nouvelles se placent au-dessous des premières, au tiers ou à la moitié de l'espace qui les sépare entr'elles, en sorte qu'après trois ou quatre changements de rigoles, si on a fait les modifications d'abaissement et d'exhaussement de sol que nous avons proposées, le pré tout entier se trouve nivelé dans ses pentes les plus brusques et ses plus fortes inflexions ; il se trouve en outre amélioré dans toutes ses parties, parce que toute sa surface a été successivement près des bords des rigoles. Nous verrons plus tard que les Vosgiens ont modifié ce système, tout en lui laissant ses conditions principales, et ils l'appliquent maintenant, aussitôt que la pente du sol le leur permet, plus volontiers que celui des planches bombées.

La distance des rigoles horizontales doit varier suivant la qualité et l'abondance des eaux : lorsqu'elles sont abondantes et de qualité moyenne, ces rigoles peuvent s'éloigner à 10 ou 12 mètres, parce que des eaux abondantes sont loin de s'épuiser dans ce trajet ; mais lorsqu'elles sont peu abondantes, il est à propos que ces rigoles se rapprochent pour régulariser et répartir mieux leur épanchement et l'amélioration qu'elles produisent ; mais ce rapprochement est surtout nécessaire lorsque ces eaux sont grasses et de très-bonne qualité, double cas ou elles sont rarement abondantes. Lorsque les rigoles sont éloignées, la première moitié de l'intervalle qui les sépare prend la plus grande partie de l'engrais de ces eaux aux dépens de la seconde moitié ; le mieux donc alors est de les rapprocher ; ce rapprochement exige plus de frais d'établissement, de surveillance et d'entretien, mais on trouve une large compensation dans l'accroissement du produit.

Dans ce système d'irrigation, les rigoles ont besoin d'être curées chaque année, surtout lorsqu'on arrose avec des eaux grasses ; les rigoles avec pente entraînent avec elles le limon ; il se dépose au contraire dans celles-ci, et chaque année ces rigoles se tapissent d'herbes vives qui doivent s'enlever avec leurs racines.

CHAPITRE IV.

Presque toujours au bord des petits cours d'eau, les prés de quelque étendue ont la forme de vallons ; or, la méthode horizontale leur est parfaitement applicable. Lorsque le vallon a de l'étendue, on établit de chaque côté un système de rigoles horizontales indépendant. Un barrage du cours d'eau en tête du pré est l'origine d'une double rigole de ceinture portant l'eau de chaque côté dans la partie la plus élevée du vallon et servant à alimenter un système de rigoles horizontales en écharpe, qui épanchent l'eau régulièrement sur la pente. Il peut y avoir de l'avantage, si le cours d'eau est faible, à faire dans son lit un second et troisième barrage pour relever les eaux que les premières rigoles y laissent successivement arriver. Si cet établissement de barrages entraîne quelques frais, on peut y suppléer par une rigole placée près du cours d'eau et qui lui est parallèle. Cette rigole retient les eaux qu'on renvoie à volonté par des barrages de gazons dans les rigoles horizontales.

Les deux côtés du vallon s'arrosent dans le même système. Comme il y a souvent un côté plus élevé que l'autre, la rigole alimentaire du côté le plus bas, quoique placée comme l'autre dans la partie la plus élevée, aurait plus de pente que cette dernière et tirerait plus d'eau. Par cette raison on peut la faire plus étroite et on place à son origine un banc-gravier dont le plus ou moins de hauteur fait à ce côté du vallon une part d'eau proportionnelle à son étendue ; et comme les rigoles de ceinture peuvent avoir une pente rapide, on leur ménage dans leur cours des arrêts qui en brisent la pente et facilitent l'introduction de l'eau dans les rigoles horizontales qui viennent s'y alimenter.

Si le cours d'eau est suffisant, on arrose en même temps les deux côtés du vallon, sinon on alterne leur irrigation.

Lorsque le vallon n'a qu'une faible étendue et que le cours d'eau a peu d'importance, on peut l'arroser comme un seul pré par un système de rigoles horizontales qui contournent le vallon, en traversent le fond et s'étendent sur ses deux pentes; le cours d'eau du fond sert alors de rigole alimentaire, on l'intercepte pour faire arriver l'eau à volonté dans les rigoles horizontales.

Si l'on ne possède que l'un des côtés du vallon, on peut établir un barrage sur le cours d'eau, en profitant de la faculté d'appui accordée par la loi.

Au bord des cours d'eau limoneux dont le littoral a quelque étendue et n'est pas très pentueux, se rencontre presque toujours, par suite de l'extravasion des eaux, un bourrelet de terre qui forme, avec le reste de le prairie contiguë, un petit vallon à côtés inégaux.

Cette forme n'est point un obstacle à l'emploi du système horizontal ; lorsque les rigoles arrivent à ce bourrelet, elles s'infléchissent naturellement, et vont en quelque sorte chercher le sommet du bourrelet pour lui porter des eaux.

Si le cours d'eau a peu de pente, il est à propos d'établir sur le sommet du bourrelet une rigole qui, au moyen de légers arrêts, épanche l'eau sur toute sa surface, tant du côté du cours d'eau que de celui de la prairie.

Presque toutes les inflexions de terrain qu'on rencontre ont la forme de petits vallons ; cette méthode par conséquent leur est toujours applicable. Les rigoles qui les contournent, offrent l'avantage de relever sans cesse les eaux, de les ramener sur la pente, de les épancher avec peu de vitesse, pendant qu'avec d'autres systèmes les eaux tendent toujours à se réunir dans le fond du pli de terrain, à y causer des arrachements par leur masse, leur rapidité, et peuvent devenir plus nuisibles qu'utiles.

CHAPITRE V.

IRRIGATION DES PRÉS DES COTEAUX.

Plombières est situé dans une gorge étroite qui s'ouvre bientôt en un petit vallon, dont le fond et les coteaux sont couverts de prés d'un produit remarquable. Au fond du . vallon coule l'Eaugronne qui arrose les prés de l'étroit littoral ; les rampes plus étendues sont arrosées par de petits filets d'eau qui, dans les temps de pluie, sourdent d'un grand nombre de points ; le grand produit de ces rampes et leur culture intelligente peuvent donner lieu à des observations qui semblent mériter d'être recueillies comme appartenant tout-à-fait à notre sujet.

Les prés du fond du vallon sont d'excellente qualité et se fauchent jusqu'à trois fois, la première pour fourrage sec d'hiver, la seconde et la troisième pour fourrage vert à donner à l'étable, comme les prés *marcite* d'Italie ; leur grand produit, qui résulte de leur irrigation, est dû sans doute, en grande partie, aux eaux thermales mélangées à celles de la rivière d'Eaugronne, car les prés du fond du vallon sont médiocres au-dessus de Plombières, et deviennent excellents immédiatement au-dessous ; cette fécondité se continue longtemps, quoique des barrages successifs et voisins ramènent presque indéfiniment la rivière sur les prés riverains ; il en résulte donc que les principes améliorateurs que contient cette eau sont autres que sa température.

Les prés des coteaux doivent leur produit assez abondant aux eaux de petites sources nombreuses qui sourdent du terrain même, ou à de faibles cours d'eau que leur envoient les parties tourbeuses des plateaux supérieurs ; ces eaux sont très habilement ménagées et employées sur les coteaux par leurs propriétaires ; le sol qu'occupent les prairies en pente n'offrait il y a peu d'années, sur beaucoup de points, qu'un lit souvent épais et inégal de débris de grès ; après avoir nivelé plus ou moins ces petits quartiers de roches, on les a recouverts d'une couche légère de terre, et bientôt l'irrigation en a formé des prés de bonne qualité.

Il est bien remarquable que ce sol gazonné, quoique formé d'une couche peu épaisse de terrain sablonneux, arrive par le temps à devenir peu perméable, et transmet l'eau dans les parties inférieures sans la perdre dans les graviers qu'il recouvre.

On se rend difficilement compte des causes qui ont pu rassembler sur ces pentes ces débris nombreux de granit, de grès rouge qui forment presque partout le noyau apparent de ces montagnes ; l'hypothèse la moins invraisemblable les attribue à des glaciers qui auraient couvert les montagnes, et laissé sur le sol, en se fondant, ces débris renfermés dans leur sein.

La pierre calcaire est très rare dans le pays, mais on y rencontre presque partout le grès rouge ; cependant le granit traverse souvent sa couche, et les pics les plus saillants lui appartiennent. Une partie des roches de grès tombe en décomposition, et celui à gros grain plus facilement que celui à petit grain ; le premier contient beaucoup de feldspath et d'arkoses, et c'est à ces composants qu'on doit, nous le pensons, la plus grande fécondité du pays. On y trouve sur les plateaux et au pied de la montagne de grandes étendues de terres sablonneuses légères, contenant peu ou point d'humus, et qui cependant sont fécondes : ailleurs ces sables seraient à peu près infertiles ; ici, avec des soins convenables, ils produisent assez abondamment des grains, des fourrages et des bois. La plaine de St-Sauveur placée au pied des Vosges, dont nous avons ailleurs donné la culture, et une grande partie des bonnes terres de l'Alsace, sont formées de ce sable léger peu chargé d'humus, mais rendu fécond, à ce qu'il semble, par les principes salins qu'il renferme.

Le morcellement des propriétés est dans le vallon de Plombières un obstacle à des améliorations de grande étendue ; si les coteaux appartenaient à un même propriétaire, ou si les propriétaires s'entendaient entr'eux, la grande pente du ruisseau permettrait de conduire ses eaux sur toutes les prairies des deux coteaux et même sur quelques parties des plateaux dont on verrait bientôt les produits doubler, tripler en quantité et en qualité.

Toutefois, les résultats obtenus sont déjà grands, grâce à l'intelligence et à l'adresse des irrigateurs. Quoique dans les travaux qu'on a faits les débris pierreux n'aient pas toujours été bien nivelés, les rigoles et les pentes sont ménagées de manière à pouvoir porter l'eau sur tous les mamelons.

Sur les deux côtés du vallon, deux systèmes d'irrigation se font remarquer : le premier se compose de rigoles parallèles, presque horizontales, qui reçoivent, distribuent et régularisent à plusieurs reprises les eaux ; l'eau y est amenée successivement par une rigole dans le sens de la pente qui permet de l'envoyer à volonté dans les parties inférieures de la prairie, avant qu'elle ne soit épuisée de ses principes fécondants par les irrigations supérieures. C'est là à très peu près le système horizontal dont nous avons précédemment rendu compte ; toutefois, les rigoles sont et doivent être peu profondes, parce que, si la couche de la surface laisse peu passer l'eau en raison de ce qu'elle se compose d'un tissu de racines unies par un lut argileux produit des eaux et de la décomposition du feldspath, il n'en est pas de même de la terre des rigoles un peu profondes qui la laissent filtrer aisément dans les débris de grès qui forment le sol.

Le second système qu'on y trouve sur de plus grandes étendues s'emploie spécialement quand les eaux sont éparses, s'offrent en moindres volumes et sont de peu de durée ; il consiste en rigoles principales dans le sens de la pente, qui versent l'eau dans des saignées latérales peu pentueuses ; ces saignées se terminent en pattes d'oie à peu de distance de leur rigole alimentaire. Ce système est préférable au précédent pour utiliser des eaux temporaires qui arrivent en petit volume et qu'on emploie sans les réunir à mesure qu'elles sourdent ; dans ces terrains sablonneux on doit employer ces faibles raisins d'eau à mesure qu'ils sortent ; si on tentait de les rassembler dans de fortes rigoles, ils s'infiltreraient dans l'intérieur de ce sol léger , au lieu de se répandre à la surface, et lui feraient produire des joncs au lieu de plantes de bonne nature.

Ces eaux et ces diverses manières de les distribuer sont très efficaces ; nous avons vu à plusieurs reprises quelques jours d'un temps pluvieux et frais, dans le mois de juillet, suffire pour changer la face de ces pentes ; fauchées depuis peu, elles étaient jaunies par la sécheresse et faisaient disparate avec les prairies du fond du vallon, entretenues fraîches et vertes par l'emploi des eaux de la rivière ; au bout de quinze jours de temps pluvieux, leur verdure était devenue comparable à celle des prés du fond , beaucoup meilleurs, et la teinte uniforme de toute leur surface attestait la bonne et régulière distribution des eaux.

Toutefois, ces travaux qui ont créé de bonnes prairies sur des surfaces naguère couvertes de gros débris de grès, ne sont devenus possibles qu'avec l'argent qu'apportent chaque année dans le pays pauvre de Plombières les nombreux baigneurs qui y affluent.

Mais cette amélioration, qui a eu dans ce pays le plus grand succès , ne réussirait pas sur d'autres natures de sol : il a suffi sur ces blocs de grès d'une couche de terre peu épaisse pour établir une surface gazonnée qui retient l'eau des irrigations, et craint peu la sécheresse ; sur des débris calcaires une couche de sol calcaire de cette épaisseur serait chaque année grillée par la sécheresse, et l'eau d'irrigation se perdrait dans le sous-sol. Ces moyens d'amélioration sont donc, en quelque sorte, particuliers aux sols analogues à celui des Vosges.

Quant à la fécondité de ces eaux, nous pensons qu'elle est due à la potasse du grès en décomposition qui a formé le sol de la contrée, décomposition qui se continue et augmente tous les jours en beaucoup de points l'épaisseur du sol ; le grès, le granit et les autres roches en décomposition qui forment le sol du pays contiennent beaucoup de feldspath d'une décomposition facile, et ce feldspath renferme jusqu'à 7 à 8 pour cent de potasse, avec une quantité notable d'argile, en molécules très fines, qui sert de lien à ce sol de sable. Cette décomposition incessante constitue ainsi en quelque sorte une mine inépuisable de fécondité dans laquelle le sol du pays, et surtout celui des pentes et du pied de la montagne, renouvelle sans cesse sa puissance de production.

CHAPITRE VI.

IRRIGATION DES TERRAINS EN PLAINE ET DES TERRAINS MARÉCAGEUX.

L'irrigation par rigoles horizontales s'applique mal au sol qui a peu de pente, parce que dans ce cas la direction des rigoles et leur place se déterminent avec peu de précision ; les inégalités naturelles du sol jointes au peu d'exactitude du niveau ordinaire, lorsque la pente est peu sensible, font flotter la ligne de niveau de manière à lui donner difficilement une direction assurée ; et puis dans les terrains argileux de peu de pente, à moins de précautions qui demandent une surveillance et des positions spéciales, les rigoles horizontales restent pleines d'eau, en sorte que le terrain ne s'égoutte pas ou s'égoutte mal. L'arrosement y est donc en général assez difficile; il est fort aisé sans doute d'y envoyer l'eau, mais il ne l'est pas de même de l'en faire sortir promptement, condi- tion aussi essentielle que la première.

Lorsque le terrain est sain, les eaux s'infiltrent dans le sol, et le produit peut encore être avantageux; mais lorsqu'il est peu perméable, et par suite marécageux, on n'obtiendrait le plus souvent, avec le système *des rechutes,* que des foins de mauvaise qualité et souvent même en petite quantité.

Dans ces terrains marécageux comme dans les autres, la première condition qui doit précéder toute irrigation, c'est que l'eau du cours d'eau puisse être amenée sur leur surface; il faut par conséquent que le cours d'eau ait une pente telle qu'en donnant au canal de prise d'eau une pente moindre que la sienne, l'eau puisse, au moyen d'un barrage, arriver et circuler sur la surface du terrain. Mais il arrive assez souvent que, dans ces terrains marécageux, le cours d'eau circule sans vitesse presque au niveau de son littoral, et on a un marais sans écoulement; la question se complique alors et l'opération préliminaire doit être de rendre facile l'écoulement des eaux d'irrigation, et par conséquent de faire baisser le niveau du cours d'eau dans lequel elles s'évacuent ; c'est là un but qu'on peut souvent atteindre. Puisque le cours d'eau existe, il a dû se creuser lui-même, par suite des lois naturelles, un lit dans l'endroit le plus bas du vallon ; les eaux pour le creuser ont dû s'en écouler avec une certaine rapidité ; il a donc eu de la pente que quelques circonstances lui auront enlevée. On a bien constaté dans certains lieux que le sol changeait de niveau et s'élevait ou s'abaissait par une force intérieure de soulèvement ou d'abaissement ; mais ce phénomène n'existerait guère, à ce qu'il semble, que pour quelques bords de la mer. Ailleurs, dans les bassins des rivières par exemple, de pareils soulèvements produiraient des lacs qu'on ne voit nulle part se former. Le niveau du sol dans l'intérieur des terres nous semble donc dès longtemps généralement immuable. Les cours d'eau en général ont donc eu de la pente que quelques circonstances naturelles ou artificielles leur auront fait perdre ; or cette pente, il est le plus souvent possible de la leur rendre ; deux moyens simples se présentent pour cela, le curage du cours d'eau et le redressement de son cours.

Le curage fait sur une certaine longueur, en dégageant le lit des eaux, facilite leur marche et abaisse leur niveau ; ce curage peut toujours s'obtenir de l'administration comme mesure de salubrité et d'assainissement. Le redressement est beaucoup plus puissant encore ; les cours d'eau grands et petits sont toujours sinueux ; leur pente s'affaiblit et leur vitesse se détruit par tous ces contours et les obstacles qu'ils y rencontrent : en les supprimant on accélère le mouvement des eaux ; leur pente alors s'accroît très sensiblement, et par conséquent leur niveau s'abaisse. Il n'est pas rare de pouvoir, par des redressements, diminuer de moitié le parcours des eaux et, par conséquent, de doubler la pente de l'espace redressé.

De même que les cours d'eau, les terrains marécageux ont souvent peu et quelquefois même point de pente : sur des terrains de cette nature, quand on a donné aux eaux du cours d'eau un écoulement facile, et qu'on a par conséquent fait baisser leur niveau, l'irrigation devient possible, et les eaux bien dirigées peuvent apporter le remède du mal qu'elles causent. Lorsque la pente retrouvée est telle qu'au moyen d'un barrage on peut y envoyer des eaux un peu abondantes par une rigole qui en borde la partie supérieure, les eaux s'extravasent sur ses bords, glissent en nappe sur la surface, et s'en égouttent sans beaucoup de difficulté, surtout avant que l'herbe ne soit poussée. Mais comme le limon se dépose toujours en plus grande masse sur les parties supé-

rieures que la nappe d'eau parcourt les premières, il s'ensuit qu'en renouvelant souvent l'irrigation, le terrain finit
par acquérir un peu de pente, et par conséquent s'égoutte
mieux et finirait même par s'assainir un peu.

Pour faciliter l'entrée et la sortie de l'eau, lorsque la
surface à arroser a de l'étendue, il faut pour l'y répandre
établir tous les 8 à 10 mètres, dans une direction perpendiculaire à la rigole d'irrigation, de petites rigoles qui prennent
l'eau dans la rigole supérieure, les prolonger jusqu'à peu de
distance du cours d'eau ou canal d'évacuation, et pour aider
le départ de l'eau au milieu de l'intervalle qui sépare les
premières rigoles à peu de distance de la prise d'eau, on
établit un second système de rigoles de dessèchement
parallèles aux premières qu'on prolonge jusqu'au canal
d'évacuation. Les premières rigoles prennent l'eau dans
le canal d'irrigation pour la distribuer sur la surface; les
secondes la recueillent et la rendent au cours d'eau. Par le
mouvement que l'eau acquiert dans ce double système de
rigoles, et parce qu'elle se meut sans obstacle du terrain, la
nappe d'eau d'irrigation est hâtée dans sa marche, profite de
toute la faible pente du sol, et les rigoles d'évacuation particulièrement ont, de plus que la pente du terrain, une pente
nouvelle représentée par la profondeur de la rigole à son
débouché dans le cours d'eau dont le niveau est plus bas
que le sien. Les eaux ainsi se débitent avec plus de facilité
qu'elles n'en ont à se répandre, condition essentielle de
toute bonne irrigation.

Les rigoles d'irrigation seront plus larges vers la prise
d'eau, et diminueront en largeur à mesure qu'elles s'en éloigneront. Par contre, celles d'évacuation, étroites à leur origine
près de la prise d'eau, augmenteront de dimension à mesure
qu'elles s'approcheront du canal d'évacuation ; toutefois ces
dimensions doivent se proportionner à la quantité d'eau
qu'on doit faire entrer et sortir, et comme chaque année, en

les curant, leurs dimensions augmentent, il est à propos de leur en donner de restreintes en commençant. D'ailleurs, au bout d'un certain temps, il convient de les changer de place, parce que les bords des rigoles de prise d'eau s'améliorent plus que le reste de la prairie, et qu'il est à propos de propager autant que possible l'amélioration.

Lorsque l'espace à parcourir par les eaux a de l'étendue, au delà de 40 à 50 mètres par exemple, il est à propos de rassembler les eaux qui ont arrosé la partie supérieure, dans une grande rigole parallèle à celle d'introduction, qui devient rigole d'évacuation pour la partie supérieure et rigole de prise d'eau pour la partie inférieure ; on y établit le même double système de rigoles dont nous venons de parler. On conçoit qu'au besoin une seconde rigole parallèle à la première peut servir de *tête d'eau* à un troisième système de rigoles, et ainsi successivement suivant la largeur du pré ; mais alors les deuxième et troisième portions de la prairie recevraient des eaux qui auraient perdu presque entièrement leurs principes fécondants sur les parties supérieures, et se seraient même chargées de principes nuisibles ; il est donc à propos de faire communiquer directement leurs têtes d'eau avec la rigole d'introduction, afin de pouvoir leur donner à volonté de l'eau nouvelle.

Nous désignons sous le nom de tête d'eau les rigoles principales dans lesquelles celles d'irrigation viennent puiser l'eau, et nous distinguons ces rigoles d'irrigation, sous le nom *d'abreuvoirs*, de celles de sortie que nous appelons *égouttoirs* ; ce sont là les noms qu'on leur donne dans plusieurs pays d'irrigation, et notamment dans les Vosges ; ces noms, qui rappellent leur destination, évitent des périphrases et facilitent la clarté des explications.

CHAPITRE VII.

IRRIGATION PAR PLANCHES BOMBÉES.

Il est, pour les prairies basses et marécageuses, une méthode d'irrigation qui offre de bien grands avantages. On peut avec elle doubler souvent la quantité et la qualité du foin, et remplir la double condition de répandre l'eau uniformément sur le sol et de l'en ôter avec facilité ; mais il faut pour cela façonner son terrain et transformer la surface plane en planches bombées, composées de deux ailes pentueuses qui s'arrosent au moyen d'une rigole placée sur l'arête du bombement, et s'égouttent par des rigoles placées au bas des ailes.

Il y a trente ans à peu près que nous trouvâmes dans un ouvrage traduit de l'anglais (1) la première mention de l'irrigation des prés d'après ce système. Ce moyen nous parut ingénieux ; il devait porter évidemment sur nos prairies humides la même amélioration qu'il détermine sur nos champs argileux, où nous l'employons de temps immémorial ; nous l'essayâmes donc, non sans hésitation et sans tâtonnements, sur un hectare et demi de pré argileux et marécageux où il nous parut avoir du succès. Cependant nous regrettions de le voir connu et répandu en Angleterre sans qu'il le fût en France, quand, il y a dix-sept ans, dans un voyage dans les Vosges, nous l'avons vu pratiqué en grand dans la plaine comme dans la montagne.

Depuis lors nous avons appris qu'on l'appliquait en Italie à une grande partie des prés du Lodésan et dans le Milanais plus particulièrement aux prés *marcite ;* nous fîmes venir un ouvrage italien qui décrivait cette méthode, et nous avons

(1) *Traité de l'irrigation*, par William Tatham.

obtenu, par l'intermédiaire de la société d'agriculture des Vosges, tous les mémoires publiés sur ce sujet ; nous nous sommes alors remis à l'œuvre avec plus de succès et sur plus d'étendue que la première fois, et, dans le désir de répandre cette utile méthode, nous avons publié, à l'aide de notre expérience et de celle des autres, une première notice sur l'exécution et la mise en œuvre de ce système d'irrigation.

Mais cette méthode est connue aussi en Allemagne ; elle s'y étend même rapidement et elle y excite, par les résultats qu'elle produit, le même désir d'imitation qui nous anime. Le roi de Prusse et l'empereur de Russie ont fait venir à grands frais des chefs d'atelier de la province d'Allemagne où elle est le plus répandue, pour la transplanter dans leurs états. M. Nivière, dans le voyage d'exploration agricole qu'il a fait dans ce pays, l'a trouvée spécialement appliquée aux marais, aux terrains tourbeux ; on les a ainsi assainis et convertis en prés qui produisent un foin abondant et de bonne qualité. C'est sans doute là un bien grand résultat, où l'on rencontre à la fois la salubrité et de riches produits. Mais cette méthode à laquelle on a donné en Bavière le nom de Siegen, nom du pays où l'on prétend qu'elle a été inventée, ancienne comme nous l'avons dit dans les Vosges, répandue depuis long-temps en Italie, était même dès longtemps connue et employée dans d'autres cantons d'Allemagne, dans la Hesse entr'autres, et nous l'avons vue dans de grandes prairies du Brisgaw.

Nous l'avons aussi retrouvée en Hollande, dans le comté de Nice, dans les jardins et les prés, et, à bien dire, elle appartient plus ou moins à tous les pays où l'irrigation est bien pratiquée ; seulement elle n'y est pas une méthode spéciale comme dans les Vosges, en Italie et en Allemagne.

Dans les pays où l'a observée M. Nivière et où elle est nouvelle, elle suivra, il est à croire, sa marche ordinaire : appliquée d'abord aux marais, où ses résultats tiennent du merveilleux, on l'emploiera plus tard dans les autres prairies de plaine en terrain sain, où elle facilite, régularise et complète l'irrigation. C'est ce qui est arrivé en Italie, où elle s'étend de plus en plus sur les prés en plaine, et ce qui a lieu en Lorraine, où nous avons remarqué que les prés *adossés* ont décuplé d'étendue depuis quinze ans.

Cette méthode serait éminemment utile dans toutes les parties de France; partout on rencontre, même en montagne, beaucoup de prés marécageux, et des terrains tourbeux étendus que ce système assainirait et féconderait; sur les parties de plaine en terrain sain elle offrirait encore d'importants résultats. Il serait donc très avantageux de la répandre, de la populariser; mais pour la faire admettre plus facilement et avec profit, il serait très utile, afin d'éviter les tâtonnements, les longueurs et les pertes de temps, de faire connaître les moyens d'exécution les plus simples, les plus faciles, ainsi que les procédés et les pratiques observés dans le pays où elle est dès longtemps adoptée : c'est le but que nous nous sommes proposé. Pour cela, après avoir déjà vu les lieux où la méthode est pratiquée, après avoir à plusieurs reprises mis la main à l'œuvre et nous être procuré ce qu'on a écrit sur ce sujet, nous sommes retourné trois fois sur les lieux d'origine, dans les cantons où elle est le plus anciennement pratiquée et où elle a été appliquée à la plupart des prairies; enfin, pour donner plus de consistance à notre projet, nous avons fait venir une première fois des chefs d'atelier vosgiens, et nous avons fini par en transplanter une famille dans notre pays. Après avoir pendant six ans mis la main à l'œuvre avec eux, nous allons essayer de rassembler les notions les plus essentielles pour la mise en pratique de la méthode; pour cela nous croyons à propos de suivre la même marche que nous nous étions tracée dans un premier écrit sur ce sujet, et de donner en quelque sorte l'itinéraire de nos observations sur les prés des Vosges arrosés dans le système que nous voulons décrire. Nous ne craindrons pas d'entrer dans des développements assez étendus sur cette méthode que nous considérons comme une grande source de prospérité pour tous les pays où elle sera adoptée.

§ 1er. *Prés du Val-d'Ajol.*

Le vallon de Plombières est séparé de la belle vallée qui porte le nom de Val-d'Ajol par un plateau d'un terrain léger et assez médiocre. Le Val-d'Ajol se déploie sur une grande étendue; il prend naissance aux gorges d'Erival et se continue jusque sur Fougerolles, pays classique du kirsch. Dans le fond coule une rivière dont les eaux persistent pendant la sécheresse et font mouvoir un assez grand nombre d'usines et entr'autres une filature et des tissages mécaniques très remarquables; à ce vallon principal viennent en aboutir un assez grand nombre de secondaires à pente douce, qui se raccordent avec lui et y versent leurs eaux. On rencontre rarement un vallon plus riant, mieux cultivé et plus habité que le Val-d'Ajol ; les eaux de la rivière, sans avoir la puissance et la fécondité de celles de l'Eaugronne après Plombières, y forment une prairie étendue et productive, mais que sa faible pente et les barrages d'usines rendent assez souvent marécageuse ; pour corriger ce défaut dans les parties inférieures et qui se rapprochent de Fougerolles, les prés en assez grand nombre ont été travaillés en planches bombées. Ce travail ne nous a pas semblé nouveau ; cependant, en arrivant dans la commune du Val-d'Ajol, cette méthode s'arrête, quoique les prés en aient plus besoin encore que ceux auxquels on l'a appliquée à Fougerolles; on y trouve sans doute assez productifs les prés arrosés par les méthodes ordinaires, et on recule devant les dépenses et les difficultés de l'opération ; cependant un étranger, venu de pays où l'expérience a fait connaître tous les avantages de la méthode *d'adossement*, a commencé à l'introduire autour du village.

Richard (Stanislas), de la commune de Dommartin-en-Montagne, où l'irrigation des prés est particulièrement bien connue, travaille avec le plus grand fruit un pré de trois hectares ; comme la terre lui manque il est obligé d'amener du dehors celle de ses *ados*, pour le bombement des planches ; mais rien ne lui réussit mieux pour les construire que le gravier pur de la rivière, qu'il saupoudre à peine d'un peu de terre pour recevoir ses graines de foin ; au bout de deux à trois ans, l'ados tout entier est gazonné et donne un pré d'excellente qualité. Le plus difficile de l'opération et qui demande une pratique et un coup d'œil exercé est une direction des ados telle que le terrain conserve une forme régulière, et qu'on n'ait pas à le morceler ni à faire de grands transports de terre. Richard étudie sa pente générale, choisit l'emplacement de ses planches, de manière que sans beaucoup de travail la rigole de leur sommet, qui doit arroser les deux ailes, n'ait qu'une très faible pente. Il en donne une plus forte aux égouttoirs qui servent à évacuer l'eau des arrosements ; son entreprise a augmenté de plus d'un tiers la quantité de son fourrage et amélioré sa qualité ; ses voisins, qui d'abord riaient de lui et de ses dépenses, l'applaudissent aujourd'hui et finissent par l'imiter.

Il établit comme règle de travail que les rigoles qui servent d'abreuvoir doivent être à peu près sans pente ; mais lorsque la position le force d'en donner plus qu'il ne voudrait, il fait verser l'eau sur les ailes au moyen de quelques cailloux qu'il y place ; il donne à ses rigoles jusqu'à 200 mètres de longueur. On conçoit qu'en s'approchant de cette dernière limite, une pente légère doit être ménagée dans les parties supérieures de la rigole, afin que ses eaux puissent s'extravaser doucement sur les ailes latérales, depuis la naissance de la planche jusqu'à son extrémité.

Richard est un homme laborieux, intelligent, tenace dans sa volonté ; il marche doucement à son but avec ses propres forces, sans se lasser ni se décourager ; ce but est à peu près atteint, et il a amené à lui l'opinion de tous ceux qui le critiquaient ; il conçoit très bien la pratique et même la théorie de sa méthode ; son exemple sera donc éminemment utile dans son pays d'adoption. Et effectivement, nous avons revu cette année la prairie du Val-d'Ajol : de nouveaux prés sont adossés; dans d'autres le travail est commencé, et il est à croire que sous peu d'années une grande partie de la prairie subira la transformation. Nous avons visité particulièrement le pré de M. Fleurot, percepteur ; ce pré en terrain marécageux, mal arrosé et mal égoutté, donnait 12 chars de foin au moins médiocre; maintenant, assaini et arrosé sur toute son étendue, il en donne 30 de foin beaucoup amélioré ; le travail semble plus régulièrement fait que dans le pré de Richard, et il est le modèle sur lequel on se dirige maintenant dans le pays ; cependant on peut lui reprocher de manquer d'ensemble, l'irrigation y est trop morcelée, et les bons ouvriers de St-Dié nous semblent beaucoup mieux travailler.

§ 2. *Prés d'Olichamp.*

En remontant le Val-d'Ajol, nous avons gagné par l'une des gorges d'Erival la vallée tourbeuse des premières eaux de l'Eaugronne : c'est là qu'on peut juger la méthode et sa puissance. Une partie de la prairie a été mise en planches bombées, l'autre est encore en marais; la première produit quatre fois autant que la seconde, et on peut y circuler avec des voitures, pendant qu'on est obligé d'enlever à dos d'homme le peu de fourrage que fournit la seconde. Comme cette vallée est étroite et très pentueuse, pour réduire la pente à la mesure nécessaire à de bons adossements, il a fallu souvent, pour former les ados, racheter la pente par de grands transports de terre, et cette terre, on a dû la prendre sur le coteau ; cependant, dans les parties les plus basses de la vallée, comme on ne pouvait arriver avec des voitures et à peine circuler avec des brouettes, on n'a pas pu transporter les terres du coteau ; il a donc fallu tailler les ados dans la tourbe elle-même, et alors on les a faits dans le sens de la vallée.

Ces ados de tourbe pure demandent sur leurs ailes une pente forte, parce qu'autrement l'eau y reste sans s'infiltrer; par le laps du temps cette tourbe s'assainit, change de nature, et son produit sous peu deviendra presque égal en quantité et en qualité à celui des bons prés. Ces prés tourbeux, quand ils ne sont pas travaillés, offrent sans doute bien peu de ressources; ils donnent bien peu de fourrage et sont le plus souvent inabordables au pâturage. Cependant de toutes parts on nous dit que leur fourrage nourrit assez bien les bêtes de travail, mais qu'il tarit le lait des vaches et convient peu aux jeunes animaux ; on le laisse très peu sécher sur le sol ; fauché le matin avec un bon soleil, on le passe quelquefois à midi ; passé ainsi mi-sec, il s'adoucit sur les fenils par la fermentation qu'il y éprouve.

Les premiers travaux de cette vallée, qui dépend du hameau d'Olichamp, sont dus à M. Bergon ; ils datent de plus de vingt-cinq ans ; sa prairie adossée s'améliore encore tous les jours ; cette tourbe assainie se transforme et tend à devenir semblable à un bon terrain. Cet effet se produit au moyen des irrigations annuelles auxquelles on emploie le petit cours d'eau qui devient plus tard le ruisseau d'Eaugronne ; il prend naissance dans la vallée et s'y forme d'une foule de petits raisins ou rameaux qui sourdent de la tourbe ; cette tourbe à surface irrégulière, comme toutes celles qui sont formées par des eaux qui sourdent de fond, constitue à une assez grande épaisseur la couche supérieure du sol de la vallée. Cette formation de tourbe allait sans cesse croissant par les raisons mêmes qui lui avaient donné naissance ; mais elle a cessé partout où l'on a donné de l'écoulement aux eaux par les planches bombées.

On continue de suivre encore la vallée pour aller à Remi-
remont ; les prés y sont presque tous tourbeux, mais la
moitié au moins de la prairie est maintenant adossée ; les
progrès y ont été relativement plus grands qu'au Val-d'Ajol;
mais ici la transformation a beaucoup plus d'avantages ; les
premiers prés transformés, ceux de M. Bergon, ont peut-être
décuplé de valeur, et, en général, on a maintenant de bons
prés à la place de marais tourbeux partout où on l'a imité.

§ 3. *Prés d'Epinal et de Charmes.*

C'est à Epinal que nous avons rencontré une bien belle
application de ce système d'irrigation : la Moselle s'y développe sur un lit torrentiel d'une grande largeur; les bords
de ce lit sur de grandes étendues sont formés de graviers
que ces eaux jettent sur les rives et recouvrent dans les
inondations, lorsque les bords s'élèvent un peu. Ils offrent
de mauvais pâturages ou des champs très peu féconds de
terrains sablonneux et souvent ravagés par les eaux. Cette
rivière a sa source dans le grès des Vosges souvent en décomposition; elle en charrie le sable et les débris, et ces eaux,
en dissolvant une partie de la potasse de ses composants,
deviennent très fécondes lorsqu'on peut les maîtriser ; la
pente de la rivière, et par conséquent de ses bords, est très
rapide; une dérivation de 2 mille mètres qui suit la rivière
a suffi pour produire une pente de près de 5 mètres.

A l'aide d'une première dérivation MM. Dutacq frères
ont établi, aux portes même d'Epinal, un premier pré de 18
hectares; ils ont commencé leurs travaux il y a 12 à 15 ans,
et cette surface entière, qui n'offrait alors que des grèves, des
cailloux, de mauvais pâturages, est devenue un pré excellent
qui produit 5 à 6 mille kilo. de premier foin de très bonne
qualité par hectare, et moitié en deuxième récolte. A son
ancien état de grèves, il valait aux portes d'Epinal 3 à 400 fr.

l'hectare, comme il en vaut maintenant 6 à 8 mille. Toute sa surface a été formée en planches bombées ; on a pour cela commencé par dresser, combler ou ravaler avec les graviers du sol lui-même partout où cela a été nécessaire ; on s'est borné, pour former les ados, lorsque le terrain a offert peu d'inégalités, à relever simplement le gravier des bords, de manière à donner aux ailes la pente convenable ; lorsque la pente a été trop forte, on a charrié le gravier superflu des parties supérieures sur les parties inférieures de l'ados. Dans les graviers purs on ne s'est pas cru obligé de charrier des terres ; un peu de sable de la rivière, répandu à la surface, a suffi pour faire germer les graines de foin qu'on y a semées. On a, pendant la première année, défendu le sol de l'invasion des eaux, et au bout d'un an, en les y introduisant, elles ont apporté du limon sur cette surface gazonnée, en ont lié tous les cailloux ; on a ensuite enlevé les plus gros, et on est arrivé au bout de trois ou quatre ans à avoir un pré d'excellente qualité. Les dépenses pour ces travaux ont été variables, depuis 200 fr. jusqu'à 600 fr. par hectare.

Plus loin, un pré de 50 hectares est achevé et a été créé dans une plus grande pensée. Le premier pré était une entreprise bornée dans son étendue et qui cependant a donné les plus beaux résultats. Pour le second, la sphère s'est agrandie ; la dérivation, qui n'est pour le premier qu'une rigole, est devenue pour le second, et pour ceux qui se feront ensuite, le commencement d'un canal propre à une petite navigation. Mais déjà même il ne s'agit plus d'une simple spéculation particulière ; une compagnie s'est créée qui doit transformer en prés, dans le seul département des Vosges, 2 mille hectares de grèves qui bordent la Moselle, et, sous l'impulsion et l'action de cette compagnie, des prairies étendues ont pris la place de graviers stériles.

La compagnie suivra-t-elle le projet de ses fondateurs, de border la prairie d'un canal navigable, offrant tous les deux mille mètres, à côté des écluses, des chutes de 5 mètres? Nous avons cubé le volume des eaux de ce canal à son embouchure; il prend 5 mètres d'eau par seconde et pourrait en prendre davantage sans aucun inconvénient ; cette eau avec sa chute représente la force de 330 chevaux vapeur, force qui s'emploierait pour les travaux des arts toutes les fois que les eaux ne seraient pas utilisées pour l'irrigation. Un jour d'eau par semaine dans les six mois d'irrigations utiles , qui s'ajouterait à une vingtaine de jours de grandes eaux, suffirait de reste pour féconder la prairie , et n'ôterait guère que vingt-cinq à trente jours à la navigation et aux usines.

Mais la question du canal n'est pas celle qui nous intéresse le plus; c'est plutôt celle de la mise en prairie féconde de plus de 2 mille hectares de grèves sans produit; pour atteindre, il est vrai, ce grand but qui créerait une valeur de 10 millions au moins, qui aviverait un pays entier, en lui fournissant les fourrages et les engrais pour le sol, il faut le concours des propriétaires de ces grèves et pâturages; or presque partout ce sont les communes qui les possèdent, et leur assentiment n'est pas facile à obtenir; cependant on leur offre pour compensation une partie de leur sol réduit en pré. Déjà plusieurs communes entrent en possession de la part de prairies qui leur revient. Ainsi une commune de 100 feux, qui possédait 200 hectares de pâturage, les a vu convertir en prés ; 80 sont à la commune, 120 à la compagnie , et chaque feu à reçu, en échange d'un droit de pâturage sur deux hectares d'une grève stérile, la propriété d'un pré de quatre cinquièmes d'hectare, et par conséquent son produit annuel de 150 fr. au moins. C'est là une fortune pour les pauvres et un immense avantage pour toute la commune, qui nourrira 300 têtes de bétail de plus et verra augmenter d'un tiers peut-être la quantité de ses engrais. Et puis les seconds foins et le pâturage (si on le permet) des 120 hectares de la compagnie, resteront encore à peu de frais aux habitants de cette commune riveraine.

Plusieurs années s'étaient écoulées depuis que nous n'avions pris des informations sur les lieux ; nous y sommes retourné depuis peu : l'entreprise, après avoir changé de mains à plusieurs reprises, se continue sur une grande échelle, et il s'est formé au-dessus d'Epinal une autre compagnie à laquelle ne manquent ni les capitaux ni l'intelligence. M. Naville de Châteauvieux, l'un de ses chefs, est pour nous une garantie de succès ; c'est à Charmes qu'il a maintenant ses grands ateliers et que plusieurs centaines d'hectares de grèves se couvrent déjà d'un gazon vigoureux. Il est donc à espérer que, dans moins d'un quart de siècle, les grèves stériles, les graviers mobiles qui bordent la Moselle, seront tous transformés en prairies fécondes.

Aucun autre système d'irrigation n'aurait rempli aussi bien le but que celui des planches bombées. Dans ce système, avec très peu d'entretien annuel, l'arrosement se continue régulièrement sans avoir besoin de modifications ni de changements de disposition ; il s'établit très simplement au moyen de petits canaux qui prennent l'eau dans le grand, se ferment et s'ouvrent avec des bondes, et servent comme têtes d'eau à alimenter toutes les rigoles du sommet des planches. L'opération a donc lieu sans vannes qui sont toujours d'un entretien et d'un service difficiles. La pente des planches est ménagée de manière à ce que l'eau ne les ravine jamais, et lorsque les inondations recouvrent la prairie, sa surface gazonnée se défend très bien du mouvement des eaux, en sorte qu'elles ne font que lui apporter leur limon fécondant.

Il y a là un bel exemple donné pour les bords des rivières rapides ; presque partout ces rivières torrentielles s'accompagnent de terrains sans produits que les eaux dévastent annuellement ; des travaux analogues métamorphoseraient

leurs bords souvent malsains et sans produit en prairies
fécondes, parce qu'il n'est presque point de rivières dont le
limon et les eaux ne portent avec eux la fécondité. Ainsi
dans le sud-est de la France, le Rhône et ses affluents, l'Ain
l'Isère, la Drôme, l'Ardèche, le Gard, et les autres rivières qui
versent directement à la mer, offrent d'immenses brotteaux.
En France, sur tous les cours d'eau, c'est par centaines de
milliers d'hectares qu'on pourrait compter les grèves maintenant stériles; nul doute que l'application d'un pareil
système ne pût y créer, comme dans les Vosges, d'excellentes prairies.

Toutefois sous le spécieux prétexte de mettre à l'abri des
inondations ces nouvelles prairies, on devra bien se garder
d'y établir des digues ; les cours d'eau torrentueux ont créé
sur leurs rives des grèves où leurs grandes eaux s'extravasent
et, s'entreposant en quelque sorte, arrivent moins subites, en
moins grande masse à la plaine, et y causent de moins grandes avaries. Ces prairies nouvelles doivent donc rester
ouvertes, et le limon que laisseront sur leur surface les
grandes inondations compensera de reste les chances de perte
des inondations d'été. Le gouvernement devra donc veiller à
ce qu'un système malencontreux de digues ne vienne ici
amener les résultats fâcheux qu'il a déjà produits en si grand
nombre ailleurs.

Mais c'est surtout pour les prés marécageux que le système
d'adossement offre de grands avantages, et c'est, comme nous
l'avons vu, sur des prés tourbeux qu'il peut arriver jusqu'à
décupler la valeur ; aussi c'est sur eux qu'en Allemagne on
l'emploie presque exclusivement. Mais ailleurs aussi ses
avantages sont bien grands, et partout où nous l'avons nous-
même employé, nous l'avons vu doubler souvent, sinon la
valeur, du moins le produit en quantité et en qualité. On ne
trouve cependant nulle part de renseignements suffisants
pour le mettre en pratique. William Tatham, Thaër et

John Sinclair le décrivent dans quelques phrases. Il y a donc là une lacune qu'il serait, à ce qu'il nous semble, important de remplir ; pour nous efforcer de le faire, nous entrerons dans les détails les plus essentiels de son établissement, tels que nous les ont appris la pratique et l'observation; et nous leur donnerons assez de développement pour que ceux qui nous liront puissent mettre la main à l'œuvre avec beaucoup plus de données que nous n'en avions en commençant, et soient par là dispensés de faire un apprentissage qui n'a pas lieu sans quelques mécomptes ; car on ne doit pas oublier que, toutes les fois qu'on tente une chose nouvelle, on fait des fautes qu'on peut souvent éviter en mettant à profit l'expérience d'autrui.

CHAPITRE VIII.

DESCRIPTION DE LA MÉTHODE.

L'application de la méthode offre bien dans le principe quelques difficultés ; les mouvements de terre à faire sont quelquefois considérables, mais l'usage du niveau facilite beaucoup l'opération, et le travail une fois fait demande peu d'entretien; l'irrigation devient facile, a besoin non d'empellements ni de machines, mais à peine de quelques gazons, circonstances importantes qui permettent de laisser la prairie améliorée entre les mains du cultivateur le moins soigneux, sans crainte de la voir se détériorer.

Dans cette méthode les rigoles sont toujours à la même place, sans avoir besoin d'être changées; les eaux peuvent par leur limon exhausser au bout d'un certain temps leurs bords, mais on en est alors quitte pour les rabaisser en les échancrant.

Avec ce système, toute la prairie reçoit des eaux fraîches et nouvelles, et celles qui ont arrosé un premier système de planches peuvent être encore employées sur un second, attendu qu'elles n'ont pas dû s'appauvrir très sensiblement par leur passage sur une surface de quelques mètres.

Cette méthode, rappelée plutôt que décrite dans l'ouvrage anglais de William Tatham sur l'irrigation, est encore presque nouvelle en Angleterre et y est peu répandue. En la voyant pratiquer en grand dans les Vosges, nous avons d'abord pensé que les Vosgiens en étaient les inventeurs; leurs premiers travaux en ce genre paraissent très anciens, et dans l'arrondissement de St-Dié ce sont surtout les Anabaptistes qui l'ont mise en pratique avec le plus de succès. D'ailleurs elle se trouve encore dans la Hesse ; nous l'avons retrouvée dans le Brisgaw, et nous avons vu en Hollande quelques prairies où le principe de la méthode se fait remarquer. Et puis, dans les prés du Milanais, sans qu'on puisse assigner l'époque de son établissement, elle se trouve employée en grand et elle est décrite dans un mémoire de l'agronome Berra.

Il en est de même de la plupart des bonnes méthodes agri_ coles; on les retrouve pratiquées dans un grand nombre de lieux. Un proverbe a dit : *les beaux esprits se rencontrent ;* il aurait mieux dit : *les esprits justes se rencontrent.* Mais ces méthodes malheureusement se cantonnent et sortent dif_ ficilement d'un pays, parce qu'on ne s'occupe pas assez de recueillir et de faire connaître les bonnes pratiques locales.

Du moins le principe se trouve appliqué sur les terres de Bresse ; il consiste à donner à la surface du sol une pente et un écoulement artificiels lorsque ceux qu'il tient de la nature ne sont point suffisants ; en Bresse on découpe le sol en pièces de plus ou moins d'étendue par un système de fossés perpendiculaires entr'eux, dont les uns, horizontaux et perpendiculaires à la pente, sont destinés à recevoir les eaux superflues du sol et à recueillir les terres qu'elles entraînent, et les autres, dans le sens de la pente, servent à emmener les eaux qu'elles ont reçues des coulisses horizontales hors de la terre labourée et souvent sur des prés qu'elles engraissent ; les terres qui se déposent dans les coulisses horizontales se portent dans le milieu des pièces, de manière à leur donner une pente souvent double sur les coulisses. En vain remplacerions-nous, à l'imitation des Anglais, sur nos terres argileuses reposant sur un sous-sol imperméable, nos coulisses ou fossés ouverts par des canaux couverts; ces canaux égoutteraient à peine le mètre de surface qui les touche. Notre sol est trop argileux, trop imperméable; une fois saturé d'eau, l'eau reste à la surface, et nous sommes obligés, pour la faire écouler, de donner à cette surface une pente artificielle, et d'aider en outre à l'écoulement de l'eau par des labours en billons dans le sens de cette pente; sans cela elle ne s'égoutterait point. Sans doute il est en France beaucoup de sols où le système anglais de *drainage* pourrait avoir du succès, et nous pensons que sur la partie méridionale du grand plateau du bassin de la Saône, la Dombes, les drainages réussiraient; mais dans la partie nord, la Bresse proprement dite, nous pensons que ce système serait souvent insuffisant. La nécessité nous a donc conduits de temps immémorial à appliquer à nos terres le système d'adossement ; mais ce qui marque sa différence d'avec son application aux prés, c'est que dans les terres il est destiné à évacuer les eaux superflues, pendant que dans les prés il sert d'abord à distribuer et à répandre en nappe à la surface les eaux d'irrigation, et à les écouler aussitôt qu'on s'en est servi.

Cette disposition de notre sol en pièces bombées a fourni l'occasion d'en profiter pour faire des prés; M. Piquet, ancien juge de paix à Bourg, pour mettre en prairie 40 hectares de terres labourables, s'est servi avec beaucoup d'intelligence du travail de bombement fait avant lui. Ce terrain

en sol humide avait été mis en planches bombées comme une grande partie des terres de notre plateau argilo-
siliceux; en régularisant les pentes, en les rendant uniformes,
il en est résulté un système analogue à celui des Vosges qui
a créé des prairies donnant un foin abondant et de bonne
qualité. Après avoir employé ce système sur les terres anciennes pour les mettre en prés, il l'a employé, comme dans
les Vosges, sur des parties basses et marécageuses; ses planches ou ados ont 20 à 30 mètres de large, et après avoir
essayé de donner plus ou moins de pente aux ados, il a été
conduit par l'expérience à leur donner 3 centimètres par
mètre de pente sur l'ados; mais nous pensons que cette pente,
qui peut à peine suffire dans de petites planches, serait
trop faible dans les grandes, surtout lorsque l'herbe a grandi
et que le sol est argileux.

Cette méthode d'irrigation paraît avoir pris encore plus
d'étendue en Italie que dans les Vosges, et c'est dans les
plaines plus particulièrement qu'elle est le plus employée ;
l'irrigation fait la richesse d'une grande partie de ce beau
pays, et le Lodézan, dont le terrain est de sa nature sablonneux et peu fertile, qui a été longtemps le lit marécageux
d'eaux immondes et saumâtres (1), est devenu une des plus
riches provinces de l'Italie.

Mais c'est encore dans le Milanais que ce système est pratiqué en grand ; on l'emploie surtout sur des prés auxquels
on a donné le nom de *marcite*, au moyen de l'eau qui coule
constamment à la surface et leur fait produire pendant
l'hiver une récolte de foin que les vaches consomment en
vert; mais ces prés, comme nourriture d'hiver, ne peuvent
appartenir qu'à un climat à hiver doux. C'est à cette nature
de pré qu'on a d'abord en Italie appliqué la méthode d'adossement; on a eu lieu d'en être si satisfait qu'on l'applique

(1) *Paludoso letto d'aque immonde e salmastre* (Berra.)

maintenant à beaucoup de prés en plaine, soit qu'on veuille en faire ou non des prés *marcite*.

Le grand intérêt que nous attachons à voir cette méthode s'étendre et se populariser nous décide à développer ses procédés d'exécution dans deux pays où, dès longtemps employée, elle a pu, à ce qu'il semble, arriver à plus de perfection. Nous y joindrons les données et les résultats que nous avons recueillis dans notre pratique, et nous terminerons en décrivant la méthode allemande que nous avons connue plus tard et qui, quoique plus récemment répandue dans le pays, nous semble néanmoins être arrivée à plus de perfection qu'ailleurs.

§ 1. *Procédé milanais.*

Lorsque le cultivateur milanais veut transformer une terre en labour ou un pré ancien en pré adossé, sur un labour donné avant l'hiver, il trace d'abord la place des rigoles d'arrosement et d'égouttement, en donnant aux planches 10 à 12 mètres de largeur. Dans le courant de janvier, pour commencer à former la planche, il laboure avec une charrue à oreille fixe, en travaillant la planche comme un seul billon ; deux autres labours plus ou moins profonds dans le cours du printemps, donnés dans le même sens et accompagnés de hersages, suffisent souvent pour former la planche avec la pente nécessaire sur les ados ; dans un sol tenace on donne quelquefois un plus grand nombre de labours, parce qu'il lui faut plus de pente et qu'il est difficile de l'ameublir convenablement.

Après ce travail à la charrue qui ne fait que dégrossir l'ouvrage, on l'achève à la main de manière que les ailes des ados aient une pente proportionnelle à leur largeur, pente plus forte dans les terrains argileux et moindre dans les sablonneux.

On creuse ensuite les rigoles d'arrosement, sans les conduire jusqu'à l'extrémité des planches, puis celles d'égouttement, qui commencent à quelque distance de la rigole alimentaire servant de tête d'eau, et on les prolonge jusqu'à
l'extrémité des planches, où elles versent dans un grand
égouttoir qui évacue l'eau de tout le système.

Lorsque la pièce a trop de longueur pour que chaque planche puisse être arrosée facilement par une seule rigole, on
établit un second système de planches ; deux méthodes sont
en usage pour cela ; dans la première les égouttoirs des premières planches deviennent les abreuvoirs des secondes, en
sorte que les ados de la seconde planche sont dans la direction des égouttoirs des premières. Dans la seconde méthode,
le grand égouttoir qui a rassemblé les eaux du premier système sert de *tête d'eau* pour distribuer l'eau aux planches
inférieures.

Ces deux systèmes de planches rendent le travail plus
long et plus dispendieux, parce qu'il faut que les abreuvoirs des secondes descendent au niveau des égouttoirs des
premières ; nous indiquerons plus loin un moyen simple
d'éviter ce travail.

Quand le sol est convenablement disposé et qu'on lui a
donné les directions et pentes convenables, il reçoit un léger
labour et un hersage, pour lui rendre l'ameublissement que
lui ont ôté les pieds des hommes, des animaux et les roues
des voitures ; on sème sur ce labour de l'avoine qu'on couvre
à la herse, puis du Ray-Grass qu'on herse encore ; on y
sème enfin du trèfle et des fonds de fenil, et on raffermit tout
ce sol avec le rouleau.

Au mois de juillet et d'août, si la sécheresse est grande,
on donne le soir, par un léger arrosement, de la fraîcheur
à la jeune herbe, et déjà à la fin de septembre, on peut couper un foin délicat qu'on fait consommer en vert ou sécher,
suivant son abondance et sa force. Dans le mois d'octobre,

si la surface du pré est raffermie et bien garnie, on commence les arrosements ; l'eau fait ressortir les parties trop basses ou trop élevées du terrain ; c'est alors qu'on achève l'ouvrage en ajoutant ou enlevant de la terre là où il convient de le faire.

Il en coûterait trop pour rendre parfait un pareil ouvrage du premier jet ; on laisse à faire quelque chose au soin et au temps, et ces deux éléments opèrent lentement mais efficacement ; d'ailleurs, lorsqu'on a été obligé pour faire le pré de combler ou d'abaisser quelques parties de sol, il est presque impossible que le premier travail n'ait pas besoin d'être modifié, parce que sur les remblais le terrain de niveau s'affaisse, et à la place où on a levé de la terre il s'élève d'une manière sensible. Ainsi le pré fait de niveau cesse bientôt de l'être dans toutes les places où on a levé ou mis de la terre.

Lorsqu'on opère sur un pré ancien, il est une méthode coûteuse, il est vrai, mais dans laquelle la jouissance du pré est à peine interrompue ; elle consiste dans la réapplication du gazon sur la surface adossée. Pour cela, au mois de janvier ou de février, on lève à la charrue ou à la bêche la surface du pré ; on en ôte les gazons qu'on entrepose dans le voisinage ; on laboure et prépare le sol à la charrue, en ayant soin que sa surface adossée soit plus basse de toute l'épaisseur des gazons qu'on doit replacer ; on creuse peu profondément les rigoles, et, lorsque le sol est bien préparé, on réapplique les gazons, en les battant pour qu'ils s'unissent, et la même année on a souvent une récolte.

§ 2. *Procédé des Vosges.*

I. C'est dans l'arrondissement de St-Dié que paraît avoir pris naissance en France la méthode des adossements ; c'est donc là dans son berceau que nous sommes allé plus spécialement l'étudier.

Une petite partie des prairies semble y avoir reçu cette forme de temps immémorial ; toutefois de grands espaces appartenant à de riches propriétaires, de grands pâturages communaux à portée des eaux de la Meurthe, ne donnent encore qu'un faible produit. Mais depuis quelques années on les transforme en prairies adossées, et des ouvriers nombreux se sont formés dans cet important travail ; ils y ont acquis une adresse, un coup d'œil dont on ne peut se faire d'idée qu'en voyant leurs résultats. C'est donc là qu'il faut aller chercher d'habiles irrigateurs ; on y trouve des entrepreneurs chefs d'ateliers, qui, à prix fait ou à la journée, transforment en prés de bonne qualité tous les terrains à portée des eaux de la Meurthe, d'un ruisseau ou d'un cours d'eau quelconque.

Mis en rapport avec le plus habile de ces chefs, le nommé Bastien, nous avons parcouru avec lui des prés anciens, d'autres faits par lui depuis plusieurs années, d'autres enfin qu'il était occupé à faire ; c'est particulièrement dans un pré de 6 hectares non encore fini que nous avons pu juger de l'habileté de cet homme ; sans un seul coup de niveau il a distribué son terrain de telle sorte que les eaux, en y arrivant, le couvrent tout entier et régulièrement dans toutes ses parties ; les pentes et les eaux sont ménagées de manière à ce qu'on peut envoyer sur tous les points des eaux encore neuves qui n'ont pas perdu leurs principes fécondants. Et ce qui est bien remarquable et bien important à pouvoir imiter, c'est qu'avec l'aide d'un barrage qui dérive les eaux de la Meurthe, toute cette irrigation se fait en même temps, sans autre écluse que celle qui les admet ou les refuse à l'entrée du pré arrosé.

Deux systèmes sont principalement suivis par lui : les *rechutes* et l'*adossement* ; lorsque son sol a une pente sensible, il emploie plus volontiers le système des rigoles horizontales, auxquelles on a donné dans le pays le nom de *rechute*.

Les Vosgiens, avons-nous dit, ont modifié ce système ; habitués dans leur travail d'adossement à de grands mouvements de terre, ils n'ont pas craint de disposer le sol de leurs prés en pente en planches planes et rectangulaires d'égale largeur et disposées comme les ailes de leurs planches bombées, à cela près qu'elles pendent l'une sur l'autre ; ils se ménagent aussi la faculté d'envoyer sur chacune d'elles des eaux nouvelles par une rigole dans le sens de la pente, perpendiculaire aux rigoles horizontales.

Dans les parties de son fonds où la pente est moindre, Bastien a adossé son pré et donné aux ailes de ses ados 4 mètres de largeur comme aux planches de ses rechutes ; il donne aux ados une pente faible, d'un décimètre au plus par mètre ; il trouve que partout ailleurs on leur en donne généralement trop, et il pourrait bien avoir raison dans ce sol sablonneux ; mais son principe général ne peut s'appliquer aux sols argileux ; il donne à ses rigoles d'arrosement *arrosoirs* très-peu de pente, afin de se dispenser autant que possible d'y mettre des arrêts d'eau.

Lorsque cet homme veut travailler son terrain et le former en planches soit planes, soit bombées, il marque avec des piquets la place et le niveau de ses rigoles, laboure son sol, puis il trace et arrête la forme de ses planches avec un rang de gazons qui en dessinent les bords ; il enlève ensuite, à la brouette ou au tombereau, les terres où elles sont de trop pour les replacer où elles manquent ; il ménage toutefois la terre de sa surface, de manière à en conserver partout pour former une couche de 2 à 3 pouces sur le sol ; toutes ses planches sont d'une régularité parfaite, et tout cela se fait sans niveau, sans tâtonnements. Les bords des rigoles sont, comme nous l'avons vu, gazonnés ; le milieu, qui se compose de gazons hâchés, se sème de graines de foin, et lorsque l'herbe est poussée, on y envoie un peu d'eau pour aider à la végétation. Des prés ainsi faits dans l'automne ou même au printemps se fauchent au mois d'août.

Comme tous les hommes d'action qui ont longtemps commandé, notre artiste est un peu absolu et exclusif ; il veut aussi innover et faire distinguer sa manière de celle de ses prédécesseurs ou de ses concurrents ; il est sans nul doute supérieur à la plupart pour le coup d'œil et la parfaite exécution des travaux qu'il dirige ; mais nous serions disposé à penser qu'il tend trop à s'écarter du système ancien des adossements dont l'avantage est si bien établi. Il veut en général faire prévaloir le système horizontal, dit de rechute, nouveau, nous le pensons, dans la contrée, sur celui des ados, source spéciale cependant de la richesse et de la fécondité des prairies dans le pays ; il voudrait n'employer les ados que lorsque la pente lui manque ; mais il est bien certain cependant que le système horizontal ne réussirait pas dans les terrains tourbeux en pente, parce qu'ils s'égoutteraient mal avec des rigoles horizontales, pendant que les eaux s'en écoulent très bien dans le système des ados. En outre, avec les ados on donne de l'eau nouvelle à toutes les planches, pendant que les rechutes emploient souvent la même, sur tout ou partie de l'ensemble ; et puis lorsqu'on veut alterner et envoyer de l'eau fraîche aux planches inférieures on est souvent obligé de priver d'eau les supérieures. On conçoit la préférence donnée aux rechutes lorsqu'on a peu d'eau et une pente très sensible ; mais sur la plaine des bords de la Meurthe, où l'on dispose d'une grande partie des eaux de la rivière, nous penserions que la préférence pour les rechutes serait mal fondée.

Bastien restreint ses ailes à 4 mètres ou deux andains de large ; ailleurs elles en ont souvent trois, et leur pente est généralement plus forte ; cependant cette dimension des planches a prévalu, et on la trouve maintenant dans la plupart des prés nouveaux travaillés.

La dépense de la mise en prés de ces terrains est extrêmement variable ; des Anabaptistes, excellents cultivateurs dans cet arrondissement, ont dépensé jusqu'à trois et quatre mille francs par hectare pour y établir ce système ; mais cela suppose de grands transports de terre, des comblements, des changements de surface tout à fait extraordinaires. Le pré de 6 hectares que travaillait Bastien et sur lequel il nous faisait voir les détails de sa méthode, était presque achevé ; il offrait dans le principe des surfaces très inégales ; il a fallu dans diverses parties déblayer et dans d'autres remblayer un demi mètre de terrain. L'ouvrier demandait 2000 fr. pour tout le travail à faire ; on a préféré le faire en régie sous sa direction ; lors de notre passage la dépense était déjà de 1300 fr. d'argent ; il restait à payer les journées des charrues employées à ameublir la surface, à se procurer et semer les graines de foin, et à dépenser en main d'œuvre une centaine de francs ; ce serait une dépense de 300 fr. à peu près par hectare, à l'aide de laquelle et avec les eaux qu'on amènera on quadruplera le produit de ce pâturage communal qui ne recevait auparavant de fécondité que des eaux d'inondation de la Meurthe.

Les prés du pays anciennement travaillés l'ont été avec beaucoup moins de frais et de mouvement de terrain ; aussi ils ne présentent pas la même régularité de forme ni de pente, ni autant de produit. Ainsi la pente des planches sur leur longueur est souvent très forte ; des cailloux ou des gazons placés dans les rigoles d'arrosement, font épancher l'eau sur les côtés ; ce moyen a l'inconvénient de répandre l'eau assez irrégulièrement et souvent de n'en point conserver pour l'extrémité des rigoles. En Italie on barre l'eau avec des planchettes pourvues de trous plus ou moins grands, qui nous paraissent préférables à ces gazons ou à ces cailloux interposés dans la rigole ; on les change facilement de place, et on est maître de la quantité d'eau qu'on laisse passer aux parties inférieures ; on la fait varier en enfonçant plus ou moins les planchettes dans le sol ; elle est d'autant plus grande qu'elles sont plus enfoncées, parce que la charge d'eau sur l'ouverture par laquelle se fait le débit est plus forte. On pourrait remplacer ces planchettes trouées, en armant les petits barrages en tôle, dont nous avons parlé, d'une ou deux pointes de fer qui laisseraient sous la plaque telle ouverture que l'on voudrait pour envoyer l'eau aux parties inférieures. Mais tous ces moyens exigent des frais, de l'entretien et des soins répétés dont on est dispensé lorsqu'on a donné très peu ou point de pente à la rigole abreuvoir ; et alors même que pour lui donner cette pente on aurait été obligé de faire des transports de terre, on peut en être amplement dédommagé par la facilité des irrigations.

D'ailleurs, dans le cas où le terrain a une pente très-sensible, le système de rechutes ou rigoles horizontales nous semble de beaucoup préférable, et il exige beaucoup moins de main d'œuvre ; lorsqu'on ne se tient point obligé d'avoir des rigoles rectilignes, on peut, ainsi que nous l'avons vu précédemment, l'employer sur tous les terrains sans travail préliminaire de déblais ni de remblais. Et puis lorsque la pente est un peu forte, la transformation en planches bombées demanderait trop de transports de terre si l'on veut donner peu ou point de pente aux abreuvoirs. En principe donc nous admettrons qu'on doit se borner aux rechutes pour tous les terrains non tourbeux qui offrent plus de 3 à 4 centimètres de pente. Nous exceptons les terrains tourbeux, parce que l'adossement les assainit bien plus complètement que le système des rechutes ; aussi les Vosgiens l'appliquent à leurs prés tourbeux, alors même qu'ils sont obligés de laisser une forte pente aux abreuvoirs.

Dans ce cas, lorsque la planche a une certaine longueur, des rigoles de reprise en écharpe prennent l'eau dans les *égouttoirs* pour la reporter dans les arrosoirs. On donne très peu de pente à ces rigoles, pour qu'elles arrosent comme rigoles horizontales toute la portion de planches au-dessous d'elles ; avec ces rigoles on peut se dispenser d'un second système de planches ; le pré, il est vrai, est moins bien égoutté, mais, comme la pente est forte, l'inconvénient est léger.

Dans ce cas cependant, le ¡bas des planches n'est arrosé que par des eaux à moitié épuisées ; on peut y remédier en partie en faisant verser dans l'égouttoir à la tête de la planche une partie d'eau neuve du canal alimentaire, et cette eau, les rigoles de reprise en écharpe la reportent à l'arrosoir mêlée aux eaux qui ont déjà passé sur les ailes.

Les Vosgiens veulent, et il semble avec raison, des rigoles d'arrosement peu profondes ; elles tiennent moins d'eau sans doute, mais elles s'égouttent plus facilement.

Les rigoles, tant d'arrosement que d'égouttement, doivent être curées chaque année. Ce curage a l'inconvénient de leur donner trop de profondeur ; lorsque ce cas est arrivé pour l'arrosoir, on pratique à ses deux côtés deux petites rigoles parallèles qui le remplacent et dont la terre sert à le combler. Au bout de peu d'années on rouvre l'arrosoir à la même place et on bouche avec la terre les rigoles secondaires. Quant aux égouttoirs, on peut laisser en monceaux sur le sol les gazons des curages, et on les y replace après qu'une année passée à l'air a désséché les racines des plantes aquatiques qui dans la rigole s'opposaient au débit des eaux.

Nous ne devons pas omettre ici un procédé ingénieux employé dans les Vosges, pour arrêter l'érosion des bords des cours d'eau ; il consiste à abaisser la surface du sol gazonné qui touche la rivière un peu au-dessous du niveau des eaux moyennes. L'érosion a lieu par l'action des eaux abondantes et rapides, dont le courant, surtout à sa surface, ronge les bords de la rivière ; dans les parties du littoral élevées au-dessus des eaux, elle agit surtout aux inflexions du courant du côté de sa convexité où les eaux prennent un remou qui attaque fortement la terre de leurs bords. Pour y remédier, les Vosgiens abaissent en pente le sol des bords de la rivière, de manière à ce que l'angle que forme sa nouvelle surface avec celle des eaux soit de 20 à 30 degrés. Pour cela, ils lèvent et mettent à part le gazon du littoral sur une largeur égale à 3 ou 4 fois la hauteur de l'encaissement du cours d'eau, c'est-à-dire de la hauteur du bord au-dessus des eaux basses ; on lève ensuite toute la terre nécessaire, pour qu'en réappliquant le gazon aux bords de la rivière, au niveau des eaux moyennes, la surface ait la pente que nous venons de dire ; les eaux, en grandissant et prenant de la rapidité, rencontrent une surface gazonnée à laquelle elles laissent leur limon sans l'entamer.

Nous avons encore remarqué qu'en général les rigoles de prise d'eau et les rigoles alimentaires sont tenues éloignées de plusieurs mètres des limites des fonds, des chemins, des arbres, des rivières ; ces parties sont habitées par les taupes et les rats qui causent des pertes d'eau et des fuites qui peuvent occasionner des difficultés de voisinage. Dans ce cas, on taille en ailes le terrain qu'on a laissé, et si on n'est pas au bord d'une rivière, on termine son aile par un égouttoir qui emmène les eaux au canal d'évacuation.

§ 3. *Travaux dans l'Ain.*

Nous développerons sous ce titre plus spécialement les observations et les données qu'une pratique déjà longue nous a fournies dans la mise à exécution des planches bombées ; nous pensons faire chose utile à ceux qui voudront se livrer à de semblables travaux ; ce sera le moyen de les faire profiter de notre expérience. Nous eussions été heureux dans notre début de rencontrer quelque part ces renseignements réunis ; ils nous eussent évité des tâtonnements, des mécomptes, des lenteurs et des modifications qui nous ont emporté beaucoup de temps et de main d'œuvre ; nous ne craindrons pas de tomber dans quelques redites qui, portant sur des points importants, offriront l'avantage d'appeler de nouveau l'attention sur les points qui sont les conditions essentielles de succès.

I. Notre premier travail a porté sur un pré d'un hectare et demi, pré froid, humide, où les eaux n'arrivaient que dans les débordements. Ce travail date de 20 ans ; nous l'avons entrepris sans guide, sans connaître l'ouvrage de Berra, et avant d'avoir vu aucun exemple de l'emploi de la méthode ; afin de ne point perdre de récolte, nous avons voulu réappliquer le gazon, ce qui a compliqué le travail et les frais ; mais nous serions effectivement entré en produit dès la première année, si des arrosements intempestifs et faits contre nos ordres n'avaient en partie désorganisé notre travail.

Nous avons d'ailleurs établi les planches et donné la pente nécessaire avec la bêche, la brouette et rarement le tombereau ; les couches de sol au-dessous de la couche végétale se défonçaient sous les pieds des animaux, de telle sorte que nous n'avons pu nous aider de la charrue ; nous avons dépensé 350 fr. par hectare et changé ainsi la nature et le produit d'un pré dont l'irrigation offrait beaucoup de difficulté. Son niveau était trop élevé, et pour l'arroser il aurait fallu soutenir les eaux à une hauteur qui pouvait exciter des réclamations ; nous avons dû baisser le sol de la plus grande partie du pré ; ce fond, qui ne recevait qu'un peu de mauvaises eaux qui s'égouttaient mal, allait chaque année s'exhaussant ; c'est ce qui arrive assez fréquemment aux prés négligés ou qui s'égouttent mal ; les soins ultérieurs ne peuvent les ramener à un bon produit, parce que les irrigations par suite de l'élévation du niveau du sol y sont devenues plus difficiles ; dans ce cas il ne faut pas hésiter à lever le terrain et à le replacer sous la puissance des eaux ; c'est l'un des cas où le système d'adossement convient éminemment.

Berra estime à 14 ou 15 livres milanaises la dépense par perche, 160 à 180 fr. par hectare ; cependant, dans un travail qu'il a fait sur un terrain disposé favorablement et par un beau temps, il n'a dépensé que 140 fr. par hectare, dont moitié pour les quatre labours et les hersages, un cinquième seulement pour le nivellement et un tiers pour les rigoles et les fossés. Cette dépense n'est pas moitié de la nôtre, parce que nous avons enlevé sur une partie du fonds 3 pouces de l'ancien sol, que notre travail n'a pas été fait à la charrue, que nos gazons ont été réappliqués, et enfin que nous faisions ce travail pour la première fois.

Nous avons continué de travailler dans ce système, et nous avons eu lieu de nous applaudir de ces travaux, surtout de ceux que nous avons faits après nos voyages d'exploration dans le pays lorrain.

Mais nous ne pouvions pas toujours être présent pour donner au travail la direction convenable ; d'ailleurs cette direction demande un coup d'œil exercé, une habitude pratique qui fait juger au premier aperçu la forme à donner aux prés. Cet art ne peut s'écrire et ne se transmet pas facilement d'un homme à un autre ; nous avons senti que dans le pays où ce travail est devenu celui de tous les jours, il a dû se former, par l'expérience des années, une pratique qui l'abrége, qui le fait plus régulier ; nous avons donc pris le parti d'aller dans le pays enrôler des ouvriers pour diriger nos travaux ; nous les avons eus pendant quatre mois à la tête d'ateliers nombreux qui nous ont adossé des prés et ont régularisé l'ensemble de nos irrigations. Mais cette émigration temporaire ne nous a pas suffi : nous avons pensé que notre but ne serait complètement atteint qu'au moyen de la présence et du long séjour d'un chef d'atelier vosgien, que nous mettrions à la tête d'hommes qu'il formerait à sa pratique. Nous avons en conséquence, dans un nouveau voyage à St-Dié, enrôlé une famille de sept personnes pour venir continuer nos travaux, leur donner de la consistance, et achever de fonder en quelque sorte la nouvelle méthode dans le pays. Picard, chef de la famille vosgienne, est un homme laborieux, assez intelligent, mais qui n'a pas toujours su assortir à la différence du sol les travaux qu'il avait à faire dans le nôtre; les environs de St-Dié, où il a pris toutes ses habitudes de pratique, consistent spécialement en alluvions d'un sol léger, débris du grès des Vosges et dont le sous-sol est aussi perméable que la surface.

3. Son travail n'a donc pas toujours eu les résultats qu'il s'en promettait ; il a d'abord, dès son arrivée, insisté comme Bastien pour faire prévaloir la méthode des rechutes ; il trouve que les planches avec leurs ailes donnent beaucoup plus de travail et demandent plus d'eau ; mais notre sol argileux ne s'est pas prêté aussi bien à ce système que le sol léger des bords de la Meurthe. Il a donc fallu dans plusieurs points où la pente n'était pas suffisante, revenir aux arrosements anciens et renoncer aux rechutes. Toutefois le système de planches y serait parfaitement applicable, et presque partout; mais le temps s'est passé à en établir où elles étaient le plus indispensables. Cependant dans des terres et pâturages mis en prés, en établissant ces planches bombées, Picard n'a pas donné aux ailes la pente que nous lui avions demandée, et il a fallu reprendre le travail, parce que ce sol argileux, avec moins de 3 centimètres de pente par mètre sur les ailes, ne s'égouttait pas suffisamment; le même défaut s'est reproduit dans tous les travaux dont nous n'avons pas expressément assigné la pente, tant est forte la puissance de l'habitude.

Notre homme est arrivé avec les instruments de son pays que nous avons adoptés avec empressement et grand avantage. On fait dans les Vosges tous les travaux de création et d'entretien de prairies avec une hache et un fossoir ; la hache sert à tracer au cordeau toutes les rigoles grandes ou petites et le fossoir lève la terre coupée par la hache à l'épaisseur que l'on veut. Nous regardons ces deux instruments comme indispensables pour faire promptement un bon ouvrage. La hache n'est pas seulement vosgienne ; on la retrouve dans la plupart des pays où l'on s'occupe de la culture des prés ; nous l'avons trouvée en Suisse, en Allemagne et dans le pays de Gex ; on la suppléait dans le nôtre par le tranchant de la bêche, mais cet instrument fait mal et lentement le même travail qu'elle.

Le fossoir est particulièrement utile pour creuser des rigoles peu profondes, condition des plus essentielles, parce que dans ces rigoles peu pentueuses, si on les fait profondes, l'eau séjourne et perd une plus grande proportion de principes fécondants ; et quand les arrosements cessent, elle s'infiltre entre deux terres et fait venir des joncs. Cette profondeur d'ailleurs, par les curages avec la bêche, s'accroît indéfiniment, tandis qu'avec le fossoir on ne fait autre chose que rafraîchir le fond des rigoles ; mais, profondes ou non, les rigoles ont besoin d'être curées chaque année, et cet ouvrage s'expédie encore plus vite avec le fossoir qu'avec la bêche.

4. Picard dresse ses planches à l'eau ou sans elle ; à l'eau, il ménage mieux la pente et fait un travail plus sûr ; mais dans les terrains argileux la terre se gonfle d'eau, et lorsque le sec arrive elle se fend d'une manière tout-à-fait nuisible. En travaillant sans eau, son œil, tout exercé qu'il est, s'est quelquefois trompé sur les pentes peu sensibles de nos prairies ; nous avons donc été obligé de le redresser de temps en temps avec le niveau qui remettait les choses à leur place ; toutefois ces erreurs ont été assez rares, et il y a encore à s'étonner du point de perfection auquel la pratique peut conduire le coup d'œil.

Picard emploie peu la charrue pour lever le terrain; cependant nous y avons trouvé grand avantage, et son emploi avec celui du tombereau a souvent expédié l'ouvrage une fois plus vite que celui de la bêche et de la brouette.

5. Avec un bon système d'irrigation qui forme ensemble et avec des pentes ménagées, il est possible d'arroser de grandes étendues sans autres vannes que celles d'introduction ; c'est un résultat qu'il faut s'efforcer d'atteindre, fût-ce par des travaux un peu dispendieux de déblais et de remblais.

La construction des empellements est chère; ils demandent, fussent-ils en pierre, de fréquentes réparations ; la moindre négligence sur une seule vanne compromet souvent l'irrigation de toute l'étendue. Et puis il faut tenir les vannes plus ou moins levées suivant la quantité d'eau qu'on veut donner à telle ou telle partie de la prairie, ce qui exige des soins et de l'intelligence , conditions assez difficiles à réunir.

Dans un système d'irrigation bien conçu, sur un sol qui n'offre pas de grands accidents, avec des remblais convenables, on peut, à l'aide du niveau, régler et ménager sa pente de manière à avoir besoin de peu de vannes ; l'eau alors se distribue elle-même , et les plus légers soins suffisent pour sa bonne répartition.

6. Cette distribution régulière d'eau devient beaucoup plus facile quand on applique à un terrain des systèmes déterminés d'irrigation, que ce soit celui des rigoles horizontales, soit rechutes, ou celui des billons ou planches bombées; mais dans ce dernier on est obligé à des déblais et remblais souvent considérables, et à ce sujet nous croyons devoir faire quelques remarques essentielles : dans un premier travail il ne suffit pas d'arriver à un nivellement exact, on se trouve forcé plus tard à un remaniement par une double circonstance, l'affaissement des déblais d'une part et le gonflement du sous-sol déblayé de l'autre ; alors il est nécessaire ,

pour s'épargner ultérieurement beaucoup de main d'œuvre, d'y avoir égard.

L'affaissement ou le tassement du sol est proportionnel à la nature de la terre; plus fort dans les sols meubles qui contiennent de l'humus, et dans les terrains forts qui s'émiettent en petites mottes sans s'ameublir , il est plus faible dans les terrains sablonneux. Il ne faut donc pas craindre de faire les remblais un peu plus forts avec les premiers qu'avec les seconds ; enfin, si l'on travaille par des intervalles de pluie, l'affaissement sera moins fort, parce que l'eau le produit déjà en partie.

Lorsque ces remblais se font avec des tombereaux attelés d'animaux, un temps sec est à peu près nécessaire ; les brouettes avec des roulages sur plateaux peuvent travailler aussitôt que la pluie cesse. Des ouvriers de la Haute-Auvergne, de la Marche et lieux circonvoisins, viennent chaque année dans nos pays ; leur occupation jadis consistait à faire et réparer des chaussées d'étang, aujourd'hui on les emploie à faire et dresser des prés. Ils ont importé de leur pays de grandes brouettes dont la charge se porte toute entière sur la roue ; on amène le centre de gravité de la charge à cette direction en donnant beaucoup d'évasement au derrière de la brouette; la roue se place sous le milieu de cette face postérieure inclinée ; lorsque la brouette est chargée, il suffit que l'homme restant debout soulève son double manche, et le centre de gravité de la charge se trouve reporté sur le point de la roue qui s'appuie sur le sol; par ce moyen les bras de l'homme sont très peu chargés et il voiture ainsi un poids qui va jusqu'à 4 à 5 pieds cubes, quatre à cinq quintaux de terre ; il se délasse en revenant à vide et rechargeant sa brouette. Un homme peut ainsi en une heure charger et conduire à 100 mètres, en 7 à 8 voyages, 1 mètre cube de terre remuée ; mais il est essentiel de faire remarquer que toute la marche des brouettes chargées doit se faire sur des chemins de plateaux, autrement la roue qui porte tout le poids entrerait dans le sol.

Les résultats de ce mode de transport sont à peine croyables; mais nous les avons vus se produire sous nos yeux un trop grand nombre de fois pour qu'ils puissent être erronés; ils s'expliquent par la grande puissance de travail de ces ouvriers, par le grand avantage que la forme des brouettes procure dans le transport des charges, et enfin par la facilité du roulage sur des plateaux.

7. Nous venons de dire que la surface des terrains déblayés s'élevait pendant que celle des déblais s'affaissait; nous en conclurons donc qu'il faut placer au-dessous de la pente générale un terrain dont on a enlevé une certaine profondeur. Et ce ne serait pas trop que d'ôter un décimètre de terre de plus; l'enlèvement devrait être plus fort sur une terre argileuse tassée, et moindre sur un terrain sablonneux léger; on laisse aux bords de la rigole ce décimètre sans y toucher, pour que l'eau ne s'épanche pas sur les terrains plus bas aux dépens de ceux qui restent dans le niveau général; on donne ensuite à ce terrain abaissé un coup de charrue qui l'ameublit; on le sème, on le fume s'il est possible, et au bout de peu d'années, au moyen du labour, de la gelée, de la fumure, des racines du gazon qui s'y établit, ce sol ameubli arrive au niveau normal.

8. Il est d'une grande importance d'ameublir la surface dont on enlève la première couche; la terre végétale ou sous-sol chargée de la couche supérieure s'est tassée surtout si elle est au-dessous de celle qu'atteint la gelée. Si c'est une terre labourable dont on enlève la couche végétale, on trouve, immédiatement au-dessous de la profondeur des labours, une couche dure foulée par les pieds des hommes, des animaux, et qui, si on ne l'ameublit pas, se laisserait à grand'-peine traverser par les eaux surabondantes et les faibles racines des graminées et des légumineuses. Nous avons

établi des prés dont quelques parties, leur couche labourable une fois enlevée, ont été semées immédiatement sans labour préalable, parce que la terre en paraissait encore de bonne qualité ; ces parties arrosées des mêmes eaux que leurs voisines, semées sur couche ameublie, conservent encore une notable infériorité.

Si le terrain a été couvert d'eau, le tassement, le durcissement du sous-sol sont encore plus sensibles; aussi quand on veut mettre en prés des étangs, est-il nécessaire de défoncer le sol à 40 centimètres, sinon avec la bêche, au moins avec la charrue; lorsqu'on ne le fait pas, l'on a un pré d'un sous-sol imperméable, toujours froid, humide, fût-il arrosé de bonnes eaux.

9. Le niveau des prairies va sans cesse s'exhaussant ; les générations de graminées, durant deux, trois, quatre, cinq, six ans au plus, laissent en se succédant leurs racines dans le sol, le limon s'y joint et le terrain s'exhausse d'une manière sensible. Ainsi avec de bonnes eaux, on voit les bords des rigoles former au bout de peu d'années des bourrelets sur le sol de la prairie comme au bord de la rivière. Il faut donc, pour que l'irrigation puisse se continuer aux mêmes conditions, lever de temps en temps les bords des rigoles de distribution, des grandes surtout, sous peine de voir ces bords privés d'irrigation ; pour les abaisser sans tâtonnement, on les laboure sur une largeur de 2, 3, 4 mètres, suivant la portée de l'exhaussement; et comme la puissance de cet exhaussement a lieu en raison de ce qu'on approche des bords de la rigole, on lève dans les parties les plus élevées une tranche sur deux, puis une sur 3, 4, 5, 6 et successivement; l'on rabat ensuite le gazon, on l'écrase et on raccorde au fossoir les bords du labour avec la partie inférieure non touchée. Ce travail d'écrasement et de dressement se fait beaucoup plus facilement avec un peu d'eau ; les plantes du gazon repoussent alors plus facilement, et reforment bientôt une surface gazonnée.

10. Nous venons de remarquer que les bords d'une rigole dans une prairie sont les parties qui reçoivent le plus d'exhaussement, parce qu'elles retiennent la plus grande part du limon. Si cependant, dans des portions éloignées des rigoles, il se trouve des places où l'eau arrive en petite quantité mais sans s'égoutter, on voit leur surface croître sensiblement chaque année et par conséquent s'exhausser souvent encore plus que les parties arrosées elles-mêmes ; on s'explique cette anomalie en remarquant que, sur les parties arrosées et qui s'égouttent, l'eau aide à la décomposition des racines et des débris des générations de graminées qui se succèdent. Les parties de la prairie arrosées, à l'exception des bords des rigoles, malgré les portions de limon qu'elles reçoivent et leur végétation plus active et plus productive, décomposent en plus grande proportion, au moyen des eaux, les débris des végétaux qu'elles nourrissent, pendant que les parties mal arrosées, entretenues humides par l'infiltration des eaux stagnantes, conservent ces débris en plus grande proportion, à raison du principe acide qu'y développe l'humidité persistante ; et comme ce principe ne peut se dissoudre dans les eaux d'irrigation, puisque celles qui arrivent y séjournent sans égouttement, leur surface s'élève incessamment ; il devient donc en ces points nécessaire de lever la terre pour y amener et en évacuer les eaux.

Lorsqu'on veut abaisser un terrain gazonné de plus ou moins d'un décimètre sur toute son étendue, on le laboure en entier avec la charrue Dombasle à plus ou moins de profondeur ; on enlève ensuite au tombereau ou à la brouette, moitié, tiers, quart ou cinquième des tranches de labour en proportion de l'abaissement qu'on veut donner au sol ; après cet enlèvement on retourne les tranches qui restent, on les hâche au tranchant de la pelle, ou bien, avec un peu d'eau, on les écrase avec une dame de manière à leur faire couvrir toute la surface. Par ce moyen le terrain reste encore garni de bonne terre et de débris de gazons ; au printemps qui suit, ces débris se reprennent en un seul gazon, mais en attendant il ne faut leur envoyer que la quantité l'eau absolument nécessaire pour les humecter ; un arrosement dont l'eau aurait quelque vitesse déchausse les plantes déjà en grande partie déracinées ; elles périssent si le printemps est sec, et le sol ne se gazonne pas et s'abaisse au-dessous du niveau qu'on voulait lui donner.

11. On trouve encore dans le labourage d'un sol gazonné et l'enlèvement d'une partie de ses tranches l'avantage de modifier une pente suivant qu'on le juge convenable. On enlève alors un nombre proportionnel de tranches, en raison de la pente qu'on veut donner ; on conçoit qu'en enlevant une couche sur deux, puis une sur trois, quatre, cinq, on peut donner la pente qu'on désire.

Ainsi, quand nous avons voulu augmenter la pente de nos ailes, nous les avons labourées, à l'exception des deux tranches qui touchent la rigole du sommet ; nous avons ensuite, dans le bas, enlevé une tranche sur deux, puis une sur trois et enfin une sur quatre, en retournant les tranches et écrasant les gazons ; il a été ensuite facile de dresser le sol, qui a reçu ainsi un accroissement de pente égal à la moitié de l'épaisseur de la tranche.

Si l'on n'eût voulu augmenter la pente que d'un tiers d'épaisseur de tranche, le premier enlèvement eût été d'une tranche sur trois, puis d'une sur quatre, et successivement.

12. Lorsqu'on doit lever un terrain de toute l'épaisseur de la couche végétale, il faut, autant que possible, en laisser une partie à sa surface ; autrement ce n'est qu'avec abondance de bonnes eaux ou d'engrais qu'on vient à bout de rendre productive cette nouvelle couche. Mais, à défaut d'y laisser une couche de terre de la surface, il est essentiel de labourer ce nouveau sol avant d'y semer la graine de foin, et

il est très utile encore d'y mettre de l'engrais, en attendant celui qu'y amèneront les eaux. Il faut également, autant que possible, si la saison est sèche, y envoyer de temps en temps une petite quantité d'eau pour tenir ce terrain frais et aider la prise du sol par les jeunes plantes de semis.

13. Nous avons dit précédemment qu'il y avait de l'avantage à employer le système des rechutes lorsque la pente du sol dépasse deux pour cent sur les terrains légers et trois sur les argileux. Ce système, avec peu de main d'œuvre et sans travail de nivellement, arrose très-bien le sol avec ses rigoles tracées au niveau qui se développent sur toutes les inflexions de sol, et y épanchent régulièrement les eaux; la transformation en planches bombées d'un sol accidenté demande au contraire souvent une main d'œuvre et des transports de terre considérables, et, pour peu que le terrain soit étendu, il exige des systèmes multipliés de planches; cependant il paraît que dans le pays de Siegen comme dans les Vosges, pays tous deux accidentés, on a trouvé de tels avantages aux adossements qu'on les applique encore, malgré les difficultés, à de grandes étendues de terrains pentueux.

14. Lorsqu'il arrive qu'on a des eaux abondantes, que la prairie a peu d'étendue depuis le canal d'irrigation jusqu'à la rivière, l'arrosement en nappe au moyen d'une rigole alimentaire, de très-peu de pente, peut suffire à produire une grande amélioration; les eaux versées en nappe abondante s'égouttent facilement, même avec une faible pente, et le terrain finit par la voir s'augmenter par le dépôt plus fort du limon dans les parties supérieures et par les débris qu'y laisse une végétation plus active; toutefois l'adossement y donnerait encore un produit plus grand, de meilleure qualité et plus régulier sur toutes ses parties.

15. Toutes les fois que, sur un pré à faible pente, les eaux ne se répandent pas en nappe et avec facilité, ou qu'elles s'égouttent mal, et laissent des flaques sans écoule-

ment, il devient tout-à-fait à propos d'y appliquer le système d'adossement. Ce système présente pour avantage spécial de faciliter en même temps l'arrosement et l'égouttement du sol ; l'arrosement est aidé par les rigoles directes qui versent leurs eaux en nappe sur leurs deux bords et sur l'espace peu étendu des ailes, et l'égouttement devient facile à l'aide de la pente artificielle qu'on leur donne ; les eaux ensuite, après avoir arrosé les ailes, se réunissent dans les égouttoirs, auxquels on donne une pente proportionnelle à la quantité d'eau qu'ils doivent recevoir et écouler.

Après avoir développé quelques idées générales sur la construction du système de planches bombées, nous allons entrer plus avant dans les détails pratiques, dont la plus grande partie s'appliquera d'ailleurs à tous les systèmes d'irrigation.

16. *Etude du sol au niveau. — Direction des planches.*

La première chose à faire avant de se mettre à l'ouvrage, c'est de s'assurer, au niveau, de la forme générale et de la pente de son terrain parallèlement et perpendiculairement à la direction du cours d'eau. Ainsi que nous l'avons dit, le sol en général au bord des rivières a une double pente, la première dans le sens de la longueur du bassin ou du cours de la rivière, la seconde perpendiculaire à cette direction, et qui amène les eaux du sol environnant et des pluies dans le lit de la rivière.

Il arrive encore le plus souvent que le littoral, outre cette double pente qui remonte à l'époque de sa formation, se trouve exhaussé sur les bords du cours d'eau par le limon qu'y déposent en plus grande masse les nappes d'inondation ; l'étude de cette troisième condition devra entrer comme élément du travail et de la distribution des eaux.

Après avoir donc apprécié au niveau la forme générale du

bassin et sa triple pente, si les deux pentes principales, les pentes parallèles et perpendiculaires au cours d'eau sont faibles, il faut, si rien ne s'y oppose, choisir la plus faible des deux pour la direction du canal de prise d'eau, et la plus forte pour celle des planches. Les planches ont besoin d'une double pente, celle des égouttoirs et celle de leurs ailes, pendant que le canal de conduite *tête d'eau*, avec ses grandes dimensions et sa direction en ligne droite autant que possible n'a besoin que de la plus faible pente, attendu que le niveau de ces eaux baisse incessamment par celles qu'il fournit aux abreuvoirs successifs. Les abreuvoirs, comme nous le verrons plus loin, sont aussi sans pente, mais les ailes doivent en avoir 2, 3, 4, 5 centimètres par mètre, suivant la nature du sol. Cette pente peut paraître forte, comparée à celle des abreuvoirs et de la tête d'eau; mais elle leur est nécessaire, soit pour imprimer le mouvement à l'eau des abreuvoirs, qui s'épanche sur elle presque sans vitesse, soit pour débiter l'eau à mesure qu'elle leur arrive, et enfin pour suppléer en quelque sorte à la pente qu'on leur refuse.

Une bonne direction des planches a une assez grande importance, elle diminue beaucoup le travail et les terrassements à faire et elle doit être naturellement parallèle ou perpendiculaire au cours d'eau. Si la direction des planches est parallèle au cours d'eau, celle de la prise d'eau lui est perpendiculaire; si les planches au contraire doivent être perpendiculaires au cours d'eau, le canal de prise d'eau doit traverser la prairie sur une rigole en relief et se retourner parallèlement au cours d'eau pour arroser le système des planches.

On peut donner aux planches une direction oblique; on abrège par là la main d'œuvre et l'on évite beaucoup de déblais et de remblais; mais on complique le système, les planches deviennent inégales en longueur; le travail et la pratique de l'irrigation présentent un peu plus de difficulté.

17. *Largeur et longueur des planches.*

Il y a tout avantage à faire ses planches étroites ; celles qu'on fait actuellement dans le pays modèle, l'arrondissement de St-Dié, ont à peine 8 mètres de largeur y compris les rigoles, ce qui donne au plus 4 mètres ou deux andains à chaque aile ; il y a alors beaucoup moins de déblais et de remblais à faire, et par suite moins de tassement après le travail. Et puis on a remarqué que, dans les planches plus larges, les troisième et quatrième andains sont moins féconds que le premier et le second qui prennent la plus grande partie des principes fécondants des eaux. Enfin, la quantité d'eau répandue pour ces petites planches étant moindre, les égouttoirs qui ont moins d'eau à faire écouler, égouttent plus facilement le terrain. Une faible largeur devient surtout indispensable, si la pente générale du sol et les moyens d'égouttement sont faibles, comme ils le sont d'ordinaire dans les terrains marécageux. Il est évident que des ailes d'une plus grande largeur, d'une largeur double par exemple, demandent une pente double et, au lieu de 12 à 15 centimètres, en exigeront 25 à 30. Et puis pour ces larges ailes, il faut des moyens d'égouttement plus puissants et par conséquent plus de pente aux égouttoirs. Une grande largeur de planches rendrait donc impossible un bon adossement dans toutes les positions où le niveau normal du cours d'eau n'est pas très sensiblement au-dessous de la surface à arroser ; il peut même arriver, lorsqu'on ne peut pas faire baisser le niveau du cours d'eau, qu'on soit amené, pour conserver un écoulement facile aux eaux, à ne donner aux ailes qu'une largeur d'andain, soit de 2 mètres.

Nous nous sommes fixé à leur donner une largeur de 9 mètres, parce que nos faux et par conséquent nos andains sont plus grands que ceux des Vosges. De cette largeur de 9 mètres, il faut ôter 70 à 80 centimètres que prennent les égouttoirs et abreuvoirs à chaque planche, en sorte que chaque aile ne conserve guère que 4 m. 10, largeur moyenne de deux andains. Il va sans dire que cette largeur d'ailes doit se proportionner à la longueur des faux en usage dans le pays. On donnerait 10 mètres à la planche là où les grandes faux sont en usage et où les andains ont de 2 m. 20 à 2 m. 30, comme les Vosgiens, qui emploient la petite faux, ne donnent que 8 mètres aux leurs, pour leurs andains de moins de 2 mètres.

De même qu'on s'épargne beaucoup de main d'œuvre en ne donnant aux planches qu'une largeur médiocre, de même aussi il arrive que lorsque la pente est très sensible, le travail se réduit beaucoup en ne leur donnant que peu de longueur. Ainsi le travail de relief d'une grande planche est quadruple de celui de deux planches de moitié de longueur. En effet, ces reliefs sont des pyramides qui ont pour base le triangle de leur extrémité, et ces pyramides sont des solides semblables comme nous pourrions facilement l'établir. Or les solides semblables sont entr'eux comme le cube de leurs dimensions homologues. Mais la hauteur de la base de la pyramide qui forme le grand relief est double de celle de la base des deux petits reliefs. On aura donc : le grand relief est au petit, comme le cube de 1 est à celui de 2, comme 1 : 8 ; le volume du grand relief serait donc égal à huit fois celui d'un des petits, et par conséquent le volume des deux reliefs qui prennent sa place est le quart du grand.

Ce principe vrai, dont l'application est très profitable dans des sols à pente sensible, cesse d'être applicable lorsqu'elle est faible ; dans ce cas on donne aux planches une grande longueur ; on a alors d'autant moins de déblais à enlever, parce que les reliefs qui les absorbent, étant des solides semblables, augmentent de volume en proportion des cubes de longueur des planches, et par conséquent en augmentant leur longueur on diminue beaucoup la main d'œuvre, parce que les terres à enlever trouvent leur emploi dans le relief : on donnera donc beaucoup de longueur aux planches, parce qu'il est essentiel, dans ces natures de sol souvent marécageux, d'en avoir peu à charrier.

Nous admettrions volontiers, lorsque cela serait possible sans multiplier le travail, une longueur de planches de 20 à 40 mètres. La distribution des eaux est meilleure et plus régulière sur cette longueur que sur une plus grande ; cependant la pente du terrain, la nature du sol, la quantité de déblais et de remblais à faire doivent entrer comme éléments essentiels dans la dimension des planches à laquelle on s'arrête.

18. *Horizontalité des abreuvoirs et des rigoles alimentaires.*

Nous regardons comme condition essentielle que les abreuvoirs soient sans pente ; cette condition facilite le nivellement du sol, la formation régulière des planches, et arrête leur relief d'une manière uniforme. Et puis dans l'emploi des eaux, l'irrigateur est dispensé de changer sans cesse de place des gazons ou des obstacles quelconques qui font verser l'eau abondamment sur les parties voisines aux dépens du reste de la planche, et en laissent aller trop ou trop peu sur les parties inférieures.

L'abreuvoir sans pente verse l'eau en nappe uniforme sur tous ses bords et sur toute la surface des deux ailes, sans qu'on soit obligé d'y aider en rien. Et puis il est beaucoup plus difficile de donner aux abreuvoirs une pente égale et uniforme que de ne leur en point donner ; alors ceux qui l'ont plus forte ou plus faible tirent plus ou moins d'eau, et l'irrigation cesse d'être régulière, et enfin dans les terrains de peu de pente, en soutenant la planche à un même niveau dans toute sa longueur, l'abreuvoir horizontal diminue les enlèvements de terre à faire ; l'eau d'ailleurs n'y est pas au repos, puisqu'elle fournit une nappe en mouvement sur tous les bords de la planche ; mais son mouvement, très lent d'abord, s'accélère bientôt au moyen des 3 à 4 pour cent de pente des ailes qu'elle parcourt.

Il est nécessaire aussi que la rigole alimentaire dite *tête d'eau* ait elle-même très peu de pente ; cette condition facilite une égale distribution d'eau pour tous les abreuvoirs des planches dont l'entrée se trouve partout à même hauteur. C'est à l'aide du niveau qu'on doit déterminer sa direction ; elle suit alors toutes les inflexions de terrain comme rigole horizontale. Si on veut l'avoir en ligne droite, on peut se trouver obligé à des déblais assez considérables, tant sur ses bords que sur les parties supérieures des planches.

Si, par circonstance de voisinage ou par des accidents de terrain, la prairie à arroser a des niveaux différents, on peut en régler chaque partie au niveau qui lui convient le mieux ; lorsqu'on arrive à une partie basse, on soutient l'eau de la rigole alimentaire par un banc-gravier qui la maintient au niveau des premières planches, et en laisse passer une part proportionnelle à l'étendue et au nombre des planches plus basses. Il est bien évident que l'eau, une fois abaissée de niveau, ne peut plus se relever, et que si après les parties basses on doit en arroser de plus élevées, on ne peut plus les arroser, à moins d'établir la rigole alimentaire en relief sur la partie basse ; on lui conserve alors ainsi son niveau avec lequel elle arrive à la partie haute. On peut d'ailleurs faire épancher sur la pente adoucie et gazonnée de ce relief toute l'eau que demande l'irrigation du système établi dans la partie basse. Nous trouverons plus loin les directions pour établir ces rigoles en relief, et pour régler ces bancs-graviers suivant la quantité d'eau qu'ils doivent laisser passer.

Nous demandons que la tête d'eau et les abreuvoirs soient sans pente, et cependant nos eaux d'irrigation ne peuvent

se mouvoir qu'en vertu d'un peu de pente ; mais celle nécessaire à leur mouvement est tellement faible, que l'instrument pourrait difficilement l'indiquer, et les ouvriers la demander au sol. Nous avons à diverses reprises voulu donner
à l'aide du niveau une pente très faible qui s'est toujours
trouvée trop forte pour l'épanchement régulier des eaux. Et
puis cette pente nécessaire se trouve donnée par le cours
d'eau lui-même, lorsque le canal de prise sert de tête
d'eau ; l'eau y arrive avec le niveau de celles du cours d'eau
un peu plus élevé que celui de la rigole. En vertu de cette élévation de niveau qui devient de la pente, l'eau de la rigole
alimentaire conserve en grande partie le mouvement et la
vitesse du cours d'eau lui-même. Ce mouvement se transmet
de la rigole alimentaire aux abreuvoirs, et les fait extravaser
sur les ailes. Une fois les eaux sorties de l'abreuvoir, leur
mouvement s'accélère sur les ailes, en raison des 3 à 4 pour
cent de pente qu'on leur a donnée. Et puis cette rigole et les
abreuvoirs vont en se rétrécissant à mesure qu'ils se prolongent, ce qui détermine encore l'épanchement successif des
eaux. Enfin, après le travail de déblai et de remblai, quelle
que soit l'habileté des ouvriers, les rigoles demandent à être
rectifiées; des affaissements ont lieu sur les remblais, qui font
ressortir ou exhausser en quelque sorte encore les surfaces
en déblai ; alors d'une part on apporte des terres aux parties
trop basses, d'autre part on affaisse avec le dos de la pelle ou
une dame, ou par l'enlèvement d'un peu de sol avec le fossoir,
les parties trop hautes, de manière à ce que les eaux s'épanchent régulièrement sur les deux ailes. Ce travail est le com-
plément de l'ouvrage et achève de donner, partout où il en est
besoin, la pente extrêmement faible qui est nécessaire; plus
tard même, lorsque les terres ont pris leur assiette, on a en
général plutôt à se défendre du trop que du trop peu de pente
des abreuvoirs, et on se trouve souvent obligé d'apporter de
nouvelles terres à l'extrémité des planches où le remblai a

été plus fort ; la pente s'accroît encore si l'on fait succéder plusieurs étages de planches, parce que le moyen de transmission des eaux, que nous donnerons plus tard, détermine une pente qui, à elle seule, suffirait pour imprimer le mouvement aux eaux. Ainsi donc l'établissement horizontal pour nos têtes d'eau et pour nos abreuvoirs est bien évidemment le plus sûr moyen d'arriver à une distribution régulière des eaux. Si nous insistons sur ce point, c'est que dans tous nos premiers travaux et dans ceux que nous ont faits les Vosgiens, nous avions voulu donner un peu de pente à nos abreuvoirs, et que nous avons été successivement amené à la leur retirer.

19. *Pente des égouttoirs et des ailes.*

L'eau étant épanchée régulièrement au moyen des abreuvoirs, pour l'égoutter avec facilité, nous donnerons aux égouttoirs une pente très sensible, afin d'y rassembler l'eau de toutes les petites nappes, de l'écouler sans arrêt et sans la faire extravaser. Un demi millimètre par mètre peut suffire, mais il est mieux d'en donner davantage quand cela est possible. Cette pente des égouttoirs qui correspondent à des abreuvoirs horizontaux modifie la pente des ailes, qui augmente, à mesure qu'on s'avance, de toute celle des égouttoirs.

Nous avons dit que la pente des ailes doit être de 2 à 4 centimètres par mètre ; elle peut être faible pour les terrains légers qui s'égouttent facilement, mais elle doit être forte pour les argileux et ceux à sous-sol imperméable ; elle demande encore à être forte lorsqu'on ne dispose que d'une faible quantité d'eau, et elle peut s'affaiblir lorsque cette quantité devient plus considérable. Une faible quantité d'eau a besoin d'une pente forte pour s'écouler, parce qu'une lame d'eau mince est facilement arrêtée par les tiges et les feuilles des plantes, pendant qu'une plus épaisse les surmonte plus facilement, obéit mieux aux mouvements que lui imprime la pente, et marche par conséquent beaucoup plus vite.

Nous admettons une pente moyenne de 3 centimètres par mètre, ce qui donne 12 centimètres de pente à chacune de nos ailes d'un peu plus de quatre mètres de largeur; mais cette pente doit s'accroître de celle de l'égouttoir, en sorte que sur une planche de 40 mètres, l'extrémité du relief est de 15 à 16 centimètres au-dessus des bords de l'égouttoir. Il y a d'ailleurs peu d'inconvénient, lorsque cela peut être utile, à augmenter la pente des ailes qui pourrait même, sans désavantage, aller jusqu'à 5 à 6 centimètres par mètre; la pente forte cependant exige beaucoup de déblais, et il est nécessaire sur ces terres en déblai à grande pente, pour éviter les arrachements, de n'introduire l'eau que quand leur surface a pris une bonne consistance. Mais nous remarquerons que l'horizontalité des abreuvoirs déterminant leur position, on ne peut augmenter la pente des ailes qu'en augmentant celle des égouttoirs; et cette pente elle-même ne peut s'accroître qu'autant que le niveau du fond des égouttoirs est supérieur à celui de la surface des eaux du canal ou du cours d'eau dans lequel elles s'écoulent.

Nous remarquerons encore que la circulation des voitures devient assez difficile dans les prairies en planches dont les ailes ont une forte pente, et qu'on est obligé d'y ménager des chemins à surface plane pour l'exploitation des fourrages et l'enlèvement des terres superflues que donnent toujours en plus ou moins grande quantité les prés arrosés.

La pratique nous a conduit à admettre, dans l'établissement des planches, les conditions diverses qui précèdent comme plus avantageuses; ces conditions fixent la plupart des données du problème; leur détermination nous permet d'émettre des idées plus précises. En laissant ces conditions dans le vague, nos conseils eussent eu le même caractère, et par conséquent un moindre degré d'utilité pratique.

20. *Nécessité et emploi du niveau.*

L'emploi du niveau est essentiel à une bonne direction du travail ; il simplifie, facilite l'ouvrage, dispense des tâtonnements et devient surtout indispensable lorsque les pentes sont faibles, parce qu'il donne le moyen de les ménager, de les répartir également, et d'indiquer pour chaque partie de la prairie le niveau qu'elle doit avoir ; il n'est cependant que rarement employé dans les Vosges et même en Italie; aussi les travaux d'irrigation dans ces deux contrées sont loin de la perfection de ceux de même nature en Allemagne. Son emploi devient surtout indispensable aux propriétaires qui voudraient introduire la méthode des planches bombées dans un pays où elle n'est pas connue; mais nous pensons qu'avec les conditions que nous avons fixées, les notions précises que nous cherchons à donner, et les développements dans lesquels nous entrerons, tout homme intelligent, avec l'aide du niveau, pourra mener à bien des travaux de cette espèce, d'autant mieux que notre propre expérience nous a appris qu'avec le niveau on pouvait y réussir, alors même que manquaient la pratique, les exemples et les ouvrages spéciaux.

Les entrepreneurs de travaux ne prennent pas tous les soins que nous venons de dire; leur coup d'œil, formé par les exemples et la pratique, réussit souvent sans emprunter l'aide du niveau ni du calcul; cependant nous avons été dans le cas d'observer que les chefs d'ateliers Vosgiens eux-mêmes se trompent encore fréquemment, et nous avons été obligé de redresser, au moyen du niveau, des erreurs notables où le travail avait été par eux dirigé à contre-sens. Notre désir serait que les développements dans lesquels nous entrons pussent suffire pour nous faire comprendre par ceux qui n'ont pas la pratique de ce travail ou l'exemple sous les yeux ; nous voulons leur offrir les moyens de pouvoir diriger l'ouvrage et de le tracer à leurs ouvriers, de manière à les préserver de toute erreur notable.

Ainsi donc, avant de commencer l'ouvrage, il convient d'arrêter préliminairement au niveau le relief que devra avoir la surface du pré, c'est-à-dire le niveau des rigoles d'arrosement et d'égouttement ; le niveau de ces rigoles se marque par des piquets placés à leurs extrémités, dont la tête détermine la hauteur précise que doit avoir le sol sur le sommet et dans le bas des ados ; ils seront solidement enfoncés, parce qu'ils seront la base du travail, que ce travail se fasse à la charrue ou à la main.

Le niveau des points intermédiaires des rigoles peut se déterminer au moyen de celui des piquets des deux extrémités ; pour cela on place sur ces deux piquets deux jalons d'égale hauteur pourvus d'une mire en carton, et au moyen d'un autre jalon de même dimension qu'on transporte successivement sur différents points de la direction de la rigole, on enfonce à un niveau convenable la tête des piquets intermédiaires. Ce travail n'a rien de difficile, il est connu et pratiqué par tous les chefs d'ateliers terrassiers, il s'est surtout popularisé par suite des travaux faits sur les chemins de différentes classes.

Le niveau d'eau peut suffire pour ces opérations, mais les nivellements qu'on arrête avec cet instrument sont longs à faire et médiocrement exacts ; le niveau d'eau à lunette est bien un peu cher, mais il offre l'avantage de porter à distance et de pouvoir déterminer dans une seule station plus de points que le niveau dans dix ; cependant jusqu'ici nos travaux ont tous été faits avec le niveau d'eau.

Le tracé du travail fait comme nous venons de l'indiquer offre de grands avantages ; il donne des points de repère nombreux aux ouvriers, assure leur marche ; il permet aux propriétaires de cuber exactement tous les déblais pour les comparer aux remblais et de pouvoir apprécier avec quelque exactitude la valeur du travail ; il met à l'abri des erreurs, épargne les hésitations, les tâtonnements qui entraînent beaucoup de perte de temps, découragent les ouvriers, et finissent par être supportés par le propriétaire. La peine que donne le travail préliminaire est donc amplement compensée à l'avantage commun du propriétaire et des ouvriers.

21. *Détails d'exécution des planches.*

Après avoir tracé avec des piquets la forme que devra prendre le terrain, on commencera son travail de main d'œuvre. Si le terrain le permet on fait ses planches à la charrue ; alors même qu'il y aurait beaucoup de déblais et de remblais à faire, et que la charrue ne pourrait suffire à établir les planches, il est le plus souvent utile de l'employer dans les déblais à faire, parce qu'elle fait l'ouvrage de détacher la tranche avec beaucoup moins de frais que la bêche ; l'avantage est d'autant plus grand, que la terre à lever se trouve plus dure, plus sèche, plus graveleuse.

Il est à remarquer encore que la charrue dans l'établissement des planches, en versant dans les labours successifs la terre du côté de leur sommet, fait le double ouvrage de la lever et de la transporter ; dans une partie des adossements que nous avons faits, nos travaux sans elle eussent été plus dispendieux.

Cependant dans les mauvais temps d'hiver, lorsque le relief des planches est tracé avec des piquets, que la terre est meuble, et qu'il suffit d'un fer de bêche pour lever toute la terre superflue, les ouvriers trouvent plus d'avantage à lever le gazon à la bêche. Lorsqu'ils ont un peu d'habitude et que le niveau a bien tracé l'ouvrage, la planche, après l'en-

lèvement du fer de bêche, se montre avec tout son relief ;
mais il est nécessaire qu'ils enlèvent avec leur bêche un décimètre de terre au-dessous du niveau tracé ; ils remplacent
cette terre du fond, chemin faisant, par d'autre de la surface ; c'est ce moyen qu'ont employé cet hiver nos manœuvres qui, en creusant le sol un décimètre plus bas que le
niveau, laissaient sur le terrain une partie des gazons de
la surface pour remplir le vide qu'ils avaient fait ; ils ont
renoncé, quoique à prix fait pour leur travail, à employer au déblai un coup de charrue que nous leur offrions
et les planches sont sorties de leurs mains avec le relief exact
que nous leur avions tracé et couvertes d'un décimètre de
terre meuble de la surface qui a reçu le semis. Le labour aurait détaché trop ou trop peu de terre que les pluies fréquentes qu'on a essuyées auraient rattachée au sol ; le roulage des
brouettes sur cette terre labourée eût offert plus de difficulté
que sur la terre non entamée, et il aurait fallu un tâtonnement assez long pour amener la surface au relief demandé.

Il faut, il est vrai, pour le succès du procédé qu'ont suivi
nos ouvriers, des conditions toutes particulières ; la terre à
déblayer doit être meuble, et il faut transporter ses déblais
avec une brouette spéciale et la faire rouler sur des plateaux ;
alors le travail des ouvriers se continue sans arrêt, même
après les fortes pluies ; cependant nous devons dire, et nous
l'avons déjà souvent éprouvé, que la terre maniée par la
pluie, et surtout en hiver par la neige, reçoit une influence
peu favorable au premier succès du pré à établir ; mais
l'hiver est la saison où l'on trouve plus facilement des manœuvres et où ils ont le plus besoin de travailler ; ils se
louent d'ailleurs presque tous aux fermiers pour la bonne
saison ; c'est donc pour la mauvaise saison que nous réser-
vons nos plus grands travaux.

Nous avons dit qu'il était essentiel dans tout travail de
déblai que la terre qui doit devenir la surface du pré fût

ameublie, et qu'il fallait y conserver autant que possible un décimètre à peu près de la terre de la surface : toutes les fois que nous n'avons pas pris cette précaution et que la surface à mettre en pré a été un sous-sol non remué, nous avons eu lieu de nous en repentir : cette terre est tassée par le travail des labours et des déblais ; aussi elle est longue à se couvrir d'herbes, et celles qui y germent sont faibles et ont peine à prendre racine. Ainsi donc nous regardons comme condition essentielle d'un prompt succès que la surface du sol soit ameublie et, s'il se peut, de bonne qualité ; on peut suppléer à la bonne qualité par des engrais, mais les engrais ne suppléent pas à l'ameublissement ; d'ailleurs, comme nous le verrons, il faut abaisser ce sous-sol tassé au-dessous du niveau des eaux, parce qu'il se relève par l'effet des gelées, et par l'établissement des végétaux de la surface et de leurs racines dans le sol.

On ne commence son égouttoir qu'à 4 à 5 mètres des bords de la prise d'eau; mais comme son origine doit être de 12 centimètres plus bas que le niveau de l'arrosoir, on dispose son terrain en pente douce sur l'égouttoir depuis le bord de la tête d'eau; puis on conduit les égouttoirs, en augmentant leur largeur, jusqu'à une rigole qui emmène les eaux au cours d'eau, ou les transmet à un système inférieur de planches. Les arrosoirs au contraire se terminent à 4, 6, 8 mètres de l'extrémité de la planche; à ce point on abaisse son relief, et on le fait descendre en pente jusque sur les bords de l'égouttoir et de la rigole qui rassemblent les eaux de tous les égouttoirs.

L'une des difficultés, dans ce système d'arrosement, consiste dans l'apport et l'enlèvement des terres ; l'apport a lieu d'ordinaire sur les terrains pentueux, l'enlèvement sur les sols plats ; mais l'apport offrirait moins de difficultés que l'enlèvement, parce que la circulation est facile sur les premiers, presque toujours sains, pendant qu'elle est pénible sur les seconds, souvent humides et quelquefois marécageux. Le but qu'on doit se proposer et qu'on peut atteindre avec de l'attention et quelque pratique serait, comme nous l'avons dit, que les déblais pussent suffire aux remblais.

On peut abréger son travail par plusieurs moyens ; ainsi, lorsqu'on a des apports à faire, on peut, si on en est le maître, pour avoir des terres à portée, placer sa prise d'eau dans des parties de sol plus élevées que le niveau de la surface qu'on veut arroser ; on dispose alors de toutes les terres au-dessous de sa rigole et supérieures à ce niveau, et on les ajoute à celles que fournit l'établissement des planches.

Si on n'est pas maître du terrain supérieur, on peut abaisser le niveau de sa rigole alimentaire, et pour peu que le sol ait de pente, en levant une portion de terre dans la partie supérieure des planches , on trouvera en plus grande partie celle nécessaire au relief des parties inférieures.

Le système des planches bombées a , en général, besoin d'eaux assez abondantes lorsqu'on veut arroser à la fois une grande surface et donner de l'eau nouvelle à chaque planche et à chaque système de planches. Il est essentiel que chacune d'elles en reçoive assez pour que toute la surface de ses deux ailes soit arrosée par extravasion sur tous les bords de l'abreuvoir ; cependant lorsque l'eau est distribuée régulièrement, bien égalisée, une quantité modérée peut suffire encore pour arroser de grands espaces, et dans ce cas les arrosoirs sans pente sont surtout éminemment utiles à l'économie des eaux, au moyen de la distribution régulière qu'ils en font.

22. *Adossement des marais et des terrains de peu de pente.*

I. Le système d'adossement convient en général à toutes les positions et à toutes les natures de sols dont la pente n'est pas très sensible ; mais il convient surtout aux marais et à tous les terrains humides ou froids, alors même qu'ils auraient jusqu'à 3 centimètres de pente ; dans cette limite, les terrains marécageux peuvent presque toujours s'assainir, bien mieux surtout qu'avec le système des rechutes, qui ne permet d'accroître la pente du sol qu'au moyen d'enlèvements de terre considérables, pendant qu'on peut, à moins de frais, la doubler, la tripler même avec le système des adossements.

Sur les marais en pente, si l'on veut éviter de grands travaux, les planches ne doivent pas avoir une grande longueur ; cependant, alors même que la pente y serait de 3 centimètres, on peut, sans s'imposer beaucoup de travail, porter cette dimension à 20 mètres. Dans ce cas, sur ces 20 mètres, au moyen des 5 mètres inclinés qui terminent la planche, la partie la plus élevée du relief pyramidal se trouve à 15 mètres de son sommet, et sa plus grande hauteur au-dessus de l'ancien sol est de 45 centimètres. Le cube de ce relief est à peu près de 13 mètres cubes, dont moitié est fournie sur place par le déblai des parties supérieures de la planche ; ce serait donc 7 mètres cubes d'apport de terre à faire, qui, à un franc, constitueraient 7 fr. de dépense par planche de 20 mètres de long sur 9 de large, soit 180 mètres de surface, ou 385 fr. par hectare. En comptant 115 fr. pour le reste du travail qui se ferait sur place, on aurait par hectare 500 fr. de dépense totale, au moyen de laquelle et au bout de peu d'années, on verrait quadrupler et quelquefois même décupler la valeur du sol.

On conçoit qu'on pourrait encore appliquer ce système à des marais d'une plus forte pente, en diminuant encore la longueur des planches ; les Vosges renferment une foule d'exemples de cette espèce. Mais lorsque les planches sont courtes, pour peu que le terrain ait de longueur dans leur direction, on se trouve obligé de recourir à l'établissement de plusieurs systèmes de planches ; nous verrons plus loin le moyen d'y arriver. La transformation en planches des terrains tourbeux en pente ou en plaine demande sans doute beaucoup de travail ; mais ce travail est absolument nécessaire à ces natures de sols pour arriver à en obtenir de bons produits, et on finit souvent, avec de bonnes eaux, par créer des prairies saines, fécondes, sur des terrains d'un produit presque nul, et c'est sur ces sortes de terrains qu'avec le temps le travail se trouve le plus largement récompensé.

II. En plaine, la plupart des marais ont très peu de pente, mais on peut presque partout en donner plus ou moins à ceux même qui semblent ne point en avoir ; ils forment presque tous le littoral de cours d'eau grands ou petits ; mais tous ces cours d'eau doivent ou ont dû avoir leur écoulement, sans quoi ils constitueraient des lacs. Leur lit du fond des vallées n'a pu être creusé qu'au moyen d'une pente capable de donner aux eaux la puissance d'érosion assez forte pour ouvrir ce lit. Si donc cette pente manque actuellement, c'est en raison d'obstacles artificiels ou accidentels qui peuvent le plus souvent disparaître. Notre législation des cours d'eau, tout imparfaite qu'elle est, vient en dernier lieu de recevoir une disposition à l'aide de laquelle on peut, sur les fonds inférieurs, donner aux eaux l'écoulement qui leur manque ; le plus souvent d'ailleurs il suffit, comme nous l'avons dit, de curer et redresser leur lit. Il serait donc très rare qu'on ne pût pas faire baisser le niveau moyen d'un petit cours d'eau, de 20 à 25 centimètres au moins au-dessous de son littoral. Si ensuite, en barrant le cours d'eau par un vannage placé au-dessus du marais, on peut, sans inonder les fonds supérieurs, faire arriver les eaux à la surface de la partie supérieure du terrain marécageux, on peut assainir ce terrain et en obtenir avec le temps un bon pré, en le transformant en planches bombées.

Après avoir amené la rigole alimentaire le long de la partie supérieure du marais, on taille le sol qu'elle domine en planches bombées, à l'égouttement desquelles les 15 à 20 centimètres de pente du marais sur le cours d'eau suffisent ; mais tous les déblais produits doivent s'enlever. Remarquons que nous tombons là dans le cas désavantageux de marais presque sans pente, et cependant on peut réaliser les conditions essentielles de toute bonne irrigation, épancher l'eau régulièrement et l'évacuer facilement. Et ce cas peut se résoudre encore avec un grand avantage matériel, quoique sur cette nature de sol il soit généralement nécessaire de donner aux ailes 4 centimètres de pente au lieu de 3 que nous avons adoptés comme pente normale. En effet, les déblais d'une planche de 50 mètres de longueur sur un sol tout-à-fait sans pente s'élèvent à 25 mètres cubes, dont l'enlèvement pourrait coûter 20 fr. Or cette planche de 9 mètres de large et de 50 mètres de longueur offre quatre ares et demi de surface ; la dépense de déblais sur un hectare serait donc de 444 fr. Ajoutant un tiers en sus pour la disposition régulière, le semis et l'achèvement complet de la planche, la dépense serait de 592 fr. par hectare de terrain sans pente, somme un peu plus forte que celle du marais de 3 centimètres de pente.

Si le terrain a une grande longueur, on peut y former deux étages successifs de planches ; mais dans ce cas le déblai devient plus considérable et la dépense s'accroît, alors même que le niveau de l'étage inférieur ne serait que de 3 centimètres au-dessous de celui des planches supérieures (1). Pour épargner du travail et ménager sa pente, on pourrait donner jusqu'à cent mètres de longueur à ces planches bombées ; et le niveau du cours d'eau, ne fût-il que de 25 à 30 centimètres au-dessous de celui du sol, en donnant aux deux égouttoirs ensemble de 200 mètres de longueur, 10 centimètres de pente, ils en auront encore une de 5/10 de millimètre par mètre, pente des rivières torrentueuses qui suffira à égout-

(1) Nous indiquerons plus loin le procédé d'établissement de ces planches.

ter ces deux systèmes de planches ; le déblai donnerait lieu à l'enlèvement de 300 mètres cubes de terre de plus qui en augmenterait la dépense de moitié en sus. On conçoit que pour une plus grande longueur il faudrait abaisser davantage le niveau du cours d'eau et enlever encore plus de terre, double travail qui, dans certaines positions, pourrait encore laisser un résultat utile. Mais nous ne devons pas nous en dissimuler les difficultés ; ce serait d'abord le niveau normal du cours d'eau qu'il faudrait abaisser en proportion du nombre des étages de planches, condition qu'il ne serait pas toujours possible de remplir. Et puis les déblais du terrain tourbeux s'accroissent et deviennent de plus en plus difficiles à mesure qu'ils s'épaississent, et enfin la formation d'un gazon nouveau exigerait bien du temps. Nous ne conseillerons donc une pareille entreprise qu'après mûre réflexion et après qu'on se sera assuré de la possibilité de donner la pente indispensable au succès.

III. Dans les terrains marécageux sans pente ou avec très peu de pente, on trouverait de grands avantages à diminuer la largeur des planches, à ne leur donner par exemple que 4 mètres et demi, au lieu de 9 que nous avons adoptés comme largeur normale ; ces planches, sur leurs ailes réduites à 2 mètres de largeur, dépenseraient 8 centimètres de pente au lieu des 16 des planches de 9 mètres, ce qui est très important, parce qu'on serait obligé de faire baisser d'autant moins le niveau du cours d'eau. Et puis les déblais à enlever ne seraient guère que moitié de ceux des planches de 9 mètres, parce que la hauteur de leur relief au-dessus du pré transformé ne serait au plus que moitié. Les mêmes avantages se retrouveraient pour un second étage de planches : seulement ces petites planches exigeraient un peu plus d'eau; mais cette eau pourrait se réemployer dans des étages inférieurs, parce qu'elle n'aurait arrosé que 2 mètres d'ailes au lieu de 4.

Alors même qu'il ne serait pas possible d'élever le niveau

de l'eau par un vannage, la transformation du terrain tourbeux en petites planches pourrait encore être une opération utile ; le canal alimentaire placé au-dessus de ces planches les arroserait en nappe dans les grandes eaux, et à leur retraite le sol, au moyen des égouttoirs, se trouverait complètement égoutté. On arriverait ainsi, sans beaucoup de dépenses, à une amélioration notable du produit en quantité et en qualité.

IV. Si maintenant des terrains marécageux presque sans pente nous arrivons à ceux de toute autre nature, il est bien évident que ce que nous venons de dire sur la transformation en planches des terrains marécageux s'applique à plus forte raison et avec moins de difficulté aux terrains ordinaires peu pentueux. Ainsi, de même que pour les premiers, à mesure que la pente s'accroît, à mesure aussi la masse des déblais à enlever diminue. Dans ceux d'un millimètre de pente, le remblai a encore peu d'importance, il faut presque tout enlever ; quand même on donnerait 100 mètres de longueur à la planche, le remblai sur l'ancien terrain n'aurait encore que 10 centimètres de hauteur. Si la pente arrive à 2 millimètres, alors même qu'on porterait les planches à 80 mètres, longueur déjà bien grande, il faudrait encore enlever le tiers des terres ; mais avec 3 millimètres les déblais suffisent aux remblais, en donnant aux planches 55 mètres de longueur.

On peut, pour conserver le même avantage, si la pente s'accroît, diminuer la longueur des planches. Ainsi, à 4 millimètres de pente par exemple, dans les planches de 40 mètres de longueur, les déblais équivalent aux remblais. Toutefois, cette considération n'est pas la seule qui doive fixer la longueur des planches ; la longueur du terrain à arroser dans la direction des planches doit y entrer pour beaucoup, et nous verrons plus tard qu'avec plusieurs étages de planches les étages inférieurs peuvent recevoir les déblais des supérieurs.

Lorsque la pente s'accroît, on a encore la ressource, ainsi que nous l'avons déjà dit, pour que le terrain se suffise à lui-même, d'abaisser le sol du dessus des planches, ce qui offre le double avantage de donner de la terre pour les remblais et de diminuer la hauteur des reliefs; c'est par ce moyen qu'on peut avec avantage mettre en planches des terrains humides qui, n'offrant que de 2 à 3 pour cent de pente, se prêtent mal au système des rechutes qui demandent la plus forte pente pour cette nature de sol.

23. *Etablissement d'étages successifs de planches.*

I. Lorsque la longueur du terrain à arroser dépasse 60 à 80 mètres, il est le plus souvent convenable d'établir un second étage de planches. Au premier aperçu il semblerait nécessaire que le sol de ce second système fût abaissé au niveau des égouttoirs du premier, ce qui est un assez grand travail ; mais on peut, lorsque le sol et la position s'y prêtent, s'épargner beaucoup de main d'œuvre, et fournir en même temps à son second étage de planches de l'eau fraîche et neuve. Pour cela, il faut donner à sa prise d'eau assez de dimension pour qu'elle puisse contenir l'eau nécessaire à deux étages de planches ; on en emploie un peu moins de moitié pour le premier; l'autre moitié se conduit au second étage par une rigole spéciale qui, malgré un peu de pente qu'on lui donne en raison de la quantité d'eau qu'elle charrie, en extravase sur ses bords de manière à arroser ses ailes collatérales. Cette rigole, au bout du premier système de planches, se retourne perpendiculairement pour devenir la rigole tête d'eau du second système, et fournir l'eau à toutes ses rigoles ; les eaux qui ont arrosé le premier sont réunies à l'extrémité des planches dans une rigole perpendiculaire à leur direction, et cette rigole les porte à la rivière ou à un grand égouttoir qui y conduit.

On conçoit que la rigole qui amène l'eau du second système peut recevoir une dimension telle, qu'après avoir alimenté la rigole servant de tête d'eau à un second système, elle en conserve assez pour en alimenter un troisième. Par ce moyen on n'est obligé de faire sur le second et le troisième systèmes que les déblais nécessaires pour donner aux planches le relief convenable, pendant que dans la première méthode on doit en abaisser le sol de manière que le sommet des abreuvoirs du second soit au niveau des égouttoirs du premier. Le moyen que nous proposons est probablement employé dans les pays d'irrigation à planches bombées ; nous ne l'y avons cependant pas remarqué : il nous a été suggéré dans le cours de nos travaux par l'état des lieux et le désir de diminuer la main d'œuvre ; nous avons avec lui à la fois simplifié notre travail et ajouté à ses bons résultats.

La figure suivante fera mieux comprendre ce que nous venons de dire.

FIGURE.

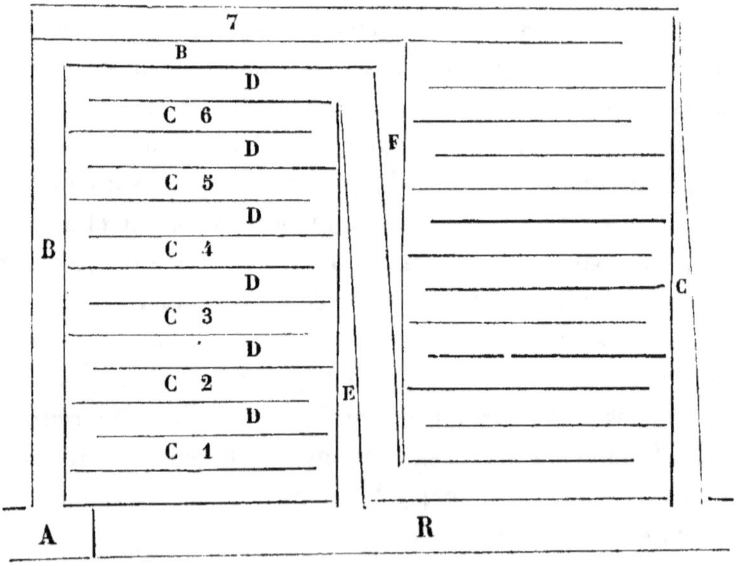

Le barrage A introduit l'eau dans la prise d'eau B. Cette rigole fournit l'eau d'abord à un premier étage de planches par les abreuvoirs C ; l'eau s'égoutte par les égouttoirs D dans la rigole E qui verse elle-même ses eaux dans un grand égouttoir, soit la rivière R.

Pour arroser le second étage de planches, la rigole B, qui sert d'abord d'abreuvoir aux ailes de la planche 7 qu'elle traverse, se retourne ensuite pour devenir la tête d'eau F du second étage, qui à son tour s'égoutte dans la rivière par un second égouttoir G.

On conçoit qu'on pourrait, en donnant une plus forte dimension à la rigole B et la continuant dans le second étage, fournir de l'eau à une nouvelle tête d'eau qui arroserait un troisième étage ; on donnerait une pente légère à cette rigole qui arroserait néanmoins sur tout son développement les planches qu'elle traverse.

II. Le moyen qui précède de faire succéder plusieurs étages de planches sans grand mouvement de terrain simplifie, il est vrai, le travail, mais ne laisse pas de présenter encore quelques difficultés d'exécution et de demander une assez forte main d'œuvre. Dans le désir d'y échapper, nous sommes arrivé à établir des systèmes multiples d'une manière plus simple qui demande encore moins de main d'œuvre et ménage de même les pentes ; les abreuvoirs et les égouttoirs des systèmes successifs sont sur la même ligne ; les abreuvoirs de la première planche se font d'une largeur proportionnelle à la quantité d'eau nécessaire pour arroser les étages successifs de planches ; ils diminuent peu de largeur jusqu'à leur extrémité. L'eau de chaque abreuvoir qui ne s'est pas épanchée sur les ailes de la première planche se transmet aux seconds abreuvoirs au moyen d'un petit banc-gravier en pierre de la largeur de la rigole, et échancré de la profondeur nécessaire pour fournir l'eau convenable à l'arrosement des planches du second et au besoin du troisième étage.

Ces bancs-graviers sont taillés dans une pierre plate d'un mètre de long sur un mètre de large ; on les creuse de 6 centimètres de profondeur sur 40 de large, en leur laissant une arête au tiers de leur longueur, donnant une pente légère de chaque côté de cette arête. C'est sur cette arête que le creusement est de 6 centimètres, et il s'augmente des deux côtés pour donner de la pente ; le côté le plus court se place en amont et termine la rigole de la planche supérieure ; le plus long se place en aval et commence la rigole de la planche inférieure ; le banc-gravier, suivant la quantité d'eau qu'on veut laisser passer à la planche inférieure, s'enfonce plus ou moins suivant le besoin d'eau de la planche inférieure, en sorte que l'eau y passe en déversoir à une hauteur de 2, 3, 4, 5 centimètres, et peut ainsi être donnée avec un même banc-gravier en plus ou moins grande abondance à des planches d'une étendue variée.

Nous employons encore un autre moyen de transmission de l'eau aux étages inférieurs ; il consiste en une planchette percée, à 3 centimètres de son bord supérieur, d'un trou rond capable de fournir l'eau à un ou deux étages de planches ; son bord supérieur se place au niveau des bords de la rigole.

Il est à propos qu'en amont et en aval, aux abords de la planchette le débit de la rigole soit défendu contre la végétation des plantes des bords et du fond ; nous plaçons pour cette raison deux briques ou pierres plates en amont et en aval pour maintenir libre l'abord et le départ des eaux par l'orifice. Si la pierre manquait pour les bancs-graviers, on peut les faire en bois dont on augmenterait la durée en les tenant immergés pendant huit jours au moins, suivant le procédé du docteur anglais Margary, dans une dissolution de sulfate de cuivre dans 72 fois son poids d'eau. Par l'un ou l'autre de ces moyens, les étages de planches peuvent se succéder sans intermédiaire.

3. Lorsque la pente du sol est assez peu considérable pour

que les déblais du premier étage ne puissent trouver place dans ses remblais, on peut élever le relief du second jusqu'à 3 centimètres au-dessous du niveau de l'arête du banc-gravier supérieur. Cette élévation du relief du second étage dispense en grande partie de transporter hors de la prairie les terres superflues de la première planche, qu'on emploie à faire le relief de la seconde ; dans les commencements, ces rigoles en relief laissent couler l'eau, mais en tassant légèrement leur relief avec des dames ou seulement avec le dos de la pelle, les fuites deviennent moindres et cessent avant la fin de la saison.

Cet abaissement de niveau de 3 centimètres au-dessous de l'arête du banc-gravier supérieur est un minimum, et peut s'accroître suivant que les besoins de remblais diminuent.

24. *Arrosement par les mêmes eaux de sols accidentés.*

I. Il convient en général de porter le canal d'irrigation aussi haut qu'on le peut, en suivant toutes les inflexions de terrain ; une direction courbe n'a pas d'autre inconvénient que de retarder un peu le débit de la rigole, retard auquel on remédie en lui donnant une pente légère. Lorsqu'il est possible d'avoir un canal horizontal, on a le système d'irrigation le plus facile, parce que tous les abreuvoirs des planches prennent l'eau à une même hauteur.

Lorsque dans le sol à arroser il y a de fortes inégalités de niveau, on peut se dispenser de tout soumettre à un niveau général ; on divise ce sol en parties à chacune desquelles on assigne le niveau le plus facile à établir ; on donne ensuite à chacune une rigole alimentaire spéciale et de niveau avec leurs abreuvoirs ; ces rigoles tirent leurs eaux du canal d'irrigation, au moyen de bancs-graviers déversoirs qui, sans altérer sensiblement le niveau supérieur des eaux, fournissent la quotité d'eau nécessaire (1).

(1) Nous donnerons plus tard les dimensions des bancs-graviers et des orifices qui devront débiter une quantité d'eau déterminée.

II. Si l'on n'est pas maître du terrain et qu'il faille traverser une inflexion dont le sol se relève après s'être abaissé, on établit alors une rigole en relief qui traverse en ligne droite les parties basses, pour se porter aux parties plus élevées. Cette rigole devient d'abord l'abreuvoir d'une planche formée par la double pente de son relief ; sur les deux pentes ensuite qui forment l'inflexion de terrain, l'arrosement en rechute est sans doute le plus convenable. Pour le pratiquer au point où la rigole en relief va quitter le terre-plein pour traverser l'inflexion, on embranche une rigole horizontale qui devient rigole alimentaire des rechutes de la première pente ; la seconde pente s'arrose au moyen d'un second embranchement horizontal qui part de la rigole en relief, au moment où elle arrive au niveau du terrain, et qui forme la tête d'eau du système de rechute de la deuxième pente.

Il arrive le plus souvent que le fond du bassin d'une inflexion de terrain a très peu de pente ; on a recours alors, pour l'arroser, à un système de planches bombées qui s'arrosent, soit avec une partie de l'eau des rechutes, soit avec celle qui leur arrive des parties correspondantes de la pente du relief, soit enfin avec celle qui a arrosé la pente d'amont du relief. Ces dernières eaux se réunissent dans une petite rigole au bas du relief pour le traverser par un petit canal, ainsi que nous le verrons plus tard.

La transmission des eaux, du premier au second étage, se fait par des bancs-graviers ou des planchettes ; ce double mode nous semble devoir très bien convenir à deux et à trois systèmes successifs de planches, surtout si le troisième s'arrose avec les égouttoirs des deux premiers ; on pourrait même, lorsque la position le demanderait, en ajouter un quatrième ; la répartition pourrait se faire assez bien entre les trois étages supérieurs par bancs-graviers ou planchettes, et le quatrième s'abreuverait des eaux des trois premiers. Nous ferons remarquer cependant que les étages de planches dont les abreuvoirs sont le prolongement des égouttoirs des planches supérieures, dépensent beaucoup plus de pente que les étages successifs, qui reçoivent l'eau par des bancs-graviers ou des planchettes, en sorte que si le niveau des eaux du cours d'eau n'est pas très sensiblement au-dessous de celui de la prairie, on devra éviter d'employer ce moyen.

Nous remarquerons encore que ce mode de transmission, appliqué à l'irrigation du littoral d'un cours d'eau d'un niveau peu inférieur à celui du sol, économise remarquablement la pente, puisque les étages successifs peuvent n'en dépenser que 4 ou 5 centimètres ; il conviendrait donc éminemment aux terrains marécageux dont nous avons précédemment parlé, et dont le cours d'eau, avec peu de pente, aurait son niveau normal peu au-dessous de celui du sol à arroser.

Toutefois le premier moyen dont nous avons donné la figure peut aussi s'employer concurremment avec celui que nous venons de développer ; il exige, il est vrai, plus de main d'œuvre ; mais en évacuant l'eau des égouttoirs de chaque étage de planches, il empêche l'encombrement qui peut avoir lieu lorsqu'un seul égouttoir doit évacuer l'eau de plusieurs étages ; il ne dépense d'ailleurs pas plus de pente. Dans l'un et l'autre cas, on peut ne dépenser que celle strictement nécessaire au débit facile de l'eau par les égouttoirs.

III. Dans un dernier travail que nous avons fait sur un terrain peu pentueux dont la longueur au-dessous de la rigole alimentaire était de près de 180 mètres, nous avons cru devoir adopter trois étages de planches. Le sol avait besoin d'être nivelé, et il nous manquait des terres dans le second étage ; pour nous les procurer et utiliser les eaux des deux premiers, nous avons pris le parti, pour le troisième, d'en placer les abreuvoirs à la suite des égouttoirs des deux étages supérieurs, et ses égouttoirs dans la direction des abreuvoirs des premiers. Nous avons trouvé, dans les déblais que nous a fournis cette disposition, le moyen de combler en plus grande partie nos inégalités de terrain, et de relever autant qu'il a été nécessaire le relief du second étage. Nous avons pensé d'ailleurs que des eaux qui ne font que passer sur 4 mètres de largeur d'ailes dans les deux étages supérieurs, doivent être bonnes encore pour le troisième, et que leur quantité double à peu près doit suppléer à leur diminution de qualité.

25. *Systèmes successifs d'étages de planches.*

Qaand le sol à arroser est d'une assez grande longueur au-dessous de la rigole alimentaire, pour que quatre étages de planches ne suffisent pas pour l'arroser, l'irrigation doit se faire en établissant plusieurs systèmes d'étages de planches. Les planches successives d'un même système reçoivent leurs eaux par des bancs-graviers ou des planchettes. Mais pour un second système d'étage de planches, on a recours au moyen dont nous avons donné la figure, c'est-à-dire que l'eau se transmet au second système par une rigole spéciale qui prend l'eau au grand canal d'irrigation et se retourne perpendiculairement à l'extrémité du premier pour en devenir la tête d'eau alimentaire, et on évacue les eaux du premier par une rigole de dégorgement à laquelle aboutissent tous les égouttoirs. Il est nécessaire alors, s'il y a assez d'eau pour arroser à la fois les deux systèmes, que la prise d'eau qui doit irriguer le second soit réglée de manière à ne prendre qu'une part d'eau proportionnelle à la surface du second système ; ce règlement peut se faire au moyen de bancs-graviers comme dans les étages successifs de planches.

On pourrait par conséquent arroser en planches des prairies d'une assez grande largeur ; mais les étages successifs de planches, bien qu'on ménage leur pente, en dépensent une quantité notable. Il serait donc difficile, sans placer son barrage à une assez grande distance au-dessus du fonds qu'on veut arroser, de pouvoir, sans inonder les fonds supérieurs, élever assez les eaux pour arroser une grande étendue de largeur de bassin. Sur un cours d'eau très pentueux, un barrage amène assez promptement l'eau à la surface; mais il est assez rare que ces cours d'eau aient une grande largeur de bassin.

Lorsqu'on a un cours d'eau abondant, deux systèmes successifs d'étages de planches peuvent s'arroser en même temps; mais lorsqu'il est faible et que l'irrigation ne peut être que rarement simultanée, on se trouve obligé de recourir à des empellements qui retirent ou donnent tout ou partie des eaux.

26. *Appréciation du débit des bancs-graviers et des orifices.*

I. Nous ne saurions assigner de préférence à donner à l'un ou à l'autre des deux moyens que nous avons indiqués de transmettre l'eau aux étages inférieurs des planches; ils ont chacun leurs avantages et leurs inconvénients. Avec l'un comme avec l'autre, lorsque les eaux sont abondantes elles s'épanchent toujours en plus grande proportion sur le premier étage que sur le second; quand elles le sont peu, le banc-gravier les partage plus également que la planchette dont l'orifice en transmet alors à très peu près une même quantité aux étages inférieurs. Pour les cours d'eau peu abondants ou pour les moments de rareté, la planchette offre un moyen facile d'alterner les irrigations; il suffit d'un tampon ou cheville qui bouche le trou de la planchette pour conserver les eaux au premier étage, ou les transmettre à volonté aux étages inférieurs. Ce tampon en bois, fixé à l'amont de la planche par une chaînette, se manœuvre avec facilité et permet d'alterner l'irrigation des divers étages entr'eux. Le banc-gravier peut, il est vrai, se boucher par des gazons; mais ces gazons s'entraînent, laissent filtrer des eaux aux planches inférieures ; d'autre part la planchette, comme nous l'avons vu, dépenserait plus de pente, puisque son orifice est placé à 3 centimètres de son sommet, et qu'il faut encore qu'il soit au-dessus du niveau de la planche à laquelle il fournit les eaux. Enfin les trous des planchettes se bouchent, plus aisément que le banc-gravier-déversoir, par des feuilles, des herbes ou tout autre obstacle ; mais les visites de l'homme chargé des irrigations, qui doivent être fréquentes, les dégagent assez facilement.

II. Quoi qu'il en soit des avantages et des inconvénients de l'un et l'autre des moyens que nous avons indiqués, nous croyons utile de donner l'évaluation de leur débit, afin que ceux qui voudront les employer puissent proportionner les profondeurs et largeurs des déversoirs et les diamètres des orifices, soit à la quantité d'eau dont on peut disposer, soit à l'étendue du sol qu'on veut arroser dans les planches inférieures.

Et d'abord occupons-nous des bancs-graviers ou déversoirs. Pour ne pas compliquer le tableau qui nous donnera l'appréciation des débits pour les différentes profondeurs de déversoirs, nous leur supposerons une largeur commune de 40 centimètres. Comme la quotité du débit est à très peu près proportionnelle à la largeur de l'échancrure, nous pourrons, suivant les circonstances, la diminuer ou l'augmenter, et le débit sera augmenté ou diminué dans le même rapport. Cependant n'oublions pas ce que nous avons dit en traitant des modules, que, la contraction étant plus grande sur deux ouvertures que sur une seule d'une dimension double, il ne sera pas nécessaire de doubler tout-à-fait leur largeur pour doubler le débit.

Cela posé, pour former le tableau, nous recourrons à la formule du débit des déversoirs, dans laquelle, en appelant L la largeur, H la hauteur de l'eau dans l'échancrure au-dessus de l'arête, on a D le débit $= 1,81\ L\ H.\sqrt{H}.$

Tableau donnant le débit en une seconde et pendant vingt-quatre heures des déversoirs de 40 centimètres de largeur et de 5 jusqu'à 90 millimètres de hauteur.

HAUTEUR DU DÉVERSOIR en millimètres.	DÉBIT EN LITRES en une seconde.	MÈTRES CUBES en 24 HEURES.
	litres.	m. c.
5	0,256	22,118
6	0,322	29,030
7	0,418	36,460
8	0,516	44,755
9	0,612	53,395
10	0,724	62,536
11	0,836	73,539
12	0,946	81,734
13	1,073	92,707
14	1,190	102,816
15	1,330	114,912
16	1,464	126,489
17	1,603	138,499
18	1,747	150,940
19	1,905	164,592
20	2,041	176,342
21	2,203	190,339
22	2,346	202,694
23	2,524	218,073
24	2,711	234,230
25	2,861	247,190
26	3,034	262,137
27	3,211	277,430
28	3,391	292,982
29	3,573	308,707
30	3,778	326,579
35	4,733	407,672
40	5,790	500,256
45	6,900	596,160
50	8,077	697,248
55	9,322	805,248
60	10,633	918,432
70	13,477	1,163,708
80	16,333	1,410,912
90	19,544	1,688,256

Si l'on veut augmenter ou diminuer la quantité d'eau à transmettre, il vaut mieux pour accroître le débit, lorsqu'on est arrivé à 3 centimètres de profondeur de déversoir pour des planches de 20 à 40 mètres, augmenter la largeur que la profondeur ; la profondeur altère bien plus sensiblement l'horizontalité des abreuvoirs, et par conséquent doit être augmentée avec plus de mesure que la largeur ; mais en augmentant la largeur, on se dispense d'augmenter celle de la rigole ; on se contente de l'élargir à son extrémité pour la porter à la dimension du banc-gravier. Lorsque la longueur de la planche dépasse 40 mètres, on peut augmenter la profondeur du déversoir d'un centimètre par 15 mètres. Cette dimension dépend beaucoup aussi de la quantité d'eau dont on peut disposer ; elle peut s'accroître avec beaucoup d'eau et doit se diminuer avec peu.

Nous avons, dans le tableau, donné le débit par millimètres depuis 5 jusqu'à 30 ; nous y trouvons tous les chiffres nécessaires aux distributions de planches à planches pour la longueur moyenne de 20 à 40 mètres ; au-delà de 30 millimètres, nous ne l'avons donné que par 5 millimètres jusqu'à 60, et depuis 60 nous l'avons donné par 10 millimètres jusqu'à 90 ; au-delà de 90 nous arrivons à 100 ; lorsque les conditions ne se trouveront pas identiques avec celles du tableau, on ne rencontrera pas de difficultés à prendre des termes moyens entre ces chiffres.

Nous ne perdrons pas de vue qu'à mesure que la profondeur du déversoir augmente, à mesure aussi l'horizontalité, et par conséquent l'arrosement régulier de la planche se trouvent altérés ; mais un homme exercé et intelligent arrive sans peine, avec un peu de tâtonnement, à remplir le double but d'arroser la planche et d'alimenter convenablement le déversoir. Il résulte du débit du déversoir profond un peu de pente dans la rigole ; les parties supérieures de la planche cessent alors d'être arrosées. Pour y remédier, il suffit, lorsque le relief est nouveau, d'abaisser légèrement les bords supérieurs de l'abreuvoir, en les tassant avec le dos de la pelle, ou lorsque la terre a pris de la consistance, on les échancre un peu avec le fossoir.

Nous avons dit précédemment que le débit des déversoirs était proportionnel à leur largeur. En effet, en appelant D et D' le débit de deux déversoirs d'une même hauteur H L et L' leur largeur, nous aurons $D : D' : : 1,81\, L\, H \sqrt{H} : 1,81\, L'\, H \sqrt{H}$, ou $: : L : L'$, en divisant par le facteur commun $1,81\, H \sqrt{H}$. D'où il suit que le débit est proportionnel à la largeur.

Usage du tableau.

Les résultats sont calculés pour une largeur uniforme de 40 centimètres.

La première colonne désigne la hauteur de l'eau au-dessus du déversoir, depuis 5 jusqu'à 90 millimètres.

La seconde donne en litres le débit par seconde des hauteurs correspondantes des déversoirs.

La troisième indique le nombre de mètres cubes produits en 24 heures par ce débit.

L'explication du tableau indique à très peu près la manière d'en faire usage, mais il peut encore servir pour des cas autres que ceux qu'il précise. Ainsi, en augmentant ou diminuant la largeur des déversoirs, leur débit augmente ou diminue dans le même rapport. Si donc on veut augmenter ou diminuer d'un tiers, d'un quart le débit, il suffit de faire varier d'un tiers, d'un quart la largeur. Quant aux hauteurs de déversoirs comprises entre celles données par le tableau au-delà de 3 centimètres, on peut les obtenir en leur appliquant la formule, ou, lorsqu'une exactitude rigoureuse n'est pas nécessaire, on y arriverait, ainsi que nous l'avons dit, en prenant une moyenne entre les deux résultats les plus voisins de celui qu'on cherche.

Si, sur des planches d'une surface déterminée, on veut augmenter ou diminuer la quotité d'arrosement en 24 heures, pour avoir la profondeur du déversoir, on multiplie la surface de la planche par la hauteur d'eau qu'on veut lui donner; on a ainsi le nombre de mètres cubes nécessaires à cet arrosement; on cherche dans la 3e colonne le nombre qui en approche le plus, et le chiffre correspondant de la 1re colonne donne la profondeur de déversoir cherchée.

Ainsi, si l'on demande la hauteur de déversoir nécessaire pour arroser, avec une couche de 15 centimètres d'eau en 24 heures, une planche de 40 mètres de longeur sur 9 mètres de largeur, on multiplie 360, surface de la planche, par 15 centimètres, et on a 54 mètres cubes pour la quotité d'eau nécessaire à cet arrosement; la 1re colonne indique un peu plus de 9 millimètres pour la hauteur de déversoir correspondante à cette quantité d'eau.

Si le déversoir, au lieu de fournir à l'arrosement d'une planche, eût dû fournir à l'arrosement de plusieurs, à un arrosement par exemple de 25 centimètres sur trois planches de 30 mètres de longueur sur 10 de largeur, on multiplie 900, surface des trois planches, par 25 centimètres, et on a 250 mètres cubes pour la quotité d'eau nécessaire à cet arrosement; le chiffre correspondant de la 1re colonne indique une profondeur de déversoir d'un peu plus de 25 millimètres. Par le même procédé on trouverait, pour la profondeur de déversoir nécessaire à arroser une planche seule de 300 mètres de surface d'un second étage, un peu plus de 11 millimètres.

Mais ce tableau peut encore servir à régler des prises d'eau pour tout autre système d'irrigation que celui des planches bombées.

S'il s'agissait par exemple de prendre dans un canal d'irrigation une quotité d'eau capable de fournir 20 centimètres d'eau à un demi hectare ou 5,000 mètres carrés, cette irrigation exigerait 1,000 mètres cubes en 24 heures; mais comme il est essentiel d'altérer le moins possible le niveau de l'eau, et qu'il n'y a aucun inconvénient à augmenter la largeur du déversoir, nous l'établirons de 80 centimètres au lieu de 40; son débit sera double, et il lui suffira par conséquent de la profondeur correspondante à moitié de la quantité d'eau, à 500 mètres cubes au lieu de 1,000. A ce chiffre dans la 1re colonne correspond une hauteur de 40 millimètres, soit 4 centimètres.

Ce tableau pourrait donc servir pour régler les prises d'eau d'une irrigation étendue. Cependant nous ferons remarquer qu'il ne peut s'appliquer qu'à des prises d'eau dans des canaux toujours pleins, prêts à s'extravaser et par conséquent ayant très peu de pente; et dans ce cas même, nous pensons que ce système de partage, suffisamment rigoureux pour des répartitions d'eau dans une irrigation particulière, cesserait de l'être pour de grandes irrigations, de grands partages d'eau entre des intérêts nombreux et opposés. On serait alors obligé de recourir aux modules que nous avons précédemment décrits.

Nous dirons, en terminant ce sujet, qu'il n'est point nécessaire de faire faire des déversoirs de différentes dimensions pour des planches de surfaces différentes. Ce soin est à propos, nous le pensons, pour des prises d'eau de quelque importance; mais pour les surfaces plus ou moins grandes des planches bombées, il suffit d'avoir des déversoirs uniformes de 40 centimètres de largeur et de 6 centimètres de profondeur. En les plaçant au bout de ces rigoles horizontales, on les enfonce de la profondeur que demande le débit de l'eau qu'elles doivent transmettre aux planches inférieures; le surplus de leur creusement fait sans aucun inconvénient saillie au-dessus des bords de la rigole. Nous avons fait établir de ces petits déversoirs en pierre de 1 mètre de long, dont l'échancrure a 40 centimètres de largeur et de 6 centimètres de profondeur dans leur milieu, point où se termine la rigole supérieure. L'échancrure descend en pente des deux côtés, de manière à avoir 12 centimètres de profondeur aux extrémités de la pierre. Ces déversoirs fonctionnent très bien sur des planches de surface inégale en les enfonçant plus ou moins en terre ; les 40 centimètres de chacun de ces déversoirs, dont le premier appartient à la rigole supérieure et le second à l'inférieure, dispensent des briques plates que nous ajoutons à nos planchettes percées.

III. Il s'agit maintenant d'arriver à un tableau analogue pour les orifices des planchettes.

Après avoir essayé de placer ces orifices à diverses hauteurs, nous avons trouvé qu'une hauteur d'eau de 3 centimètres au-dessus de l'orifice altérait peu le niveau de l'eau, qu'il est assez près de la surface pour pouvoir être facilement ouvert ou bouché et dégagé des feuilles qui tendent à l'obstruer. Nous nous sommes donc tenu à cette donnée et nous établissons nos orifices de différents diamètres à cette distance du niveau supérieur de la planche.

Cela posé, nous recourons à la formule hydraulique de l'écoulement par des orifices à minces parois. Le débit D en une seconde, en appelant L la largeur de l'ouverture, O sa hauteur, H la hauteur de l'eau au-dessus du milieu de l'orifice, est représenté par la formule $D \, K \, L \, O \, \sqrt{2 \, p. \, h}$, K étant le coëfficient de contraction. Or, dans ce cas particulier, le coëfficient K devient 0,63. L O surface de l'ouverture est représentée par celle du cercle de l'orifice d'un rayon R, ou $3,14 \, R^2$; la hauteur H au-dessus du milieu de l'orifice est ici égale à 3 centimètres plus le rayon de l'orifice $= 0,3 + R$. Nous aurons donc $D = 0,63 . 3,14 \, R^2 . \sqrt{19,62} . \sqrt{0,3 + R}$. Effectuant l'extraction de racine et les multiplications indiquées, nous aurons $D = 8,76 \, R^2 . \sqrt{0,3 + R}$, qui nous donne le débit pour les différentes valeurs de R avec lesquelles nous formerons le tableau suivant :

Débit en une seconde et en vingt-quatre heures d'orifices ronds depuis 1 jusqu'à 10 centimètres de rayon, avec une hauteur d'eau sur le sommet de l'orifice de 3 centimètres.

RAYON en MILLIMÈTRES.	DÉBIT EN LITRES en UNE SECONDE.	MÈTRES CUBES en 24 HEURES.
	litres.	m. c.
10	0,175	15,137
11	0,214	18,535
12	0,258	22,331
13	0,306	26,514
14	0,360	31,107
15	0,418	36,118
16	0,480	41,541
17	0,549	47,464
18	0,622	53,577
19	0,699	60,464
20	0,783	67,693
21	0,872	75,366
22	0,968	83,667
23	1,066	92,166
24	1,173	101,358
25	1,283	110,927
26	1,401	121,053
27	1,524	131,703
28	1,653	142,882
29	1,789	154,610
30	1,930	166,820
35	2,735	236,331
40	3,708	320,425
45	4,858	419,734
50	6,193	535,102
60	9,195	794,525
70	12,877	1,112,590
80	17,278	1,492,898
90	22,443	1,939,108
100	29,048	2,509,761

La première colonne du tableau contient les rayons d'orifices depuis 10 millimètres jusqu'à 100, calculés en millimètres jusqu'à 30, calculés de 5 en 5 millimètres depuis 30 jusqu'à 50, et de 10 en 10 de 50 à 100.

La seconde colonne donne le débit en litres en une seconde de tous les orifices correspondants.

La 3° indique le nombre des mètres cubes débités en 24 heures.

Ce tableau peut servir pour la plupart des cas d'irrigation de planches bombées ; en suivant une méthode analogue à celle que nous avons indiquée pour les déversoirs , on multiplie la surface de la planche ou des planches qu'on veut arroser par la hauteur d'eau qu'on veut leur donner en 24 heures ; on a ainsi le nombre de mètres cubes nécessaires ; on cherche ce nombre dans la troisième colonne, et le chiffre correspondant de la première donne en millimètres le rayon de l'orifice. Ainsi , si l'on veut arroser un hectare avec une hauteur d'eau de 15 centimètres , on multiplie sa surface de 10 mille mètres par 15 centimètres et on a 150 mètres cubes qui correspondent dans la première colonne à un rayon d'orifice entre 28 et 29 millimètres , plus près de 29 que de 28. Si l'étendue ou la quotité d'eau à employer était plus grande, on arriverait alors à des parties de tableau qui ne sont calculées que de 5 en 5 millimètres ou de 10 en 10 ; on prendrait alors des moyennes entre les chiffres calculés, en ayant égard à ce que le débit va sans cesse croissant dans une progression plus rapide que le nombre des millimètres de l'ouverture.

Ce tableau , comme celui des déversoirs , peut être utile pour les distributions d'eau dans tout système d'irrigation; mais , ainsi que nous l'avons dit, son usage se borne à des canaux d'irrigation de peu de pente et toujours pleins ; dans tous les cas où l'on a besoin d'un partage d'eau rigoureusement exact, on doit recourir, comme nous l'avons dit précédemment, aux modules. Si quelque circonstance exigeait une plus grande hauteur d'eau au-dessus de l'orifice, le tableau deviendrait insuffisant ; on recourrait alors à la formule hydraulique qui donnerait le débit pour le cas spécial où l'on se trouverait.

CHAPITRE IX.

TRANSFORMATION GRADUELLE DE LA SURFACE D'UNE PRAIRIE EN PLANCHES BOMBÉES.

I. La transformation immédiate d'un terrain en planches bombées demande d'assez notables sacrifices actuels, parce que, la surface tout entière du sol étant modifiée, le gazon producteur, si on ne le réapplique pas, se trouve le plus souvent détruit, et qu'il devient alors nécessaire de semer des graines de foin et de rester souvent un an sans produit. Lorsque le sol demande de grands travaux de déblais ou de remblais, il est convenable que le travail se fasse en entier et immédiatement ; mais dans les cas les plus ordinaires de l'application de la méthode, c'est-à-dire dans les sols de peu de pente et souvent marécageux, le travail peut se faire et la transformation du sol s'achever avec de faibles sacrifices annuels de récoltes et de main d'œuvre.

Nous avons précédemment indiqué le moyen d'améliorer les prairies marécageuses par des rigoles alternatives d'arrosoir et d'égouttoir, et nous avons vu qu'en arrosant régulièrement et à grande eau, on peut, avec le temps et un cours d'eau limoneux, arriver à donner une pente artificielle au sol ; mais il est bien plus avantageux de hâter ce travail toujours trop lent du temps. Pour cela il faut, en creusant les rigoles d'arrosoir et d'égouttoir, en placer les terres sur les bords des arrosoirs, de manière à en diminuer la pente tout en la régularisant. Au moyen de ces terres et du limon des eaux, on commence ainsi un système de planches bombées dont les deux faces s'arrosent par les eaux de la rigole qui les sépare ; chaque année au moyen du curage des rigoles, on augmente le relief de l'arrosoir, en ménageant à ses deux côtés une pente régulière pour verser l'eau dans l'égouttoir ; le produit s'améliore graduellement en quantité et en qualité, et on finit par arriver à l'entière transformation du pré en planches bombées.

Ce travail est presque partout praticable : les terrains marécageux en cours d'irrigation ont toujours plus ou moins de pente sur le cours d'eau qui donne et reçoit les eaux. Ce n'est qu'au moyen de la pente de ce cours d'eau et de celle de ses bords qui est la même, qu'on a pu amener les eaux dans la partie supérieure du terrain marécageux et qu'on peut donner au terrain sa forme nouvelle.

La transformation de la prairie marécageuse par le procédé que nous indiquons demande sans doute beaucoup de temps ; mais chaque année la main d'œuvre est payée par l'accroissement et l'amélioration du produit. Cependant nous croyons qu'il y a encore grand avantage à la réaliser plus promptement, et on le peut sans essuyer de perte sensible de produit ou faire de grands frais de main d'œuvre.

Pour cela il faut d'abord, comme pour la transformation entière, étudier son terrain, se fixer sur la longueur, le nombre et la direction des planches, de manière à ce que les déblais suffisent autant que possible aux remblais, en ayant égard à ce que les déblais à enlever sur des sols de cette nature offrent beaucoup de difficulté, à moins qu'on ne profite d'un moment de gelée. On trace ensuite le relief des planches avec de forts piquets, comme si on devait les exécuter immédiatement. On creuse les abreuvoirs et les égouttoirs, puis on échancre les bords des égouttoirs, en donnant à la surface échancrée la pente qu'elle doit avoir dans la planche achevée, travail dont les piquets plantés donnent la direction. Pour commencer le relief, on place toutes les terres de déblais au bord des abreuvoirs, en y établissant une bordure de gazons, et on en recouvre, s'il se peut, la surface supérieure du relief. Si la pente du sol n'est pas forte, avec ces remblais on arrive déjà à rendre horizontaux les bords des abreuvoirs et par conséquent à donner une certaine régularité aux irrigations. Enfin on tasse ces remblais de manière à ce que les eaux s'extravasent sur les gazons du relief, au lieu de filtrer à travers les terres accumulées. Ce tassement a lieu, s'il se peut, avec de l'eau dans l'abreuvoir, parce que les terres et les gazons par l'intermédiaire de l'eau se soudent mieux ensemble : là se bornerait le travail de la première année.

Ce travail est de beaucoup le plus considérable et le plus essentiel, parce que, par les bordures des égouttoirs et des abreuvoirs, il fixe la forme des planches, par conséquent tout le travail des années suivantes ; mais dès cette première année on commence à jouir des avantages spéciaux d'irrigation régulière et d'égouttement du sol, qui distinguent le système des planches bombées, et par conséquent on augmente la qualité du produit ; sa quantité diminue peu, si on a réappliqué le gazon sur les surfaces remblayées. L'année suivante on cure les rigoles, on continue du côté des égouttoirs à lever le sol superflu, en donnant à la surface, à l'aide des piquets, la forme et la pente qu'elle doit avoir ; on ajoute ces nouveaux déblais au relief, on continue ce travail dans les années successives, et si on a des planches de 9 mètres de large, dès la quatrième année il peut être terminé. On perd ainsi peu de produit, parce que, dans les années qui se succèdent, une partie du sol conserve ses anciens gazons et que le reste se trouve, en partie du moins, couvert de gazons réappliqués.

Nous dirons ici que, si on n'abaisse pas le sol qu'on échancre au-dessous du niveau qu'il doit avoir plus tard, ce sol, en se gazonnant par le semis, se relève par l'effet des racines des plantes qui s'y établissent et de l'ameublissement qu'il reçoit des influences atmosphériques, et on se trouve par la suite forcé de baisser de nouveau ce sol. Pour obvier à cet inconvénient, dès le principe on l'abaisse au-dessous du niveau que doit prendre sa surface et on l'ameublit par un travail à la main à un décimètre au moins de profondeur ; cet ameublissement facilite la levée des graines qu'on y sème et s'oppose à ce que les eaux les entraînent dans l'égouttoir.

Cherchons maintenant à apprécier les frais d'une pareille opération, dans le cas le plus simple, en admettant que les déblais couvrent les remblais.

Dans ce cas, le travail entier de transformation peut très bien s'achever en quatre ans sur des planches de 9 mètres, en s'aidant des piquets qui dirigent l'opération. Ainsi, si après avoir creusé les abreuvoirs et les égouttoirs on échancre les bords de chaque égouttoir sur une largeur de 40 centimètres, sur un sol de peu de pente, les déblais seront beaucoup plus considérables au bord des égouttoirs, que les remblais au bord des abreuvoirs, parce que l'abaisse-sement est à peu près de la même profondeur sur toute la longueur des égouttoirs, pendant que le relief du bord des abreuvoirs, bien qu'élevé dans la partie inférieure, devient très-faible en remontant et se réduit à zéro à leur origine. Les déblais de creusement des égouttoirs et des abreuvoirs et ceux d'abaissement du bord des égouttoirs formeront donc bien une largeur de relief moitié en sus au moins de la surface de 40 centimètres levée au bas des égouttoirs. On aurait donc déjà dès la première année 60 centimètres de relief au bord des abreuvoirs et 40 au bord des égouttoirs, ou en tout 1 mètre de largeur d'aile achevée sur chaque côté de la planche.

En creusant les égouttoirs et les abreuvoirs, on a à sa

disposition des gazons qu'on a réappliqués à la surface du relief, et on sème les parties non gazonnées, en sorte que, à l'exception des bords des égouttoirs, la surface entière reste en produit. L'année suivante, curant les rigoles et levant le sol sur la même largeur, comme le relief s'abaisse et demande moins de remblais, on aurait bien encore une pareille largeur d'ailes formée. Le même travail la 3ᵉ année produirait encore une pareille largeur d'ailes, en sorte que, sur les 4 m. 20 de surface d'ailes, il ne resterait de travail à faire la 4ᵉ année que 1 m. 20 de largeur, travail peu considérable qui ne serait presque qu'un raccordement de surface. On arrive alors à une forme complète et à un produit supérieur en qualité et souvent en quantité à l'ancien, après avoir dans les trois années qui précèdent regagné à peu près en qualité ce qu'on aura pu perdre en quantité. On a ainsi partagé en 4 ans le travail qu'on aurait fait en une année, mais qui aurait été suivi de deux ans de faible production, à moins qu'on n'eût fumé abondamment ou réappliqué le gazon sur toute la surface.

Pour nous former une idée plus précise du travail que demande ce procédé, supposons que nous ayons à adosser un terrain d'un centimètre de pente qu'on peut bien regarder comme la limite supérieure des terrains peu pentueux. En donnant à la planche 30 mètres de longueur et 9 mètres de largeur, sa surface sera de 270 mètres ; son relief sur le sol, de 25 centimètres de hauteur, s'arrêtera à 25 mètres pour s'abaisser sur la rigole de dégorgement ; il formera une pyramide dont le sommet sera à l'origine de l'abreuvoir et dont la base sera un triangle de 9 mètres de base sur 25 centimètres de hauteur, ou de 1 mètre 12 de surface. Son cube sera de 13 mètres, y compris la petite pyramide qui termine le relief. Dès la première année, en creusant les abreuvoirs et les égouttoirs, et en échancrant au niveau que doit avoir la planche une surface de 40 centimètres de largeur de chaque côté des égouttoirs, on a plus de 4 mètres cubes de déblais qui font près du tiers du relief et par conséquent de l'ouvrage entier. Il reste donc pour les trois années suivantes 9 mètres de remblais à faire ; ces remblais à placer à peu de distance ne peuvent pas s'élever pour des ouvriers exercés à plus de 30 centimes le mètre cube, et par conséquent à 3 fr. 90 c. pour les 13 m. c. de la planche ou 1 fr. 44 c. l'are, ou 144 fr. l'adossement graduel d'un hectare dont les déblais égalent les remblais; mais il faudrait en moyenne augmenter d'un quart en sus ce prix, lorsqu'on aurait à enlever ou amener une partie de la terre. Ce surplus de dépense peut souvent s'éviter, ainsi que nous l'avons vu précédemment, en faisant en sorte de donner aux planches une longueur telle, que les déblais égalent à peu près les remblais, soit sur la planche elle-même, soit sur les planches immédiatement voisines, lorsqu'on a plusieurs systèmes de planches. Cependant, pour avoir égard à ce qu'on ne peut pas toujours rencontrer des circonstances favorables, nous porterons en moyenne la dépense par hectare à un quart en sus, soit 1 fr. 80 par are, ou en nombre rond 200 fr. par hectare à distribuer sur 4 années.

Gazonnement des planches bombées.

2. Si dès la première année et dans celles qui suivent on a soin de lever le gazon pour le réappliquer, on est dispensé d'abaisser le terrain au-dessous de son niveau, de l'ameublir, de le semer, et on évite à peu près toute perte de produit. Dans ce cas cependant, on est obligé, sur les bords échancrés des égouttoirs, d'enlever une plus grande épaisseur de terrain pour faire place au gazon réappliqué. Les gazons ne peuvent manquer sur un terrain gazonné, surtout la première année, où l'on a à sa disposition, en outre des gazons de la surface échancrée à recouvrir, ceux des égouttoirs et des

abreuvoirs. Dans l'année suivante on cure les rigoles; on continue de donner la forme au relief, en levant le sol du côté des égouttoirs et y réappliquant le gazon. On lève ensuite le gazon de la surface sur laquelle doit se continuer le relief, on y place les déblais qu'on a faits du côté des égouttoirs, et on réapplique le gazon à la surface. Nous ne pensons pas que la récolte de la seconde année ni celle de la première soient sensiblement diminuées, puisqu'elles doivent se ressentir des avantages essentiels de la nouvelle forme du terrain, c'est-à-dire irrigation régulière et égouttement complet. Nous avons éprouvé que des ouvriers ordinaires, après avoir travaillé quelque temps à l'adossement des prairies, arrivent facilement et sans beaucoup de main d'œuvre à donner au terrain la forme convenable, en réappliquant le gazon après avoir levé l'épaisseur superflue de sol.

3. Il s'agirait maintenant d'apprécier la dépense du travail de gazonnement.

Lorsqu'on travaille sur un sol en prairie, il y a beaucoup d'importance à conserver le gazon, quel que soit le système d'irrigation qu'on adopte. Nous avons dit précédemment qu'il était essentiel de conserver sur la surface du sol déblayé un décimètre à peu près de celui de la surface. L'avantage est bien plus grand, si c'est le gazon lui-même qu'on réapplique, puisqu'on conserve la meilleure partie du sol producteur couverte d'un gazon garni des espèces indigènes au sol ; le gazon semé donne un assez bon produit les premières années, mais qui faiblit plus tard jusqu'à ce que les espèces qui conviennent au sol aient pris le dessus. L'avantage sans doute est moins grand quand le sol qu'on veut transformer est marécageux; mais le gazon, au milieu d'espèces médiocres prédominantes, en renferme un certain nombre d'autres de bonne qualité, auquel le nouvel état du sol assaini donne de la vigueur, pendant qu'il affaiblit les médiocres. Et puis on peut d'ordinaire sur le gazon réappliqué ne pas interrompre les arrosements, qu'on doit s'interdire ou du moins ménager beaucoup sur un sol ameubli et semé. Enfin pour assurer le succès des semis, il est très utile, presque indispensable d'employer de l'engrais, pendant qu'on en est dispensé sur un sol gazonné. Sous beaucoup de rapports donc, il est important de conserver le gazon.

Cette opération est depuis longtemps conseillée et employée; les journaux agricoles anglais en ont longtemps parlé sous le nom d'inoculation des prairies; nous l'employons à conserver le gazon des prés que nous transformons; les Anglais l'emploient spécialement à la formation de nouveaux prés. Pour cela, ils lèvent le gazon d'une partie de la surface d'une prairie ancienne, le divisent en petits carrés et le répartissent régulièrement sur le sol qu'ils veulent *appréyer,* en laissant moitié, deux tiers, trois quarts de vide. Au bout de peu de temps, une année ou deux, avec le semis de quelques graines, la surface se trouve entièrement gazonnée. Pour que ce procédé réussisse sur des prairies en arrosement régulier, il est nécessaire, sur la prairie ancienne dont on a enlevé une partie des gazons, de remplir en terre meuble la place des gazons enlevés, et sur la prairie qu'on crée, le gazon doit s'enfoncer au niveau de la surface ameublie du reste du sol.

Le travail essentiel dans cette opération consiste à lever des gazons réguliers ; cet ouvrage peut se faire avec des charrues à écobuer. Par ce moyen, les prix de revient de l'opération sont très sensiblement au-dessous des avantages qu'elle donne.

D'anciens souvenirs nous reportent à la méthode qu'emploie l'artillerie pour les gazons de ses batteries et de ses fortifications de campagne. Après avoir coupé le terrain par des lignes parallèles de la largeur qu'on veut donner au gazon, on détache ce gazon du sol avec une pelle plate tenue par un homme qui la dirige, et tirée par un autre au moyen d'une corde placée au manche de la pelle ; le travail se fait ainsi proprement et d'une manière expéditive. Nous avons perdu de vue ce procédé de notre jeunesse, et nous avons laissé nos ouvriers faire ce travail à leur volonté ; nous avons trouvé qu'ils réussissaient assez bien et sans y mettre beaucoup de temps ; cependant nous ne mettons point en doute qu'un travail régulier ne dût accomplir mieux et plus promptement l'ouvrage.

Et effectivement nous avons vu un atelier d'ouvriers dirigé par M. de Westerweller, ingénieur civil distingué, dont nous aurons plus tard à parler, exécuter ce travail mieux et plus promptement que nos manœuvres. Il découpe son terrain avec la hache de pré et le cordeau, par des lignes perpendiculaires entr'elles, en gazons carrés de 30 à 33 centimètres de côté. Un ouvrier détache ce gazon en glissant sous sa surface une pelle plate ; ce travail revient à 1 fr. 50 par are ; les gazons ont 8 à 10 centimètres d'épaisseur et sont parfaitement réguliers ; on les met en piles en attendant l'emploi qui ne doit pas tarder, car ils s'altéreraient assez promptement. Lorsque M. de Westerweller a de grandes étendues à dégazonner, il emploie une charrue qu'il a au moins perfectionnée, s'il ne l'a inventée ; cette charrue attelée de 2 à 4 bœufs, lorsque le terrain est de bonne prise, fait très bien et très régulièrement l'ouvrage ; elle détache une tranche régulière de 8 à 10 centimètres d'épaisseur, et l'écarte à 15 à 20 de la raie sans la retourner. Un homme avec la hache de pré coupe les gazons carrément, et d'autres les empilent en les prenant avec le trident. Par ce procédé ce travail coûte à peine moitié de celui des manœuvres. Maintenant arrivons à notre évaluation de dépense ; pour cela nous prendrons le prix du travail manuel de 1 fr. 50 par are pour l'enlèvement du gazon. Pour apprécier la valeur du reste de la dépense, nous remarquerons que pour le réappliquer il faut lever du sol une portion de terrain égale à son épaisseur et appliquer le gazon sur la surface ameublie. Or nous ne pensons pas que la dépense de ce double travail doive être portée à plus de 1 fr. 50 par are, lorsque la terre levée trouve sa place sur la planche elle-même ou sur celle immédiatement voisine ; nous aurons donc en tout pour l'opération entière du gazonnement, 3 fr. par are, ou 300 fr. par hectare, qui, ajoutés aux 200 fr., prix de l'adossement graduel, élèvent la dépense par hectare d'adossement gazonné à 500 fr. Dans le cas où il y aurait de la terre à importer ou exporter, nous évaluerons en moyenne la dépense à un quart en sus, ce qui élèvera à 625 fr. la dépense moyenne de l'adossement avec gazonnement d'un sol en prairie.

Nous remarquerons en terminant que dans les évaluations de prix auxquelles nous sommes arrivé, nous avons plutôt exagéré que diminué la dépense, pour peu que l'on occupe des ouvriers exercés.

* * *

CHAPITRE X.

PROCÉDÉS D'IRRIGATION EN ALLEMAGNE.

I. Les Allemands ont comme nous les deux méthodes d'irrigation des prés en pente et des prés en plaine, celle des rigoles horizontales et celle des billons. En arrière de nous, il y a 50 ans, pour toutes les branches de leur agriculture, ils nous devancent maintenant dans presque toutes et surtout dans les plus productives, la création des fourrages et l'entretien des bestiaux, et c'est surtout pour les prairies qu'ils ont obtenu les plus grands succès. Les méthodes dont nous venons de parler sont, nous le pensons, moins anciennes en Allemagne qu'en France ; elles sont pratiquées dans les Vosges de temps immémorial, pendant qu'en Allemagne, d'après

M. Villeroi, la reconstruction des prés a été introduite à
Siegen, de 1750 à 1780, par le bourgmestre Albert-Adolphe
Dresler. En France les procédés se sont, il est vrai, améliorés
depuis 25 à 30 ans, mais beaucoup moins, il nous semble,
qu'en Allemagne. Dans ce grand pays, des écrits nombreux
et spéciaux les ont développés et ils se sont répandus dans la
plupart de ses provinces. En France, les ouvrages d'agriculture en disent à peine quelques mots; les premiers, il y a
une quinzaine d'années, nous avons commencé à décrire ces
procédés; aussi ne les rencontre-t-on que dans les Vosges, contrée de France où ils paraissent avoir pris naissance. Les direc-
teurs de ces travaux y sont presque tous illettrés; ils font leur
travail sans niveau, avec un coup d'œil plus ou moins exercé;
nous avons appris par notre expérience qu'ils pouvaient assez
souvent se tromper. En Allemagne au contraire, ces travaux
sont dirigés par des hommes instruits, des ingénieurs hydrauliques dont plusieurs en ont résumé les conditions essentielles
dans de bons écrits.

On peut assigner la raison de cette différence; les irrigations en Allemagne ont reçu toute espèce d'encouragement;
les gouvernements les ont facilitées autant qu'ils ont pu par
des mesures légales; ils ont de toutes parts appelé des irrigateurs du pays de Siegen pour introduire ces méthodes dans
leurs contrées; le roi de Prusse, l'empereur de Russie en
ont fait venir pour mettre en valeur de grandes étendues
de terrains tourbeux et marécageux; enfin chaque gouvernement, même le plus petit, a son ingénieur irrigateur.

On conçoit que, par suite de ces encouragements, l'attention publique s'est portée sur l'irrigation, que beaucoup de
gens capables en ont fait leur occupation spéciale, et que
les méthodes ont dû se perfectionner entre leurs mains.

Il en est de même de la plupart des branches de l'agriculture, elle languit chez nous dans toutes ses parties. Depuis

Henri IV et son ministre Sully, les gouvernements qui se sont succédé n'ont pas cessé de l'épuiser par des demandes sous toutes les formes, sans lui donner d'encouragement et même en la dédaignant. Aussi nous en portons la peine. Depuis un demi siècle surtout, de toutes parts autour de nous, chez nos voisins, l'agriculture s'est perfectionnée, et nous sommes obligés de leur demander tous les ans pour 3 à 400 millions de leurs produits. C'était avec nos produits industriels et surtout nos produits de luxe que l'équilibre se rétablissait en partie ; maintenant que les circonstances les ont beaucoup réduits, comment parviendrons-nous à solder ces denrées étrangères en grande partie de première nécessité ? C'est chose difficile sans doute ; mais le moyen le plus sûr, le plus court, serait d'arriver à les produire nous-mêmes ; notre pays nous offre les éléments essentiels de cette production, le sol, le climat, la main d'œuvre et la disposition d'une grande abondance d'eau. Ainsi que nous l'avons dit précédemment, il suffirait d'employer les ressources d'irrigation que nous offrent nos eaux sur un 6e au plus de notre territoire ; c'est à l'utile emploi qu'en font les Allemands, qu'ils doivent en grande partie leurs progrès agricoles qui grandissent encore chaque jour.

M. Villeroi vient de nous faire connaître en partie les détails de leur méthode dans le journal d'agriculture pratique, et nous avons au milieu de nous un de leurs ingénieurs distingués, M. de Westerweller, que nous avons eu occasion de citer, et qui a déjà donné dans notre contrée un exemple et un type de la méthode allemande perfectionnée. C'est dans le cercle de Siegen en Bavière qu'elle a acquis le plus de perfection ; c'est là que l'Allemagne va chercher ses modèles et que M. de Westerweller l'a étudiée.

On conçoit que la méthode allemande est à très peu près la même que celle des Vosges, sur laquelle nous venons de donner de grands développements ; nous ne ferions que nous répéter si nous voulions la décrire en entier ; nous nous bornerons donc à indiquer les points dans lesquels ses procédés nous ont semblé différer de ceux que nous avons employés. Nous en donnerons une juste idée en décrivant le travail fait par M. de Westerweller et en en traçant le dessin qui fera, mieux que nos paroles, juger la méthode.

La méthode perfectionnée de Siegen est arrivée à des procédés qui entraînent d'assez grands frais de main d'œuvre ; mais les avantages qu'on en recueille sont grands, et dans une agriculture qui s'est enrichie par le progrès, on n'hésite pas à faire des dépenses qui doivent donner prochainement de grands produits. Les irrigateurs de ce pays ont donné à leur méthode le nom de reconstruction des prés, parce qu'effectivement ils travaillent et renouvellent en quelque sorte toute leur surface ; ainsi leur système de rechute soit plan incliné se compose, comme dans les Vosges, d'une suite de rectangles de même longueur et largeur et de pente uniforme, qui se dominent les uns les autres ; cependant, ainsi que nous l'avons expliqué précédemment, cette méthode peut très bien s'appliquer avec peu de main d'œuvre à un sol pentueux et inégal, pourvu qu'il ne soit pas trop accidenté, en faisant suivre aux rigoles, au moyen du niveau, toutes les inflexions du terrain. Quant à la méthode des planches bombées, il n'y a pas moyen d'en recueillir les avantages sans une véritable reconstruction de la prairie.

Soit qu'ils emploient l'une ou l'autre méthode, le plus souvent les irrigateurs de Siegen réappliquent sur la nouvelle surface l'ancien gazon ; et, ainsi que nous l'avons établi précédemment, dans ce procédé, les bénéfices couvrent assez promptement les sacrifices.

Ils placent ensuite en relief sur le sol leurs rigoles alimentaires ; ils les revêtent de gazons, en leur donnant un évasement qui les défend des érosions ; ils leur donnent encore comme nous très peu de pente ; ils y prennent l'eau pour leurs planches bombées ou leurs rechutes au moyen de petits clapets ou canaux en bois qu'ils placent dans le massif de leurs rigoles, et avec des gazons qu'ils placent ou déplacent à leur embouchure dans la rigole elle-même, ils ôtent ou donnent l'eau à volonté ; leurs empellements en pierre de taille ou en bois sont d'ordinaire évasés comme leurs rigoles. Nous ne discuterons pas les avantages ou les inconvénients de cette forme de rigoles ; nous pensons qu'elles n'ont pu être admises ainsi dans de grands pays que parce qu'on leur a trouvé de notables avantages ; cependant nous devons dire, que, à tort peut-être, nous ne les apprécions pas assez pour les admettre dans notre pratique.

Il est un principe essentiel d'irrigation admis à Siegen, qui, au premier coup d'œil, semble une anomalie, et auquel nous pensons que l'on doit se conformer pour réussir : c'est qu'il faut moins d'eau pour arroser un pré pentueux qu'un pré de peu de pente ; nous en avons donné précédemment les raisons. Ce principe serait, il est vrai, opposé à celui des arrosements méridionaux avec les grands cours d'eau qui exigent moins d'eau pour les terrains en plaine que pour ceux en pente ; mais on en sent facilement la raison : c'est d'abord que ces arrosements se font sur des terres en labour et ameublies, et les nôtres sur des sols gazonnés et en prés. Et puis les arrosements méridionaux ont pour but essentiel de pénétrer le sol d'humidité ; celui qui a peu de pente en est bien plus promptement saturé que le sol à grande pente sur lequel l'eau glisse sans s'arrêter ; les nôtres sont surtout destinés à faire profiter le sol des parties fécondantes que laissent à leur passage les eaux en mouvement. Or, ces eaux, en lame très-mince sur un terrain de peu de pente, sont arrêtées par les feuilles, les racines et les tiges du gazon ; elles y perdent toute la vitesse que leur donnerait la faible pente du sol, y laissent peu de principes fécondants en raison de leur faible volume, peuvent même nuire par leur séjour. Une lame plus épaisse au contraire profite de toute la pente du sol pour s'écouler, entraîne avec elle la portion de lame qu'arrête, lorsqu'elle est seule, la surface gazonnée, et y laisse une portion de principes fécondants proportionnelle à son volume.

Nous avons donné précédemment la quantité d'eau que les Allemands trouvent la plus convenable pour leurs irrigations; nous avons vu que leurs données ne s'éloignent pas des nôtres ; plusieurs d'entre leurs écrivains n'admettent pas comme nous l'horizontalité complète des abreuvoirs, ils donnent une légère pente à leur première moitié. Ainsi pour une rigole de 30 mètres, ils donnent 4 centimètres de pente, 15 millimètres pour les trois premiers mètres, 10 pour les 3 suivants, et successivement 8, 5, 3, en sorte que pour les 15 derniers mètres la rigole est horizontale. Il nous semble difficile de faire rigoureusement la construction suivant ces prescriptions ; nous nous contenterons d'en tirer le principe que la pente légère à donner aux abreuvoirs doit être pour la première moitié et doit se ménager de manière à ce que le versement dans les eaux moyennes se produise sur toute sa longueur. Il est plus facile, ainsi que nous le pratiquons, à une main exercée de donner une légère pente après la construction dans la rigole pleine d'eau, que de l'établir rigoureusement pendant la construction.

Les irrigateurs de Siegen posent en principe qu'on doit recourir au système des rechutes ou rigoles horizontales, lorsque le terrain a 4 centimètres de pente par mètre et qu'il n'est pas de nature tourbeuse ; la main d'œuvre des planches bombées avec un terrain d'une pente plus forte serait considérable, à moins qu'on ne les fît très courtes, pendant qu'elle est presque nulle avec le système horizontal, lorsqu'on ne se tient pas obligé de couper son sol en planches rectangulaires.

Comme ceux des Vosges, ils admettent que 8 à 9 mètres

sont la largeur de planche la plus convenable, parce que chaque aile offre la place de deux andains ; ils ne donnent aux planches guère plus de 15 à 20 mètres de longueur ; elles demandent alors moins de travail que si elles étaient plus longues· Cette dimension nous semble bien un peu courte ; avec elle on se trouverait souvent obligé de recourir à des étages de planches qui demandent dans leur exécution plus de soins et d'habileté, et sur lesquels la répartition des eaux offre plus de difficulté. On doit donc, pour cette longueur, consulter les circonstances et la position où l'on se trouve.

Ils donnent à leurs ailes en moyenne 4 pour cent de pente ; cette moyenne nous semble bien choisie ; cependant elle doit encore s'accroître pour les terrains argileux et surtout pour les tourbeux, et peut être diminuée pour les terrains meubles. D'ailleurs cette pente, à mesure qu'on avance, s'accroît de la pente des égouttoirs qui doivent débiter facilement toutes les eaux que leur versent les planches.

Schenk, celui de leurs auteurs qui a le mieux résumé les pratiques de Siegen, recommande de lever les gazons qu'on veut réappliquer d'autant plus minces, que la végétation est plus avancée. Il regarde ce procédé comme devant beaucoup aider à la reprise. En admettant la justesse de ce conseil qui doit être le résultat de la pratique, il faudrait admettre aussi que les racines poussent mieux coupées qu'entières, ce qui appuierait l'opinion de ceux qui, comme nous, pensent qu'on facilite la reprise d'un arbre en rognant ses racines en même temps que ses branches.

Comme il lève les gazons très minces, et que les racines coupées demandent à être promptement mises en place, il recommande de ne pas les laisser plus de 2 à 3 jours sans les réappliquer ; on les bat aussitôt qu'ils sont mis en place et autant que possible par un temps humide, ou en introduisant un peu d'eau sur la surface ; et pour qu'ils arrivent à faire mieux ensemble avec le terrain du dessus et les gazons voisins, on les bat en deux sens perpendiculaires entr'eux.

On conseille encore à Siegen, et nous pensons avec beaucoup de raison, de ménager dans les prés des parties gazonnées qui servent de chemin aux voitures et les dispensent de traverser les systèmes de planches.

On évite en général le pâturage des prés et même encore le passage des voitures, et lorsque la distance du pré au fenil n'est pas de plus de 500 mètres, on recommande de rentrer le foin plutôt à dos avec des draps qu'avec des voitures ; ce conseil ne peut cependant guère se suivre que pour des prés de petite étendue.

Leurs irrigateurs admettent encore qu'avec une pente de 3 centimètres par mètre l'eau en nappe mince, filtrée par son passage sur le gazon, ne porte guère au-delà de 7 mètres ses parties fécondantes ; aussi placent-ils leurs rigoles horizontales à 5 mètres les unes des autres.

Lorsqu'ils ont à arroser une assez grande étendue en largeur, ils ne donnent pas plus de 30 à 40 mètres de développement à leurs rigoles horizontales, et les traversent dans leur milieu par une rigole perpendiculaire qui reçoit l'eau du canal alimentaire en relief du dessus de la prairie, et la distribue à droite et à gauche aux rigoles horizontales ; chaque ensemble de ces rigoles parallèles forme un système de 30 à 40 mètres de largeur, qui se prolonge jusqu'à une rigole de desséchement ; entre deux systèmes voisins se trouve un égouttoir qui rassemble les eaux que jettent les extrémités des rigoles horizontales pour les porter à la rigole de desséchement.

Lorsqu'on veut adosser un pré marécageux sans faire de dépense bien sensible et sans interrompre ses récoltes, nous avons vu qu'après avoir commencé l'amélioration par des rigoles, abreuvoirs et égouttoirs, on peut former petit à petit des planches bombées ; cette méthode est plutôt allemande que française : toute simple qu'elle est, nous ne l'avons pas vue pratiquée dans les Vosges ; nous pensons qu'il est dans tous les pays une foule de terrains où l'on peut et doit y avoir recours ; elle demande peu de main d'œuvre, et chaque année on peut jouir du travail de l'année précédente ; il en résulte qu'on peut la demander à des fermiers malgré leur jouissance restreinte.

Après ces préliminaires, nous allons entrer dans les détails d'une grande opération qui offre un exemple pratique de la méthode allemande dans toute sa perfection. Cet exemple prend d'autant plus d'intérêt dans notre pays, qu'il s'applique au dessèchement et à l'irrigation d'étangs dont une partie de la surface se trouve en sol marécageux et tourbeux. La Société d'agriculture de l'Ain a décerné à l'auteur de ces travaux une médaille d'or comme récompense d'un travail bien conduit dans toutes ses parties et d'un très bon exemple dans le pays.

M. Tronchin de Lavigny, dans sa propriété de Cornaton, commune de Confrançon, a desséché et irrigué deux étangs. L'un (planche 1re) ne reçoit que des eaux de pluie, l'autre (planche 2e) s'alimente de sources et d'un petit cours d'eau ; ce dernier avait sur sa chaussée un moulin qui travaillait d'octobre en mars, et le laissait vide pour être fauché et pâturé le reste de l'année. Après quelques tentatives de peu de succès, M. Tronchin s'est décidé à appeler pour le travail à faire dans ces deux fonds un jeune ingénieur allemand, M. Henri de Westerweller, qui s'occupait en Suisse de diriger des travaux d'amélioration de prairies et d'irrigation, et avait déjà rempli dans le duché de Hesse-Darmstadt les fonctions d'ingénieur irrigateur.

L'étang Salépin de 4 hectares (planche 1re), mauvais pâturage marécageux, tenait mal l'eau qui ne couvrait que deux hectares ; depuis plusieurs années il n'était plus empoissonné. La première opération fut de l'assainir, ce qui s'est fait par deux puissantes rigoles de dessèchement (AO, BO), placées dans les parties basses de deux petites in flexions de terrain qui y amènent les eaux ; ces eaux se réunissent ensuite dans une troisième rigole (OC) qui les évacue en assainissant le corps de l'étang ; le sol en est sablonneux et recouvre une couche de marne très près de la surface. Par des écrètements et des enlèvements de terre reportée dans les parties basses, en profitant de la pente du terrain, et y joignant deux parcelles de pré de la queue de l'étang, (I, II, fig. 1re), on a maintenant 4 hectares arrosés d'eaux pluviales de deux origines, descendant en plus grande partie de terres labourées. Ces eaux durent une partie de l'année ; dans l'été elles ne reparaissent que dans les temps de pluie, et suffisent néanmoins très bien à l'irrigation du pré. Le sol est complètement assaini et parfaitement dressé sur toute son étendue ; la partie en rapport, couverte d'une herbe vive de la meilleure apparence, a donné en 1848 une quantité de regain double du premier foin ; en 1849 la récolte a été complète.

Tout l'ensemble a assez de pente pour être arrosé suivant le système de rigoles horizontales ; ces rigoles prennent l'eau dans deux rigoles de ceinture en relief ; la première (P, Q, R, S, T) reçoit les eaux en (A) et arrose les parties (I et II) ; la seconde (B, M, N) reçoit les eaux en (B) et arrose les parties (I et IV).

Les grandes rigoles sont en général en relief sur le sol ; cette disposition offre, il est vrai, l'inconvénient d'être percée par les rats, mais elle a l'avantage de faciliter les prises d'eau, de pouvoir arroser immédiatement les bords des rigoles, et de ne point causer d'infiltration dans le sol, ce qui arrive souvent à celles creusées dans un terrain sablonneux dont les eaux infiltrées dans le sous-sol font produire à quelque distance des joncs et des plantes de mauvaise qualité. Ces rigoles sont en outre gazonnées pour empêcher l'action

rongeante des eaux ; elles sont en talus, parce que ni les
gazons ni la terre n'eussent tenu sans cette disposition.
Elles sont aussi plus facilement curées ; quelques coups de
faux rasent de temps à autre le gazon de leurs bords ; cependant leur talus met obstacle à la répartition des eaux par
les empellements, et les pelles à côtés obliques, en rapport
avec la forme des rigoles, sont médiocrement disposées pour
laisser passer un quart, un tiers, ou moitié des eaux. On
pourrait, il est vrai, les faire dans le bas en parties brisées
qu'on enlèverait ou laisserait à volonté ; en enlevant une
ou plusieurs planchettes dans le bas de la rainure, on laisserait ouverte la portion de rigole nécessaire au débit de l'eau
qu'on voudrait laisser passer. Cependant, même avec cette
modification, on ne peut pas proportionner ces ouvertures à
la quantité variable des eaux ; en compensation de cet inconvénient, il est très facile d'ôter ou de mettre ces vannes
obliques, et leur fermeture est beaucoup plus exacte que
celle des vannes perpendiculaires, auxquelles il faut toujours
un peu de jeu dans la rainure.

Les travaux faits dans l'étang s'achèvent par la mise en
pré d'une partie de bois (G) traversée par les eaux venant de
terres et de prés situés au nord-ouest et altérées par leur
passage dans ce bois de chênes. Les travaux exécutés sont
considérables et ont coûté 4 mille francs au propriétaire, à
qui on en demandait 6 mille pour d'autres moins étendus et
surtout moins bien conçus ; ils ont été faits à la journée
sous l'inspection de M. de Westerweller. Le pré sera de bonne
qualité, parce qu'il est arrosé par de bonnes eaux qui s'égout-
teront facilement ; sa valeur nouvelle, autant qu'on en peut
juger par la vue des parties déjà en produit, arrivera, nous
le pensons, à 3 mille francs au moins par hectare. Dans
l'état où il était, les fermiers n'y attachaient presque aucun
prix, en sorte que l'on pouvait tout au plus en évaluer l'ensemble à mille francs par hectare ; d'où il suit qu'il ressor-

tirait 4 mille francs de bénéfice de cette amélioration, somme égale à la valeur primitive du fonds.

Nous arrivons à l'étang Corian (planche II). Il est composé de 30 hectares dont M. Tronchin possède 26 ; la partie (X X) ne lui appartient pas. Il avait commencé par détruire son moulin, mais l'étang était devenu un marais. Il approfondit la rivière, fit des canaux d'assainissement, mais son terrain desséché ne lui donnait qu'une petite quantité de foin de mauvaise qualité, et il restait des marais, des vernaies et de mauvais pâturages sur plus de moitié de la surface. C'est alors qu'arriva M. de Westerweller ; il se mit à l'œuvre, dressa la rivière suivant la direction (A N) ; le dressement s'arrêta au point (N) où M. Tronchin cessait d'être maître des deux bords ; il donna à la rivière un mètre de pente de plus, en creusant un atterrissement formé contre la chaussée de l'étang. (Voir le profil de la rivière Corian, figure III). Il mit par des écrètements et des transports de terre toutes les parties de son sol sous les eaux, leur procura de l'écoulement, entoura l'étang sur ses deux bords d'une rivière de ceinture (*cc, cc*) dont le niveau ménagé fit une rigole d'irrigation. En dressant le terrain, il attribua à chaque partie un niveau spécial qu'il mit à portée de recevoir et d'écouler ses eaux. Comme c'eût été une trop grande entreprise de soumettre toute cette étendue à un même niveau, il nivela chaque partie pour elle-même (suivant son expression) ; là où la pente était suffisante, c'est-à-dire de 2 à 4 centimètres par mètre, il établit le système de rechutes soit rigoles horizontales ; mais comme ses canaux de desséchement, l'approfondissement de sa rivière de ceinture, et surtout les déblais à faire lui donnaient beaucoup de terre, pour n'avoir pas à la tirer à grands frais de l'étang, il créa dans les parties les plus basses de son fonds deux grands billons en relief (II, V, VIII), composés de deux grandes ailes sur le sommet desquelles il amena deux rigoles d'irrigation (RR, RR) pour arroser les deux pentes. Et comme il restait encore une partie de l'étendue (IV) qui n'avait qu'une pente insensible, il se détermina à y établir le système des billons soit planches bombées de grandeur moyenne ; mais les reliefs et les parties en billons avaient besoin d'écouler leurs eaux ; du côté donc où elles ne s'égouttaient pas immédiatement dans le bief, il établit des rigoles de dessèchement (EE, EE) qui s'y rendaient, en sorte que par ces diverses dispositions l'étang entier est parfaitement arrosé et égoutté. Il est remarquable même qu'en profitant de la disposition naturelle du sol, qui donne à l'étang beaucoup plus de longueur que de largeur, et au moyen des reliefs établis, les 5/6 de l'étang s'arrosent avec une pente de 2 à 4 pour cent ; le dernier sixième, maintenant presque sans pente, aura sur ses ailes une pente à peu près égale, lorsque ses billons seront achevés.

Les 5/6 de l'étang arrosés par des rigoles horizontales tracées au niveau, forment des systèmes séparés, éloignés entr'eux de 30 à 40 mètres, qui se prolongent plus ou moins suivant leur distance au bief ou aux fossés d'assainissement ; ces rigoles sont alimentées par d'autres perpendiculaires qui les traversent dans leur milieu et prennent l'eau dans celles de ceinture et dans celle des deux grands reliefs (II, V, VIII). Entre deux systèmes se trouve toujours une rigole égouttoir qui débouche dans le bief ou dans une grande rigole d'assainissement.

Quant aux parties de peu ou de point de pente (IV, VIII), elles ont été mises en billons ; leur travail n'est pas achevé : on a fait d'abord les égouttoirs et les abreuvoirs, en donnant aux planches une largeur de 12 mètres. On a porté la terre de déblai au bord des abreuvoirs pour en commencer le relief ; chaque année le curage des rigoles en fournira pour le continuer ; on lèvera même 3 ou 4 rangs de gazons sur le bord des égouttoirs pour arriver plus promptement à la forme la plus avantageuse dans laquelle les ailes ont 2 à 4 centimètres de pente par mètre, les abreuvoirs 1/5000 à peine, et les égouttoirs une pente au moins quadruple ; ces billons s'arrosent et s'égouttent actuellement avec moins d'avantage sans doute que lorsqu'ils seront totalement arrosés, mais leur produit actuel est déjà néanmoins plus abondant et de meilleure qualité qu'avant le tracé des rigoles.

Partout où l'ancien gazon était de qualité passable, on l'a levé à la bêche ou avec une charrue fabriquée exprès, soit pour en revêtir le relief des rigoles, soit surtout pour ne point perdre de jouissance, en sorte que dès la première année, au milieu même des travaux, le produit de l'étang a plutôt augmenté que diminué.

Tout le travail essentiel est donc fait ; cette grande prairie s'arrose et s'égoutte tout entière avec facilité ; dans les eaux abondantes elle peut s'arroser toute à la fois, et ces eaux arrivent au moins 20 jours par an. Dans les eaux moyennes, les cours d'eau et les sources débitent ensemble 8 mètres cubes par minute, ou 133 litres par seconde, ce qui ferait sur toute la surface une couche de 44 millimètres par jour. En se bornant à arroser un quart de l'étendue, la couche sur cette surface sera de 17 centimètres et demi par 24 heures, quotité d'irrigation suffisante. Dans les eaux moyennes donc, on peut en arroser le quart, et par conséquent dans les 180 jours de saison favorable à l'irrigation, et sans compter ceux des grandes eaux, chaque quart pourrait recevoir 45 jours d'arrosement ; le cours d'eau suffirait donc à une étendue beaucoup plus grande. Pendant les premières années cependant, il y aura tout avantage à répéter l'irrigation toutes les fois que le temps et la saison seront favorables. Les parties de la prairie qui ont été semées ont besoin qu'on change les plantes qui ne conviennent pas au sol et au régime nouveau qu'on lui donne ; celles qui sont couvertes de l'ancien gazon demandent à perdre les plantes marécageuses de l'ancienne surface. De bonnes eaux faciliteront merveilleusement cette double transformation, repeupleront les parties claires, lieront entr'eux les gazons qu'on n'a pas toujours pu avoir assez nombreux pour garnir la surface. En attendant le produit sera grand, car il est remarquable que les prés faits dans de bonnes conditions rapportent souvent au moins autant les premières années, que dans celles qui suivent immédiatement. Ici le produit se soutiendra, parce que les eaux et le sol sont de bonne nature; mais il est nécessaire que les soins se continuent pendant plusieurs années sous l'inspection de celui qui a créé le travail; ces soins entrent dans l'habitude de l'ouvrier intelligent qui reste chargé des détails d'irrigation, et ils lui seront devenus faciles parce qu'ils sont sans complication.

Voyons maintenant les dépenses faites et comparons le produit ancien avec le nouveau.

D'après un relevé exactement tenu par le directeur des travaux, la dépense de déblai, remblai, dressement de sol, travaux d'art, s'est élevée à 17,440 fr., soit 670 fr. par hectare. Mais le produit de l'hectare, d'après les parties actuellement en rapport, les apparences de celles qui y arrivent, et les résultats obtenus dans des sols analogues, doit être en moyenne au moins de 5 à 6 mille kilogr. en deux coupes, dont la valeur, pour être placée dans des corps de domaine, ne peut être portée à moins de 180 à 200 fr. Or le produit ancien était un loyer de 400 fr. pour le moulin; le sol en pré, marais, vernaie ou pâturage, distribué dans les domaines, ne rendait que 10 fr. par hectare; l'hectare de l'étang produisait donc un revenu de 25 fr. chargé des réparations du moulin et de l'étang; c'est par conséquent un accroissement de revenu par hectare, de 165 fr., ou pour l'étang entier de 4,290 fr.

En capital, nous évaluerons l'ancienne valeur de l'hectare de l'étang à 1,000 fr., 40 fois le revenu ancien, et nous resterons au-dessous de la valeur nouvelle, en portant à 4,750 fr.

25 fois le revenu, celle de l'hectare du produit annuel de 190 fr. C'est donc un fonds de 26 mille francs qui, avec 17 mille de dépenses, s'est élevé à 123,500 fr., et par conséquent un bénéfice net de 80,000 fr.

En résumé, nous avons dans l'étang Corian la méthode allemande d'irrigation dans toute sa perfection, et il devient un type modèle de l'irrigation des terrains en plaine, en pente et de la mise en pré des étangs desséchés.

L'étang Corian en 1849 a produit au-delà de la moyenne que nous lui avions assignée l'année dernière ; il est désormais tout entier assaini, arrosé, et donne sur toute sa surface un produit abondant et de bonne qualité.

Il en est de même de l'étang Salépin, dont le produit cependant est moins abondant, parce que son sol et ses eaux n'ont pas la même qualité que celles de l'étang Corian.

Mais dans cette propriété de M. Tronchin, les améliorations s'enchaînent, se succèdent. En 1848, M. de Westerweller avait créé un modèle de desséchement et de mise en pré d'un grand étang ; en 1849 il a produit un type de l'emploi des eaux de pluie à l'irrigation au moyen d'un réservoir. Ce réservoir fournira aux irrigations d'été, et les pluies d'automne, d'hiver et de printemps, à celles de ces saisons. Voilà donc un nouvel et excellent exemple donné à nos populations.

Puisque nous rappelons la méthode d'irrigation avec l'aide d'eaux accumulées, nous croyons, avant d'aller plus loin, devoir faire connaître un moyen de vider un réservoir qui se remplit par les eaux de pluies ou de sources, sans que la main de l'homme soit obligée de s'y employer. Ce moyen est un syphon qui s'amorce seul.

M. Burjoud, architecte-géomètre à Bourg, qui s'occupe depuis plusieurs années avec succès de l'irrigation des prés, a imaginé un procédé que nous croyons nouveau, celui de mettre en jeu le syphon sans le secours de la main, sans soupape, sans clapet, ni aucune pièce mobile plus ou moins sujette à dérangement ou engorgement. La branche courte du syphon plonge dans le réservoir; le tube horizontal qui la fait communiquer à la grande branche, est engagé dans la chaussée au niveau du réservoir plein; la grande branche, branche extérieure, a son extrémité placée à 2 à 3 centimètres du fond d'un petit vase de 5 à 6 centimètres de profondeur; lorsque dans le réservoir qui se remplit, l'eau arrive à la hauteur de la paroi inférieure de la branche horizontale du syphon, l'eau commence à couler, le petit vase se remplit, l'eau monte de quelques centimètres dans l'extrémité de la branche inférieure du syphon, en sorte que l'air extérieur ne peut plus y pénétrer par l'une ni par l'autre de ses deux ouvertures qui plongent toutes deux dans l'eau.

Mais pour que le syphon se mette en action, il faut que l'air qui s'y oppose s'en échappe sans y mettre la main. Voici comment cela arrive:

Lorsque le réservoir se remplit, le trop plein commence à s'écouler par le syphon; cette eau qui s'écoule occupe la paroi inférieure du tube qui lie les deux branches; lorsqu'elle arrive à la branche descendante, elle se précipite en raison de la gravité, et entraîne avec elle une partie de l'air du syphon. C'est un fait connu en hydraulique, que l'eau dans sa chute entraîne toujours une notable quantité d'air; cette propriété est le principe sur lequel s'établissent les machines soufflantes appelées trompes dans les travaux métallurgiques. Et la masse d'air que l'eau entraîne dans ces machines est considérable, puisqu'elle suffit à activer des feux de forge. Nous remarquerons que cet air entraîné n'est pas interposé entre ses molécules, c'est de l'air qui lui est adhérent; en faisant tomber de l'eau d'un vase, on voit que la lame d'eau, large d'abord en sortant du vase, se rassemble bientôt en un filet cylindrique transparent qui diminue de volume à mesure que sa vitesse augmente; sa transparence

et son volume, progressivement diminuant, prouvent qu'aucune bulle d'air n'est interposée entre ses molécules, et cependant si l'on reçoit le filet dans un autre vase transparent
plein d'eau, on voit de nombreuses et volumineuses bulles
d'air se dégager du liquide à mesure que le filet d'eau s'y enfonce. Cet air a donc été entraîné par l'eau et par conséquent lui était adhèrent, puisqu'il n'y était pas interposé.
L'eau qui tombe dans le tube du syphon entraîne donc une
partie de l'air qu'il renferme et s'échappe avec lui dans le
vase. Par la continuation de cet effet, l'air du syphon s'échappe successivement, le vide s'opère et la pression de l'air fait
monter l'eau dans tout l'ensemble du syphon qui verse alors
sans interruption au-dehors l'eau du réservoir.

Ce syphon bien simple sans doute et dont le jeu s'explique
par le raisonnement n'est plus seulement en essai ; M. Burjoud l'a fait fonctionner pendant un mois à la tête d'un pré
ou à bord d'un réservoir que le syphon vidait aussitôt qu'il
arrivait à être plein. Nous avons nous-même voulu répéter
ces expériences, et les résultats annoncés par M. Burjoud ont
été entièrement confirmés.

Le syphon, s'amorçant seul par ce moyen bien simple, peut
s'employer très utilement dans les arrosements au moyen de
réservoirs qui accumulent les eaux des sources, et sont si multipliés dans certains pays de montagnes. Il dispense un homme
de venir lever une bonde qu'il faut toujours entretenir fermée
avec soin sous peine de fuite d'eau. Et puis l'établissement
de la bonde, avec son canal sous la chaussée et sa tige, est
beaucoup plus cher, demande plus d'entretien que le syphon,
et laisse toujours perdre plus ou moins d'eau. Il faut en
quelque sorte étudier le moment précis où le réservoir sera
plein ; l'homme qui en est chargé arrive trop tôt ou trop
tard, trop tôt dans les raretés d'eau, trop tard dans les abondances. Avec le syphon il ne peut y avoir perte d'eau, et le
réservoir se vide en entier et spontanément aussitôt qu'il est

plein ; le débit est plus fort en commençant, et il se ralentit à mesure que les eaux du réservoir baissent ; mais ce ralentissement des eaux est sans inconvénient lorsqu'on les emploie à l'irrigation. Dans ce cas, les eaux abondantes en commençant ont mouillé la surface de la prairie, en sorte que les faibles eaux de la fin s'y épanchent encore utilement. Enfin, si l'on veut, à l'aide du syphon, conserver dans le réservoir une certaine profondeur d'eau, pour du poisson ou autre service, il suffit de donner à la branche intérieure une longueur telle qu'elle affleure l'eau au niveau où on veut la maintenir, ou à la branche extérieure quelques centimètres seulement de plus de longueur que la distance du sommet du syphon au niveau qu'on veut conserver à l'eau.

On peut encore hâter ou diminuer le débit de l'eau, en alongeant ou raccourcissant la branche extérieure ; mais toutefois il faut toujours que cette branche ait une longueur telle que le niveau de son extrémité soit un peu plus bas que celui de l'eau qu'on veut maintenir dans le réservoir.

Ces syphons peuvent s'établir en tuyaux de terre soudés au ciment de Grenoble ou de Pouilly, en zinc qui s'altère assez difficilement dans l'air ou dans l'eau, en tôle galvanisée qui résiste longtemps à l'oxydation, ou enfin encore en tuyaux de fonte.

Lorsqu'on désire que le réservoir ne se vide pas, il suffit d'ôter le petit vase placé sous l'embouchure du syphon qui alors se borne à évacuer le trop plein du réservoir.

Mais là ne se bornerait pas l'usage de ce syphon; il pourrait très bien, dans de petits où même de grands étangs alimentés par des eaux qui se maintiennent à un niveau constant, servir *d'ebie*, soit canal d'évacuation de trop plein, et même de bonde pour vider l'étang et le mettre en pêche. On placerait sa branche horizontale au niveau du réservoir ou de l'étang plein, et il servirait ainsi à évacuer le trop plein. Mais lorsque le niveau de l'eau, par un afflux momentané, viendrait à dépasser celui de la paroi supérieure de la branche horizontale, le corps du syphon se remplirait, et par son jeu continu tendrait à vider l'étang ; il serait nécessaire, pour l'empêcher, qu'un petit tube placé dans la paroi supérieure de la branche horizontale restât ouvert, et l'air en s'introduisant par là réduirait le jeu du syphon à faire l'office d'un simple canal et à n'évacuer que le trop plein. Lorsqu'on voudrait ensuite vider l'étang ou le pêcher, on boucherait cet orifice et on mettrait le vase sous la branche extérieure; le vide alors s'opérerait, le jeu du syphon s'établirait et l'étang se viderait ; le débit, qui diminuerait à mesure que l'eau de l'étang baisserait, serait avantageux à la pêche, parce qu'il donnerait au poisson le temps de se rassembler dans le bief et la pêcherie, circonstance qui se produit plus difficilement avec les bondes ordinaires qu'on est obligé de baisser incessamment à mesure qu'on veut faire diminuer le débit.

Nous croyons avoir déjà vu dans quelques auteurs des procédés à l'aide desquels les syphons s'amorcent seuls ; mais, si notre mémoire ne nous trompe pas, c'est toujours au moyen de soupapes et de quelques pièces mobiles. Depuis que M. Burjoud nous a communiqué son procédé, nous avons fait des recherches nombreuses pour nous assurer s'il était connu avant lui. Nous ne l'avons vu rapporté nulle part et il nous semble que, s'il eût été publié, il est si facile à mettre en action, et le syphon par son moyen peut être si utilement et si souvent employé, que nous pensons que son usage serait aisément devenu général dans les pays où l'on arrose au moyen d'eaux de sources ou de pluies accumulées dans un réservoir. Il semble donc qu'on peut attribuer à M. Burjoud l'honneur de l'invention, et c'est un véritable service rendu à l'irrigation.

Dans le cours de nos recherches, nous avons été instruit

que M. Kemlin, propriétaire à Trévoux, employait le syphon pour conduire l'eau de deux puits dans les réservoirs de ses jardins ; mais ses syphons ne s'amorcent pas seuls, ils se mettent en train avec l'eau qu'on leur donne, par un petit tube muni d'un robinet placé au-dessus de la branche qui plonge dans le puits. Une soupape, placée à l'extrémité inférieure de cette branche, se ferme par la pression de l'eau d'amorçage et le syphon se remplit ; lorsqu'il est plein elle s'ouvre pour donner passage à l'eau qui alimente son jeu. On a donné à la branche verticale extérieure du syphon un diamètre tel qu'elle est remplie par le débit continu de la source. Par ce moyen M. Kemlin tire l'eau de deux puits de 6 à 7 mètres de profondeur pour la conduire à deux réservoirs d'un niveau plus bas, qui reçoivent ainsi chacun 11 mètres cubes d'eau en 24 heures.

M. Kemlin, par son procédé dont il ne se donne pas pour inventeur, s'est dispensé de creuser un canal de 6 ou 7 mètres de profondeur pour amener les eaux de ses puits dans ses réservoirs ; cet avantage est grand, et nous pensons que dans beaucoup de cas d'irrigation cette disposition ingénieuse du syphon peut être utile.

Toutefois sa forme pourrait se modifier avec avantage. Dans l'état des choses, pour remplir d'eau le syphon et y faire suffisamment le vide, il est nécessaire de donner une parfaite horizontalité au tube qui lie les deux branches ; mais il nous semble qu'en plongeant l'extrémité de sa branche extérieure dans l'eau, suivant le procédé Burjoud, on pourrait amorcer le syphon et par conséquent se dispenser de la condition dispendieuse d'établir et de soutenir horizontalement, et souvent à une grande hauteur, le tube qui lie les deux branches. On le ferait alors ramper à terre ou on le placerait à une petite profondeur ; on ne craindrait plus ainsi les amas d'air qui se fixent dans le tube horizontal, et exigent parfois de recourir à un nouvel amorçage. On l'amorcerait par le même moyen que nous avons décrit, et le vide s'y ferait comme dans le syphon Burjoud.

Pour s'assurer de la continuité du débit du syphon, il serait nécessaire que l'orifice de la branche extérieure fût assorti dans son diamètre au débit des eaux rares ; cet orifice pourrait souvent suffire aux eaux abondantes, parce que le niveau des eaux, augmentant dans le puits, raccourcirait la branche intérieure du syphon, et donnerait par là plus d'activité à la branche extérieure. On pourrait suppléer à ce soin, qui demanderait un peu de tâtonnements, par un robinet placé à l'extrémité de la branche, et modifiant à volonté le débit du syphon. Et puis comme on trouve généralement agréable de voir l'eau à son arrivée, que l'extrémité de la branche, plongeant dans le vase ou le réservoir, ne la laisse pas apercevoir, rien n'empêcherait de terminer la branche extérieure par un petit tube coudé mobile ; son orifice serait tourné du côté du fond du vase ou du réservoir lorsqu'on voudrait mettre en jeu le syphon, et lorsque l'eau affluerait, on le tournerait dans un sens diamétralement opposé, qui laisserait voir l'afflux de l'eau dans toute sa puissance.

Le raisonnement semblait devoir suffire pour nous assurer de la réussite de ce syphon modifié, mais nous avons voulu que l'expérience confirmât nos prévisions ; et effectivement, en inclinant la branche extérieure du syphon qui nous avait servi à nous assurer de l'exactitude du procédé Burjoud, le vide s'est produit dans la branche inclinée dont l'extrémité plongeait dans l'eau aussi facilement que dans la branche verticale.

Ce syphon avec cette nouvelle condition de branche inclinée, placée dans le sol, convenable à l'irrigation et à la décoration de jardins dominés par des cours d'eau ou des sources profondément encaissées, peut être encore très utile à l'irrigation de quelques prés en pente, lorsqu'il arrive que

dans leur partie supérieure se trouvent des sources profondes qu'on ne pourrait conduire sur le pré, qu'au moyen de
canaux souterrains dispendieux.

CHAPITRE XI.

ARROSEMENT PAR INONDATION.

Les trois quarts des prairies n'ont pas d'autre moyen de fécondation que les inondations ; nous les avons qualifiées d'irrigations naturelles par opposition à celles dûes à l'art que
nous appelons irrigations artificielles. Il y a dans l'une et
l'autre un double effet produit; le premier consiste à pénétrer
d'humidité le sol de la prairie, et à fournir par là aux végétaux de la surface l'eau dont ils ont besoin et ces besoins sont
grands; la végétation du sol en prairie en évapore ou transpire une quantité considérable, et elle en décompose en
outre une portion notable pour s'en assimiler les principes ;
le second effet des eaux, plus essentiel encore, est de féconder la prairie par les principes de végétation dissous ou suspendus qu'elles portent le plus souvent avec elles; mais si les
inondations d'automne, d'hiver et du premier printemps sont
le plus souvent utiles au sol et au produit des prairies, elles
leur sont pernicieuses pendant l'été, parce qu'elles charrient
toujours un limon qui souille les plantes développées, altère
la quantité du foin, et même, ce qu'il y a de remarquable,
arrête la végétation, pendant que le limon d'automne, d'hiver
et de printemps est le plus grand moyen de fécondation des
prairies. Cependant la qualité de ce limon ne change pas;
mais, ici comme partout, c'est l'à-propos qui fait la valeur
des choses. Il est remarquable même que les bises sèches
et aigres du printemps suffisent pour paralyser les effets

avantageux du limon d'hiver ; nous pensons néanmoins que l'année suivante ils se retrouvent en plus grande partie.

On reproche aux inondations leur arrivée à contre-temps ; ce reproche est fondé, et cependant elles sont dix fois utiles quand elles sont une fois nuisibles. On a voulu s'en défendre par des digues ; mais ces digues, ainsi que nous l'avons vu, en empêchant le bénéfice des inondations les plus utiles, sont presque toujours sans efficacité contre les grandes qu'elles rendent au contraire plus désastreuses. Au lieu donc de leur faire obstacle, le mieux serait de les faciliter en élevant le niveau des eaux. Ainsi une grande partie des moulins par leur barrage rendent un grand service à l'agriculture en facilitant les inondations, et ce service serait tout gratuit s'ils ne les élevaient pas trop haut et si leurs biefs étaient tous pourvus de vannes de fond. Ces vannes, dans les trois mois de mai, juin et juillet où les inondations sont nuisibles, rendraient les eaux à leur cours naturel, toutes les fois qu'elles pourraient nuire à la prairie. Le principe de ces vannes de fond est bien adopté, mais il n'est pas partout mis en pratique, et il serait aussi utile que juste de les rendre partout obligatoires. Mais il ne suffirait pas d'exiger de ces moulins des vannes de fond, il faudrait encore que chacun d'eux eût un repère fixé administrativement, au-dessus duquel il ne pourrait point élever ses eaux ; car il arrive trop souvent qu'en élevant subrepticement leur niveau, ils rendent marécageuses les prairies supérieures.

Il peut être utile, dans les rivières encaissées, d'augmenter les chances d'inondation, en élevant le fond de leur lit par de petits barrages que recouvrent les eaux. Ces barrages peuvent n'être que de simples enrochements, mais quels que soient les matériaux que l'on emploie à leur construction, il est essentiel de les faire plus bas dans leur milieu, pour y amener le courant des eaux ; alors même qu'on prend cette précaution , les rives d'aval ont encore besoin d'être protégées contre les érosions qu'occasionne la chute au bas du barrage.

On pourrait avoir tous les avantages des inondations sans leurs inconvénients ; il suffirait pour cela de rendre ces barrages mobiles ; on les tiendrait ouverts dans les mois de mai, de juin, de septembre, et fermés dans le reste de l'année ; mais alors même qu'ils seraient fixes, ils offriraient l'avantage de multiplier les chances et par conséquent les bienfaits des inondations. Il est d'ailleurs à remarquer que les inondations amenées par les barrages des moulins, comme celles qui seraient dûes aux petits barrages que nous proposons, ne sont pas des inondations dangereuses qui entraînent et ravagent tout ; ce sont des inondations moyennes, celles auxquelles on doit les plus grandes améliorations. Dans les grandes inondations, où le volume des eaux devient 20 fois, 30 fois plus considérable que celui des eaux moyennes, l'effet des barrages des moulins, et à plus forte raison celui de nos petits barrages devient insensible.

D'ailleurs ces barrages permanents sont d'un usage fréquent dans les rivières à grande pente comme la Meuse et la Moselle; c'est par leur moyen que se font presque toutes les belles irrigations de leurs rives. C'est aussi à l'aide de ces barrages qu'on diminue l'encaissement des torrents, et qu'alors même qu'on ne les emploie pas à des irrigations régulières, on utilise néanmoins leurs eaux en les faisant déverser plus souvent sur les prairies de leurs rives. Dans les rivières torrentueuses, les barrages sont absolument nécessaires; ils rompent la rapidité du courant dans les parties montueuses ; ils préviennent la formation des déblais, retiennent et emmagasinent ceux antérieurement formés , et enfin établis dans les parties où la pente diminue, ils font verser sur les prairies riveraines des eaux qui ne renferment plus qu'un limon fertilisant.

Il est encore un moyen simple et facile d'augmenter sans danger les chances d'inondations utiles, moyen d'ailleurs employé sur beaucoup de cours d'eau et dont nous avons précédemment parlé. Il consiste à faire de petites coupures dans les atterrissements, soit bourrelets des bords des rivières et de leurs affluents ; ces coupures restent ouvertes pendant les neuf mois de l'année où les irrigations sont utiles, et on les ferme avec quelques gazons dans les trois mois où les récoltes ont besoin d'être préservées. Par ce moyen bien simple, la prairie s'enrichit de limon, toutes les fois que la rivière est pleine ; les coupures offrent encore l'avantage d'assainir la prairie, en facilitant, après toutes les inondations grandes ou petites, l'écoulement facile des eaux que retiendraient les atterrissements. Enfin il résulte du passage qu'elles offrent aux eaux d'inondation un mouvement de circulation et un courant qui s'imprime à la masse des eaux, que feraient autrement stagner les atterrissements, et ce courant détermine sur le sol un dépôt plus considérable de limon, résultant du passage d'une plus grande quantité d'eau.

On peut encore agrandir le bénéfice des inondations, en pratiquant dans le cours d'eau une dérivation directe, de moins de pente que lui. Cette dérivation porte l'eau sur des points où n'arrive pas l'inondation. Ce moyen peut offrir d'assez grands avantages sur des cours d'eau pentueux et sinueux, parce qu'une dérivation directe et à moindre pente peut de plus couvrir d'eau d'assez grandes surfaces que n'atteignent pas les inondations ordinaires ; d'ailleurs dans ce cas, on se préserve des inondations intempestives par un empellement placé en tête de la dérivation.

CHAPITRE XII.

ARROSEMENT PAR SUBMERSION.

Ce moyen d'irrigation artificielle qui simule les irrigations naturelles ou inondations a la plupart de leurs avantages sans leurs inconvénients. Il consiste à introduire les eaux sur le sol, alors surtout qu'elles sont chargées de limon, et à les y retenir par un système de digues; lorsqu'elles ont formé leur dépôt, on les évacue par des écluses pour les remplacer par d'autres eaux limoneuses. Cet arrosement convient surtout à des sols très perméables, à des sols sablonneux qu'il raffermit; on peut l'appliquer en automne, en hiver et au printemps; mais, dans les temps de chaleur et de végétation, les submersions doivent être courtes et cesser aussitôt qu'il apparaît à la surface de l'eau une écume blanchâtre qui annonce l'altération ou tout au moins la souffrance de quelques-unes des plantes du gazon.

Ce procédé ne peut s'appliquer que sur des terrains de peu de pente, parce qu'avec un terrain pentueux il faudrait des digues trop élevées pour couvrir une certaine étendue de terrain.

La submersion a sur l'inondation naturelle l'avantage de pouvoir être appliquée à volonté; elle peut même s'étendre à la fois sur de plus grandes surfaces. Un canal de dérivation d'une pente moindre que celle de la rivière, le plus souvent sinueuse dans son cours, porte l'eau jusque sur les parties que n'atteignent pas les inondations; la submersion peut dès lors, en raison de la différence de pente, se pratiquer sur des fonds à distance, alors même qu'elle ne se répandrait pas sur les bords correspondants de la rivière, et on peut en outre prolonger à volonté le séjour des eaux, alors même que celles de la rivière ont baissé.

Il est très à propos, dans les terrains qu'on arrose de cette manière, de les couper dans le sens de la pente par des rigoles parallèles, éloignées entr'elles de 5 à 6 mètres ; on jette les terres sur le milieu de la planche, et en continuant d'y placer les curages en pente douce, le pré se trouve formé en planches bombées qui s'égouttent facilement lorsqu'on en retire les eaux.

Lorsqu'en automne on a retiré les bestiaux du parcours, on introduit l'eau sur la prairie, et on peut, si le temps est frais, la conserver pendant une quinzaine de jours au moins ; s'il survient un peu de chaleur, il faut se tenir sur ses gardes, et l'évacuer au premier signe de putréfaction, c'est-à-dire aussitôt qu'on voit monter à la surface une écume qui annonce que certaines familles de plantes commencent à s'altérer. On ne doit ensuite renouveler l'inondation que lorsque l'eau est parfaitement écoulée et le terrain bien égoutté.

Les inondations d'hiver offrent quelquefois l'inconvénient de faire pourrir le gazon des parties d'où l'eau s'écoule mal. Nous avons souvent vu, à la suite d'inondations ou d'irrigations naturelles sur des sols peu perméables, le froid survenir, glacer l'eau qui couvre les bas fonds, et lors du dégel le gazon être entièrement détruit sous la partie recouverte par la couche de glace. Cet accident se montre même dans les prairies de la meilleure qualité, mais de sol compacte, parce que l'espèce de plantes qui les couvre appartient plus spécialement aux terrains sains, et qu'elles périssent dans l'eau stagnante. Ce n'est pas une raison toutefois pour ne pas y employer la submersion en hiver, parce que c'est le plus souvent à cette époque que les eaux sont le plus chargées de limon ; mais il faut être aux aguets pour en retirer l'eau à propos. Et puis en nivelant, dressant et mettant sous la pente générale le sol de la prairie, on se met à l'abri de cet inconvénient.

Au premier printemps, on donne une forte submersion d'une à deux semaines ; mais alors, plus encore que dans l'automne, il faut veiller à prévenir toute putréfaction. Quand on a laissé sécher et égoutter parfaitement la prairie, on redonne une seconde inondation de trois ou quatre jours , puis une troisième de deux jours, et enfin plus tard encore, toujours après avoir laissé essuyer la prairie, une dernière inondation d'un jour. On voit ainsi que la durée de l'inondation doit diminuer à mesure que la végétation se développe. Après la récolte du premier foin, il est à propos de donner encore deux jours de submersion.

Dans l'étang que nous avons mis en pré et dont nous avons précédemment parlé, nous employons à la fois l'irrigation et la submersion ; nous barrons les eaux sur la chaussée en temps opportun, lorsqu'elles sont très limoneuses, et nous employons l'irrigation en temps et saisons convenables.

En général, dans cette méthode comme dans les autres, il faut se diriger en ayant égard à la nature du sol et à la température ; plus le sol est perméable, plus longues et fréquentes pourront être les inondations, et on doit les pratiquer plus courtes et plus éloignées, en proportion de son peu de perméabilité. Par le temps sec on doit inonder plus souvent que par le temps humide, et plus longtemps par le temps froid que par le temps chaud.

Cette méthode d'irrigation, à laquelle nous préférons cependant la plupart des autres, peut néanmoins être fort utile en été pendant la sécheresse, quand on peut disposer pendant quelques moments seulement d'une grande masse d'eau : en retenant cette eau quelques heures sur le sol par des digues, on l'en imbibe à fond, tandis qu'en l'y laissant couler suivant les méthodes ordinaires, ce temps ne suffit pas pour le pénétrer, et la plus grande partie de l'eau s'écoule sans lui profiter. Toutefois l'irrigation par submersion favorise plutôt les plantes des terrains humides, des terrains marécageux, que celles des terrains sains, surtout si le sol est peu perméable.

En résumé, les avantages de l'irrigation par submersion sont de pouvoir s'étendre à des parties que n'atteignent point les inondations naturelles, de mettre le pré à l'abri des froids pendant l'hiver lorsqu'on la prolonge, d'être peu coûteuse à établir et entretenir, de détruire les taupes et quelques plantes grossières, de convenir aux terrains légers et perméables et souvent même aux terrains tourbeux, et surtout de ne pas exiger le nivellement du terrain qui souvent entraîne à d'assez fortes dépenses.

Ses inconvénients sont la destruction de beaucoup de plantes qui donnent de bon fourrage, de priver la prairie couverte d'eau des influences atmosphériques favorables, et de lui faire produire par suite du foin de qualité inférieure. Et puis cette méthode n'est guère praticable que sur des prés de quelque étendue et qui forment un petit bassin; autrement il faudrait les entourer de digues de trois côtés, la première transversale et perpendiculaire à la pente principale et à la direction des eaux, et les deux autres latérales et qui lui seraient parallèles.

La Société d'émulation et d'agriculture de l'Ain a primé cette année un système d'irrigation par submersion qui mérite d'être rappelé ici.

Les trois prés, ensemble de 38 hectares, qui y ont été soumis, ont une pente assez faible et forment néanmoins de petits bassins. M. Bozonnet, leur propriétaire, les a divisés en parcelles par des rigoles rectilignes perpendiculaires à la pente et qui commencent et se terminent à deux points d'un même niveau; la terre de ces rigoles est placée sur leurs bords en amont, où elle forme de petites digues qui soutiennent l'eau sur la parcelle presque entière jusqu'à la rigole supérieure. Pour assainir et égoutter le pré dans l'intervalle des submersions, on l'a coupé par des rigoles parallèles à la pente, qui viennent aboutir à une petite rigole pratiquée au pied de la digue. Cette rigole verse ses eaux dans une rigole centrale, qui coupe dans le sens de la pente toutes les digues transversales , et a pour destination d'évacuer toutes les eaux. Lorsqu'on veut submerger , on intercepte par des gazons la rigole centrale ; l'eau s'introduit dans la planche supérieure qui est submergée au moyen de la première digue , s'extravase au-dessus de cette digue pour submerger la seconde planche , et ainsi de suite jusqu'à la dernière.

Pour égoutter le pré , on enlève les gazons de la rigole centrale, et toutes les eaux arrivant des rigoles d'assainissement s'écoulent par la rigole centrale. Par ce système d'irrigation, M. Bozonnet a doublé au moins le produit et la qualité de ses trois prés en sol humide et marécageux , qui ne recevaient que des eaux rares d'inondation.

Cette submersion parcellaire par des digues multiples aurait quelques avantages sur celle qui se ferait par une seule digue ; la digue unique demande beaucoup plus de frais de main d'œuvre , car si l'on suppose que la pente du pré soit d'un mètre , la grande digue qui devra le submerger devra avoir dans son milieu 1 mètre de hauteur et 2 mètres de base. Si l'on divise au contraire le pré en quatre parcelles, les petites digues n'auront plus dans leur milieu que 50 centimètres de base sur 25 de hauteur. Or ces quatre digues ensemble équivalent à peine à 1/4 de la grande, d'autant mieux que cette dernière est établie dans l'endroit le plus large du pré , pendant que les petites vont en se raccourcissant à mesure qu'elles s'approchent du sommet du pré. De plus, les parcelles submergées par une couche d'eau peu épaisse ressentent encore plus ou moins les influences atmosphériques d'air, de chaleur, de lumière et de soleil, pendant qu'avec une seule digue, le fonds, couvert d'une couche d'eau profonde, en est beaucoup plus privé. Et puis dans ce système, l'eau qui s'extravase sur toutes les digues se change incessamment, participe tout entière au mouvement, pendant qu'avec une seule digue son mouvement est à peine sensible, et qu'elle reste en plus grande partie stagnante. Cependant nous devons dire qu'une seule digue couvre et par conséquent féconde plus de sol que les digues parcellaires; mais nous ne pensons pas que cet avantage suffise à contrebalancer ceux des digues multiples sur la digue unique que nous venons d'énumérer ; et en résumé ce système de submersion parcellaire nous paraît spécialement applicable aux terrains de peu de pente qui forment bassin, dont on voudrait améliorer le produit sans les niveler et en faisant peu de dépense.

La submersion peut être très utile aux étangs desséchés qu'on a mis en prés. Après avoir détruit par un défoncement de 40 centimètres, opéré à la main ou à la charrue, le tassement que le séjour prolongé des eaux a produit sur le sous-sol, et lui avoir assuré par là un peu de perméabilité, la submersion de cette surface mise en pré peut aider beaucoup au produit ; elle se fait d'ailleurs sans frais ; la digue est toute faite, le moyen de retenir les eaux et de les évacuer tout établi. On conserve donc tout cet ensemble avec avantage pour submerger la prairie, particulièrement dans les grandes abondances d'eau limoneuse. Cependant nous n'admettrons ce moyen d'irrigation que comme supplémentaire. La forme des bassins des étangs se prête facilement aux irrigations en rechute. Alors même que la pente du bassin sur sa longueur est à peine d'un ou deux centièmes, la pente transversale des deux côtés du bassin sur le bief est le plus souvent deux ou trois fois plus forte, en raison de la longueur du bassin toujours plus grande que sa largeur. La pente transversale, qui devient celle des rigoles en rechute, peut donc facilement suffire. On a alors à faire l'irrigation d'un petit vallon que nous avons décrite précédemment.

Dans les parties contiguës des départements de l'Ain et de

Saône-et-Loire, à distance des cours d'eau de quelque importance, des moulins nombreux avaient été construits sur les
chaussées d'étangs alimentés par de petits cours d'eau. A
l'époque du dessèchement de leur presque totalité dans la contrée, on a voulu, en retrouvant l'ancienne prairie, conserver
le moulin dont l'exploitation était productive en raison de
l'éloignement des usines des grands cours d'eau et des mauvais chemins qui y aboutissaient. Pour cela on retient les
eaux de pluie et du petit cours d'eau, depuis le premier octobre, époque des pluies d'automne, jusqu'au 15 mars où on
évacue les eaux ; la prairie reste ainsi submergée, et le
moulin marche pendant tout l'hiver ; dans la bonne saison
on récolte un fourrage de qualité médiocre, qui toutefois
est abondant lorsque les eaux qui arrivent dans l'étang se
trouvent être de bonne qualité.

Par cette méthode, il se dépose une plus grande quantité
de limon que par les arrosements ordinaires ; et si le cours
d'eau était limoneux, la couche de limon pourrait être assez
épaisse pour nuire à la récolte de l'année. On conçoit que
par cet aménagement des eaux les plantes qui craignent le
séjour dans l'eau doivent périr pour être remplacées par
celles que le séjour de l'eau ne détruit pas ; les premières
sont les plantes des terrains sains, celles qui, sans contredit, donnent le meilleur fourrage ; cependant il y reste
quelques légumineuses et particulièrement une variété de
trèfle blanc qui se conserve et se reproduit dans les terrains
inondés qui contiennent le principe calcaire.

En résumé cependant, cette double jouissance d'usine et
de prairie peut être bonne pour le fermier exploitant qui ne
paie ni les réparations ni l'entretien du moulin ; mais lorsque les eaux sont de bonne qualité, nous pensons que le
propriétaire aurait plus d'avantage à recueillir un fourrage
abondant et sain qu'à jouir d'un pré médiore et d'un moulin
dispendieux ; mais en supprimant le moulin, il se servirait

encore de la chaussée pour joindre la submersion à l'irrigation ordinaire.

La submersion avec les conditions précédemment exprimées, en la cessant aussitôt que l'écume apparaît, en la faisant courte à mesure que la saison s'avance, ménage la plupart des bonnes plantes et peut donner encore un foin d'assez bonne qualité ; mais la submersion pendant six mois ne laisse subsister que par exception quelques plantes de bon fourrage.

Il est des prairies pour lesquelles la submersion est encore beaucoup plus longue que celle dont nous venons de parler : ce sont des étangs assolés alternativement en eau pour le produit en poisson et en assec pour le produit en foin. C'est après une ou deux années d'eau qu'on découvre la prairie ; lorsque les eaux et le sol de l'étang sont de bonne qualité, le foin de la première année d'assec est abondant, mais mauvais : si on laisse deux ans en asssec, il s'améliore très sensiblement; et le second foin entr'autres de la seconde année devient un tapis de trèfle blanc. Cependant ces étangs qui reçoivent de bonnes eaux, s'ils étaient desséchés, feraient d'excellents prés ; mais souvent le propriétaire de l'eau ne l'est pas de l'assec, et la submersion du sol ou l'étang continue, faute par les co-propriétaires de pouvoir s'entendre.

<hr>

CHAPITRE XIII.

IRRIGATION DES PRÉS MARCITE, SOIT PRÉS D'HIVER.

I. Les prés *marcite*, prés d'hiver, sont d'un très grand produit, mais il faut des conditions toutes spéciales pour leur succès ; ils demandent des eaux abondantes et pérennes, parce que, autant que possible, il faut que l'eau y coule en nappe pendant à peu près toute la saison d'hiver ; ils exigent un hiver et des eaux d'une douce température, parce qu'un hiver rude glacerait celles-ci à mesure qu'elles s'épancheraient. Les eaux à douce température ne gèlent qu'à la surface, coulent sous la glace et à l'abri du grand froid, y favorisent la végétation, tandis que si elles étaient à la température de la glace, elles l'arrêteraient au lieu de la favoriser. On trouve en Italie que des eaux qui seraient d'ailleurs médiocres pour les irrigations d'été sont favorables aux près *marcite* lorsqu'elles ont une température de 10 à 12 degrés centigrades. Enfin, pour dernière et essentielle condition, les eaux doivent s'écouler facilement et avoir une pente naturelle ou artificielle très sensible.

II. Les près *marcite* se rencontrent spécialement en Italie; on les y a créés particulièrement dans le voisinage des villes, pour la nourriture des vaches qui leur fournissent le lait, et dans celui des fromageries qui produisent ce fromage parmesan dont la consommation est si répandue. Ces prés sont inconnus dans le midi de la France, cependant ils y réussiraient dans beaucoup de positions. Le climat, il est vrai, y est généralement plus sec qu'en Italie, mais nous croyons pouvoir l'attribuer en grande partie à la rareté des irrigations. La Lombardie où ces prés sont nombreux a au moins dix fois plus de surface arrosée que les contrées de France de grande irrigation; nous pensons que la température plus humide, plus fraîche y est dûe en grande partie aux irrigations plus nombreuses; l'évaporation des eaux est en rapport avec la quantité dix fois plus abondante qui s'en répand sur le sol; elle jette dans l'air une moiteur douce qui tempère la chaleur et devient un élément très utile à la végétation. Et puis une partie notable des eaux qui ont arrosé les dernières rampes et le pied des montagnes s'infiltre dans le sol, dans ses déclivités, et en ressort plus bas en sources abondantes qui prennent dans l'intérieur de la terre de la chaleur et des principes de fécondité; et c'est spécialement avec ces sources que se font la plupart des prés *marcite*. Ainsi c'est aux irrigations des parties supérieures de la contrée que l'Italie devrait l'irrigation plus fécondante encore de ses plaines. Nous voyons là sur une grande échelle la confirmation du fait énoncé précédemment, que les irrigations multiplient les sources d'un pays.

Le climat est doux et chaud en Lombardie; cependant il y gèle souvent, et la neige y tient quelquefois plusieurs jours. Toutefois la végétation des prés d'hiver n'y est pas interrompue; l'eau pourvue d'une douce température passe sous la glace quand la pente du sol est suffisante; mais la glace qui se forme sur les places où l'eau reste stagnante, est, ainsi que nous l'avons dit, funeste au gazon qu'elle recouvre; il est loin d'en être de même dans le sol pentueux où l'eau ne séjourne pas; elle défend au contraire, par sa couche peu perméable au froid, le sol, les plantes qui le couvrent et les eaux qui l'arrosent.

III. Les prés d'hiver d'Italie fournissent une première coupe abondante dans le mois de janvier ou février au plus tard, et une seconde au mois de mars, alors que la végétation des autres prairies commence seulement à se réveiller; ils demandent l'eau spécialement en hiver, quand les prés ordinaires et les rizières n'en ont plus besoin; ils en exigent autant que ces dernières, c'est-à-dire pendant l'année une couche de 6 à 7 mètres au moins d'épaisseur; leur produit se consomme spécialement en vert à l'étable; on les coupe ordinairement cinq fois, en janvier, mars, mai, juillet, septembre; la coupe de mai est la plus abondante, celles de juillet et de septembre sont les plus faibles.

Le produit des prés *marcite* paraît dépendre de la température des eaux plus encore que de la qualité du sol; il est surtout en rapport avec la quantité de fumier qu'on leur applique, et dont l'abondance semblerait être un élément essentiel de leur grand produit. La bonne qualité des eaux a sans

doute aussi de l'importance, mais leur température douce
sur un sol largement fumé en a encore plus ; les eaux médiocres deviennent bonnes quand elles passent sur une couche de fumier. Ces abondantes fumures modifient promptement la qualité du sol, mais néanmoins ces grands produits
ne se soutiennent qu'en les renouvelant chaque année.

M. de Gasparin cite, d'après Berra, le produit suivant de
ces prés par hectare :

	FOIN VERT.	FOIN SEC.
En février	12,160 kilogr.	3,405 kilogr.
De mars en avril......	18,240	5,107
D'avril en mai........	18,458	5,168
De mai en juillet......	10,640	2,969
De juillet en septembre.	9,120	2,553
Total.........	68,618	19,202

D'autre part, Burger nous donne, comme le tenant aussi
de Berra, le produit qui suit :

	FOIN VERT.	FOIN SEC.
Janvier.............	6,660 kilogr.	1,902 kilogr.
Mars...............	9,837	2,810
Mai...............	11,249	3,214
Juillet..............	5,740	1,620
Septembre..........	4,900	1,400
Total.	38,386	10,946

Le second produit ne serait qu'un peu plus de moitié du
premier ; le premier serait obtenu en donnant au sol tous les

ans 28 mille kilog. de fumier, tandis que pour le second on n'en donne que 10 mille (1). De là la grande différence qui existe entr'eux ; nous serions disposé à regarder l'un comme un maximum et l'autre comme un minimum du produit.

IV. Ces prés et ces grands produits appartiennent bien spécialement aux climats doux ; cependant les prés des environs d'Edimbourg qui reçoivent les eaux de la ville se louent, d'après M. de Gourcy, depuis mille jusqu'à deux mille francs l'hectare, et se coupent six fois en vert dans l'année pour être donnés aux vaches laitières ; ce produit serait donc bien supérieur au produit maximum que nous venons de citer, et nous le croirions exagéré s'il n'était relaté comme recueilli sur les lieux dans les deux voyages d'Ecosse de M. de Gourcy. Ces prés ne reçoivent pas autant d'eau que les prés *marcite* d'Italie, mais l'engrais qu'y amènent les eaux de la ville est encore beaucoup plus abondant que celui qu'on donne aux prés d'Italie. Nous ferons remarquer qu'à Edimbourg, placé au-delà du 56ᵉ degré de latitude, les hivers sont très doux, que la neige y tient à peine, et que si, comme nous le présumons, les eaux qui s'écoulent de la ville viennent de sources, les prés seraient, à la chaleur près du climat, dans les conditions les plus essentielles des prés *marcite* d'Italie, et ils ont sur eux, par compensation, une surabondance d'engrais. La plupart des villes en France pourraient obtenir des avantages analogues; mais presque partout leurs eaux se perdent sans emploi.

Il est remarquable que dans les prés *marcite* d'Italie les coupes de juillet et de septembre ne sont guère que moitié de celles de mars et de mai; mais c'est d'abord qu'ils sont plus éloignés de l'époque des fumures, en partie épuisées par

_____

(1) En supposant le sol et les eaux de même qualité, il s'en suivrait que 18 mille kilogr. de fumier de plus auraient fait produire 9 mille kilogr. de foin de plus; d'où il résulte que 100 kilogr. de fumier en auraient fait produire 50 de fourrage.

les trois premières récoltes, et puis ensuite parce qu'ils doivent alors partager les eaux avec les champs en labour et les prés d'été qui les paient plus cher; mais ces produits d'été, moins arrosés, sont plus savoureux, et les vaches qui les consomment sont mieux nourries et fournissent plus et de meilleur lait.

V. On donne l'eau très abondamment pour les coupes d'hiver et du premier printemps; à moins de très fortes gelées, on ne cesse pas de la faire couler sur le sol en nappes minces; elle est alors très abondante dans les sources, les rivières, ne s'emploie à cette époque ni sur les prés d'été, ni sur les terres, en sorte qu'elle coûte pendant l'hiver sept à huit fois moins qu'un égal volume d'eau pour le reste de la saison.

Il arrive souvent qu'on passe en foin sec les trois dernières coupes des prés d'hiver pour les donner aux vaches en novembre, décembre et janvier, pendant la croissance de la coupe qu'on consomme en février.

Berra estime que dans les environs de Milan, qu'il habite, 9 hectares de pré de la qualité des prés d'hiver lui nourrissent en vert cinquante vaches pendant sept mois, tandis qu'il faut le produit en foin sec de 6 hectares deux tiers de prés d'été pour les nourrir pendant trois mois d'hiver; le pâturage les nourrit les deux autres mois. Ainsi, l'hectare en prés *marcite* donne presque le double de journées de nourriture de celui en prés d'été; aussi sa valeur s'élève-t-elle jusqu'à 10 et 12 mille francs.

Dans les environs de Lodi, où se rencontre aussi une grande quantité de prés d'hiver, on estime qu'il faut 15 à 16 hectares pour nourrir cinquante vaches pendant toute l'année. Un hectare nourrit donc un peu plus de trois vaches, produit égal à peu près à celui des environs de Milan. Mais si le produit est grand, les dépenses aussi sont très fortes. Et d'abord le propriétaire du sol donne une partie de son produit au propriétaire de l'eau ; l'eau, dans le commerce, autour de Milan, se vend jusqu'à 12 et 15 mille francs l'once, se loue de 450 à 600 fr. pendant la saison d'été, et de 50 à 60 fr. seulement pour celle d'hiver. Une once d'eau de 44 litres par seconde est attribuée, pendant l'été, à 10 hectares de prés d'hiver, pendant qu'elle en arrose plus de 40 de prés d'été. L'hectare de pré d'hiver dépense donc 60 fr. d'eau pour ses irrigations d'été, et une somme un peu moindre pour celles d'hiver. Mais cette dépense n'est pas la plus forte : il faut encore, après la dernière récolte de fourrage, chaque année, un engrais de 10 à 30 mille kilogrammes de fumier, ce qui constitue une dépense de 80 à 240 fr. ; on y supplée quelquefois par des cendres, du marc d'huile : la dépense est moindre ; mais le cultivateur qui fume avec l'engrais animal est son propre fournisseur, et il emploie une bonne partie de celui que lui a donné la consommation de son fourrage.

VI. Les prés *marcite* sont beaucoup plus favorables aux terres en labour que ceux en pâturage, puisqu'il reste en moyenne au cultivateur, pour ses terres labourables, par hectare de pré *marcite* fumé abondamment pour la saison suivante, le tiers au moins de l'engrais qu'il a produit, avantage considérable qui appartient à la nourriture à l'étable, pendant qu'à la nourriture au pâturage tout l'engrais reste sur le sol. Aussi, dans les pays de prairies en pâturages, le produit des terres est généralement faible et négligé, pendant que, dans celui des prés *marcite* ou de la nourriture à l'étable, la culture des terres est soignée et donne un produit abondant.

C'est le ray-grass *(lilium perenne)* qui domine dans les prairies d'hiver ; il en forme les sept dixièmes, d'après Burger ; cette graminée, très agréable aux bestiaux, les nourrit bien. Serait-elle le ray-grass d'Italie, dont la précocité semblerait convenir à des prairies qui se fauchent cinq fois ? Nous en douterions, parce que ses tiges pailleuses, dépourvues de feuilles, sont médiocrement nutritives, montent trop facilement en graines et lassent fortement le sol. Serait-elle le ray-grass anglais, qui s'associe avec tant d'avantage au trèfle dans les champs non arrosés du Suffolk-Shire, ou enfin serait-elle identique avec le ray-grass qu'on rencontre en abondance dans les plaines sèches de la Crau? Si cela était, il faudrait convenir que cette plante réussirait dans les extrêmes de la sècheresse et de l'humidité, ce qui serait presque une anomalie. Nous serions plutôt disposé à admettre que ces ray-grass seraient des variétés très distinctes d'une même espèce, comme le *pill* que M. Rieffel a rencontré sur ses terres de Bretagne; les botanistes, dans les graminées surtout, seraient donc bien loin d'avoir classé toutes les variétés distinctes.

VII. Les prés *marcite*, pendant l'hiver surtout, reçoivent beaucoup d'eau; mais pour qu'ils donnent un bon produit, elle doit s'en écouler très facilement; aussi sont-ils généralement en planches bombées. Quand les eaux en été y sont peu abondantes, on les accuse d'être malsains. Napoléon, lorsqu'il gouvernait l'Italie, les proscrivit presque à l'égal des rizières; son décret suscita de nombreuses réclamations; pour ne pas se donner un démenti, au lieu de le rapporter, il se borna à suspendre son exécution.

VIII. Nous avons dit qu'autant que possible les eaux devaient toujours couler sur les prés *marcite.* Il faut donc aux ailes des planches une pente très sensible, proportionnée à la nature du terrain, et d'autant plus forte que celui-ci est plus argileux.

Les planches des prés d'hiver en Italie sont plus larges que dans les Vosges; l'eau est peut-être ainsi épargnée, mais la main d'œuvre de formation est plus considérable.

On juge indispensable la fumure des prés *marcite;* on met le fumier en septembre pour avoir sa première récolte à la fin de décembre, et lorsqu'on le répand en octobre, on fait cette récolte en février.

Les vaches sont nourries en vert pendant neuf mois avec le produit des prés d'hiver, et d'ordinaire pendant trois mois avec le foin sec produit des prés d'été, ou des dernières récoltes des prés *marcite*.

Il semble que les prés d'hiver devraient réussir dans nos contrées méridionales arrosées; mais on ne pourrait les y multiplier d'abord autant qu'en Italie; on n'y rencontrerait pas de ces sources abondantes dont les eaux à leur sortie ont une température douce, grandement favorable aux prairies d'hiver; nous ne les aurons dans notre pays qu'après qu'on y aura, comme en Italie, multiplié les irrigations sur les plateaux et les coteaux élevés au-dessus de la plaine, et encore faudrait-il que les eaux d'irrigation infiltrées dans le sol demandassent, comme en Italie, peu de travaux pour surgir à la surface.

En général, on arrose très peu pendant l'hiver dans le midi de la France; la végétation à cette époque y sommeille malgré les temps doux; elle semble se reposer des efforts qu'elle a faits pendant l'été. Mais il est hors de doute que si, comme en Italie, on y sollicitait par de bonnes eaux et des fumures le gazon des prairies, il se développerait et y donnerait un produit analogue. Burger nous dit que la végétation ne prend d'activité sur les prairies qu'avec 10° de température; mais nous pensons qu'on a mal rendu sa pensée. Ce n'est pas à l'atmosphère qu'on doit demander cette température, c'est seulement aux eaux d'arrosement qu'on envoie sur le sol.

Nous voyons dans notre climat l'herbe des prés que nous arrosons dans les temps doux d'hiver monter à 10 ou 15 centimètres de hauteur, avec une température presque toujours de plusieurs degrés au-dessous de la limite que Burger veut lui donner en Italie. Et puis alors nos bestiaux vont au pâturage, et y trouvent une grande partie de leur nourriture toutes les fois qu'une suite de gelées n'a pas altéré l'herbe des prairies. Il s'en suit donc que la végétation des prairies, surtout de celles arrosées, se continue encore avec une température de peu de degrés au-dessus de zéro. En Angleterre, dans les comtés où l'hiver est doux, la neige tient à peine, et on y estime la nourriture d'hiver fournie par les pâturages à moitié de celle de l'été; et cependant alors la température moyenne y est beaucoup au-dessous de 10°. Dans les prairies des environs d'Edimbourg, le produit d'hiver, favorisé par les eaux chargées d'engrais qui viennent de la ville, n'est sans doute pas sans importance; ces prés sont donc en végétation toute l'année. Il en résulterait qu'avec un hiver doux et des eaux de bonne qualité, de la température des eaux de source dans les pays où la neige ne tient pas, on pourrait faire réussir les prés d'hiver.

CHAPITRE XIV.

PRÉS DE ROTATION. — PRÉS D'ÉTÉ.

Dans beaucoup de cantons d'Italie, on a, en même temps que les prés *marcite*, des prés dits de rotation, assolés comme ceux d'Azigliano en Piémont, alternativement en pré et en labour; ce sont ceux qui fournissent en plus grande partie les fourrages secs pour la nourriture d'hiver des vaches, que nourrit l'été le fourrage vert des prés *marcite*.

On alterne rarement ces derniers; ils demandent, pour être rétablis, plus de main d'œuvre que ceux d'été qui sont en surface plane; et comme ils s'égouttent mieux, en raison de leur forme en planches bombées, le fourrage y conserve plus longtemps sa bonne qualité; la nature des eaux qui arrosent les prés d'Azigliano, celle du sol et peut-être aussi leur surface plane y font prédominer souvent au bout de peu d'années la petite oseille, les plantes de la famille des renoncules, qui altèrent la qualité du foin. On les laboure alors, et pendant plusieurs années on en obtient d'excellentes récoltes.

Lorsqu'on défriche ces prés, leur produit en labour est considérable; il baisse au bout de trois ou quatre récoltes; on rétablit alors la prairie en fumant abondamment la dernière céréale, avec laquelle on sème la graine de foin. Dans l'usage ancien, après le défrichement, on laissait la prairie se couvrir spontanément de gazon après ses années de labour; on en est venu à la semer de graine de foin qu'on recueille dans les fenils et à laquelle on ajoute du trèfle. La première année, ce trèfle domine dans la récolte; dans la seconde, l'irrigation fait développer le trèfle blanc, alors même qu'on n'en a point semé. Cependant, sur les prés *marcite* qu'on renouvelle, on sème spécialement le ray-grass.

Les prés de rotation, appelés généralement prés d'été, sont nombreux en Italie; on ne les arrose point en hiver: les arrosements y commencent le 25 mars pour finir le 8 septembre; le reste du temps l'eau se réserve exclusivement aux prés d'hiver. On cite quelques rares exemples de ces prés de rotation en France, et ceux de la vallée de Campan sont assolés dans ce système; cependant cet assolement se rapproche beaucoup de celui avec pâturage de quelques-uns de nos pays montagneux, de quelques parties de la Suisse et de l'Allemagne; ce qui constitue essentiellement leur différence, c'est l'irrigation et par suite l'abondance de leurs produits. Dans l'assolement avec irrigation, sans aucun doute, le produit en fourrages et en grains est double au moins et souvent triple de celui sans irrigation.

En Lombardie, on ne fume guère les près d'été assolés,

lorsqu'ils ont de bonnes eaux, que l'année de leur établissement; on garde l'engrais pour les terres en labour et particulièrement pour la céréale qui précède leur rétablissement en pré; conduits dans ce système, ils donnent un grand produit, favorisés qu'ils sont par les débris de l'engrais qu'on a mis sur leur sol en labour et par leurs eaux d'irrigation.

Cependant, les prés de rotation arrosés d'Azigliano en Piémont se fument tous les ans à la quantité de 15 à 16 mille kilogrammes par hectare; aussi le produit de leurs trois coupes s'élève-t-il à 9 ou 10 mille kilogrammes de foin sec et quarante-cinq jours de pâturage, produit plus fort, à ce qu'il semble, que celui d'une partie des prés d'hiver; on fume beaucoup moins le sol dans les années de labour, et la culture s'y fait presque sans engrais.

En Lombardie, dans l'assolement des prés d'été, le fumier se réserve généralement aux terres en labour; dans le Piémont, au contraire, on le donne aux prés eux-mêmes. Ces deux dispositions opposées semblent toutes deux très productives; nous ne saurions dire laquelle est préférable; mais le produit des terres fumées en Lombardie est relativement plus fort qu'à Azigliano, et à Azigliano celui des prés fumés est plus fort que celui des prés de Lombardie, avantages qui peuvent se compenser.

— ◦◦◦ —

CHAPITRE XV.

RÉSULTATS D'IRRIGATION.

Depuis plus de quarante ans, nous donnons des soins à la création et à l'amélioration des prairies; les résultats que nous avons obtenus seraient une preuve palpable de nos assertions sur les avantages de l'irrigation. Nous avons longtemps hésité devant la répugnance qu'il y a à entretenir de soi les lecteurs; cependant nous avons cru devoir passer par-dessus cette considération en raison de l'utilité qui peut en résulter.

Nous avons, dans le tableau qui suit, récapitulé fonds par fonds les prés nouveaux que nous avons faits et ceux que nous avons améliorés; nous avons évalué le produit ancien, le produit nouveau en fourrage et les frais faits pour y arriver; nous nous sommes abstenu de donner en numéraire les valeurs anciennes et nouvelles, attendu leur variabilité, leur prix bas dans le commencement des travaux, leur élévation dans les années dernières, et leur dépression dans le moment actuel; nous nous bornons à résumer les surfaces et les accroissements de produits en nature qui ont quelque chose de plus immuable; les premiers de ces travaux ont été faits de compte à demi avec nos frères, qui depuis en ont fait de leur côté d'analogues.

(Suit le tableau.)

TABLEAU DES RÉSULTATS OBTENUS

SUR LES PRÉS ANCIENS.

NOM ET SITUATION DES PRÉS.	ÉTENDUE.		PRODUIT ancien.	PRODUIT nouveau.	Différence	FRAIS.
	hect.	ares.	kilogr.	kilogr.	kilogr.	francs.
Prulliat............	6	»	48,000	60,000	12,000	500
Prés Goz............	4	50	22,500	28,000	5,500	400
Prés Saint-Pierre.......	5	»	10,000	30,000	20,000	1,500
Prés Chavanelle........	6	50	32,500	46,000	13,500	800
Pré Provère..........	1	50	5,000	8,000	3,000	600
Pré Rozier..........	1	»	2,500	4,000	1,500	600
Grand-Pré Vacagnoles...	21	50	50,000	105,000	55,000	3,600
Pré de Maisons-Tisserand.	1	50	5,000	9,000	4,000	300
Prés Tisserand.........	9	»	30,000	54,000	24,000	1,500
Pré du Liez..........	3	33	9,000	20,000	11,000	
Pré id.	2	66	9,000	13,000	4,000	5,000
Pré id.	1	33	4,000	6,000	2,000	
Pré Plongeon..........	1	20	4,000	6,000	2,000	1,500
Pré Perreux..........	2	»	1,500	11,000	9,500	500
Prés du Moulin........	6	»	25,009	35,000	10,000	300
Pré Lien-Solet.........	3	»	10,000	14,000	4,000	»
Prés Polliat...........	10	75	24,000	42,000	18,000	1,000
Pré Guilin...........	1	66	4,000	7,000	3,000	300
Pré du Bief..........	»	50	1,500	3,000	1,500	300
Pré Ravelette..........	2	»	6,000	8,000	2,000	200
Pre id.	1	50	4,500	6,000	1,500	100
TOTAL........	92	43	308,000	515,000	207,000	19,000

SUR LES PRÉS NOUVEAUX.

NOM ET SITUATION DES PRÉS.	ÉTENDUE.		PRODUIT en foin.	FRAIS.
	hect.	ares.	kilogr.	francs.
Pré Prulliat..........	»	66	4,000	250
Pré de Goz..........	»	50	4,000	300
Portes de Cuiseaux ...	1	66	14,000	2,000
Etang de Semon.....	9	50	75,000	6,000
Chavanelle..........	2	50	15,000	1,000
Pré Provère..........	»	50	2,000	600
Pré Rozier..........	4	»	12,000	600
Pré Bussiat	»	60	5,000	300
Pré du Jardin........	3	»	16,000	1,000
Pré des Mares	»	66	4,000	500
Etang Chapelan......	2	»	5,000	200
Pré Plongeon........	1	80	10,000	1,500
Pré Perreux..........	»	66	4,000	800
Pré Lien-Solet.......	»	66	4,000	200
Pré aux Rippettes....	»	66	4,000	500
Pré du Déchargeoir...	1	»	6,000	500
Pré Ravenel..........	2	»	7,000	1,200
Pré Polliat..........	2	»	10,000	1,000
Pré id.	1	50	6,000	800
Pré du Bief.........	»	33	1,500	300
Pré Ravelette........	2	40	9,000	600
TOTAL........	38	59	217,500	20,150

La surface des prés nouveaux est de 38 hectares 59 ares ; leur sol se composait de terres, bois, et surtout de pâturages en moyenne d'un très faible produit ; la valeur nouvelle est arrivée à être à peu près triple de l'ancienne ; les frais se sont élevés à un tiers de la valeur ancienne ; en les retranchant de la valeur nouvelle, la valeur restante est de 250 pour 100 de l'ancienne ; enfin, leur produit total en foin arrive ou est en voie d'arriver à plus de 200 mille kilogrammes, soit, d'après le tableau, 217,500 kilogrammes.

Quant aux prés anciens améliorés, leur surface est de 92 hectares ; les frais faits pour les améliorer se sont bornés à un quinzième de la valeur ancienne ; leur valeur actuelle s'est accrue de plus de moitié en sus, et leur produit nouveau des deux tiers en sus, soit deux cinquièmes du produit actuel ; et ce produit est en voie de dépasser l'ancien de 200 mille kilogrammes, soit, d'après la récapitulation, 207 mille kilogrammes.

En outre, la qualité du foin s'est très sensiblement améliorée, et sa valeur nouvelle poids pour poids serait, par cette raison, d'un cinquième au moins plus forte qu'elle n'était avant les travaux.

En résumé donc nous arrivons, tant sur les prés anciens que sur les nouveaux, à un produit supérieur à l'ancien de plus de 400 mille kilogrammes ; et ce produit est presque tout en produit net, parce que l'amélioration de qualité du foin sur les prés anciens compensera en plus grande partie le revenu ancien des terrains mis en pré et l'intérêt des avances faites pour arriver à l'état de choses actuel.

Toutefois, nous croyons devoir à la vérité de dire qu'une partie de ces avantages seraient dus à ce que nous avons pu disposer d'eaux de bonne qualité, et aux sacrifices quelquefois un peu forts que nous avons faits en échanges et en argent pour en acquérir lorsqu'elles nous manquaient ; mais tous ces frais comptent dans les dépenses que nous avons évaluées. Nous ajouterons qu'en ce moment ces produits ne sont pas tous réalisés : ils le seront avant trois ou quatre ans. Si le temps, qui s'avance pour nous, nous permettait encore quelques années de direction, ceux que nous avons réalisés seraient, pour la plupart de ces prés, dépassés notablement, parce que nous les voyons tous les jours croître en quantité comme en qualité.

Ces prés appartiennent en plus grande partie à des corps de domaine dont nous n'avons pas fait croître le revenu en proportion de l'accroissement du capital, et les fermiers jouissent en plus grande partie des bénéfices que nous avons faits sans leur aide. Quant aux prés de réserve, détachés des fermes et qui se louent par lots séparés, leur revenu s'est accru d'un quart, pendant que leur produit net en quantité et en qualité a augmenté des deux tiers en sus, et est en marche pour arriver à doubler ; aussi les parcelles en sont-elles avidement recherchées, malgré les circonstances difficiles où nous nous trouvons.

Si nous résumons nos résultats, nous remarquerons que les améliorations qui les donnent sont obtenues sur une étendue relativement faible, sur 131 hectares.

Mais il est un point de vue important sous lequel cette amélioration doit être envisagée ; elle ne serait pas seulement un bénéfice particulier à ceux qui l'ont faite ; mais, ainsi que toutes celles qui produisent un accroissement de fourrage, et par conséquent d'engrais, lorsqu'elles se multiplient et qu'elles arrivent à une certaine étendue, elles deviennent une richesse publique, un avantage social que nous pouvons apprécier dans ses divers éléments.

Et d'abord, nous y trouvons une création de 424 mille kilogrammes de fourrages qui représentent la nourriture de deux cents bestiaux de tout âge, de toute destination, de rente, de travail, d'élève ou d'engrais. Pour simplifier la question, nous les supposerons tous de race bovine ; ces animaux croissent, travaillent et multiplient, triple résultat qui représente un produit net annuel de 40 fr. au moins par tête, ou un revenu total de 8,000 fr. pour les deux cents individus, non compris la valeur en argent du laitage de cent vaches qui ne peut s'évaluer à moins de 10,000 fr., soit en tout une valeur de 18,000 fr. qui se répartit entre tous les cultivateurs qui emploient ce fourrage.

Si maintenant nous voulons évaluer le produit dans son importance pour la production nourricière des individus, nous remarquerons que le sixième de ce nombre de bestiaux, livré avec moitié de ses veaux à la boucherie, fournit à la consommation plus de 10 mille kilogrammes de viande, dont la puissance nutritive représente l'équivalent de la nourriture de plus de soixante individus. En outre, le laitage de cent vaches représente celle de plus de cent vingt. Enfin et surtout, il en résulte la production annuelle de 900 mille kilogrammes de fumier qui font donner au sol, en surplus de produit, 900 hectolitres de froment, nourriture de deux cent quatre-vingts individus, ou un équivalent plus fort en autres grains nourriciers.

On trouverait donc dans une pareille amélioration un produit en travail, accroissement et multiplication, qui ne peut s'évaluer à moins de 8,000 fr. en argent, un produit en laitage de plus de 10,000, et surtout la substance nourricière de plus de 450 individus. Et ce résultat est dû aux travaux d'irrigation faits sur 131 hectares de sol; l'irrigation d'un hectare de pré fait donc produire la nourriture de plus de trois individus. Or, on compte 25 millions d'hectares du sol français spécialement destinés à produire la nourriture de la population entière de 35 millions, et ils y suffisent à peine en moyenne; un hectare ne suffit donc pas à la nourriture de 1, 4 individu; l'amélioration d'un hectare par l'irrigation fait donc produire plus du double en nourriture d'un hectare en culture nourricière, résultat bien grand et qui, en se multipliant, intéresse autant la société que le producteur lui-même.

Maintenant, nous ferons remarquer que, sur les nombreuses entreprises que nous avons menées à fin, il n'en est pas une qui ait été suivie de déception et qui n'ait soldé en bénéfice. Et les avantages produits non seulement se soutiennent, mais ils vont grandissant, d'autant mieux qu'ils demandent peu d'entretien, que les irrigations produites sont à peu près la suite naturelle de la position qu'on avait ou qu'on s'est faite, qu'on a eu soin autant que possible de simplifier les travaux d'art et les moyens à employer pour continuer les résultats obtenus, que ces travaux peu nombreux sont d'un entretien facile, et que par conséquent on peut espérer que ces améliorations survivront à ceux qui les ont créées.

Nous terminerons en disant que le succès de ces améliorations obtenues à peu de frais, dispersées sur différents points du pays, en fait un stimulant, un exemple utile, qu'elles en provoquent d'analogues et sont en quelque sorte un type qui se perpétue et sert aux nombreux voisins de preuve des avantages que peuvent produire les irrigations bien conduites. On a donc travaillé pour l'avenir comme pour le présent, pour les autres comme pour soi-même.

Nous avons donc été bien fondé à dire que la création des prairies est de toutes les améliorations agricoles la plus utile, la plus productive, soit dans l'intérêt de ceux qui en sont les auteurs, par les valeurs capitales qu'elle leur donne, soit surtout dans l'intérêt général, par le cercle de réaction qu'elle détermine sur la fécondité du sol et la production du pain et de la viande, premiers besoins de la population. Elle exige de plus une faible mise en dehors de capitaux qui consiste presque toute en main d'œuvre, travail d'abord utile pour les bras qui le font, avant de l'être à ceux qui le font exécuter.

CHAPITRE XVI.

DIRECTIONS PRATIQUES POUR LES IRRIGATIONS.

L'expérience des pays d'irrigation a établi quelques données pratiques très utiles à suivre; ces données, il est vrai, sont loin d'être absolues; elles sont plus ou moins modifiées par la qualité des eaux, la nature du sol, les différences de climat, par l'orientation, la position en pente ou en plaine, en sol découvert ou ombragé.

Lorsque le sol est léger, il demande des arrosements plus fréquents, et il les veut plus rares lorsqu'il est argileux. Quand le sous-sol est perméable, on abuse difficilement des bonnes eaux; mais s'il est imperméable, la couche végétale fût-elle en sol léger, les arrosements doivent y être employés avec discrétion et discernement.

Nous allons résumer les directions sur lesquelles les praticiens nous ont semblé plus généralement d'accord et que notre expérience n'a pas contredites; cependant, en les acceptant, chacun peut les modifier plus ou moins, suivant sa position, son sol et les circonstances.

La plupart des conseils que nous donnons ne sont pas applicables aux irrigations tirées des grands cours d'eau: on y reçoit une quantité d'eau déterminée qu'on ne peut ni augmenter ni diminuer; on la reçoit à des époques fixes, sans pouvoir choisir son temps ni prolonger ses irrigations; les conditions y sont données, il faut les accepter telles qu'elles sont. D'ailleurs les prairies y sont presque toutes fumées, ce qui dispense de la plupart des précautions nécessaires aux irrigations sans fumier; le fumier donne un produit à peu près assuré, pendant que celui de l'irrigation ne s'obtient que sous certaines conditions.

§ 1. *Qualité des eaux.*

I. Lorsque les eaux sont bonnes, l'irrigation peut se continuer la plus grande partie de l'année, même pendant l'hiver, à moins de fortes gelées; si elles sont mauvaises ou médiocres, il faut généralement s'abstenir des irrigations d'hiver, à moins de fumer abondamment, car le fumier modifie toujours les eaux d'une manière favorable. Les eaux médiocres peuvent encore s'améliorer par leur mélange avec d'autres de bonne qualité, ou par le limon qu'amènent les grandes pluies. On peut dans ce double cas les utiliser pendant l'hiver, parce qu'elles portent alors le plus souvent l'engrais qui les améliore.

II. Les eaux peu éloignées de leur source peuvent souvent s'employer dans les temps froids, parce qu'elles conservent une température favorable à la végétation; elles sont loin cependant d'être toutes de bonne qualité, et dans un même pays il en est de bonnes et de mauvaises. Les premières en tout temps font surgir un gazon serré, tassé, d'un vert vif, intense; les secondes en hiver n'amènent que des joncs et peuvent être néanmoins favorables en automne, et même très utiles au printemps et en été dans les sécheresses.

III. Et puis, il est des sources bonnes sur un terrain léger et perméable, qui seraient mauvaises sur un sol argileux et imperméable; il en est qui sont bonnes en tout temps partout où on les envoie et en toute saison; elles fécondent presque à l'égal de celles venant des exploitations et des cours à fumier; rarement les sources qui les fournissent sont abondantes; la cause de leur fécondité nous est très imparfaitement connue.

IV. On peut souvent dans un pré laisser les eaux de source jusqu'aux approches de la floraison; il n'en est pas de même des eaux grasses qu'il faut retirer quand les graminées ont à peu près 2 décimètres de hauteur; autrement elles font blanchir l'herbe qui bientôt verse et pourrit presque en entier.

Nous devons rappeler ici la distinction que nous avons faite entre les bonnes eaux des formations calcaires et celles des formations où le feldspath se trouve abondant, comme dans les grès rouges et la plupart des granits en décomposition. Une même quantité d'eau de ces derniers terrains peut suffire à une moindre surface, parce qu'elle ne se dépouille pas aisément de ses principes alcalins fécondants. L'effet des bonnes eaux des formations calcaires est peut-être plus prompt, plus énergique, mais il disparaît plus promptement, améliore de moindres surfaces, en raison de ce que son principe fécondant serait volatil. Il faut donc plus d'eau de cette espèce pour féconder une même étendue de sol; mais en la changeant plus souvent, en faisant les planches d'irrigation moins larges, comme elle est plus active, on en tire au moins autant d'avantage que de celle sortant des grès ou des granits en décomposition, renfermant des feldspaths.

§ 2. *Saisons.*

I. Nous croyons pouvoir poser comme règle générale, que les irrigations d'automne sont de beaucoup les plus profitables. *Celui qui veut du foin,* dit le proverbe suisse, *arrose en automne, et celui qui le cherche arrose au printemps.* Les arrosements d'automne redonnent la vigueur aux plantes épuisées par les récoltes; la prairie se tasse, se serre; les jeunes plantes provenant des graines laissées sur le sol par la première récolte prennent de la force pour résister à l'hiver; le pré s'habille (expression consacrée) contre la rude saison, et au printemps de bonne heure poussent de fortes tiges.

L'automne est en outre l'époque où les eaux sont le plus abondantes et contiennent le plus de limon ; les terres labourées, fumées pour les semailles d'automne, laissent écouler des eaux chargées d'engrais ; le charroi des fumiers en a laissé dans les chemins d'où découlent des eaux grasses qui se joignent à celles des champs et se rendent dans le cours d'eau le plus voisin ou dans la prairie qui les recueille ; dans cette saison les eaux médiocres deviennent bonnes et les bonnes excellentes. L'automne est donc le moment des bons arrosements et celui où ils doivent être le plus prolongés.

Ainsi donc, aussitôt après la récolte des premier et second foins enlevée, et lorsque les plaies de la faux ont eu le temps de se fermer, il faut songer à mettre l'eau sur la prairie ; si le temps est à la pluie, on attend qu'elle ait lavé et en quelque sorte cicatrisé elle-même les plaies, après quoi on arrose à grande eau. Mais ici on est souvent arrêté ; dans la plupart des fermes on veut pâturer les prés en automne ; ce pâturage épargne sans doute notablement la provision d'hiver, mais il nuit sensiblement à la récolte suivante. Et puis alors le temps est souvent pluvieux, et les prés humides produisent une herbe médiocre, même assez fréquemment dangereuse pour les jeunes élèves. Il faudrait donc abréger autant que possible ce pâturage. On devra, pour compenser sa perte, s'assurer en les plâtrant une récolte des jeunes trèfles semés au printemps, et multiplier s'il se peut sur les chaumes les fourrages racines et feuillus en seconde récolte ; on pourra donc, au moyen de ces ressources, se dispenser du pâturage des prairies ou du moins beaucoup le réduire, ce qui permettra de faire en automne d'abondantes irrigations ; mais on aura perdu les meilleures, si on perd celles de la fin de septembre et du mois d'octobre.

II. Les premiers arrosements peuvent se prolonger pendant trois semaines, un mois même ; après chacun d'eux, il faut retirer l'eau, laisser le pré s'égoutter et mettre à profit les ressources de végétation qu'il a puisées dans l'irrigation. Il est de première nécessité dans toute circonstance, dans toute nature de sol, dans toute saison, tout pays, que la prairie s'égoutte facilement et promptement; sans cela les plantes ne prennent aucune énergie, et l'irrigation, faite même avec de bonnes eaux dans un sol qui ne s'égoutte pas, crée un marais dont le produit peut être abondant, mais reste de mauvaise qualité; si l'automne est chaud, les irrigations sont moins longues, et aussitôt qu'on apercevra un peu d'écume dans les endroits où l'eau fait quelques nappes, on les suspendra pour les reprendre après une alternative d'assèchement.

Si les eaux sont de bonne qualité, on continuera les arrosements pendant toute la durée de l'automne, tant que la température ne sera pas trop rude; mais les périodes d'irrigation diminueront de longueur en même temps qu'on prolongera celles d'assèchement; toutefois, il ne faut pas envoyer les moutons paître l'herbe qu'ont fait produire les arrosements d'automne, ils y prendraient la pourriture; cependant Bakewel, le grand éleveur, pensait qu'ils ne risquaient rien si l'irrigation était faite avec des eaux de source.

III. Nous arrivons à l'hiver où toute irrigation avec des eaux médiocres ou mauvaises s'interrompt, à moins que le sol n'ait été fumé ou qu'on n'ait de très-bonnes eaux; dans ce double cas, on prolonge l'arrosement tant que les gelées ne sont pas fortes et que la neige ne couvre pas la terre. Avec de bonnes eaux d'une douce température et un terrain qui s'égoutte suffisamment, on ne doit pas craindre de voir l'eau couler sous la glace; elle y coule sans se geler et l'herbe qu'elle arrose reste verte et continue même de croître; ce phénomène s'explique par la gravité spécifique de l'eau plus forte à 5° centigrades qu'en descendant à zéro; en raison de cette différence de pesanteur spécifique, l'eau qui approche de 5° occupe le bas de la nappe, et la plus froide la partie supérieure ; elle s'y gèle, et sous cette couche de glace l'eau continue de couler à l'abri en quelque sorte du froid atmosphérique, avec une température favorable à la végétation. Davy a trouvé dans une prairie la température de l'eau d'irrigation coulant sous une couche de glace à 5° Réaumur (6° 1/4 centigrades), pendant que la couche supérieure était comme l'atmosphère au-dessous de zéro ; c'est ce qui fait le succès des prés d'hiver qui continuent de végéter et de croître, alors même que la nappe d'eau qui les arrose se glace quelquefois.

Il ne faut point changer l'eau pendant la gelée ; on conçoit qu'en envoyant de l'eau refroidie sur la terre gelée, cette eau se glace sans profit, avec perte même pour le sol qu'elle couvre.

On recommande aussi de détourner des prés les eaux des fontes de neige, à moins que par beaucoup de limon elles ne compensent le refroidissement qui pénètre avec elles dans la couche végétale ; nous penserions même qu'on les emploierait avec avantage si elles se mélangeaient à des eaux de bonnes sources qui réchaufferaient leur température glacée.

Quelques-uns veulent expliquer le mauvais effet de l'eau de neige sur la prairie, en disant qu'elle contient moins d'oxigène que l'eau de source ou de pluie ; cependant dans tous les pays, la fonte de la couche de neige qui recouvre les blés, même à une grande épaisseur, semblerait plutôt leur être favorable que leur nuire.

IV. Si les irrigations ont été suspendues en hiver, on les reprend quand le printemps arrive ; la première, qu'on donne quand la saison s'adoucit, peut se prolonger, à moins de temps contraire, jusqu'à dix ou douze jours ; mais les suivantes vont toujours diminuant de durée en avançant dans la saison ; les périodes d'assèchement deviennent de

plus en plus longues à mesure que celles d'irrigation diminuent; bientôt on arrive en mai, où d'ordinaire elles cessent, surtout si les eaux charrient du limon, parce qu'alors
il est à craindre qu'il ne souille les pousses déjà fortes, et
que ces pousses n'en soient pas débarrassées pour la récolte.
On remarque même que ce limon auquel la plupart des prairies doivent toute leur fécondité, quand il vient à couvrir la
plante déjà grandie, arrête sa végétation qui ne reprend que
si, après quelques jours de sécheresse, une pluie abondante
vient à le faire tomber en écailles.

V. On recommande de ne mettre, ôter ni changer l'eau
dans le milieu du jour, surtout par le grand soleil; le soir
est le moment le plus favorable.

Lorsqu'il fait très chaud, que les eaux sont claires et
s'égouttent bien, on peut, en été, donner à la prairie
déjà avancée quelques arrosements de nuit.

Lorsque la première récolte est faite, on met l'eau après
quelques jours, mais on évite le grand soleil et la grande
chaleur; on arrose volontiers par le temps couvert et même
par le temps de pluie; à cette époque des irrigations intempestives peuvent nuire beaucoup à la récolte; sous leur
influence, l'herbe jaunit et cesse de croître; nous ne saurions en assigner les raisons, mais l'expérience a appris que
les irrigations alors ne doivent pas se prolonger, qu'elles
doivent se donner plutôt le soir que le matin, plutôt la nuit
que le jour.

§ 3. *Température.*

I. Les meilleures irrigations dans toutes les saisons se
font dans les temps couverts et dans ceux de pluie. Lorsque
la pluie est chaude on a le vent du midi; c'est le moment de la grande végétation herbacée et le foin profite
beaucoup; lorsque la pluie est froide, l'eau des cours d'eau

plus chaude tempère son influence refroidissante sur la prairie.

II. De même que le vent du midi favorise la pousse herbacée, de même celui du nord lui est contraire : quand il est froid, il suspend en quelque sorte la végétation des prés ; leur teinte verte devient violacée, et les espérances qu'ils avaient données sont grandement menacées, alors même qu'elles ne sont pas détruites. Certains climats sont plus sujets que d'autres aux bises de mars et d'avril ; il faut alors suspendre l'irrigation, et après leur période souvent ternaire de 3, 6, 9 jours, la donner abondante et la prolonger plus qu'on ne l'eût fait sans la bise essuyée.

III. Dans le bassin du Rhône, et par suite dans celui de ses affluents, les vents de nord au printemps sont fréquents, durables et souvent très froids ; les irrigations dans cette saison doivent donc y être ménagées, et il est dans cette grande contrée plus essentiel qu'ailleurs d'assurer sa récolte par les arrosements d'automne qui la fortifient à l'avance contre les intempéries de printemps.

IV. On doit craindre aussi les gelées blanches de mars et d'avril ; il faut éviter de mettre l'eau quand le temps les annonce, et lorsqu'elle est sur le pré on ne doit pas l'ôter pendant que la gelée blanche se fait sentir ; il faut la laisser fondre avant de prendre ce parti. Lorsque la température s'adoucit, une irrigation de quelques jours diminue le mal qu'elle a pu causer ; cependant, lorsqu'on peut arroser à grande eau, on en préserve la prairie en répandant les eaux en nappe sur le sol ; dans quelques cantons, lorsque ces gelées ont pincé la première pouce de l'herbe, on croit avantageux, quand la saison est peu avancée, de mettre sur la prairie les bestiaux qui tranchent en la broutant la partie de la plante affaiblie par le froid.

V. On recommande de mettre l'eau le soir ou de grand matin, avant la rosée ou après sa disparition ; nous n'expliquerons pas les motifs de cette prescription, mais elle résulte de l'observation et de la pratique dans beaucoup de lieux.

Il faut éviter avec soin aussi bien le grand froid que la grande chaleur, et si, comme nous l'avons dit, les irrigations peuvent se continuer avec de bonnes eaux à quelques degrés au-dessous de zéro, c'est sous l'expresse condition que ces eaux auront un facile écoulement; lorsqu'il y reste des flaques d'eau glacée, si la glace qui les couvre persiste pendant quelque temps, quand elle se fond, le gazon des parties qu'elle a recouvertes est souvent tout entier pourri; il n'y reste que quelques plantes à racines profondes qui donnent peu et de mauvais foin.

Dans les années pluvieuses, on ne doit arroser que pour donner de la fécondité et non de l'humidité; l'arrosement doit donc être abondant avec de bonnes eaux et rare avec de médiocres.

§ 4. *Nature du sol.*

I. Le sol léger peut recevoir de plus longues et de plus fréquentes irrigations que le sol argileux auquel il faut en outre de plus longues périodes d'assèchement.

Les sols humides demandent des irrigations abondantes plutôt que fréquentes; ils ont besoin des principes fécondants de l'eau plutôt que de l'eau elle-même qui surabonde déjà souvent dans le sol. Il en est de même des prés marécageux; mieux vaut, à moins de sécheresse, ne point leur envoyer d'eau que de leur en envoyer peu, ou de ne leur envoyer que des eaux qui, en passant sur d'autres prés, y auront laissé tous leurs principes fécondants.

Les sols calcaires demandent plus d'eau que les sols argilosiliceux, craignent plus la sécheresse, sont généralement plus perméables et par conséquent plus faciles à égoutter; leurs produits aussi sont plus sapides, mais moins réguliers.

II. La composition de la couche végétale ne doit pas seule déterminer l'abondance et la durée des irrigations; souvent une couche végétale de terre légère a un sous-sol imperméable qui ne laisse point passer les eaux, et une couche compacte au contraire a une couche graveleuse très-perméable; les irrigations longues nuiraient donc au premier fonds, pendant qu'elles pourraient convenir au second.

§ 5. *Pente du sol.*

Les irrigations se modifient aussi suivant la pente du sol. Nous répétons ici qu'il faut plus d'eau dans les sols de peu de pente que dans les terrains pentueux, dans les sols marécageux que dans les sols sains; l'abondance d'eau supplée en quelque sorte à la pente; la nappe irrigatrice en prenant de l'épaisseur profite de toute la pente, en acquiert même de nouvelle et entraîne alors des eaux que les obstacles du gazon rendraient stagnantes et qui par cette raison nuiraient au lieu d'être utiles.

Les eaux peu abondantes qui ont perdu leurs propriétés fécondantes propagent souvent la mousse. Pour améliorer ces terrains mousseux, il faut éviter d'y envoyer des eaux épuisées et y diriger, s'il se peut, des eaux abondantes et neuves; la mousse semble être un travail de la nature pour augmenter la quantité d'humus du sol et élever sa surface. Mais tel n'est point le but de l'irrigateur, il demande un produit herbacé, et la mousse y met obstacle. On a des herses qui l'enlèvent en partie et dégagent l'herbe ensevelie sous la mousse; mais ce n'est qu'un palliatif; il faut à ce terrain de bonnes eaux et un égouttement plus facile ou de l'engrais.

Nous redirons ici que sur toutes les natures de sol et dans toutes les saisons, il faut ôter l'eau lorsque l'écume arrive à sa surface; cette apparition annonce que quelques plantes de la prairie s'altèrent et pourrissent.

§ 6. *Exposition.*

I. Les prés exposés au midi demandent plus d'eau que ceux à l'exposition du nord ; toutefois, nous remarquerons ici que les premiers, plus hâtifs et dont le fourrage est en général de meilleure qualité, craignent beaucoup plus les bises de printemps ; par cette raison, il est à propos de ne point chercher à les hâter par l'irrigation, dans les climats surtout où les vents de nord sont fréquents au printemps. Les prés à l'exposition du levant doivent aussi recevoir des irrigations plus ménagées que ceux au nord, parce que la végétation y est plus active et les gelées blanches plus nuisibles ; celles-ci se fondent promptement sous l'influence du soleil du matin et désorganisent par suite les tissus végétaux, tandis qu'au nord elles se fondent lentement et, par cette raison, altèrent moins les pousses tendres des plantes. L'exposition du couchant, plus chaude que celle du levant, demande aussi un peu plus d'eau ; les prés en pays découvert en demandent plus que ceux en pays couvert et ombragé où l'évaporation est moindre. On doit aussi avoir égard à la latitude des lieux, et il faut évidemment plus d'eau dans les pays du Midi que dans ceux du Nord.

II. Il est essentiel que l'eau d'irrigation ne coule pas entre deux terres ; elle fait alors venir des joncs, de la mousse et de mauvaises herbes ; ce mal arrive souvent par des galeries de rats, de taupes ; souvent aussi on le voit survenir dans les sols peu compactes et dans les irrigations nouvelles. Lorsque les rigoles occupent la partie supérieure du pré, il arrive fréquemment qu'à une vingtaine de pas de distance croissent des joncs, des laiches dans des places auparavant saines, et c'est aux eaux d'infiltration de la rigole supérieure, quoique éloignée, que le mal est dû lorsque la couche inférieure du sol est peu perméable. Ce mal peut se guérir seul quand on arrose avec des eaux limoneuses qui cimentent les parois de la rigole ; mais le plus sûr est de faire un corroi en terre argileuse, le long et à peu de distance de la rigole supérieure.

III. En Lombardie, nous dit Burger d'après Zappa, on arrose tous les trois ou quatre jours les prairies en sol léger, peu profond, tous les sept ou huit jours celles en sol tassé par le pâturage des bêtes à cornes, et tous les quinze jours et même plus rarement celles en sol argileux. Il est évident qu'il s'agit ici d'eaux qui ne donnent au sol que de la fraîcheur, et par conséquent d'eaux médiocres qui ont besoin d'être appuyées par du fumier.

§ 7. *Prés fumés.*

I. Dans ces prés, on a peu besoin de consulter la nature du sol, les saisons et la qualité des eaux ; la fumure, appuyée d'eaux même médiocres, assure plus efficacement la récolte que l'emploi même des bonnes eaux sans fumier. Quelques heures d'eau par semaine ou même à intervalles plus éloignés suffisent dans les grandes irrigations méridionales pour obtenir un grand produit ; mais le fumier y est alors absolument nécessaire.

II. Les eaux de qualité ordinaire, jointes au fumier, produisent un bien grand effet. Ainsi, dans les prés d'Azigliano en Piémont, fumés tous les ans, un arrosement tous les vingt jours seulement avec les eaux de la Doire fait produire en trois coupes 8 à 10 mille kilogrammes de foin par hectare, et en outre un pâturage de quatre semaines en automne, de trois au printemps et de trois jours après chaque coupe ; en tout cinquante-huit jours de pâturage, qui fournissent, à ce que nous pouvons croire, aux bestiaux l'équivalent au moins d'une coupe de foin. Ces prés s'alternent cinq à six ans en prairies et trois ou quatre ans en labour ; ils donnent en culture un grand produit avec peu d'engrais actuel, mais au moyen de celui qu'on a entassé pendant la période de prairie.

Dans le Lodézan, on laisse plus longtemps en herbe les prés de rotation; on les fume tous les trois ans, on y fait chaque année quatre récoltes, les deux premières en vert et les deux autres en sec; on les conserve en pré pendant une quinzaine d'années, après lesquelles les ombellifères, les renoncules, les angéliques se sont emparées du sol, ce qui engage à les défricher.

La quantité de fumier à donner aux prés varie beaucoup, depuis 10 mille jusqu'à 50 mille kilogrammes par hectare; les fumures abondantes ne reviennent que tous les trois ans, et les plus faibles sont souvent annuelles; elles doivent être plus fréquentes sur les prés arrosés, mais aussi les eaux augmentent le produit du fumier. On fume tous les ans les prés d'Azigliano et les prés *marcite*, et tous les trois ans les prés d'été du Lodézan et ceux du Comtat; les fumures abondantes sont relativement les plus productives; au bout d'un certain temps sur le sol amélioré par les fumures, l'engrais peut être moins abondant et donner néanmoins autant de produit.

La saison la plus convenable pour répandre le fumier est l'automne, après l'enlèvement de la seconde récolte; dans les printemps secs, les fumures produisent peu d'effet.

Lorsque le fumier est épanché, on doit ménager les irrigations; les eaux abondantes entraîneraient le fumier; alors qu'elles sont en moindre quantité, elles le délavent bien un peu, mais il y a compensation, parce qu'elles font pénétrer les sucs plus profondément en terre, et que l'effet du fumier grandit à l'aide de l'eau et réciproquement. Et puis, pour éprouver moins de perte, on fume plus abondamment les parties supérieures de la prairie; les eaux, en arrosant les parties inférieures, y laissent en plus grande partie les engrais qu'elles avaient dissous dans le haut.

Dans quelques cantons, les prés fumés en automne ne

s'arrosent qu'au printemps suivant ; l'engrais alors pénètre sans perte dans l'intérieur du sol par les pluies et neiges d'hiver.

Le fumier, sur toutes les natures de sols et dans tous les climats, améliore la qualité du foin ; il produit plus d'effet sur les prés sains que sur les prés marécageux, et cependant il est relativement plus profitable sur les prés arrosés que sur ceux qui ne le sont pas.

On admet généralement qu'à moins qu'on puisse se le procurer facilement et à bon marché, on a plus de profit à l'employer sur les terres labourables que sur les prés ; et lorsqu'on a de bonnes eaux, on le réserve généralement aux terres.

Son effet varie suivant la nature du sol et peut-être suivant les climats. Ici on pense que deux quintaux augmentent en trois ans d'un quintal au moins la récolte du foin ; ailleurs on trouve que cet accroissement est beaucoup moindre ; la question change donc de solution suivant les localités et les sols ; mais toujours et partout la fumure régulière des prés améliore très sensiblement le sol, tant par ses infiltrations dans la couche végétale que par l'augmentation due à l'accroissement des produits qui laissent alors plus de débris sur la surface et de racines dans l'intérieur du sol. La fumure des prés produit donc un capital que la charrue peut ensuite exploiter avec profit, comme à Azigliano en Piémont et sur les prés de rotation du Lodézan.

§ 8. *Prés tourbeux.*

Ces prés demandent une conduite peu différente de celle des autres ; on y met l'eau en automne pendant un mois ; après un intervalle d'une vingtaine de jours, on l'y remet pour une quinzaine ; on l'ôte et remet ainsi alternativement tant que l'hiver n'est pas rude. Au printemps, les arrosements deviennent plus courts : ils sont de deux à trois jours après des intervalles doubles d'assèchement ; on les cesse au mois de mai. Il est essentiel là plus qu'ailleurs que l'égouttement du sol soit complet et facile, parce que les eaux, au lieu de remédier au mal, l'aggraveraient. Les prés tourbeux demandent plus d'eau encore que les prés ordinaires ; leur sol, sans attendre beaucoup de temps, change de nature ; le limon de l'arrosement, en s'y mêlant, le modifie dans ses qualités, change en humus doux son humus acide, et l'irrigation arrive à métamorphoser un sol de mauvaise nature et d'un faible produit en un sol de bonne qualité et d'un produit abondant.

Les directions que nous venons de donner sont celles généralement suivies dans la pratique ; nous conseillons donc leur adoption dans les pays où l'irrigation n'est pas établie ; dans ceux où elle l'est, avant d'abandonner les usages de la localité qui pourraient être différents, et de se décider à de grandes innovations, nous conseillons de mettre ces directions à l'essai ; mais nous pensons que les cas où les données pratiques s'en éloigneront beaucoup sont rares. Nous avons nous-même beaucoup arrosé, vu beaucoup d'irrigations sur les lieux ; un plus grand nombre nous est connu par les auteurs praticiens qui en ont écrit, et nous avons en général vu ou lu peu d'exceptions aux principes que nous venons de poser.

En achevant l'impression de cet ouvrage, nous apprenons un nouveau et fatal exemple du danger des endiguements ; les grèves de l'Isère à son confluent avec un autre torrent viennent d'être endiguées en Savoie. Notre ancienne diplomatie et la prudence de l'Empereur avaient repoussé cette entreprise ; l'incurie de la diplomatie nouvelle et l'imprévoyance de notre administration locale au milieu de nos discordes civiles viennent de laisser se consommer cette œuvre ; les eaux des deux torrents, auxquels on a, par les digues, enlevé le bassin dans lequel s'accumulaient leurs irruptions soudaines, arrivent maintenant en masse sur les fécondes plaines du Grésivaudan, et y portent le ravage et la désolation. On cherche le remède à un si grand mal, et il n'en serait point d'autre que la destruction de ces digues. Après une première publication de nos observations sur ce sujet, survinrent les désastres des bords de la Loire par le renversement de leurs digues insubmersibles, les ravages causés en Italie par les eaux de l'Arno se précipitant du sommet de ses digues. Les leçons de l'expérience seront-elles donc toujours perdues, et sommes-nous destiné à rester *vox clamantis in deserto ?*

FIN.

TABLE ANALYTIQUE

DES MATIÈRES.

DE L'EMPLOI DES EAUX EN AGRICULTURE.

SECTION II.

DE LA MASSE DES EAUX DISPONIBLES EN FRANCE POUR LES
IRRIGATIONS.

CHAPITRE *Ier.* — *De la quantité annuelle de pluie
et de celle que charrient les cours d'eau.*

Eaux des cours d'eau dues aux pluies. — Pluies des pays
montagneux doubles de celles des plaines. — Influence
des pluies plus fréquentes sur le climat. — Observations
trop rares dans les pays montagneux. — Moyenne des

SECTION III.

DES OBSTACLES QUE RENCONTRE L'IRRIGATION.

pour les barrages mobiles des ruisseaux et des petites sources. — Doivent rester de droit commun. *P.* 109 à 120.

SECTION IV.

DE L'ENDIGUEMENT DES COURS D'EAU.

Chapitre Ier. — *Influence des digues sur les irrigations naturelles et artificielles.*

Empêchent par inondation toute irrigation naturelle, — rendent presque impossible les irrigations artificielles..................................... *P.* 140 à 142.

SECTION IX.

TRAVAUX D'ART.

CHAPITRE Ier. — Des dérivations sans barrage.

CHAPITRE II. — Des dérivations avec barrage. — Détails
de construction.

CHAPITRE III. — Pont canal. — Canal syphon.

CHAPITRE IX. — *Transformation graduelle de la surface d'une prairie en planches bombées.*

Détails pratiques de l'opération. — Appréciation de la main d'œuvre, — de la perte de produit, — de la dépense. —

ERRATA.

Page 16, ligne 29, *au lieu de* 1,300 fr. l'hectare en moyenne, *lisez* 1,500 fr. l'hectare.

36, ligne 9, *au lieu de* quatre individus, *lisez* trois individus.

38, ligne 15, *au lieu de* 10 mille kilogr., *lisez* 18 mille.

45, ligne 18, *au lieu de* 36, *lisez* 31.

46, ligne 3, *lisez* froment de mars.

53, ligne 27, *au lieu de* consomme, *lisez* emploie.

54, ligne 5, *au lieu de* $+$, *mettez* $\times$.

56, ligne 6, *au lieu de* superflu, *lisez* surplus.

58, ligne 6, *au lieu de* est, *lisez* y serait.

64, ligne 25, *ôtez le mot* immense.

65, ligne 12, *au lieu de* les, *lisez* des.

205, ligne 4, *au lieu de* vont, *lisez* iront.

256, ligne 10, *au lieu de* au-dessous, *lisez* au-dessus.

261, ligne 12, *au lieu de* les, *lisez* des.

272, ligne 8, *au lieu de* partie, *lisez* parti.

307, ligne 18, *au lieu de* les $2/3^{mes}$, *lisez* $1/3^{me}$.

388, ligne 19, *au lieu de* qu'elle se, *lisez* qu'elle s'y.

390, ligne 18, *au lieu de* nous l'employons, *lisez* il s'emploie.

413, ligne 28, *au lieu de* 3 à 4, *lisez* de 3.

415, ligne 8, *au lieu de* 3 ou 4 fois, *lisez* 5 à 6 fois.

422, ligne 26, *au lieu de* végétale ou, *lisez* du.

425, ligne 14, *au lieu de* couche, *lisez* tranche.

428, ligne 10, *au lieu de* ces, *lisez* ses.

450, ligne 12, *au lieu de* la planche inférieure, *lisez* cette planche.

452, lignes 9 et 10, une virgule *après le mot* pratiqué, *la supprimer après* inflexion.

459, ligne 8, *après* une même hauteur H, *mettez* une virgule.

462, ligne 23, *au lieu de* D K L O $V\overline{2 p. h}$, *mettez* D $=$ K L O $V\overline{2 p. h.}$.

481, ligne 18, *au lieu de* en largeur, *lisez* en longueur.

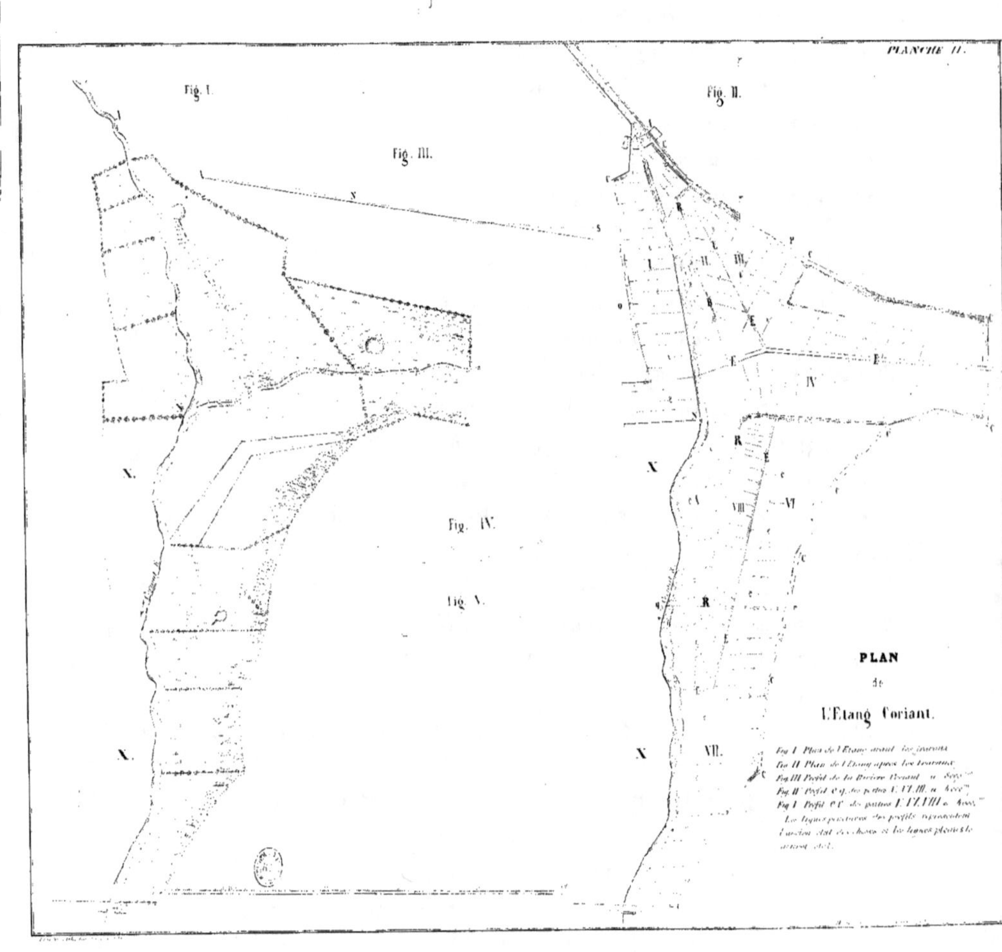

PLANCHE II.
Fig. I.
Fig. II.
Fig. III.
Fig. IV.
Fig. V.
PLAN
de
L'Etang Coriant.
Fig. I. Plan de l'Etang avant les travaux
Fig. II. Plan de l'Etang après les travaux
Fig. III. Profil de la Rivière Coriant
Fig. IV. Profil
Fig. V. Profil